软物质前沿科学丛书编委会

国家科学技术学术著作出版基金资助出版

软物质前沿科学丛书

生物分子马达的统计物理与复杂输运

高天附　郑志刚　著

科学出版社

北　京

内 容 简 介

分子马达是生命体中实现物质输运、蛋白质合成、能量转换等基础生物功能的重要微尺度机器。本书利用非平衡态统计物理系统探讨了分子马达的输运问题。第 1~4 章就相关基础理论，包括分子马达的生物基础、分子马达的统计动力学理论、布朗棘轮的非平衡态输运理论及输运效率理论等进行阐述。第 5~8 章集中探讨不同势场中布朗棘轮的复杂输运、温度驱动棘轮的非平衡态性能、反馈控制棘轮的复杂输运及摩擦棘轮的复杂输运等若干前沿问题。第 9 章对生物分子马达的未来研究与应用进行展望。

本书从基础到前沿阐明了噪声环境下处理马达系统随机动力学的基本问题，可供从事生物分子马达领域与统计物理研究的科研人员、理工科大学教师、研究生和高年级本科生阅读，对与生物物理学研究有关的交叉领域的研究人员也有一定的参考价值。

图书在版编目（CIP）数据

生物分子马达的统计物理与复杂输运 / 高天附，郑志刚著. -- 北京：科学出版社，2025. 3. -- （软物质前沿科学丛书）. -- ISBN 978-7-03-080004-6

I. Q7

中国国家版本馆 CIP 数据核字第 2024SJ2170 号

责任编辑：刘凤娟 郭学雯 / 责任校对：高辰雷
责任印制：张 伟 / 封面设计：无极书装

科 学 出 版 社 出版

北京东黄城根北街 16 号
邮政编码：100717
http://www.sciencep.com

北京中科印刷有限公司印刷
科学出版社发行 各地新华书店经销

*

2025 年 3 月第 一 版 开本：720×1000 1/16
2025 年 3 月第一次印刷 印张：18 1/4
字数：358 000
定价：158.00 元
（如有印装质量问题，我社负责调换）

丛 书 序

社会文明的进步、历史的断代,通常以人类掌握的技术工具材料来刻画,如远古的石器时代、商周的青铜器时代、在冶炼青铜的基础上逐渐掌握了冶炼铁的技术之后的铁器时代,这些时代的名称反映人类最初学会使用的主要是硬物质。同样的,20 世纪的物理学家一开始也是致力于研究硬物质,像金属、半导体以及陶瓷,掌握这些材料使大规模集成电路技术成为可能,并开创了信息时代。进入 21 世纪,人们自然要问,什么材料代表当今时代的特征?什么是物理学最有发展前途的新研究领域?

1991 年,诺贝尔物理学奖得主德热纳最先给出回答:这个领域就是其得奖演讲的题目——"软物质"。以《欧洲物理杂志》B 分册的划分,它也被称为软凝聚态物质,所辖学科依次为液晶、聚合物、双亲分子、生物膜、胶体、黏胶及颗粒等。

2004 年,以 1977 年诺贝尔物理学奖得主,固体物理学家 P. W. 安德森为首的 80 余位著名物理学家曾以 "关联物质新领域" 为题召开研讨会,将凝聚态物理分为硬物质物理与软物质物理,认为软物质 (包括生物体系) 面临新的问题和挑战,需要发展新的物理学。

2005 年,*Science* 期刊提出了 125 个世界性科学前沿问题,其中 13 个直接与软物质交叉学科有关。"自组织的发展程度" 更是被列入前 25 个最重要的世界性课题中的第 18 位,"玻璃化转变和玻璃的本质" 也被认为是最具有挑战性的基础物理问题以及当今凝聚态物理的一个重大研究前沿。

进入 21 世纪,软物质在国外受到高度重视,如 2015 年,爱丁堡大学软物质学者 Michael Cates 教授被选为剑桥大学卢卡斯讲座教授。大家知道,这个讲座是时代研究热门领域方向标,牛顿、霍金都任过这个最著名的讲座教授。发达国家多数大学的物理系和研究机构已纷纷建立软物质物理的研究方向。

虽然在软物质早期历史上,享誉世界的大科学家如爱因斯坦、朗缪尔、弗洛里等都做出过开创性贡献,荣获诺贝尔物理学奖或化学奖,但软物质物理学发展更为迅猛还是自德热纳 1991 年正式命名 "软物质" 以来,软物质物理不仅大大拓展了物理学的研究对象,还对物理学基础研究,尤其是与非平衡现象 (如生命现象) 密切相关的物理学提出了重大挑战。软物质泛指处于固体和理想流体之间的复杂的凝聚态物质,主要共同点是其基本单元之间的相互作用比较弱 (约为室温热能量级),因而易受温度影响、熵效应显著,且易形成有序结构。固此具有显著热波动、多个亚稳状态、介观尺度自组装结构,熵驱动的顺序无序相变,宏观的灵活性等特征。**简单地说,这些体系都体现了 "小刺激,大反应" 和强非线性的特性**。这些特性并非仅仅由纳观组织或原子或分子的水平结构决定，更多是由介观多级自组构结构决定。处于这种状态的常见物质体系包括胶体、液晶、高分子及超分子、泡沫、乳液、凝胶、颗粒物质、玻璃、生物体系等。软物质不仅广泛存在于自然界，而且由于其丰富、奇特的物理学性质，在人类的生活和生产活动中也得到广泛应用，常见的有液晶、柔性电子、塑料、橡胶、颜料、墨水、牙膏、清洁剂、护肤品、食品添加剂等。由于其巨大的实用性以及迷人的物理性质，软物质自 19 世纪中后期进入科学家视野以来，就不断吸引着来自物理、化学、力学、生物学、材料科学、医学、数学等不同学科领域的大批研究者。近二十年来更是快速发展成为一个高度交叉的庞大的研究方向，在基础科学和实际应用方面都有重大意义。

为推动我国软物质研究，为国民经济做出应有贡献，在国家自然科学基金委员会中国科学院学科发展战略研究合作项目"软凝聚态物理学的若干前沿问题"(2013.7—2015.6) 资助下，本丛书主编组织了我国高校与研究院所上百位分布在数学、物理、化学、生命科学、力学领域的长期从事软物质研究的科技工作者，参与本项目的研究工作。在充分调研的基础上，通过多次召开软物质科研论坛与研讨会，完成了一份 80 万字的研究报告，全面系统地展现了软凝聚态物理学的发展历史、国内外研究现状，凝练出该交叉学科的重要研究方向，为我国科技管理部门部署软物质物理研究提供一份既翔实又前瞻的路线图。

作为战略报告的推广成果，参加本项目的部分专家在《物理学报》出版了软凝聚态物理学术专辑，共计 30 篇综述。同时，本项目还受到科学出版社关注，双方达成了"软物质前沿科学丛书"的出版计划。这将是国内第一套系统总结该领域理论、实验和方法的专业丛书，对从事相关领域的研究人员将起到重要参考作用。因此，项目与科学出版社商讨了合作事项，成立了丛书编委会，并对丛书做了初步部署。编委会邀请了 30 多位不同背景的软物质领域的国内外专家共同完成这一系列专著。这部丛书将为读者提供软物质研究从基础到前沿的各个领域的最新进展，涵盖软物质研究的主要方面，包括理论建模、先进的探测和加工技术等。

由于我们对于软物质这一发展中的交叉科学了解不很全面，不可能做到计划的"一劳永逸"，缺乏组织出版一个进行时学科的丛书的实践经验，为此，我们要特别感谢科学出版社编辑钱俊，他对我们咨询项目启动到完成全过程进行了全程跟踪，并参加本丛书的编辑指导与帮助工作，从而有望使本丛书的缺点与不当处尽量减少。同时，我们欢迎更多相关同行撰写著作加入本丛书，为推动软物质科学在国内的发展做出贡献。

主　编　　欧阳钟灿

执行主编　　刘向阳

2017 年 8 月

前　言

生物分子马达 (简称分子马达) 是一类重要的分子机器，它们能够利用各种能量来源主动产生单向的机械运动。无论是生物马达还是合成马达，这些马达的工作原理都不同于人造的宏观发动机。分子马达具有纳米级的尺寸，通常在黏度占主导地位的溶液环境中工作。由此，在低雷诺数和过阻尼条件下，分子马达通常不能依靠惯性来维持运动。此外，分子马达不断受到随机布朗运动的扰动，这为马达的能量转换机制提供了挑战和机遇。长期以来，研究人员一直对生物分子马达如何在这种特殊条件下工作的问题着迷。

在生物系统中，由蛋白质和核酸构成的分子马达无处不在。马达通常利用三磷酸腺苷 (ATP) 水解的化学能或质子穿过细胞膜的电化学势作为能量来源。其中研究得较为透彻的是 ATP 驱动的线性分子马达，包括肌球蛋白 (myosin)、驱动蛋白 (kinesin) 和负责细胞活动 (如肌肉收缩和细胞内囊泡的运输) 的动力蛋白 (dynein)。ATP 驱动和/或质子动力驱动的旋转马达存在于 ATP 合酶、V-ATP 酶和细菌鞭毛马达中。ATP 合酶和 V-ATP 酶还可以作为能量转换器，通过机械旋转将 ATP 化学能和质子电化学势进行可逆转换。作为分子生物学基础的大分子机器，如 RNA 聚合酶和核糖体，也是线性分子马达，它们沿着核酸轨道单向运动去读写遗传信息。

生物分子马达通常会展现出高度复杂的性能，如近乎完美的单向性、高速和高效的能量转换。在细胞维持的非平衡态条件下，通过可用的能量储备提供燃料，这些马达的工作可以自动连续地循环。与此同时，它们也常常受到细胞信号的精确控制。在更复杂的层面上，大量的马达集合可以形成有序的组件，以实现宏观尺度的功能，如肌肉中力的产生。然而，生物分子马达也存在一定的局限性，它们只能在狭义条件下的水环境中工作，稳定性较差，因此在生物体外的应用中常常面临挑战。

在化学和纳米技术领域，人工合成分子机器或马达的概念自从被理查德·费曼首次提出以来，一直是人们追求的目标之一。半个世纪后，2016 年诺贝尔化学奖授予"分子机器的设计与合成"这一领域，由此合成分子机器中的机械运动得以实现。然而，为了响应平衡条件的变化，许多合成分子机器都被设计成开关式的行为，通常它们不会自动移动。到目前为止，仅有少数的几个自主合成马达被报道过，例如，由光驱动的烯烃基旋转分子马达以及由化学催化驱动的轮烷基线性分子马达。基于 DNA 的合成，分子步行者也可以单向自主地移动，但它们通常表现出非常低的速度。因此，就性能而言，合成分子马达在某些方面仍处于早期阶段。然而，与生物马达相比，合成马达有着显著的优势：由于从头开始进行的分子设计使合成马达的灵活性成为可能；除了各种化学燃料外，合成马达还利用了包括光能和电能在内的多种能源；而且合成马达通常具有较高的热稳定性和物理稳定性。因此，合成分子马达在实现生物分子能力之外的新功能方面有着巨大的潜力。

本书中，我们的重点是植根于分子马达这一领域应用的统计物理学理论和方法，以理解、解释分子马达非平衡系统产生的主要结果。近年来，这些研究中的理论方法得到了进一步发展，并继续成为当前研究的重点。此外，本书中的理论方法还能定量地解释实验中的观察结果，并能揭示随着实验技术不断进步而出现的新难题。

生物分子马达的行为和所有生物过程一样，都是复杂的，涉及多个时间尺度上的合作动力学。对于非平衡态统计物理学中的许多问题，研究者常致力于构建并求解能抓住问题本质的简化模型，从而能够获得对高度复杂系统内在机制的理解。这种策略很难在生物系统上实现，因为相互作用能量是高度不均匀的，因此很难构建一个合理的粗粒化策略。然而，要想取得进展，人们必须设计出可处理的粗粒化模型，这些模型可以被模拟或解析 (至少是近似) 地求解。随后，这些方法的有效性可通过与实验结果的直接对比进行验证，同时可进一步检验它们在揭示系统功能机制方面的解释能力。受过去十多年来实验进展的启发，人们提出了一些理论模型，这些理论模型对人们理解生物分子马达具有很大的贡献。然而，这些理论模型是在不同的背景下发展起来的。为了更好地讨论分子马达的输运问题，我们对这些模型的应用提出了自己的看法，这些模型可看作粗粒化模型的推广。因此，我们讨论的模型不仅可以用来解释分子马达的定向运动，而且还可以用来解释马达的输运性能等。

关于生物分子马达研究的文献非常丰富。因此，我们的讨论重点将集中在几类理论方法的主题上，如马达的输运理论、马达的输运效率理论等。这些理论方法足够普遍，可以应用于该领域的一系列问题。对于本书而言，我们主要讨论分子马达统计物理理论的新发展和应用，这些理论不仅能为分子马达提供一个统一的视角，而且还能为功能迥异的一大类生物分子机器提供一个统一的视角。通过应用不同布朗棘轮模型来模拟分子马达的步进动力学，能够从理论上更加深入地理解分子马达的复杂输运特性。

全书共 9 章。第 1 章主要概述生命活动中的分子马达，以及在非平衡态能量输运方面分子马达的实验研究进展与代表性的工作，同时对分子马达研究中存在的实际问题进行讨论。第 2 章将主要讨论分子马达运动所遵循的非平衡态统计动力学理论。我们将从布朗运动理论的历史发展进程入手，引入分子马达运动的朗之万方程。同时，给出计算过程中朗之万方程的具体数值计算方法，以及相应于朗之万方程的福克尔–普朗克方程的典型求解方法。在理论分析的基础上，给出近年来非平衡态统计物理中关于涨落–响应关系的最新理论研究结果以及相应的 Harada-Sasa 等式。第 3 章将主要讨论理论上研究分子马达的统计物理模型——棘轮模型的非平衡态输运理论。通过布朗棘轮模型的引入，详细讨论热噪声引起的棘轮效应实例。同时，给出几种典型棘轮模型的解析方法。在此基础上，重点讨论布朗棘轮输运品质的具体研究方法与优化策略。特别地，对于布朗棘轮产生的随机共振和反常输运行为给出具体的分析方法。由于实验上生物分子马达的效率很高，而实际理论计算得到的布朗棘轮模型效率相对较低，因此，我们将在第 4 章详细讨论布朗棘轮的输运效率理论。同时，给出实验上与理论上计算生物分子马达效率的一般方法。特别地，对于无负载条件下分子马达效率的计算，给出了斯托克斯效率的计算方法。由于生物分子马达所处的环境不同，理论上我们将详细讨论布朗棘轮模型不同效率的具体计算方法。对于近年来发展非常成熟的随机能量学理论，我们还将讨论布朗棘轮输入能的具体计算实例。

接下来的第 5 章到第 8 章，主要介绍近些年来我们在分子马达领域的理论研究成果。第 5 章主要讨论不同棘轮结构对分子马达输运的影响，讨论两态闪烁布朗棘轮、粗糙棘轮及行波棘轮中布朗粒子的输运性能。第 6 章主要讨论温度驱动棘轮的性能。应用非平衡态热力学理论，重点讨论热驱动布朗棘轮的昂萨格倒易关系和广义效率。对于双温棘轮中耦合布朗马达出现的流反转现象还给出了具体的理论分析方法。第 7 章将讨论由实验上的反馈控制引起相应布朗棘轮的复杂输运现象。通过引入布朗棘轮的反馈控制理论，重点讨论瞬时速度最大化策略下反馈耦合棘轮的输运品质和延迟反馈控制下耦合布朗棘轮的定向输运性能。特别地，对于反馈惯性布朗粒子还给出了预测共振流的一般理论方法。由于分子马达所处的溶液黏滞环境通常是变化的，因此在第 8 章，我们还将讨论摩擦棘轮的复杂输运行为，对于过阻尼和欠阻尼类型棘轮我们重点讨论了耦合布朗马达的输运及相应的性能。第 9 章我们将对生物分子马达的研究给出具体的应用方向与展望。特别地，对于近年来小系统的随机热力学理论给出了相应理论和实验研究方面的新观点。同时，对于生物分子马达应用研究中面临的挑战给出相应的讨论。

为了使读者更好地阅读本书，我们一方面力求在基本知识铺垫的基础上呈现最新的研究进展，另一方面尽可能通过合理的内容安排使读者可以相对独立地阅读本书的每一章内容。同时，本书较系统地向读者展示了分子马达领域的基本问题及其应用的新发展，希望以此引起读者的兴趣，并能对当前生物物理特别是分子马达的教学与研究提供有益的素材。

本书的成形得益于两位作者多年来的合作，特别是得益于国家自然科学基金委员会理论物理专款合作研修项目的大力资助。本书作者高天附教授自 2014 年开始与本书作者郑志刚教授开展合作研修，由此共同完成了一批有关分子马达方面的研究工作。在此，我们由衷地感谢岁月的馈赠，它不仅赋予了我们珍贵的友谊，更孕育了这本凝聚我们心血与智慧的专著。本书作者高天附教授还要感谢博士指导教师厦门大学物理科学与技术学院前院长陈金灿教授，是他带领作者走入生物物理学的大门，营造了宽松活泼的学术环境，在学业上给予了精心指导和帮助。这种师生之情及对统计物理学的共同探索兴趣支撑着这十多年来的密切合作。作者高天附教授还要感谢攻读博士期间陕西师范大学的金涛师兄给予的理论计算方面的指导和无数个难忘夜晚的讨论。感谢华南师范大学艾保全教授对于本书部分理论研究，特别是在数值计算方面给予的指导和帮助。同时，还要感谢中国科学院大学温州研究院的舒咬根研究员对于生物分子马达实验研究与进展方面赠予的珍贵资料。感谢沈阳师范大学–华侨大学–厦门大学统计物理联合研究组的师生们，正是与你们的不断合作，教学相长，才使得一些成果成为本书的部分内容。感谢国家自然科学基金委员会理论物理专款、教育部高等学校物理学类专业教学指导委员会、辽宁省科技厅、辽宁省教育厅、沈阳师范大学等各方科研项目的资助。

本书作者郑志刚感谢与胡岗教授、胡斑比教授、Michael Cross 教授等的长期合作，感谢与北京师范大学、华侨大学两地课题组的博士后、博士生和硕士生们的合作与充满灵感的讨论，感谢科技部 973 计划、国家自然科学基金委员会、教育部高等学校博士学科点专项科研基金等科研项目的资助，感谢福建省、泉州市、厦门市和华侨大学等单位的大力支持。

最后，感谢欧阳钟灿院士、科技部国家科学技术学术著作出版基金、"十三五"国家重点出版物出版规划项目和科学出版社对本书出版所给予的大力支持。

鉴于作者水平有限，书中不足之处在所难免，敬请同行和读者批评指正。

高天附　郑志刚
2023 年 12 月冬至

目　　录

第 1 章　生命活动中的分子马达

生物细胞是一个具有极性结构的复杂异质系统。同时，细胞内还发生着形形色色的动态生化过程，如基因复制、转录和翻译，囊泡和细胞器在不同空间位置的运输以及有丝分裂 (即细胞分裂) 期间染色体的分离 [1]。细胞以快速有效的方式维持这些过程的能力在很大程度上依赖于一类蛋白质分子，人们通常把这类蛋白质称为马达蛋白 (motor protein) 或生物分子马达 (biological molecular motor，简称分子马达)[1-3]。

目前，尽管人们已经了解到有众多类型的马达蛋白，如肌球蛋白 (myosin)、驱动蛋白 (kinesin)、动力蛋白 (dynein)、DNA 和 RNA 聚合酶 (polymerase) 以及解旋酶 (helicase) 等，并不断发现新的马达种类，但人们普遍认为所有马达蛋白都是通过将化学能转化为机械运动进而来发挥作用的。

马达蛋白最常见的能量来源首先是三磷酸腺苷 (ATP) 或相关化合物的水解，其次是核酸和微管蛋白等蛋白质的聚合。分子马达将化学能转化为机械功的过程通常涉及一个复杂的生化反应和物理过程的网络，它们通常发生在毫秒或更短的时间尺度上，同时还会伴随很高的热力学效率。然而，马达蛋白中机械–化学耦合的微观细节在很大程度上仍然还是未知的 [1-3]。理解这些机制更是一个具有挑战性的课题，需要化学家、物理学家和生物学家的共同努力。

1.1　生物分子马达概述

从机械的角度来看，马达蛋白可看作亚微观的纳米级马达 (nanometer-size motor)[2]，它们消耗燃料 (通过化学反应过程提供) 来产生机械功。然而，与宏观热机不同的是，分子马达主要在单分子水平上运转，并处于非平衡态的恒温环境中。局部分子环境的状态和热涨落是至关重要的。一个成功的马达蛋白机制理论描述应该认识到它们的多重构象转换，解释所涉及的复杂的机械化学过程，并解释它们的效率。

在过去的二十多年里，马达蛋白的实验研究取得了巨大的进展，感兴趣的读者可参阅 Howard 的专著 [2] 和相关参考文献 [4-16]。特别地，Howard 的专著写于 20 多年前，涵盖了细胞骨架马达的各个方面，是这一领域的里程碑。它提供了理解马达力学基本原理所需的概念和实践指南。随着实验技术的发展，目前人们在各种外部条件下，如高空间和时间分辨率条件下测量负载的同时还能监测和控制单个马达蛋白分子的运动。这些研究揭示了许多以前未知的微观细节,并且这些定量的实验结果激发了人们对分子马达动力学机制的各种理论探讨 [17−29]。

1.1.1　马达蛋白

分子马达在细胞中执行的各种生物功能决定了它们自身复杂的多域结构,图 1.1 描述了三种重要类型的马达蛋白 [1,2,6,9,30]。这些马达最关键的部位是马达域 (motor domain),通常被称为 "头部",在那里产生酶的活性,并与特定的分子轨道如微管 (microtubule) 和肌动蛋白丝 (actin filament)(或在其他情况下与 DNA 和 RNA 分子) 紧密结合。当马达域与其线性肌丝 (linear filament) 轨道脱离时,其催化活性会大大降低。对于大多数马达蛋白来说,每个马达域只有一个酶转化的活性位点 (active site),如驱动蛋白和肌球蛋白 [1,2]。然而,细胞质动力蛋白 (cytoplasmic dynein) 的马达域至少有四个 ATP 结合位点 [14,16],额外潜在的活性位点的存在可能与马达活动的调节相关。

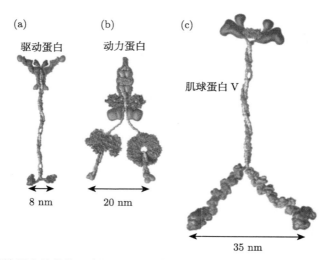

图 1.1　三种马达蛋白的结构示意图。如 (a) 传统的驱动蛋白、(b) 细胞质动力蛋白和 (c) 肌球蛋白 V (myosin V),在其结构和大小上显示出巨大的不同。尾部结构域位于图示的上端,而马达域或头部位于下端。驱动蛋白和肌球蛋白 V 中运动的头部分别与微管和肌动蛋白直接结合 (未显示),但在动力蛋白中,微管结合区域与马达域 (六聚环结构) 分离了近 20 nm[3]
(彩图见封底二维码)

如图 1.1 所示,马达结构域通过链 (tether) 或茎 (stalk)(通常为螺旋结构) 连接到尾部区域。尾部区域在马达的活动中发挥着重要的作用 [1,2,30],它们能与细胞 "货物" 连接,如囊泡和细胞器,并且在没有合适负载的情况下尾部结构域可与马达域结合，从而切断酶的活性[2]。有的马达蛋白就像火车头一样作为一个独立的个体发挥作用：它们通过反复水解 ATP 分子 (大约每 10 ms 水解一个) 才能获得动力在轨道上运动，经过数百个离散的、接近等大小纳米级的步进才最终与轨道分离。

分子马达可分为持续和非持续马达。所谓持续马达是指那些沿轨道做长距离定向运动而不脱轨的马达。如果定义马达在一个化学循环内吸附在轨道上所占时间的比例为“占空比”(duty ratio)，则持续马达的“占空比”接近 100%，可在细胞内独立承担各种任务，如输运囊泡等；而非持续马达的占空比小于 2%，经常以集体形式发挥作用[31]。在持续马达蛋白中，有传统的驱动蛋白、细胞质动力蛋白和肌球蛋白 V 和 VI 等。前两种蛋白在微管上行走，驱动蛋白沿微管正 (或快速增长) 端运动，而动力蛋白沿微管负端做定向运动。然而，肌球蛋白与肌动蛋白丝结合，肌球蛋白 V 沿微管正向移动，而肌球蛋白 VI 则相反地向微管负端移动。

大多数单分子实验都是在酶上进行的。然而，许多马达蛋白只有在大的群体中才具有生物学功能，尽管其合作机制的细节在很大程度上还尚未解决[1,2]。最明显的例子是肌肉收缩中的肌球蛋白[2]。肌球蛋白 II 这种非持续性的马达通常只能完成一个或几个步进或冲程，然后完全脱离肌丝轨道。人们普遍认为，马达蛋白这种明确的持续性过程与其特殊的结构特征密切相关[32]。非持续性马达通常是单体，而持续性马达则以二聚体 (dimeric) 乃至低聚体的形式存在。

1.1.2 分子马达类型及简单的工作原理

生物分子马达扮演着各种各样的细胞角色[33]。从最基本的物理意义上讲，每种类型的分子马达都是将储存的一种非平衡态自由能转换成另一种。例如，转换可在机械能、电能、化学能以及跨空间和化学物种 (小分子和生物聚合物序列) 的低熵分布之间进行[34]。

从运动方式上来看，分子马达可分为平动马达和转动马达。平动马达包含驱动蛋白、肌球蛋白、动力蛋白、DNA 解旋酶、DNA 和 RNA 聚合酶和核糖体 (ribosome) 等。转动马达则包含 ATP 合酶 (ATP synthase)、鞭毛马达 (flagellar motor) 和病毒 DNA 包装马达 (DNA packagingmotor) 等。令人惊叹的是，尽管这些马达本质上只不过是单分子，但其晶体结构、电镜照片和实验分析显示出它们也具备宏观机器的各种“组件”[31]。

输运马达 (transport motor)，如驱动蛋白[35]、动力蛋白[36]和肌球蛋白[37]沿着肌丝轨道输送细胞货物 (如细胞器或染色体)。这类马达能将化学势差 (通常在 ATP 和二磷酸腺苷 (ADP)+ 无机磷酸盐 (P_i) 之间) 转化为定向机械力，并最终转化为空间的浓度差。移位酶 (translocase)(如 ϕ29 包装马达[38]和核酸解旋酶[39]) 拉动生物聚合物 (在包装或解链过程中)，从而将化学势差转化为机械力，最终跨越自由能势垒重新分布。肌肉马达 (muscle motor)(如肌动蛋白纤维中的肌球蛋白 [1]) 能够提供肌肉的运动,从而将化学势差转换为对负载力的线性运动 (如肌肉运动)。

对于平动马达,如图 1.1 (a)~(c) 所示。尽管它们之间存在差异,但其结构大致相同。这些马达都是二聚体。核苷酸结合位点位于两个运动的马达头部,同时这两个运动的头部通过一个移动的连接体颈链 (肌球蛋白中的杠杆臂) 连接到参与二聚化和货物结合的尾部域。马达头部的核苷酸结合与水解引起的改变将会导致颈链的构象变化,从而推动马达在细胞骨架丝 (cytoskeletal filament) 上的运动。为了持续地步进,马达在脱离轨道之前要行走许多步,其间一个头部必须被绑定,直到分离的头部重新绑定到轨道上的某个位置。其定向运动示意图如图 1.2 所示。这个过程涉及头部之间的沟通,通常被称为门控 (gating),其起源在分子水平上仍没有被完全理解。

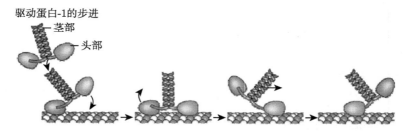

图 1.2   驱动蛋白-1 的步进示意图。持续马达是一种二聚体,在任何给定的时间,一个头部牢牢地固定在轨道上,而另一个头部则朝下一个结合位点前进。持续马达的例子有驱动蛋白-1、肌球蛋白 V、肌球蛋白 VI 和细胞质动力蛋白 [40] (彩图见封底二维码)

泵 (pump)(如 Na^+/K^+-ATP 酶 (ATPase)[41] 和细胞呼吸中的电子输运复合物 I、III 和 IV) 推动小分子穿过膜,从而将反应物和产物之间的化学势差转换为另一种化学物质在膜上的浓度差。聚合酶 (如 DNA 聚合酶 [42]、RNA 聚合酶 [43] 和核糖体 [44]) 将单体添加到生物聚合物的末端,从而将化学势差转换为聚合物序列的低熵分布。旋转马达 (rotary motor)(例如,F_0F_1-ATPase [45] 和细菌鞭毛 [46]) 将跨膜的电化学势差转化为对扭矩的旋转 (从而执行工作)。

分子马达通常作为紧密耦合或松散耦合的大型组件 (large assembly) 的一部分来完成它们的功能:输运马达可一起工作 (当反方向运动时,可以反向工作) 进行货物运输 [47];F_0F_1-ATPase 是两个反向定向旋转马达的紧密组合 [45];聚合酶全酶包括核心聚合酶、解旋酶和误差检查器件 [48];而肌动球蛋白 (actomyosin) 纤维由肌球蛋白马达的精确空间排列构成。

1.1.3 分子马达的结构

生物马达 (驱动蛋白、动力蛋白、肌球蛋白 V) 的结构如图 1.1 所示。尽管传统的驱动蛋白和肌球蛋白 V 在结构上有一些相似之处，但通过对其仔细地研究可以发现，二者在结构上仍存在着相当大的差异[49]。

驱动蛋白 在人类和小鼠基因组中至少有 45 个属于驱动蛋白大家族的成员[35]。它们都是与微管结合的马达，并单向地朝微管的正向 (例如驱动蛋白-1) 或负向 (Ncd (non-claret disjunctional) 马达) 步进。如图 1.1(a) 所示的驱动蛋白的步距可精确到 8.2nm，相当于两个相邻 α/β 微管蛋白二聚体的间距，而微管蛋白二聚体是微管的重要组成部分。驱动蛋白只有几个纳米大小，而茎区的长度在 30～40 nm。驱动蛋白的步进速度取决于 ATP 的浓度，且可在高浓度下达到饱和。实验上，若取 $k_{\mathrm{B}}T = 4.1\mathrm{pN} \cdot \mathrm{nm}$，其中 k_{B} 是玻尔兹曼常量，T 是温度，则马达能以大约 800 nm/s 的最大速度向微管的正端运动[50]，并且能够抵抗大约 7 pN 量级的力[51]。

动力蛋白 细胞质动力蛋白发现于 60 多年前[52]，如图 1.1(b) 所示，它在微管上朝负端步进的过程中，其步长具有较宽步长分布的不规则特点[53]。与其他细胞骨架马达相比，如图 1.1(b) 所示的动力蛋白具有不同的结构特征。首先，马达头部属于 AAA+ 家族，这意味着与肌球蛋白和驱动蛋白相比，动力蛋白一定是从不同的谱系进化而来的。其次，其他 AAA+ 酶，如细菌伴侣蛋白和蛋白质降解马达，都是低聚体组件 (oligomeric assembly)。相反，构成动力蛋白马达域的六聚环是由一个单一的多肽链组装而成的。再次，动力蛋白马达的头部大小明显大于驱动蛋白和肌球蛋白。动力蛋白马达的头部沿其最长轴的长度约为 25 nm，与驱动蛋白形成对比的是动力蛋白的直径仅为 5 nm 左右。最后，虽然动力蛋白有六个核苷酸结合位点，但只有两个 (也许三个) 的水解与它的运动有关[49]。在 1 mmol/L ATP 下，动力蛋白的速度约为 800 nm/s，失速力 (stall force) 约为 7 pN[54]。

肌球蛋白 目前，实验上大约有 35 个基因编码的肌球蛋白[37]。肌球蛋白马达域的系统发育分析表明，肌球蛋白超级家族可分为约 31 个种类[55]。从功能上的考虑来看，在超级家族中有五种类型的马达[56]。肌动蛋白结合肌球蛋白的超级家族可分为 15 个种类[37,57]。除了肌球蛋白 VI，这个家族的所有其他成员都朝肌动蛋白的正向步进。如图 1.1(c) 所示，肌球蛋白 V 的结构表明马达头部与 6 个 IQ 基序组成的杠杆臂相连。杠杆臂为 23～27 nm 长的刚性单元 (持续长度超过 100 nm)，其大小与 F-肌动蛋白螺旋重复长度的一半相当。肌球蛋白 V 的最大速度约为 500 nm/s[58]，其马达头部大于驱动蛋白-1，而它的失速力在 2～3 pN[59]。

ATP 合酶　ATP 合酶偶联氢离子沿其梯度从 ADP + P_i 向合成 ATP 的方向输运, 以对抗有利于 ATP 水解的化学势差[45]。尽管旋转运动的 ATP 合酶是一个庞大而复杂的分子复合体, 但通信是通过一个相对简单的机械坐标来调节, 即连接完整膜 F_0 亚基和可溶性 F_1 亚基的曲轴旋转角度, 如图 1.3 所示。ATP 合酶的单分子研究通常会去除 F_0 亚基, 在连接 F_1 亚基的曲轴上附加一个实验手柄 (如一个磁珠或二聚体磁珠), 同时通过使用磁阱 (magnetic trap)[62] 或电流来监测或强制旋转[63]。这类实验表明, F_1 能以接近 100% 的效率工作[63,64]。

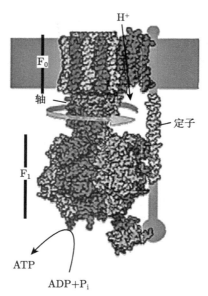

图 1.3　ATP 合酶结构示意图 (直径约为 $10nm^{[60]}$)。嵌入膜的 F_0 马达 (顶部) 在跨膜质子流 (沿电化学梯度向下) 的驱动下发生转动。细胞质 F_1 马达 (底部) 将这种旋转与 ADP+P_i 结合起来并可完成 ATP 的合成[61] (彩图见封底二维码)

1.1.4　分子马达的工作环境

分子马达这类纳米级大小的机器由相对柔软的蛋白质材料构成, 其能量尺度与环境温度下的热能 k_BT 相当, 因此显著的随机涨落 (stochastic fluctuation) 将无处不在[65]。与水中扩散的花粉颗粒类似[66], 细胞内的分子马达经历了很大的随机涨落, 因为它们不断地受到周围介质 (通常是水或其他蛋白质) 碰撞的挤压。因此, 即使是一个被驱动的马达也只会平均地沿给定的轨道方向移动, 包括暂停、后退和偏离轨道的步进等[67]。这些随机涨落是分子马达在阻尼环境运动中受到噪声作用的另一种表现形式。在平衡态下, 摩擦阻尼 (frictional damping) 和随机碰撞与涨落耗散定理 (fluctuation-dissipation theorem) 紧密相连[68]。

分子马达的典型长度和速度量级使其处于低雷诺数 (Reynolds number) 区域。雷诺数是一个无量纲参量，与物体的尺寸、惯性力及黏滞力有关，定义为 [69]

$$Re \equiv vL/(\mu/\rho) \tag{1.1.1}$$

其中，v 为马达速度，L 为马达的特征线性长度，ρ 为液体密度，μ 为黏度。雷诺数的物理意义主要表示为物体的动量和黏度的比值。

例如，以驱动蛋白马达为例，其最大速度约为 1μm/s，尺度约为 10nm，室温下水的黏度约为 10^{-3}Pa·s 及近似密度为 10^3kg/m^3，这意味着马达的雷诺数 Re 约为 10^{-8}[70]，且是一个十分微小的数值。这一结果表明，等式 (1.1.1) 中的黏滞 (摩擦) 力将支配着惯性力，所以分子马达的运动完全是过阻尼的，即任何瞬时的运动方向都是通过与马达周围环境的剧烈碰撞而迅速随机化的，关于不同阻尼情况下马达的运动将会在 2.2 节与 2.3 节进行详细讨论。结果，马达很快就 "忘记" 了它的运动方向。与宏观的机器不同，分子马达不能依靠惯性来完成任何定向运动。这种纳米量级物体的平均运动只有在某个物体的不断 "推动" 下才会持续。从本质上来说，任何马达的 "速度" 都是由前进与后退的非平衡态特性产生，并与物理意义上的瞬时速度的概念截然不同 [34]。

分子马达在细胞内部拥挤的环境中工作。水的黏度是 10^{-3}Pa·s，而细胞内的黏度测量值高达 10^3Pa·s，比水高出 100 万倍 [71]。这种较高的细胞内的黏度主要来自大分子的聚集，即高浓度的大分子将占据细胞体积的 10%～40%。这意味着，细胞内的生物分子马达所经历的雷诺数比它们在水中所经历的低数值还要更小。

事实上，对于分子马达来说，想在细胞环境中移动一点都不容易。由于周围液体的黏度相对较高，马达必须与强大的摩擦力进行斗争。另外，由于溶液分子的热运动，马达还将遭受来自各个方向的强烈撞击。由此，分子马达的运动就像 "在飓风中行走，在糖浆中游泳" 一样。

通常情况下，分子马达是周期运行的，允许任务的重复性，在较短时间尺度上的随机行为平均到较长的时间尺度上可表现出更可靠的输出结果 (定向输运)。这些机械循环涉及化学和构象变化等事件。与构象弛豫时间尺度相比，化学反应基本上是瞬间进行的，但化学反应的等待时间可超过构象的弛豫时间尺度。

此外，不同马达之间的耦合允许能量弹性地存储，并可能在释放前在链接处累积，基本上消除了相互作用部件之间的任何不匹配。这一特点允许两个相互作用马达行为的动力学解耦 [45]。例如，在 F_0F_1-ATPase 中，弹性能量的存储使得具有不同周期性的组件 (如 F_0 和 F_1) 之间能够实现能量传递 [72]。

1.2　分子马达非平衡态能量的实验研究进展

马达蛋白的结构信息主要来自于衍射技术和低温显微镜 (cryomicroscopy)[2]。虽然这些实验数据至关重要,也可以实现对马达中间结构状态的了解,但对分子马达动力学的理解目前主要还是依赖于两类体外研究 (*in vitro* investigations)。一方面,对马达分子整体溶液的观察决定了它们所经历的各种生化过程的化学动力学性质。另一方面,单分子实验 (single-molecule experiment) 揭示了单个分子的涨落和机械化学反应。这两种方法是互补的,并对阐明马达运动性 (motility) 机制很重要 [2,9,73]。此外,这两种方法还可通过研究马达的变异得到加强,从而揭示马达特定结构域的作用及马达间的相互作用。

在大量溶液中研究马达蛋白是一种便捷的途径,因为成熟的化学动力学方法,如停流技术、同位素交换、荧光标记和温度淬火等可用于测定马达酶的平衡和非平衡态特性 [74]。这些实验结果表明,马达蛋白的功能可能包括多种状态和构象,并且这些状态和构象耦合在一个复杂的生化网络中。然而,对于大量马达蛋白来说,已被证实的结论是一个或几个生化途径 (biochemical pathway) 将会处于主导地位,并控制着整个动力学。因此,对于传统的驱动蛋白及肌球蛋白 V 和肌球蛋白 VI 来说,主要的生化途径总是包括至少四种 ATP 水解状态的序列 [17]。

1.2.1　分子马达的单分子观测

最近,关于马达蛋白动力学最具信息性的数据来自于单分子实验,其中包括光阱光谱法 (optical-trap spectrometry)、磁镊、福斯特共振能量转移 (FRET)、动态力显微镜、荧光成像以及许多其他技术 [5,7,9−13,15,16]。此外,被动监测和主动操控 (特别是通过施加力和扭矩) 为揭示马达的运动机制提供了强有力的实验手段。

光阱光谱法 [6,16] 是最成功和应用最广泛的方法之一。在这种方法中,单个马达蛋白通过化学方法附着在由外部激光束捕获的微米大小或更小的珠 (bead) 上。当小珠与马达分子的轨道结合并持续运动时,小珠会跟随马达分子运动,如图 1.4 所示。由于外部电磁场是不均匀的,小珠将被束缚在光线最强烈的焦点附近。然而,小珠距焦点处的任何纳米级位移都会产生一个皮牛顿量级的恢复力,该恢复力几乎与四象限光电二极管 (quadrant photodiode, QPD)[5,8] 测量的差分输出位移成正比。如此,光镊 (optical tweezers) 产生的谐波势阱可进一步进行高精度校准。

图 1.5(a) 给出在微管上运动的驱动蛋白的力–位移–时间实验的显著结果。同时,如图 1.5(b) 所示,可通过在 $t = 1.5\mathrm{s}$ 时马达与小珠刚度的急剧下降 (动态监测) 来检测马达与轨道的结合。在三磷酸腺苷充足的环境下 (通常为毫摩尔水平),马达开始将小珠从陷阱中拖出来,这种拖曳不是连续的而是通过一系列正向

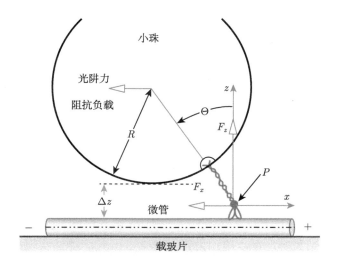

图 1.4   光阱实验中驱动蛋白、微管和小珠复合体的结构示意图。微管固定在载玻片上，载玻片可相对于 (固定的) 光阱移动。光阱施加在小珠上的力 F_x 通过颈链传到马达上连接两个头部的连接点 P。平均偏移量 $\Delta z \approx 5\text{nm}$ 是热涨落的结果，按比例来说，z 应该小得多，而小珠直径 $R \approx 250\ \text{nm}$[25]

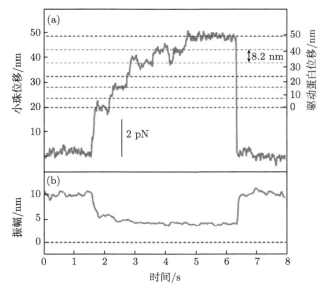

图 1.5   光阱法测量单个驱动蛋白分子在 20 μmol/L ATP 下的运动。(a) 小珠位移随时间的变化。注意这与负载力成比例 (参见图中 2pN 比例尺)。(b) 随时间变化的驱动蛋白–小珠刚度的测量结果 [5]

的离散步进实现。实验上,步进的步长 d 已被证实接近 8.2 nm,即微管原丝的周期,换句话说,等于 (α, β) 微管蛋白一维晶格的间距 [1,3]。对于在肌动蛋白丝上运动的肌球蛋白 V,平均步长 $d \approx (36 \pm 3)$nm,接近肌动蛋白双螺旋的半周期 [1,3,9]。

此外,其他实验表明 [75],低负载下马达每前进一步都对应一个 ATP 分子的水解,这种观察到的现象被称为紧耦合 (tight coupling)。当小珠被进一步拉出陷阱时,阻力 (图 1.4 中的 F_x) 增加,马达减速,并在 7~8 pN 的负载条件下达到失速状态 (即零平均速度)。如图 1.5 所示,在一段时间后,且在马达从轨道上分离 ($t \approx 6.3$s) 之前,马达蛋白可能会出现反转或反向步进。在同一分子上重复多次这样的实验揭示了内在的随机涨落,例如,平均速度 $V(F_x, [\text{ATP}])$ 作为负载和燃料供应的函数。

通过整合反馈控制,可以施加力钳 (force clamp),能够实现在稳定的受控负载下观察数十到数百步的持续步进。进而,可以测量马达的随机性 [8]

$$r(F_x, [\text{ATP}]) = 2D/Vd \approx \langle [\Delta x(t)]^2 \rangle / d \langle x(t) \rangle \qquad (1.2.1)$$

这里,$x(t)$ 是马达沿轨道的位移,且是时间的函数,角括号 $\langle \cdot \rangle$ 表示多次运动的平均值,$\Delta x(t) = x(t) - \langle x(t) \rangle$,由此利用关系 $D \approx \langle [\Delta x(t)]^2 \rangle / 2t$,可以测量马达的扩散系数 [76]。最近,力钳的装置已经扩展到允许在受控矢量力 $\boldsymbol{F} = (F_x, F_y, F_z)$ 下辅助和抵抗以及在任意倾斜角度下观察单个蛋白质的动力学。然而,到目前为止,F_z 的同步控制 (图 1.4) 尚未实现 [25]。除了高空间分辨率 (1nm 量级) 外,还可以获得 10 μs 量级或更好的时间分辨率。

与光阱技术密切相关的是磁镊光谱 (magnetic tweezers spectroscopy)[12]。马达蛋白的一端再次以化学方式固定在磁珠上,而另一端固定在表面上。马达通过垂直于表面的外加磁场梯度保持张力。小珠离表面的距离 z 和珠子横向涨落的观测值 $\langle \delta x^2 \rangle$(通过能均分定理) 与施加力的关系为 $F_z = k_B T z / \langle \delta x^2 \rangle$。同时,也可以施加控制扭矩。磁镊光谱实验特别适用于研究如拓扑异构酶 (topoisomerase) 和解旋酶 [12],它们的作用是用于退卷 (unwind)、解开 (untangle) 并消除双链 DNA 中的超螺旋。虽然磁镊的构造和使用都比光阱简单,但它们目前的灵敏度较低,分辨率也较低。

Selvin 和他的同事们开发了另一种具有特殊价值的实验方法 [11,13],称为 FIONA (fluorescent imaging with one-nanometer accuracy),表示 1nm 精度的荧光成像。这种技术能以亚秒级的精度跟踪附着在马达蛋白分子上特定部位的单个染色分子的位置。尽管荧光图像的衍射极限光斑大小仅为几百纳米,但只要能够收集到足够多的光子,就可精确地确定与染色分子期望位置相对应的最亮点,其精度可达 1nm。

凭借这项技术，目前已经明确地证实个别双头马达 (double-headed motors)，如驱动蛋白和肌球蛋白 V 与肌球蛋白 VI，以所谓的 "步行"(hand-over-hand) 方式步进，这意味着当马达沿轨道行走时，马达的两个头部将会交替地领先和落后 [13]。最近的实验已表明 [16]，细胞质动力蛋白以类似的方式运动，并可以拖动相对较大的马达域交替地进行步进。

1.2.2　马达蛋白的微观可逆性和非平衡驱动

通过 1.1 节的分析已知，大多数分子马达的运动环境属于过阻尼情况，在细胞溶液环境中将受到涨落的撞击，但它们仍然可以完成周期运动。微观可逆性指出 [77]，分子马达每完成一个正向 (功能) 阶段的轨道，都必须有一个相应的可物理实现的反向轨道。同时，任何向前的步进都会伴随着后退的可能性，尽管这种可能性不大。因此，很难在给定的实验中观察到这种现象 [34]。此外，任何分子马达的运动原则上都是微观可逆的，并且能够逆转任何自由能的转换使马达朝相反的方向进行。这说明上述讨论必然是一种概率现象，而不是确定性现象。这种 (机械和化学) 可逆性实际上已经在 F_1-ATPase[62,63]、F_0F_1-ATPase[78] 和驱动蛋白 [79] 的实验中得到了证实。

在热平衡态时，微观可逆性和由此产生的细致平衡 (detailed balance) 要求不同状态之间的净流量为零 [80]。因此，处于平衡态的分子机器 (molecular machine) 不具备功能性，也不会做任何有用功。此外，处于平衡态的输运马达可能会向前走一步，也可能会向后走一步；平衡态下的 F_0F_1-ATPase 同样可能水解或合成 ATP。

由于平衡态下的分子机器不做功，这意味着分子马达必须处于非平衡态时才能发挥作用。非平衡态是分子马达实现输运货物的基础，也是它们实现定向运动的基础。因此，分子马达实现定向运动的能力依赖于环境中的非平衡驱动力，进一步，这个非平衡驱动将会导致马达系统自由能的耗散。

与温差驱动的宏观热机不同，生物分子马达是等温的，并且由非平衡的化学驱动，通常这种驱动来自反应物和产物的非平衡浓度或保持跨膜上的梯度。此外，大多数马达主要还是由 ATP 的水解驱动的。在生理背景 (physiological context) 下，ATP 及其水解产物 ADP + P_i 的浓度处于非平衡态，它们提供了 $20k_BT$ 的驱动力 [81]，从而使热涨落的作用变得很小。

1.2.3　生物分子马达非平衡能量耗散的实验研究

值得一提的是，最近的几项研究进一步证实了分子马达的非平衡输运特性 [49]。首先，Harada-Sasa 等式 [82] 量化了朗之万过程在偏离平衡态时热量的

产生情况，并给出如下等式关系

$$\dot{Q} = \gamma \left\{ v_{\mathrm{s}}^2 + \int_{-\infty}^{\infty} \left[\tilde{C}(\omega) - 2k_{\mathrm{B}}T\tilde{R}'(\omega) \right] \frac{\mathrm{d}\omega}{2\pi} \right\} \tag{1.2.2}$$

该等式把系统总的热耗散率 $\dot{Q}$、摩擦系数 γ、速度涨落的关联函数 $C(t) \equiv \langle [\dot{x}(t) - v_{\mathrm{s}}][\dot{x}(0) - v_{\mathrm{s}}] \rangle_0$ 的傅里叶变换及响应函数的实数部分 $\tilde{R}'(\omega)$ 联系起来。关于 Harada-Sasa 等式将在 2.6 节给出更详细的讨论与证明。

平衡态时，细致平衡条件满足 $v_{\mathrm{s}} = 0$，这便导出了标准的涨落耗散定理，$\tilde{C}(\omega) = 2k_{\mathrm{B}}T\tilde{R}'(\omega)$。进而，热耗散为零。因此，等式 (1.2.2) 将涨落–响应关系的破坏程度与从系统到热浴的能量耗散率联系起来。到目前为止，至少有两项非常杰出的工作是利用 Harada-Sasa 等式对分子马达的热耗散进行了实验上的定量评估，一项应用于平动的驱动蛋白 [83]，另一项应用于旋转的 F_1-ATP 合酶 [84]。

1. 驱动蛋白非平衡能量耗散的实验研究

Takayuki Ariga 等利用 $\omega = 2\pi f$ 关系，将 Harada-Sasa 等式进行了变形，得到一个新的恒等式 [83]

$$J_x = \gamma \bar{v}^2 + \gamma \int_{-\infty}^{\infty} \left[\tilde{C}(f) - 2k_{\mathrm{B}}T\tilde{R}'(f) \right] \mathrm{d}f \tag{1.2.3}$$

实验中监测了驱动蛋白马达的位移 $x(t)$，并利用单分子测量得到的时间轨迹直接计算了速度涨落的响应函数和自关联函数的傅里叶分量。这一实验是基于参考文献 [85] 所述，图 1.6(a) 给出了该测量装置的实验原理图。配备有光镊的显微镜经过改进后加入了快速反馈力钳和 epi-荧光成像技术。尾部截断的驱动蛋白结构体与 489 nm 探针粒子结合。荧光微管 (fluorescent microtubule)[83] 非特异性地附着在玻璃流细胞 (glass flow cell) 上。用酪蛋白 (casein) 溶液冲洗细胞后，在 $(25+1)$℃ 的条件下，通过 ATP、ADP 和磷酸钾的指示浓度可将探针捕获在微管上。将捕获探针的明场图像投影到四象限光电二极管上，由现场可编程门阵列 (FPGA) 嵌入式数据采集板以 20 kHz 的采样率采集信号。反馈调节的捕获位置是根据 FPGA 电路上的信号以相同的速率计算出来的，这一反馈控制过程允许探针通过声光偏转器 (AOD) 施加任意的力。位移校准通过二维扫描进行，其中均方根残差小于 1 nm。陷阱刚度由标准方法测定。更详细的方法和数据分析可参考文献 [83]。

图 1.6(b) 显示了使用带有 FPGA 反馈的力钳式光镊观察到的单分子驱动蛋白的运动。该装置自动检测驱动蛋白的行走并启动力钳模式，该模式能够保持探针和陷阱中心之间的距离恒定。因此，陷阱中心跟随显示热涨落和驱动蛋白运动

的探针运动, 直到探针到达四象限光电二极管可检测范围的末端。Takayuki Ariga 最主要的实验结果表明, 利用等式 (1.2.3) 进行验证的总的热耗散和驱动蛋白所做的功加起来并不等于输入到马达系统总的化学自由能。

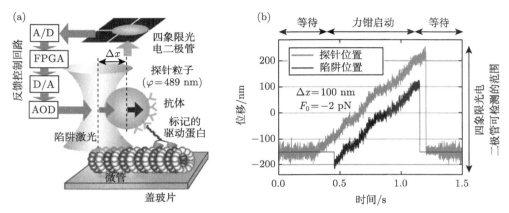

图 1.6　(a) 驱动蛋白运动的力钳测量实验装置原理图; (b) 用 FPGA 力钳测量典型的探针和陷阱轨迹 [83] (彩图见封底二维码)

　　此外, 实验结果显示出与外力作用下的输出功率相比, 通过连接到驱动蛋白探针上的非平衡耗散要小得多。特别是, 这两项能量耗散率之和约为输入到马达系统总的化学自由能的 20%, 这意味着输入到马达系统的大部分 ($\approx 80\%$) 化学能以隐藏的耗散方式消耗掉了, 这是之前研究中从来没有意识到的问题 [83]。此外, 实验结果还通过简化的驱动蛋白理论模型分析了马达运动对探针涨落的传递, 并得出隐藏耗散是马达 "内部耗散" 的结论。尽管 Yildiz 等 [86] 提出的双循环模型已经考虑了其他的可能性, 例如 ATP 水解还会涉及无步进的无效循环, 但并没有包含没有化学过程的机械力引起的滑动等其他情况。为了描述马达的功能, 应该在动力学模型中进一步引入耗散因素。

　　最近, 实验上未观察到的反应路径 (reaction pathway)、隐藏的自由度 (hidden degree of freedom) 及其对生物分子机器能量学的影响理论上已被广泛讨论 [87]。实验上如果能够量化驱动蛋白分子的内耗散 (internal dissipation), 相应研究将有助于阐明尚未解决的分子马达非平衡的耗散机制问题。

　　2. 旋转 F_1-ATPase 非平衡能量耗散的实验研究

　　此外, Shoichi Toyabe 等利用 Harada-Sasa 等式对单个旋转 F_1-ATPase 进行了实验研究 [84], 其实验装置如图 1.7 所示。包括扭矩校准在内的实验装置与文献 [88] 中的装置基本相同。来自具有变异的嗜热芽孢杆菌 PS3 的 F_1 分子被固定在 Ni^{2+}-NTA(氨三乙酸) 功能化的盖玻片上, 如图 1.7(a) 所示。在装有 1800

Hz 高速摄影机的相差显微镜上，同时在含有 5mmol/L MOPS-K 指示量的 ATP、ADP、P_i 与超过 ATP 和 ADP 1 mmol/L 的 $MgCl_2$ 的缓冲液中观察到附着在 γ 轴上的直径为 0.287 μm 的二聚体探针粒子的旋转。

　　采用如图 1.7(b) 所示的电旋转方法[88] 得到了恒定外部负载所需的扭矩和响应测量。扭矩大小与施加电压振幅的平方和介质物体的体积成正比。为了进行扭矩校准，实验测量了每个腔室中多个自由旋转粒子的扭矩–电压关系。

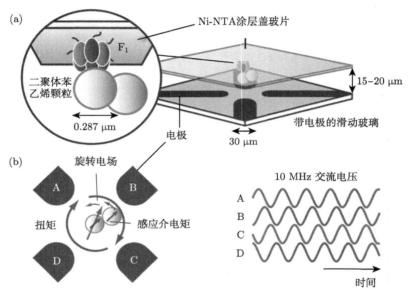

图 1.7　(a) 实验装置图，二聚体苯乙烯颗粒附着在固定在顶部玻璃表面的 F_1-ATPase 的 γ 轴上。底部玻璃表面涂有四个电极，电极之间的距离是 50μm。(b) 电旋转法，通过施加相移 为 $\pi/2$ 的正弦电压，在四个电极中心产生频率为 10 MHz 的旋转电场。在这个旋转电场中的 介电物体具有 10 MHz 的旋转介电矩。电场和介电矩之间的相位延迟导致了物 体上的扭矩[84]

　　这个实验在单个分子水平上测量了 F_1-ATPase 的涨落–响应关系的破坏程度，同时利用非平衡态 Harada-Sasa 方程计算了探针的热力学量。实验结果发现，F_1-ATPase 在各种条件下的工作效率接近 100%。该实验的另一重要发现是，100% 效率下的自由能转换并不违背热力学定律，但令人惊讶的是如此高效的机械竟然存在，且实际上是在细胞中工作的。同样值得注意的是，F_1-ATPase 可以适应各种条件来保持这种效率[84]。由于 γ 轴的旋转是细胞中 F_1 马达和 F_0 马达之间传递能量的唯一途径，所以这种高效率可能是在漫长的进化过程中，为了 ATP 水解或合成及质子输运的有效耦合而发展起来的。包括这种可能性在内，旋转马达这种高效能量转换的详细机制和意义仍然是未来研究的课题。

此外,上述实验结果还表明,酶的总自由能输入被分解为热量和功的产生,并且伴随的能量损耗很小。这意味着 ATP 合成的循环与水解驱动马达旋转的逆循环相对应。然而,Sumi 和 Klumpp 最近对 F_1-ATPase [89] 进行细致的理论分析表明,旋转马达的可逆性 (100% 的效率) 只有在一定的条件下才能实现。

在没有化学–机械耦合的情况下,机械滑移 (mechanical slip) 可以在较大的外部扭矩下发生,其效应在低 ATP 和 ADP 浓度下被放大。还有争议的是,除了探针的黏滞耗散外,生物纳米马达引起的机械滑移的扭矩也会引起旋转马达自身的热耗散。这是分子构象变形的结果,在没有扭矩的情况下分子构象得到了最佳的优化 [49]。

1.3 分子马达研究的实际问题

1.2 节讨论所涉及的优秀实验和相应理论方法的结合极大地促进了对生物马达 (机器) 如何工作的理解。然而,即使在体外条件下仍然没有完全了解这些生物马达是如何工作的。这并不奇怪,就像血红蛋白 (hemoglobin) 的研究历程一样,尽管经过了 50 多年的深入研究,但人们仍然没有完全理解血红蛋白中的变构通信 (allosteric communication) 和氧运输之间的联系。目前,还不清楚在分子马达中是否存在血红蛋白的类似物,因为血红蛋白被认为是变构的氢分子。对于分子马达的研究,似乎在每个实验中都能提出尚未解决的问题。本节会概述一些具有挑战性的问题 [49]。显然,这些问题还远远不够详尽。

1.3.1 分子细节的重要性

这里,只描述不受分子细节影响的粗粒化理论方法 (coarse-grained theoretical method)。下面简单介绍几个例子,通过一个或几个氨基酸的替换就会引起惊人的变化。

(1) 大约 20 多年前,Endow 和 Higuchi[90] 在 Ncd(一种与驱动蛋白相关的马达) 的颈链 (NL) 域进行了单个氨基酸替代。与传统的驱动蛋白相比,野生型 Ncd 朝微管的负端步进。将颈链中的天冬酰胺 (asparagine,一种极性氨基酸残基) 替换为赖氨酸 (带正电) 后,研究发现 Ncd 沿微管的正负两个方向都有运动。

(2) 肌球蛋白 VI 与肌球蛋白 V 不同,它沿丝状肌动蛋白的负端运动,是肌球蛋白超大家族中唯一具有这种特性的已知成员。据报道,人类基因中有三种突变会导致耳聋。其中一个是错义突变 (missense mutation),马达中所谓的 U50 结构域中酪氨酸 D179Y 替代天冬氨酸 (aspartic acid),能够导致小鼠耳聋 [91]。有研究表明 [92],通过使用多种实验方法,D179Y 突变体导致 ATP 水解的产物磷酸盐

P_i 从分离的头部提前释放，从而阻止其与 F-肌动蛋白的快速结合。同时，ATP 确实与前导头结合，使马达与肌动蛋白分离，从而阻止了持续性运动。除了这些例子之外，还有许多其他的例子，例如 β-心肌肌球蛋白突变与肥厚性心肌病之间的联系。

上述观察结果在一定程度上都忽略了分子细节的影响。如果可能的话，详细的理论模拟可以提供生物物理学的见解，但是将这些研究与马达功能联系起来是一项艰巨的任务。这些轶事般的例子提醒我们，在寻找生物物理学中普遍性原则的同时，不应该忘记分子细节的重要性，否则可能会极大地影响研究结论。

1.3.2 ATP 水解的分子基础

在所有的分子马达中，ATP 水解是产生机械运动的能量源。然而，ATP 或鸟苷三磷酸 (GTP) 水解释放的化学自由能转化为马达蛋白的构象变化并最终形成马达定向运动的详细分子机制至今仍未得到解决。阐明这些机制仍是一个活跃的研究领域，人们也提出了多种方法。例如，人们利用混合量子力学–分子力学 (QMMM) 方法阐述了肌球蛋白活性位点的 ATP 水解反应 [93]。虽然这些方法提供了对马达蛋白能量机制的最初几个步骤的洞察，但在对肌球蛋白头部水解后重新绑定到 F-肌动蛋白及相应动力冲程 (power stroke) 达到极值时的完整分子图像的理解方面仍然是不完整的。

Ross 在 2006 年提出一个有趣的机制 [94]，认为静电可能起到关键的作用。该机制得到了之后 QMMM 计算的支持 [95]。此外，还可以通过以下的场景来加以理解：马达水解后不久，尽管 ADP 和 P_i 间存在强大的库仑排斥作用，但带负电荷的离子的分离仍可能会使周围的蛋白质变形，类似于拨动弹簧一样。这些变形以变构的方式传播到构象变化中，从而在肌球蛋白头部和肌动蛋白之间产生更大的亲和力。随后，肌动蛋白重新结合时的变构变化导致磷酸基的释放，从而缓解了排斥作用 ("弹簧" 被释放，引发一系列构象重排，最后以动力冲程结束)。因此，要想确定在分子长度尺度上系统是如何将 ATP 水解的分子细节放大到纳米尺度上的运动，还需大量深入的研究工作。

1.3.3 马达效率和优化

根据 ATP 水解产生的可用自由能估算理论失速力 (马达速度为零时的外力)，并将其与测量到的失速力进行比较，可以对效率进行简单的评估 [17]。如考虑 F_1-ATPase，它是负责合成 ATP 的 F_0F_1-ATPase 的一部分。在低 ATP 浓度下，这种旋转马达在没有外部施加扭矩 (τ_{tor}) 的情况下可精确旋转 120°。通过选择合适的 ATP、ADP 和 P_i 浓度，用电旋转法和化学势控制 τ_{tor}，可以测量合成方向的旋转概率 p_s。相反，通过消耗 ADP 和 P_i 生成 ATP，可以测量反向水解方向的

概率 p_h，更详细的讨论可参考文献 [63]。研究结果表明，马达失速时的输出能量大致等于化学势。这意味着旋转 F_1-ATPase 马达的工作效率接近 100%。

对于肌球蛋白马达，其步长 d 约为 36nm，所能施加的最大力 $f_{max} \approx \Delta G_{ATP}/d$，在 $\Delta G_{ATP} \approx 22k_BT$ 的情况下约为 2.5 pN。实验测得的失速力 f_{stall} 大致在这个范围内，说明肌球蛋白马达运转效率 $\eta = f_{stall}/f_{max}$ 非常高。对于驱动蛋白（$d = 8.1$nm），可得类似结果 $f_{max} \approx 12$pN，而失速力的实验数值接近 8 pN。因此，驱动蛋白马达的效率值降低了 30%～35%。

与效率密切相关的一个问题是性能优化。在这里讨论的生物马达背景下，性能应该通过运动速度、持续能力来衡量。如上所述，过去十多年的研究中讨论了生物马达如何通过考虑用于分析马达的力–速度曲线模型来优化速度。值得借鉴的是，如果马达采取多个子步进 (substep) 而不是单一的步进方式，速度可能会得到进一步的优化 [96-98]。然而，这些研究还没有考虑持续性 (processivity) 作为 ATP 和外力的函数。此外，对于解旋酶来说，速度的最大化似乎与合成能力的优化无关。在给定可用自由能的情况下，有关最优性能的问题是否必须同时考虑许多功能的需求仍然是一个有待解决的问题。最优性可能取决于一类马达执行的特定功能 [49]。

1.3.4 生物分子马达的复杂性与协调一致性

细胞器从正向运动到反向运动然后再返回的能力与同一细胞器上不同马达的存在和协调有关。脊椎动物细胞中的黑素体 (melanosome) 是研究得最好的模型系统，也是其他运输现象的范例。在两栖动物中，含有黑色素的囊泡被称为黑素体，它们可分散在整个细胞中，也可以聚集在细胞中心，从而产生颜色的变化。对于如图 1.8 所示的黑素体的运输显然是复杂的，它由多个马达的相互作用控制，其中包括驱动蛋白-2、一个朝微管正向运动的微管马达和一个沿微管负端步进的动力蛋白。此外，肌动蛋白结合肌球蛋白 V 也参与转运。

如图 1.8 所示为马达运输黑素体的结构示意图。囊泡要么分散在胞液中，要么聚集在细胞中心附近 [99]。分散和聚集分别由驱动蛋白-2 和细胞质动力蛋白驱动。新的精确测量表明，1 个或 2 个驱动蛋白-2 和 1～3 个动力蛋白可以移动黑素体 [100]。驱动蛋白-2 和动力蛋白在动力肌动蛋白 (dynactin) 的 p150Glued 上竞争相同的结合位点 (如图 1.8 中箭头所示)，并与黑素体活性调节因子蛋白激酶 A(protein kinase A) 相互作用 (未显示)。此外，肌动蛋白细胞骨架 (actin cytoskeleton) 可能通过肌球蛋白 V 来协助驱动蛋白-2 在细胞外围运输或锚定黑素体。在聚集过程中，肌球蛋白 V 的释放有助于动力蛋白介导的运动 "胜过" 驱动蛋白-2 介导的运动 [40]。在哺乳动物的黑素细胞 (melanocyte) 中，肌球蛋白 V 通过 RAB27a 的黑素细胞蛋白被吸收到黑素体中，为黑素体转移到角质形成细胞

(keratinocyte) 做准备。在这种细胞类型中,肌球蛋白 V 和黑素蛋白 (melanophilin) 通过与微管末端结合蛋白-1(microtubuleplus-end-binding protein-1, EB1) 的相互作用来跟踪微管正端。由于黑素体是细胞中与溶酶体相关的细胞器,并且溶酶体显著的双向运动可能是由涉及驱动蛋白-2 的类似马达复合物驱动的。因此,一般来说黑素体这一范例为频繁发现在细胞器特定方向运动的 "错误" 马达提供了解释 [40]。

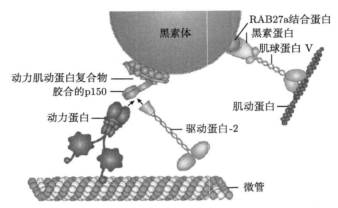

图 1.8　黑素体复杂输运的结构示意图,其中黑素体是含有黑色素的囊泡。动力蛋白和驱动蛋白-2 在胶合的 p150 介导的动力肌动蛋白复合物上竞争同一个结合位点。谁能与动力肌动蛋白复合物结合,这将取决于黑素体的功能 (黑素体的聚集或它们在细胞内的分散)。当黑素体在细胞中分散时,它们被驱动蛋白-2 和肌球蛋白 V 转运,而当它们聚集在一起时,动力蛋白运输货物 [40] (彩图见封底二维码)

　　相比之下,色素的分散是由驱动蛋白-2 介入的,同时也有肌球蛋白 V 的辅助作用。正如图 1.8 所示,由于两个马达竞争同一个结合位点 (动力肌动蛋白上的胶合的 p150),因此肌球蛋白 V 在聚集过程中被释放,囊泡的运输则由动力蛋白主导 [100]。此外,由多个马达驱动的黑素体运动改变的需求是由功能决定的,这种情况下与它们的分散或聚集有关 [49]。

　　尽管个体马达主要在细胞骨架的丝状轨道 (filamentous track) 上单向运动,但也有报道称马达可能会改变方向。早年前,曾报道过一个令人印象非常深刻的关于动力蛋白复合物——动力肌动蛋白 (附着在货物上并激活动力蛋白的复合物,如图 1.8 所示) 双向运动的体外实验。结果表明,复合物在微管上以依赖于 ATP 的速度向两个方向持续运动,且两个方向的速度没有显著差异 [101]。虽然作者提供了一个双向输运机制的定性描述,但这种意想不到的行为的理论是缺乏的。甚至还不清楚构建这样一个理论所需的粗粒化程度,这显然需要揭示囊泡的复杂性运输。

上述事实表明，生物分子马达通常是由许多部件 (马达) 组装而成的。这些组件是强耦合的，并且与环境的不同方面相互作用。同时，强耦合系统的随机热力学 (stochastic thermodynamics) 这一新兴领域为研究分子机器各部件之间的自由能转换提供了有希望的理论框架 [102,103]。

参 考 文 献

[1] Bray D. Cell Movements: From Molecules to Motility [M]. 2nd ed. New York: Garland Pub., 2001.

[2] Howard J. Mechanics of Motor Proteins and the Cytoskeleton [M]. Sunderland, Mass: Sinauer Associates, 2001.

[3] Vale R D. The molecular motor toolbox for intracellular transport [J]. Cell, 2003, 112(4): 467-480.

[4] Gittes F, Meyhofer E, Baek S, et al. Directional loading of the kinesin motor molecule as it buckles a microtubule [J]. Biophys. J., 1996, 70(1): 418-429.

[5] Higuchi H, Muto E, Inoue Y, et al. Kinetics of force generation by single kinesin molecules activated by laser photolysis of caged ATP [J]. Proc. Natl. Acad. Sci. USA, 1997, 94(9): 4395-4400.

[6] Gelles J, Landick R. RNA polymerase as a molecular motor [J]. Cell, 1998, 93(1): 13-16.

[7] Mehta A D, Rock R S, Rief M, et al. Myosin-V is a processive actin-based motor [J]. Nature, 1999, 400(6744): 590-593.

[8] Schnitzer M J, Visscher K, Block S M. Force production by single kinesin motors [J]. Nat. Cell Biol., 2000, 2(10): 718-723.

[9] Mehta A. Myosin learns to walk [J]. J. Cell Sci., 2001, 114(11): 1981-1998.

[10] Kaseda K, Higuchi H, Hirose K. Coordination of kinesin's two heads studied with mutant heterodimers [J]. Proc. Natl. Acad. Sci. USA, 2002, 99(25): 16058-16063.

[11] Yildiz A, Tomishige M, Vale R D, et al. Kinesin walks hand-overhand [J]. Science, 2004, 303(5658): 676-678.

[12] Charvin G, Bensimon D, Croquette V. Single-molecule study of DNA unlinking by eukaryotic and prokaryotic type-II topoisomerases [J]. Proc. Natl. Acad. Sci. USA, 2003, 100(17): 9820-9825.

[13] Snyder G E, Sakamoto T, Hammer J A, et al. Nanometer localization of single green fluorescent proteins: Evidence that myosin V walks hand-over-hand via telemark configuration [J]. Biophys. J., 2004, 87(3): 1776-1783.

[14] Oiwa K, Sakakibara H. Recent progress in dynein structure and mechanism [J]. Curr. Opin. Cell Biol., 2005, 17(1): 98-103.

[15] Veigel C, Schmitz S, Wang F, et al. Load-dependent kinetics of myosin-V can explain its high processivity [J]. Nat. Cell Biol., 2005, 7(9): 861-869.

[16] Toba S, Watanabe T M, Yamaguchi-Okimoto L, et al. Overlapping hand-over-hand mechanism of single molecular motility of cytoplasmic dynein [J]. Proc. Natl. Acad. Sci. USA, 2006, 103(15): 5741-5745.

[17] Kolomeisky A B, Fisher M E. Molecular motors: A theorist's perspective [J]. Annu. Rev. Phys. Chem., 2007, 58(1): 675-695.

[18] Jülicher F, Ajdari A, Prost J. Modeling molecular motors [J]. Rev. Mod. Phys., 1997, 69(4): 1269-1282.

[19] Wang H Y, Elston T, Mogilner A, et al. Force generation in RNA polymerase [J]. Biophys. J., 1998, 74(3): 1186-1202.

[20] Lipowsky R. Universal aspects of the chemomechanical coupling for molecular motors [J]. Phys. Rev. Lett., 2000, 85(20): 4401-4404.

[21] Fisher M E, Kolomeisky A B. Simple mechanochemistry describes the dynamics of kinesin molecules [J]. Proc. Natl. Acad. Sci. USA, 2001, 98(14): 7748-7753.

[22] Reimann P. Brownian motors: Noisy transport far from equilibrium [J]. Phys. Rep., 2002, 361(2-4): 57-265.

[23] Kolomeisky A B, Stukalin E B, Popov A A. Understanding mechanochemical coupling in kinesins using first-passage-time processes [J]. Phys. Rev. E, 2005, 71(3): 031902.

[24] Stukalin E B, Phillips H, Kolomeisky A B. Coupling of two motor proteins: A new motor can move faster [J]. Phys. Rev. Lett., 2005, 94(23): 238101.

[25] Fisher M E, Kim Y C. Kinesin crouches to sprint but resists pushing [J]. Proc. Natl. Acad. Sci. USA, 2005, 102(45): 16209-16214.

[26] Qian H. Cycle kinetics, steady state thermodynamics and motors: A paradigm for living matter physics [J]. J. Phys.: Condens. Matter, 2005, 17(47): S3783-S3794.

[27] Xie P, Dou S X, Wang P Y. Model for processive movement of myosin V and myosin VI [J]. Chin. Phys., 2005, 14(4): 744-752.

[28] Klumpp S, Lipowsky R. Cooperative cargo transport by several molecular motors [J]. Proc. Natl. Acad. Sci. USA, 2005, 102(48): 17284-17289.

[29] Stukalin E B, Kolomeisky A B. Transport of single molecules along the periodic parallel lattices with coupling [J]. J. Chem. Phys., 2006, 124(20): 204901.

[30] Vale R D, Fletterick R J. The design plan of kinesin motors [J]. Annu. Rev. Cell Dev. Biol., 1997, 13(1): 745-777.

[31] 国家自然科学基金委员会, 中国科学院. 中国学科发展战略·软凝聚态物理学 (下)[M]. 北京: 科学出版社, 2020.

[32] Kozielski F, Sack S, Marx A, et al. The crystal structure of dimeric kinesin and implications for microtubule-dependent motility [J]. Cell, 1997, 91(7): 985-994.

[33] Chowdhury D. Modeling stochastic kinetics of molecular machines at multiple levels: From molecules to modules [J]. Biophys. J., 2013, 104(11): 2331-2341.

[34] Brown A I, Sivak D A. Theory of nonequilibrium free energy transduction by molecular machines [J]. Chem. Rev., 2020, 120(1): 434-459.

[35] Hirokawa N, Noda Y, Tanaka Y, et al. Kinesin superfamily motor proteins and intracellular transport [J]. Nat. Rev. Mol. Cell Biol., 2009, 10(10): 682-696.

[36] Reck-Peterson S L, Redwine W B, Vale R D, et al. The cytoplasmic dynein transport machinery and its many cargoes [J]. Nat. Rev. Mol. Cell Biol., 2018, 19(6): 382-398.

[37] Sellers J R. Myosins: A diverse superfamily [J]. Biochim. Biophys. Acta, Mol. Cell Res., 2000, 1496(1): 3-22.

[38] Rao V B, Feiss M. The bacteriophage DNA packaging motor [J]. Annu. Rev. Genet., 2008, 42(1): 647-681.

[39] Singleton M R, Dillingham M S, Wigley D B. Structure and mechanism of helicases and nucleic acid translocases [J]. Annu. Rev. Biochem., 2007, 76(1): 23-50.

[40] Soldati T, Schliwa M. Powering membrane traffic in endocytosis and recycling [J]. Nat. Rev. Mol. Cell Biol., 2006, 7(12): 897-908.

[41] Jorgensen P L, Hakansson K O, Karlish S J D. Structure and mechanism of Na, K-ATPase: Functional sites and their interactions [J]. Annu. Rev. Physiol., 2003, 65(1): 817-849.

[42] Berdis A J. Mechanisms of DNA polymerases [J]. Chem. Rev., 2009, 109(7): 2862-2879.

[43] Parker J. In Encyclopedia of Genetics [M]. New York: Academic Press, 2001.

[44] Ramakrishnan V. Ribosome structure and the mechanism of translation [J]. Cell, 2002, 108(4): 557-572.

[45] Junge W, Nelson N. ATP synthase [J]. Annu. Rev. Biochem., 2015, 84(1): 631-657.

[46] Berg H C. Bacterial flagellar motor [J]. Curr. Biol., 2008, 18(16): R689-R691.

[47] Hancock W O. Bidirectional cargo transport: Moving beyond tug of war [J]. Nat. Rev. Mol. Cell Biol., 2014, 15(9): 615-628.

[48] Alberts B, Johnson A, Lewis J, et al. Molecular Biology of the Cell [M]. 6th ed. New York: Garland Science, 2014.

[49] Mugnai M L, Hyeon C, Hinczewski M, et al. Theoretical perspectives on biological machines [J]. Rev. Mod. Phys., 2020, 92(2): 025001.

[50] Visscher K, Schnitzer M J, Block S M. Single kinesin molecules studied with a molecular force clamp [J]. Nature, 1999, 400(6740): 184-189.

[51] Carter N J, Cross R A. Mechanics of the kinesin step [J]. Nature, 2005, 435(7040): 308-312.

[52] Gibbons I R, Rowe A J. Dynein: A protein with adenosine triphosphatase activity from cilia [J]. Science, 1965, 149(3682): 424-426.

[53] DeWitt M A, Chang A Y, Combs P A, et al. Cytoplasmic dynein moves through uncoordinated stepping of the AAA+ ring domains [J]. Science, 2012, 335(6065): 221-225.

[54] Gennerich A, Carter A P, Reck-Peterson S L, et al. Force-induced bidirectional stepping of cytoplasmic dynein [J]. Cell, 2007, 131(5): 952-965.

[55] Sebe-Pedros A, Grau-Bove X, Richards T A, et al. Evolution and classification of myosins, a paneukaryotic whole-genome approach [J]. Genome Biol. Evol., 2014, 6(2): 290-305.

[56] Heissler S M, Sellers J R. Kinetic adaptations of myosins for their diverse cellular functions [J]. Traffic, 2016, 17(8): 839-859.

[57] Hartman M A, Spudich J A. The myosin superfamily at a glance [J]. J. Cell Sci., 2012, 125(7): 1627-1632.

[58] Baker J E, Krementsova E B, Kennedy G G, et al. Myosin V processivity: Multiple kinetic pathways for head-to-head coordination [J]. Proc. Natl. Acad. Sci. USA, 2004, 101(15): 5542-5546.

[59] Uemura S, Higuchi H, Olivares A O, et al. Mechanochemical coupling of two substeps in a single myosin V motor [J]. Nat. Struct. Mol. Biol., 2004, 11(9): 877-883.

[60] Boyer P D. The ATP synthase—A splendid molecular machine [J]. Annu. Rev. Biochem., 1997, 66(1): 717-749.

[61] Berman H M, Westbrook J, Feng Z, et al. The protein data bank [J]. Nucleic Acids Res., 2000, 28(1): 235-242.

[62] Rondelez Y, Tresset G, Nakashima T, et al. Highly coupled ATP synthesis by F_1-ATPase single molecules [J]. Nature, 2005, 433(7027): 773-777.

[63] Toyabe S, Watanabe-Nakayama T, Okamoto T, et al. Thermodynamic efficiency and mechanochemical coupling of F_1-ATPase [J]. Proc. Natl. Acad. Sci. USA, 2011, 108(44): 17951-17956.

[64] Kinosita K, Yasuda R, Noji H, et al. A rotary molecular motor that can work at near 100% efficiency [J]. Philos. Trans. R. Soc. Lond. B, 2000, 355(1396): 473-489.

[65] Astumian R D. Design principles for Brownian molecular machines: How to swim in molasses and walk in a hurricane [J]. Phys. Chem. Chem. Phys., 2007, 9(37): 5067-5083.

[66] Einstein A. On the movement of small particles suspended in a stationary liquid demanded by the molecular kinetic theory of heart [J]. Ann. Phys., 1905, 17(208): 549-560.

[67] Isojima H, Iino R, Niitani Y, et al. Direct observation of intermediate states during the stepping motion of kinesin-1 [J]. Nat. Chem. Biol., 2016, 12(4): 290-297.

[68] Chandler D. Introduction to Modern Statistical Mechanics [M]. Oxford: Oxford University Press, 1987.

[69] Joseph Wang. 纳米机器——基础与应用 [M]. 王威, 译. 北京: 科学出版社, 龙门书局, 2019.

[70] Holzwarth G, Bonin K, Hill D B. Forces required of kinesin during processive transport through cytoplasm [J]. Biophys. J., 2002, 82(4): 1784-1790.

[71] Caragine C M, Haley S C, Zidovska A. Surface fluctuations and coalescence of nucleolar droplets in the human cell nucleus [J]. Phys. Rev. Lett., 2018, 121(14): 148101.

[72] Junge W, Sielaff H, Engelbrecht S. Torque generation and elastic power transmission in the rotary F_0F_1-ATPase [J]. Nature, 2009, 459(7245): 364-370.

[73] De La Cruz E M, Ostap E M. Relating biochemistry and function in the myosin superfamily [J]. Curr. Opin. Cell Biol., 2004, 16(1): 61-67.

[74] Cochran J C, Gatial J E, Kapoor T M, et al. Monastrol inhibition of the mitotic kinesin Eg5 [J]. J. Biol. Chem., 2005, 280(13): 12658-12667.

[75] Coy D L, Wagenbach M, Howard J. Kinesin takes one 8-nm step for each ATP that it hydrolyzes [J]. J. Biol. Chem., 1999, 274(6): 3667-3671.

[76] Koza Z. General relation between drift velocity and dispersion of a molecular motor [J]. Acta Phys. Polon. B, 2002, 33(4): 1025-1030.

[77] Astumian R D. Microscopic reversibility as the organizing principle of molecular machines [J]. Nat. Nanotechnol., 2012, 7(11): 684-688.

[78] Diez M, Zimmermann B, Börsch M, et al. Proton-powered subunit rotation in single membrane-bound F_0F_1-ATP synthase [J]. Nat. Struct. Mol. Biol., 2004, 11(2): 135-141.

[79] Hackney D D. The tethered motor domain of a kinesin-microtubule complex catalyzes reversible synthesis of bound ATP [J]. Proc. Natl. Acad. Sci. USA, 2005, 102(51): 18338-18343.

[80] van Kampen N G. Stochastic Processes in Physics and Chemistry [M]. 3rd ed. North Holland: Elsevier, 2007.

[81] Milo R, Phillips R. Cell Biology by the Numbers [M]. New York: Garland Science, 2015.

[82] Harada T, Sasa S I. Energy dissipation and violation of the fluctuation-response relation in nonequilibrium Langevin systems [J]. Phys. Rev. E, 2006, 73(2): 026131.

[83] Ariga T, Tomishige M, Mizuno D. Nonequilibrium energetics of molecular motor kinesin [J]. Phys. Rev. Lett., 2018, 121(21): 218101.

[84] Toyabe S, Okamoto T, Watanabe-Nakayama T, et al. Nonequilibrium energetics of a single F_1-ATPase molecule [J]. Phys. Rev. Lett., 2010, 104(19): 198103.

[85] Uchida N, Okuro K, Niitani Y, et al. Photoclickable dendritic molecular glue: Noncovalent-to-covalent photochemical transformation of protein hybrids [J]. J. Am. Chem. Soc., 2013, 135(12): 4684-4687.

[86] Yildiz A, Tomishige M, Gennerich A, et al. Intramolecular strain coordinates kinesin stepping behavior along microtubules [J]. Cell, 2008, 134(6): 1030-1041.

[87] Wang S W, Kawaguchi K, Sasa S I, et al. Entropy production of nanosystems with time scale separation [J]. Phys. Rev. Lett., 2016, 117(7): 070601.

[88] Watanabe-Nakayama T, Toyabe S, Kudo S, et al. Effect of external torque on the ATP-driven rotation of F_1-ATPase [J]. Biochem. Biophys. Res. Commun., 2008, 366(4): 951-957.

[89] Sumi T, Klumpp S. Is F_1-ATPase a rotary motor with nearly 100% efficiency? Quantitative analysis of chemomechanical coupling and mechanical slip [J]. Nano Lett., 2019, 19(5): 3370-3378.

[90] Endow S A, Higuchi H. A mutant of the motor protein kinesin that moves in both directions on microtubules [J]. Nature, 2000, 406(6798): 913-916.

[91] Hertzano R, Shalit E, Rzadzinska A K, et al. A Myo6 mutation destroys coordination between the myosin heads, revealing new functions of myosin VI in the stereocilia of mammalian inner ear hair cells [J]. PLoS Genet., 2008, 4(10): e1000207.

[92] Pylypenko O, Song L, Shima A, et al. Myosin VI deafness mutation prevents the initiation of processive runs on actin [J]. Proc. Natl. Acad. Sci. USA, 2015, 112(11): E1201- E1209.

[93] Kiani F A, Fischer S. Catalytic strategy used by the myosin motor to hydrolyze ATP [J]. Proc. Natl. Acad. Sci. USA, 2014, 111(29): E2947-E2956.

[94] Ross J. Energy transfer from adenosine triphosphate [J]. J. Phys. Chem. B, 2006, 110(13): 6987-6990.

[95] Kamerlin S C L, Warshel A. On the energetics of ATP hydrolysis in solution [J]. J. Phys. Chem. B, 2009, 113(47): 15692-15698.

[96] 菲利普·纳尔逊. 生物物理学: 能量、信息、生命 [M]. 黎明, 戴陆如, 译. 上海: 上海科学技术出版社, 2016.

[97] 菲利普·纳尔逊. 生命系统的物理建模: 概率、模拟及动力学 [M]. 2 版. 舒咬根, 黎明, 译. 上海: 上海科学技术出版社, 2023.

[98] Wagoner J A, Dill K A. Molecular motors: Power strokes outperform Brownian ratchets [J]. J. Phys. Chem. B, 2016, 120(26): 6327-6336.

[99] Barlan K, Gelfand V I. Microtubule-based transport and the distribution, tethering, and organization of organelles [J]. Cold Spring Harbor Perspect. Biol., 2017, 9(5): a025817.

[100] Levi V, Serpinskaya A S, Gratton E, et al. Organelle transport along microtubules in *Xenopus* melanophores: Evidence for cooperation between multiple motors [J]. Biophys. J., 2006, 90(1): 318-327.

[101] Ross J L, Wallace K, Shuman H, et al. Processive bidirectional motion of dynein-dynactin complexes *in vitro* [J]. Nat. Cell Biol., 2006, 8(6): 562-570.

[102] Seifert U. First and second law of thermodynamics at strong coupling [J]. Phys. Rev. Lett., 2016, 116(2): 020601.

[103] Jarzynski C. Stochastic and macroscopic thermodynamics of strongly coupled systems [J]. Phys. Rev. X, 2017, 7(1): 011008.

第 2 章　分子马达的统计动力学理论

1827 年，英国著名植物学家 Robert Brown (罗伯特·布朗, 1773~1858) 利用如图 2.1 所示的显微镜观察到了悬浮在水中的由花粉所迸裂出的苔藓孢子微粒的不规则热运动现象，后来人们把这种随机运动现象称为 "布朗运动 (Brownian motion)"[1-4]。布朗在研究该现象的初期感到非常困惑，于是用了不同的有机物和无机物体、不同的液体 (如水或酒精) 及不同的显微镜进行了一系列深入的实验和研究。

图 2.1　罗伯特·布朗使用的显微镜于 1928 年被提交给林奈学会 [5]

2.1　布朗运动理论的历史评述

罗伯特·布朗在发现 "布朗运动" 的一年后，发表了自己的实验发现 [6]，题目是《简要介绍 1827 年 6，7，8 月间用显微镜观察植物花粉中的微粒及观察有机物和无机物中普遍存在的活跃分子》。文章中布朗得出的结论是这种不规则运动是由小粒子的轰击引起的，他称之为 "活跃分子"。然而，当时的布朗理论存在着局限性：布朗认为所谓活跃分子的运动来源于分子本身，而不是由热运动引起的 [5]。

　　布朗知道他并不是第一个发现花粉颗粒做随机运动 (random motion) 的人，并且在他 1829 年的论文中提到了之前做过的一些实验和观察 [7]。然而，这些实验和观察只是针对有机物。虽然布朗不是第一个观察到随机运动的人，但他是试图了解这种随机运动的起源并进行系统研究热运动现象的先驱。布朗的研究表明，这种随机运动是普遍的，特别是不限于生命物质。布朗把永不停息的无生命物体在溶液中舞蹈的故事从生物学问题转变成了物理学问题。此外，布朗当时没有注意到荷兰生理学家、植物学家和物理学家 Jan Ingen-Housz 的工作，Jan Ingen-Housz 早在 1785 年就已经对碳粉在酒精溶液中的不规则运动做了一些观察 [5]。

　　关于布朗的工作曾经出现过非常多的争论，其中最重要的争议是：布朗是否通过他的显微镜看到了随机运动现象？是否可能是如类似现代科学所说的 "伪布朗运动" 现象？有趣的是，就在 1992 年，英国科学家 Ford 决定重走一遍当年布朗的路。Ford 从林奈学会 (Linnaean Society) 借来了当年布朗所用的显微镜 (1849~1853 年期间，布朗曾是林奈学会的主席)，然后等到 6 月份 (布朗当年进行最初实验的月份)，他重新进行了布朗运动的实验。同时，Ford 还从英国剑桥大学植物园中的克拉花的花粉囊中取出花粉，然后把花粉均匀分散在水中，通过调整显微镜并进行观测。和布朗观察到的结果一样，Ford 能够看到花粉颗粒的无规则运动。比当时布朗实验条件更好的是，Ford 能够录下通过显微镜看到的景象 [8,9]。最后 Ford 得出结论，布朗确实看到了 "布朗运动" 现象。

　　在布朗之后，其他科学家也进行了各自的实验，并提出新的理论以便对布朗运动现象进行定量描述。不幸的是，研究人员在测量活跃粒子的瞬时速度时，却得到了无法重现的平均值结果。同时，人们还进行了解释这种运动的尝试，但大多数的说法都是外力的影响，比如最常见的因素是光照探针产生的温度梯度和与之相关的对流作用。

　　布朗运动理论的突破者是 Albert Einstein (阿尔伯特·爱因斯坦, 1879~1955)。在 1905 年，也是爱因斯坦自己的奇迹之年——当时还有其他四篇杰出的论文，爱因斯坦发表了对布朗运动的理论解释 [10]。这项工作不仅为原子的存在提供了证据，而且还指导了实验工作者在布朗运动的实验过程中应该关注的问题，即布朗粒子位置的涨落。同时，爱因斯坦还推导出在一定温度 T 时悬浮在液体中半径为 r 的粒子的扩散系数 D 与渗透压关系的著名公式。爱因斯坦指出，D 与玻尔兹曼常量 k_B(即理想气体常数 R 与阿伏伽德罗常量 N_A 之比) 和分子的斯托克斯 (Stokes) 阻尼系数 (或等效的溶液黏度 η) α 相关 [11]

$$D = \frac{RT}{N_A}\frac{1}{6\pi\eta r} = \frac{k_B T}{\alpha} \tag{2.1.1}$$

如今，这个著名的公式在统计物理学中被称为爱因斯坦关系。

英雄所见略同。同样在 1905 年，William Sutherland 发展了类似的理论，得到了扩散系数的相同公式 [12]。与此同时，Marian Smoluchowski (玛丽安·斯莫卢霍夫斯基, 1872~1917) 也研究了布朗运动的动力学理论。只不过在他的推导中使用了另一种方法——基于组合学和平均自由程近似。1906 年，受爱因斯坦发表的论文启发，斯莫卢霍夫斯基开展了独创性的工作，在他发表的文章里提出了后来被称为随机过程 (stochastic process) 理论的基础方程 [13,14]。

在爱因斯坦发表关于布朗运动理论的三年后，法国物理学家 Paul Langevin (保罗·朗之万, 1872~1946) 提出一种形式独特的描述布朗运动的动力学方法，用他自己的话说，比爱因斯坦的理论 "简单得多"。通过在速度空间引入一个表示随机 "撞击" 的随机力 (stochastic force)，朗之万利用牛顿第二定律成功地解决了布朗运动问题。同时，爱因斯坦通过求解偏微分方程 (福克尔–普朗克方程 (Fokker-Planck equation))，推导出了布朗粒子位置的概率密度 (probability density) 随时间演化的方程，即扩散方程。令人惊讶的是，尽管爱因斯坦和朗之万都采用 "布朗运动" 这一名词，但他们却没有引用罗伯特·布朗的任何论文，而是引用了法国物理学家 Léon Gouy(莱恩·古伊) 的实验 [5,15]。

实际上，布朗颗粒是非常小的宏观粒子，典型的直径大小为 $10^{-7} \sim 10^{-6}$m。由于颗粒不断地受到周围液体介质分子的碰撞，在任一瞬间一个颗粒受到介质分子从各方向的碰撞作用力一般来说是不平衡的，因此颗粒将在净作用力的方向上运动。由于介质分子运动的无规性，施加在颗粒上的净作用力通常是涨落不定的，力的方向和大小都不断地发生改变，因此布朗颗粒最终将不停地进行着无规则的随机运动 [16]。

布朗运动理论的实验证实来自 Jean Baptiste Perrin (让·巴蒂斯特·佩兰, 1870~1942) [17]。佩兰关于测量布朗运动的实验，可以说是对分子热运动理论最直接的证明。根据爱因斯坦对球形粒子导出的理论公式，佩兰在选定的一段时间内通过显微镜观察粒子的水平投影，并测量粒子位移的数值，然后再将位移进行统计平均。考虑到这些方法涉及许多物理假设和实验技术上的困难，当时佩兰的实验可以说是相当了不起的工作。之后许多研究者根据其他原理得到的实验结果都肯定了佩兰结果的正确性 [9]。此外，佩兰还因为对物质非连续结构的研究获得了 1926 年的诺贝尔物理学奖。

作为连续马尔可夫过程 (Markov process) 的等价形式，朗之万方程和福克尔–普朗克方程这两种数学方法现在不仅可以应用于统计物理的研究，而且还被广泛地应用于生物、化学、经济甚至社会科学的许多不同分支中。接下来本章将会详细介绍上述两种关于研究分子马达的统计动力学方法。

2.2   分子马达的朗之万方程描述

考虑一个质量为 m，位置坐标为 $x(t)$，摩擦系数为 γ 的布朗粒子在一维空间的运动，同时布朗粒子还受到一个恒外力 F 及热噪声 (力) $\xi(t)$ 的作用。相应地，布朗粒子的动力学可由惯性朗之万方程 (inertial Langevin equation) 进行描述 [18]

$$m\ddot{x} = -V'(x) - \alpha\dot{x} + F + \xi(t) \tag{2.2.1}$$

这里，$V(x)$ 是周期为 L 的周期势，满足关系 $V(x) = V(x+L)$。方程中，变量上的 "点" 表示对时间 t 进行微分，"撇" 表示对位置 x 进行微分。热涨落可由时间平均值为零的高斯白噪声 $\xi(t)$ 进行描述，并满足涨落–耗散关系 (fluctuation-dissipation relation)

$$\langle\xi(t)\xi(0)\rangle = 2D_{\mathrm{p}}\delta(t) \tag{2.2.2}$$

其中，动量扩散强度 $D_{\mathrm{p}} = m\gamma k_{\mathrm{B}}T$，$k_{\mathrm{B}}$ 为玻尔兹曼常量，平衡时系统热浴的温度为 T。对于斯托克斯 (Stokes) 阻力，阻尼系数可由 $\alpha = 6\pi\eta R$ 给出，这里 η 为溶液的黏度 (viscosity)，R 为布朗颗粒 (假设为球形) 的半径。

对于非常小的微观系统，在生物及溶液环境中发生的粒子动力学和涨落现象通常可用方程 (2.2.1) 的过阻尼极限 (关于这一近似，2.3 节有专门的讨论) 来很好地描述，相关内容也可以参考文献 [19]。由于无质量的一维朗之万方程可由位置扩散系数 $D_x = k_{\mathrm{B}}T/m\gamma \equiv D$ 来驱动，因此外力作用下的过阻尼朗之万方程可以简化为

$$\dot{x} = -V'(x) + F + \xi(t) \tag{2.2.3}$$

相应的噪声关联函数 $c(t)$ 可以进一步写成

$$\langle\xi(t)\xi(0)\rangle = 2D\delta(t) \tag{2.2.4}$$

同时，利用维纳–欣钦定理 (Wiener-Khinchine theorem) 可将噪声的关联函数 $c(t)$ 进行傅里叶变换，简单计算可得到噪声的功率谱

$$S(\omega) = \int_{-\infty}^{\infty} \mathrm{e}^{-\mathrm{i}\omega\tau}c(\tau)\mathrm{d}\tau = 2D\int_{-\infty}^{\infty}\mathrm{e}^{-\mathrm{i}\omega\tau}\delta(\tau)\mathrm{d}\tau = 2D \tag{2.2.5}$$

可见功率谱 $S(\omega)$ 是一个与频率 ω 无关的常数，即该噪声的任意频率强度都相同。因此，我们通常把关联函数为 δ 函数的噪声称为白噪声。

朗之万方程的特点是将流体小分子与布朗粒子的热力学作用力表示成随机的热涨落作用，由于方程是从牛顿第二定律演化而来的，因此朗之万方程可以直接加入其他作用于布朗粒子的外力场。

此外，很容易发现朗之万方程 (2.2.1) 描述的只是单个布朗颗粒的行为，因此想要研究分子马达的集体运动，需要通过计算大量轨道的系综平均才能实现。过去，由于系综平均过程涉及大量计算，相对于代表集体平均行为的概率平衡方程来说，朗之万方程并不具有明显的优势。然而，由于当今计算机运算速度的飞速发展，应用朗之万方程的布朗动力学的"计算机数值模拟"方法已被广泛地用来研究热噪声作用下的生物分子马达系统 [9]。

2.3 朗之万方程的无量纲化方法

物理上，驱动蛋白马达或者其他生物分子马达可视为在一维空间周期势中的运动，外周期势具有空间特性 $V(x) = V(x+L)$，且周期长度 $L \approx 8\text{nm}$[20]。由于构成微管的 αβ 亚基能够影响外势的反演对称性破缺，也就是 $V(x) \neq V(-x)$，这种结构必将导致分子马达运行的"高速公路"是不对称的。此外，这种不对称性还是驱动蛋白马达定向运动的主要因素，它决定了驱动蛋白的运动机制，并且还是产生棘轮效应 (ratchet effect) 的主要因素 [21]。

为了理解马达的运动机制，先来考虑一种简单的模型。假设分子马达是质量为 m 的粒子，运动在周期为 L 的势场 $V(x)$ 中，势垒高度 $\Delta V = V_{\text{max}} - V_{\text{min}}$。由 2.2 节讨论可知，马达的运动方程是包含了热涨落随机力的牛顿运动方程，也就是熟知的朗之万方程。其具体形式可写为 [22]

$$m\ddot{x} + \gamma\dot{x} = f(x) + g(t) + \sqrt{2D}\Gamma(t) \tag{2.3.1}$$

方程左边和质量有关的第一项主要描述马达的惯性效应 (inertial effect)。对于半径为 R 的布朗粒子，运动在黏度为 η 的溶液中，其耗散主要由斯托克斯力 (Stokes force) 产生，并满足关系

$$\gamma = 6\pi\eta R \tag{2.3.2}$$

其中，γ 为阻尼系数。

粒子受到的势场作用力

$$f(x) = -\frac{\mathrm{d}V(x)}{\mathrm{d}x} \tag{2.3.3}$$

在一个周期 L 上，其平均值为

$$\langle f(x) \rangle_L = \frac{1}{L}\int_0^L f(x)\mathrm{d}x = \frac{1}{L}[V(L) - V(0)] = 0 \tag{2.3.4}$$

随机力 $\Gamma(t)$ 可由 δ 关联的高斯白噪声进行描述，其统计特性满足

$$\langle \Gamma(t) \rangle = 0, \quad \langle \Gamma(t)\Gamma(s) \rangle = \delta(t-s) \tag{2.3.5}$$

根据涨落–耗散理论，热噪声强度 D 主要与 γ 及系统的温度 T 相关，即

$$D = \gamma k_{\mathrm{B}} T \tag{2.3.6}$$

其中，k_{B} 为玻尔兹曼常量。

　　系统外部的时间关联力 $g(t)$ 可为任意的形式，可以是确定性的也可以是随机的 [23]。这种外力的存在会打破细致平衡与涨落–耗散关系，驱动系统变成非平衡态，并能为马达提供运动的能量。对于生物分子马达来说，外力 $g(t)$ 主要来自于生物化学反应。作为一个简单的例子，这里选取时间周期力

$$g(t) = A \cos (\Omega t) \tag{2.3.7}$$

其中，A 是振幅，Ω 为外周期力的频率。此外，对于人工马达来说，这种力可作为调控手段，更容易实现。

2.3.1　时间标度

　　物理上，长度、时间和能量间的标度关系是相关的，且与它们的绝对值无关。因此，可将上述的运动方程 (2.3.1) 转化为无量纲形式 (dimensionless form)[22]。

　　首先，需要确定特征量 (characteristic quantities)——特征长度和特征时间。对特征长度而言，系统 (式 (2.3.1)) 的空间竞争相关项主要是与力 $f(x)$ 相关的周期势，因此，通常取外势 $V(x)$ 的周期 L，相应地，分子马达的坐标可以标度为

$$y = \frac{x}{L} \tag{2.3.8}$$

　　对于特征时间而言，由于式 (2.3.1) 中的每一项都可以参与时间尺度的竞争，因此该系统中的时间可以有各种不同的标度形式。第一种可能的形式是与布朗粒子速度的弛豫时间 (relaxation time)τ_{L} 有关，或者说与仅在热噪声驱动下做自由运动布朗粒子的速度关联时间有关。这种标度关系可从方程 (2.3.1) 的一种特殊形式获得，也就是当等式 (2.3.1) 的右端为零时

$$m\dot{v}(t) + \gamma v(t) = 0 \tag{2.3.9}$$

从上式可得

$$v(t) = v(0) \exp(-t/\tau_{\mathrm{L}}) \tag{2.3.10}$$

这里特征时间 $\tau_{\mathrm{L}} = m/\gamma$，有时也称为朗之万时间 (Langevin time)，它表示速度自由程的弛豫时间。

　　第二种特征时间来自周期势 $V(x)$ 中粒子的过阻尼运动，当等式 (2.3.1) 变形为

$$\gamma \frac{\mathrm{d}x}{\mathrm{d}t} = -\frac{\mathrm{d}V(x)}{\mathrm{d}x} \tag{2.3.11}$$

把上述相关特征量代入等式 (2.3.11)，可以得到特征时间 τ_0 的表达式

$$\gamma\frac{L}{\tau_0} = \frac{\Delta V}{L}, \quad \tau_0 = \frac{\gamma L^2}{\Delta V} \tag{2.3.12}$$

τ_0 的这种定义表示在常力 $\dfrac{\Delta V}{L}$ 的作用下，过阻尼布朗粒子步进距离为 L 时所需要的时间间隔。

第三种特征时间来自于摩擦较小情况下的运动方程，如当等式 (2.3.1) 变为

$$m\frac{\mathrm{d}^2 x}{\mathrm{d}t^2} = -\frac{\mathrm{d}V(x)}{\mathrm{d}x} \tag{2.3.13}$$

从等式 (2.3.13) 可得特征时间 τ_m 的关系式

$$m\frac{L}{\tau_m^2} = \frac{\Delta V}{L}, \quad \tau_m^2 = \frac{mL^2}{\Delta V} \tag{2.3.14}$$

特征时间 τ_m 表示在常力 $\dfrac{\Delta V}{L}$ 的作用下，质量为 m 的惯性布朗粒子从零速开始，步进 $L/2$ 距离时所需的时间。

此外，还可以根据其他的竞争项情况来选取其他特征时间。例如，我们可以引入外界驱动力的周期时间或者是熟知的爱因斯坦扩散时间 (Einstein diffusion time)

$$\tau_{\mathrm{E}} = \frac{L^2}{2D_{\mathrm{E}}}, \quad D_{\mathrm{E}} = \frac{k_{\mathrm{B}}T}{\gamma} \tag{2.3.15}$$

现在可以用多种方法重新标度带有质量的布朗粒子的运动方程。对于不同的系统，可以采用不同的标度方式。需要注意的是，朗之万时间 τ_{L} 和爱因斯坦扩散时间 τ_{E} 并不依赖于系统自身，如外势以及外驱动力。

2.3.2 运动方程的重新标度

方法一，如果选择 τ_0 作为特征时间，则无量纲化的时间为 $s = t/\tau_0$。同时，选取无量纲化的质量[22]

$$\varepsilon = \frac{m}{\gamma\tau_0} = \frac{\tau_{\mathrm{L}}}{\tau_0} \tag{2.3.16}$$

表示为两个特征时间的比值。

空间周期外势通过标度变为 $W(y) = \dfrac{V(x)}{\Delta V} = \dfrac{V(Ly)}{\Delta V} = W(y+1)$，具有单位周期长度及单位势垒高度。相应地，$F(y) = -\mathrm{d}W(y)\mathrm{d}y = -W'(y)$，表示标度后的势场作用力。

时间周期力通过标度，变为 $G(s) = g(t)/(\Delta V/L) = A\cos(\Omega t)/(\Delta V/L) = a\cos(\omega s)$，表示标度后的外驱动力，其中 $a = (L/\Delta V)A$，表示重新标度的振幅，$\omega = \Omega\tau_0$ 为标度后的频率。

标度后的热噪声变为 $\xi(s) = \Gamma(t)/(\Delta V/L) = (L/\Delta V)\Gamma(\tau_0 s)$，具有和 $\Gamma(t)$ 相同的统计特性。相应地，无量纲化的噪声强度为

$$D_0 = \frac{k_{\mathrm{B}}T}{\Delta V} \tag{2.3.17}$$

表示热能和粒子需要跨越非标度外势的活化能 (activation energy) 之比。

把上述标度后的各个量重新代入运动方程 (2.3.1)，便可得到无量纲化的朗之万方程

$$\varepsilon\ddot{y}(s) + \dot{y}(s) = F(y) + G(s) + \sqrt{2D_0}\,\xi(s) \tag{2.3.18}$$

其中，变量上的 "·" 表示对标度时间 s 的微分。

方法二，如果选择无量纲化时间 $u = t/\tau_m$，也就是选取 τ_m 作为特征时间。同时，选取无量纲化摩擦系数 [22]

$$\hat{\gamma} = \frac{\gamma}{m}\tau_m = \frac{\tau_m}{\tau_{\mathrm{L}}} \tag{2.3.19}$$

表示两个特征时间的比值，即 τ_m 和速度自由程的弛豫时间 τ_{L} 之比。

在方程 (2.3.1) 中，$f(x)$ 项仅和粒子的空间位置有关而与运动时间无关。因此，该项的标度方法和上面的结果一致，均为 $F(y)$。

类似地，和时间有关的项，如时间驱动力，其标度方法和上述第一种标度方法一样，即 $G(u) = g(t)/(\Delta V/L) = A\cos(\Omega t)/(\Delta V/L) = a\cos(\omega u)$，其中标度振幅 $a = (L/\Delta V)A$，以及标度后的频率 $\omega = \Omega\tau_m$；热噪声项标度为 $\xi(u) = \Gamma(t)/(\Delta V/L) = (L/\Delta V)\Gamma(\tau_m u)$，具有和 $\Gamma(t)$ 相同的统计特性，同样无量纲化的噪声强度 $D_0 = \dfrac{k_{\mathrm{B}}T}{\Delta V}$。

仿照第一种标度方法，把上述标度后的各个量重新代入运动方程 (2.3.1)，可以得到另一种无量纲化的朗之万方程，即

$$\ddot{y}(u) + \hat{\gamma}\dot{y}(u) = F(y) + G(u) + \sqrt{2\hat{\gamma}D_0}\,\xi(u) \tag{2.3.20}$$

上述两种不同的标度方法在不同的极限区域下是非常有用的，方程 (2.3.18) 适用于过阻尼 (overdamped) 情况 ($\varepsilon \ll 1$)；而方程 (2.3.20) 适用于欠阻尼 (underdamped) 情况 ($\hat{\gamma} \ll 1$)。

2.3.3 驱动蛋白建模的估算与应用

对于熟知的生物分子马达，如沿微管运动的驱动蛋白，可以首先估算一下其特征时间。一般情况下微管具有空间周期结构，周期为 $L \approx 8\text{nm}$。驱动蛋白头域的质量 $m \approx 1.66 \times 10^{-22}\text{kg}$，并且它的半径 $R \approx 3\text{nm}$。如果马达处在黏度为 $\eta \approx 10^{-3}\text{kg/ms}$ 的溶液中，根据斯托克斯公式便可得到阻尼系数 $\gamma \approx 6 \times 10^{-11}\text{kg/s}$。对于典型的布朗颗粒来说，在它们运动的细胞环境中温度通常是 310K (37℃)，此时活化能大约是热能的 5 倍大小，也就是 $\Delta V \approx 5k_\text{B}T$。对于运动在人体细胞内的驱动蛋白来说，利用上述参量数值可以估算马达蛋白的典型特征时间：

$$\tau_\text{L} = m/\gamma \approx 2.77 \times 10^{-12}\text{s}, \quad \tau_0 = \frac{\gamma L^2}{\Delta V} \approx \frac{\gamma L^2}{5k_\text{B}T} \approx 1.8 \times 10^{-7}\text{s}$$

$$\tau_m = \sqrt{\frac{mL^2}{\Delta V}} \approx \sqrt{\frac{mL^2}{5k_\text{B}T}} \approx 7 \times 10^{-10}\text{s}, \quad \tau_\text{E} = \frac{L^2}{2D_\text{E}} = \frac{\gamma L^2}{2k_\text{B}T} \approx 4.57 \times 10^{-7}\text{s}$$

$$(2.3.21)$$

同时，还可以估算第一种标度的无量纲化质量 (2.3.16) 和第二种标度的无量纲化摩擦系数 (2.3.19) 的数值

$$\varepsilon = 1.54 \times 10^{-5} \ll 1, \quad \hat{\gamma} = 2.5 \times 10^2 \qquad (2.3.22)$$

需要注意的是参量 ε 的数值非常小，因此对于等式 (2.3.20) 来说，等式 (2.3.18) 看起来更加真实地描述布朗颗粒的运动行为，因为方程 (2.3.18) 中包含了较小的参量 ε。由此，在一定的近似条件下，可令无量纲化的方程 (2.3.18) 中 $\varepsilon = 0$，可得

$$\dot{y}(s) = F(y) + G(s) + \sqrt{2D_0}\xi(s) \qquad (2.3.23)$$

值得注意的是，从等式 (2.3.23) 可以看到对于生物分子马达来说，它们的动力学方程主要还是遵从过阻尼的朗之万方程。然而，从另一方面来说，对于含有参量 $\hat{\gamma}$ 的方程 (2.3.20)，没有理由去忽略其中的任意一项。特别是，如果想要研究一些特殊的效应，类似于惯性项对布朗马达输运的影响，方程 (2.3.20) 更切合实际。对于其他的马达，特别是非生物马达，如运动在光学晶格中的原子布朗马达，惯性项会有重要的影响。还需强调的是，如果非平衡的驱动为式 (2.3.7)，在一定的参数空间下系统的动力学将会呈现混沌行为，如负迁移率或负电导率等反常输运现象 [24]，关于这些有趣的输运行为将会在第 3 章有详细的讨论。

2.4　朗之万方程的数值计算

从朗之万方程式 (2.2.1) 可以看到由于系统引入了随机变量，想要解析求解随机微分方程，一般来说是非常困难的。由于能够精确求解的模型只有少数几个，如双稳态模型、克拉默斯模型，进而绝大多数随机系统只能通过各种近似方法求解。特别对于复杂的、非线性程度高的生物系统，要想解析求解几乎是不可能的。因此，数值方法成为求解随机系统必不可少的重要手段，并且随机系统数值方法的研究还具有十分重要的意义。

2.4.1　过阻尼朗之万方程的数值计算方法

首先，讨论如下简单的随机微分方程

$$\dot{x} = f(x) + \xi(t) \tag{2.4.1}$$

对应于前面几节介绍的朗之万方程，这里 $f(x)$ 代表朗之万方程中的各种力，它既包含粒子受到的势作用力，也包含布朗粒子受到的其他外力部分。$\xi(t)$ 是高斯白噪声，并满足如下统计性质

$$\langle \xi(t) \rangle = 0, \quad \langle \xi(t)\xi(t') \rangle = 2D\delta(t - t') \tag{2.4.2}$$

方程 (2.4.1) 是一般加性噪声系统的朗之万方程，对于乘性噪声，可通过相应的变换转化为加性噪声的形式。有关朗之万方程的数值计算，迄今为止有许多方法，下面主要介绍两种最典型的算法 [25]。

1. 高斯白噪声欧拉法

根据 Mannella 的方法 [26]，很容易得出式 (2.4.1) 的时间离散形式

$$x(t+h) - x(t) = \sqrt{2D}Z_1 + fh + f'\sqrt{2D}Z_2 + \frac{1}{2}ff'h^2 + Df''Z_3 \tag{2.4.3}$$

式中，$f = f(x)$，$f' = \mathrm{d}f/\mathrm{d}x$，$f'' = \mathrm{d}^2f/\mathrm{d}x^2$，$h$ 是数值计算的时间步长。同时，式 (2.4.3) 中的 Z_1、Z_2、Z_3 满足如下的关系

$$Z_1 = \sqrt{h}Y_1, \quad Z_2 = h^{3/2}\left[\frac{Y_1}{2} + \frac{Y_2}{2\sqrt{3}}\right], \quad Z_3 = \frac{h^2}{3}\left(Y_1^2 + Y_3 + \frac{1}{2}\right) \tag{2.4.4}$$

Y_1、Y_2、Y_3 是三个无关联、平均值为零、标准方差为 1 的高斯随机数。

2. 高斯白噪声龙格–库塔法

为了提高模拟精度，根据 Honeycutt 的算法 [27]，同样可以写出微分方程 (2.4.1) 的龙格–库塔法 (Runge-Kutta method) 的时间离散表达式

$$x\left(t + h\right) = x\left(t\right) + \frac{h}{2}\left(F_1 + F_2\right) + \sqrt{2Dh}Y_1 \tag{2.4.5}$$

其中

$$F_1 = f\left[x(t)\right] \tag{2.4.6}$$

$$F_2 = f\left[x(t) + hF_1 + \sqrt{2Dh}Y_1\right] \tag{2.4.7}$$

式中，Y_1 和前面一样，是平均值为零、标准方差为 1 的高斯随机数。

显然，欧拉方法 (2.4.3) 要比龙格–库塔法 (2.4.5) 花更多的时间，计算步骤也多很多。由于龙格–库塔法的推导是基于泰勒展开，因此它要求的解具有较好的连续性；反之，如果解的连续性较差，那么使用龙格–库塔法求解的数值解的精度可能不如欧拉方法。然而，如果从对非线性力函数的积分上来看，二阶龙格–库塔法 (2.4.5) 实际上是对确定项进行了预估和修正，相当于利用梯形法求积分。在数值计算时龙格–库塔法是对曲边梯形 $f(x)$ 的割补，使得计算的面积更准确，故而能够提高算法的精度，即使在较大的步长下仍能获得较高的精度 [28]。

3. 色噪声龙格–库塔法

通常情况下可把噪声处理为高斯白噪声。但实际上，高斯白噪声是不存在的。噪声一般都是有时间甚至空间关联的色噪声，而且对于相同的系统色噪声带来的影响往往不能用简单的高斯白噪声来代替。因此，对于色噪声的研究具有实际意义，并且有关色噪声的数值计算也是非常重要的 [25,29,30]。

对于加性色噪声随机系统

$$\dot{x} = f(t) + \varepsilon(t) \tag{2.4.8}$$

其中，$\varepsilon(t)$ 是满足如下统计性质的色噪声

$$\langle\varepsilon(t)\rangle = 0 \tag{2.4.9}$$

$$\langle\varepsilon(t)\varepsilon(t')\rangle = D\lambda\exp\left(-\lambda\left|t - t'\right|\right) \tag{2.4.10}$$

其中，$\frac{1}{\lambda}$ 是色噪声的关联时间。通常方程 (2.4.8) 可以通过引入新变量转化为二维的高斯白噪声方程

$$\dot{x} = f(x, \varepsilon) \tag{2.4.11}$$

$$\dot{\varepsilon} = g(\varepsilon) + \lambda \xi(t) \tag{2.4.12}$$

其中，$f(x, \varepsilon) = f(x) + \varepsilon$，$g = -\lambda \varepsilon$，$\xi(t)$ 是高斯白噪声。式 (2.4.8) 对应的二阶龙格–库塔法的离散时间表达式为

$$x(t + h) = x(t) + \frac{1}{2} h (F_1 + F_2) \tag{2.4.13}$$

$$\varepsilon(t + h) = \varepsilon(t) + \frac{1}{2} h (G_1 + G_2) + \sqrt{2D\lambda^2 h} Y_1 \tag{2.4.14}$$

这里

$$G_1 = g(\varepsilon(t)) \tag{2.4.15}$$

$$G_2 = g\left(\varepsilon(t) + h G_1 + \sqrt{2D\lambda^2 h} Y_1\right) \tag{2.4.16}$$

$$F_1 = f(x(t), \varepsilon(t)) \tag{2.4.17}$$

$$F_2 = f\left(x(t) + h F_1, \varepsilon(t) + h G_1 + \sqrt{2D\lambda^2 h} Y_1\right) \tag{2.4.18}$$

Y_1 是均值为 0、方差为 1 的高斯随机数。

前面的算法都是针对加性噪声，对于乘性噪声随机系统可通过相应的变换，把这些噪声转化为加性噪声来处理。例如随机系统 $\dot{x} = f(x) + g(x)\xi(t)$，可作变换 $\mathrm{d}y = \dfrac{\mathrm{d}x}{g(x)}$，这样在新的变量 y 下，乘性噪声就变成了加性噪声。但注意的是，这种变换很难在多维系统和多噪声系统中应用。

2.4.2 欠阻尼朗之万方程的一般数值计算方法

若考虑质量为 m、摩擦系数为 γ 的布朗粒子处在由交流驱动的周期势 $U(x, t)$ 中并与热浴耦合，其动力学可由如下惯性朗之万方程描述 [31]

$$m\ddot{x} + \gamma \dot{x} = g(x, t) + \xi(t) \tag{2.4.19}$$

其中，总的势场力 $g(x, t) = -\partial U(x, t)/\partial x$ 具有时间和空间的周期性，即

$$g(x + L, t) = g(x, t + \tau) = g(x, t) \tag{2.4.20}$$

热噪声仍为 δ 关联的高斯白噪声，具有统计特点 $\langle \xi(t) \rangle = 0$，$\langle \xi(t)\xi(t') \rangle = 2\gamma D \delta(t - t')$，噪声强度 $D = k_\mathrm{B} T$。

若 $m > 0$(欠阻尼区)，系统的状态可表示为三维相空间中的一个点 (x, v, t)；若 $m = 0$(过阻尼极限)，系统的状态则可表示为二维相空间中的一个点 (x, t)。

同时，布朗粒子平稳渐近的粒子流 (current) 可计算为

$$J = \lim_{t \to \infty} J(t) = \lim_{t \to \infty} \frac{\langle x(t) \rangle - \langle x(0) \rangle}{Lt} \tag{2.4.21}$$

其中，L 为势的周期长度，相应的粒子平均速度 $\langle v \rangle = JL$。在确定性极限条件下 $D = 0$，可直接采用经典的四阶龙格–库塔法对方程 (2.4.19) 进行计算。

数值处理高阶微分方程的基本思路是 "降阶"，因此方程 (2.4.19) 中可令 $v = \dot{x}$，得到

$$\dot{x}(t) = v$$

$$\dot{v}(t) = -\frac{\gamma}{m}\dot{x} + \frac{1}{m}g(x,t) + \frac{1}{m}\xi(t) \tag{2.4.22}$$

研究噪声系统最简单的方法是用欧拉–丸山 (Euler-Maruyama) 方法 [32]。对随机微分方程组 (2.4.22) 进行数值积分

$$x_{n+1} = x_n + v_n h$$

$$v_{n+1} = v_n + \frac{1}{m}g(x_n, nh)h + \sqrt{\frac{2\gamma D}{m}h}\tilde{\xi}(nh) \tag{2.4.23}$$

这里，h 是时间步长，$t = nh$ 并且 $\tilde{\xi}$ 是 δ 关联的高斯随机数。值得注意的是，最简单的方法并不总是最优的，它需要计算大量单个随机轨迹的演化方程，以获得可靠的平均观测值和可接受的精度。控制随机变量 x 和 v 的随机方程 (2.4.23) 也可以利用相应的福克尔–普朗克方程进行求解 (2.5 节将会详细介绍)。

考虑如下双稳势场中受周期力 $f(t)$ 驱动的惯性布朗粒子，方程 (2.4.22) 的具体形式可写为 [33]

$$\dot{x} = v$$

$$\dot{v} = -\gamma v - V'(x) + f(t) + \xi(t) \tag{2.4.24}$$

其中双稳势

$$V(x) = \frac{1}{4}bx^4 - \frac{1}{2}ax^2 \tag{2.4.25}$$

以及周期外力为

$$f(t) = A\sin(\Omega t) \tag{2.4.26}$$

高斯白噪声 $\xi(t)$ 满足

$$\langle \xi(t) \rangle = 0$$

$$\langle \xi(t) \xi(t') \rangle = 2\gamma\theta\delta(t - t') \tag{2.4.27}$$

由于随机微分方程 (2.4.24) 是非线性的, 不能转化为线性系统, 比较简单和快速的算法是如下的离散化方法

$$x(t + h) = x(t) + v(t)h$$

$$v(t + h) = v(t) + (-\gamma v(t) - V'(x(t)) + A\sin(\Omega t))h + \sqrt{2\gamma\theta h}G(1) \tag{2.4.28}$$

其中, $G(1)$ 是方差为 1 的高斯随机数, h 是时间步长。该算法的精度可达 h 量级, 但存在两个实际问题 [33]。第一是它的非标量性质, 因为在第二个方程中显式地出现了时间 t, 这阻碍了算法的完全并行化。第二个技术问题是, 由于 $v(t)$ 和周期力 $f(t)$ 轨道间的相关性, 时间平均值 (如 $\langle\langle v^2 \rangle\rangle$) 的收敛速度会很慢。这样的平均值会振荡很长一段时间, 直到稳定到最后的值。

如果只对系综平均值感兴趣, 那么上述两个问题都可以通过引入分布相位 (distributed phases) 的思想来解决。在这种方法中, 二维时间非均匀随机过程 $x(t)$、$v(t)$ (方程 (2.4.28)) 被重新写成三维时间均匀的随机过程 $x(t)$、$v(t)$、$\varphi(t)$, 其中 φ 分布在区间 $[0, 2\pi]$, 更详细的讨论可参考文献 [34]。每条轨道都是并行计算的, 但是有一个移位的相位 φ。这产生了一组统计上等价 (经过简单的时移) 且平行的随机轨道, 它在每一时刻采样外部周期力的所有相位。在一组平行的、相位分布的轨道上求平均, 包括在等相位模拟中必要的相位或周期平均。各相在区间 $[0, 2\pi]$ 上均匀分布。因此, 可得如下算法

$$x_i(t + h) = x_i(t) + v_i(t)h$$

$$v_i(t + h) = v_i(t) + (-\gamma v_i(t) - V'(x_i(t)) + A\sin(\varphi_i(t)))h + \sqrt{2\gamma\theta h}G_i(1)$$

$$\varphi_i(t + h) = \varphi_i(t) + \Omega h \tag{2.4.29}$$

为了优化相位采样的均匀性, 可选取 π 的最无理倍数作为相位的初始条件, 即

$$\varphi_i(0) = i\sqrt{2}\pi, \quad \mod 2\pi \tag{2.4.30}$$

2.4.3　其他形式欠阻尼朗之万方程的数值计算方法

1. 半隐式算法

对于如下的朗之万方程

$$\dot{x} = v$$

$$m\dot{v} = -\gamma v(t) + f(x(t)) + \sqrt{2\gamma k_{\rm B}T}\eta(t) \tag{2.4.31}$$

其中，$\eta(t)$ 是高斯白噪声，满足 $\langle \eta(t) \rangle = 0$ 和 $\langle \eta(t)\eta(s) \rangle = \delta(t-s)$。显式的二阶随机龙格–库塔法可写为 [28]

$$x(t+h) = x(t) + \frac{1}{2}h\left[v(t) + v^*(t)\right]$$

$$v(t+h) = \left(1 - \frac{\gamma}{m}h\right)v(t) + \frac{1}{2m}h\left[f(x) + f(x^*)\right] + \frac{\sqrt{2\gamma k_B T h}}{m}\omega_0 \qquad (2.4.32)$$

其中，$x^*(t) = x(t) + v(t)h$，$v^* = v(t) - \frac{\gamma}{m}v(t)h + \frac{1}{m}f(x(t))h + \frac{1}{m}\sqrt{2\gamma k_B T h}\omega$，$\omega_0$ 和 ω 均为高斯随机数。

关于微分方程 (2.4.31)，当 $m \to 0$ 或 $\gamma \to \infty$ 时，系数 $\frac{\gamma}{m} \to \infty$，物理上称为过阻尼情况，数学上称为刚度问题。在这种情况下 h 必须很小，以保证 $0 < 1 - \frac{\gamma}{m}h < 1$。为了处理这一问题，一般建议采用隐式算法，但对完全的隐式方案而言，需在每一步求解一个非线性方程组，才能给出下一时刻粒子的坐标和速度。这里给出一个半隐式方案 [28]，为方便取 $k_B = 1$。

$$v(t+h) - v(t) = -\frac{\gamma}{m}\int_t^{t+h} v(s)\mathrm{d}s + \frac{1}{m}\int_t^{t+h}\left[f(x(s)) + \sqrt{2\gamma T}\eta(s)\right]\mathrm{d}s$$

$$= -\frac{\gamma}{m}v(t+h)h + \frac{1}{m}\int_t^{t+h}\left[f(x(s)) + \sqrt{2\gamma T}\eta(s)\right]\mathrm{d}s \qquad (2.4.33)$$

$$\left(1 + \frac{\gamma}{m}h\right)v(t+h) = v(t) + \frac{1}{m}\int_t^{t+h}\left[f(x(s)) + \sqrt{2\gamma T}\eta(s)\right]\mathrm{d}s \qquad (2.4.34)$$

对以上两式力函数的时间积分，可用梯形公式来计算，但梯形的上底不能用未知值的 $f(x(t+h))$，而用预估–修正后的坐标 $x^*(t)$ 处的 $f(x^*(t))$ 值来代替，所以

$$v(t+h) = \frac{m}{m+\gamma h}v(t) + \frac{1}{m+\gamma h}\left\{\frac{1}{2}\left[f(x(t)) + f(x^*(t))\right]h + \sqrt{2\gamma T h}\omega_0\right\}$$

$$x(t+h) = x(t) + v(t)h \qquad (2.4.35)$$

$m \to 0$，方程 (2.4.31) 变成 $\gamma\dot{x} = f(x) + \sqrt{2\gamma T}\eta(t)$，那么式 (2.4.35) 就退化为

$$v(t+h) = \frac{1}{\gamma h}\left\{\frac{1}{2}\left[f(x(t)) + f(x^*(t))\right]h + \sqrt{2\gamma T h}\omega_0\right\} \qquad (2.4.36)$$

代入式 (2.4.35) 的第二式中，有

$$x(t+h) = x(t) + \frac{1}{2\gamma}\left\{\left[f(x(t)) + f(x^*(t))\right]h + \frac{1}{\gamma}\sqrt{2\gamma T h}\omega_0\right\} \qquad (2.4.37)$$

这就是过阻尼朗之万方程的二阶龙格–库塔随机算法，只不过前面的结果是将阻尼系数吸收到时间里。

2. 阻尼积分算法

如果既想适用于刚度问题又能应用于正常情况，这时方程中的动力学参量可以选择更大的范围。例如，粒子的惯性质量可以很小，但阻尼强度可取很大 [35]。

现考虑一个轻质量的布朗粒子在非线性势中的运动，其受到高斯白噪声和确定性外力的作用，运动方程为

$$\dot{x} = v(t)$$

$$m\dot{v}(t) + \gamma v(t) = f(x) + \sqrt{2\gamma T}\eta(t) + F(t) \tag{2.4.38}$$

如果将方程 (2.4.38) 右边三项合并成一项，则它就可被当作一个一阶常微分方程，对以上两方程数值积分，有 [28]

$$x(t+h) = x(t) + \int_t^{t+h} v(t')\,\mathrm{d}t' \tag{2.4.39}$$

$$v(t') = \exp\left[-\frac{\gamma}{m}(t-t')\right]v(t) + \frac{1}{m}\int_t^{t'}\exp\left[\frac{\gamma}{m}(s-t')\right]$$
$$\cdot \left[f(x(s)) + \sqrt{2\gamma T}\eta(s) + F(s)\right]\mathrm{d}s \tag{2.4.40}$$

将 $v(t')$ 代入方程 (2.4.39) 中，对 $f(x(s))$ 的积分仍采用预估–修正梯形公式，那么

$$x(t+h) = x(t) + \frac{m}{\gamma}\left[1 - \exp\left(-\frac{\gamma}{m}h\right)\right]v(t) + \frac{1}{2\gamma}\left[f(x(t)) + f(x^*(t))\right]$$
$$\cdot\left\{h - \frac{m}{\gamma}\left[1 - \exp\left(-\frac{\gamma}{m}h\right)\right]\right\}$$
$$+ \frac{\sqrt{2\gamma T}}{m}Z_2(t) + \frac{1}{m}\int_t^{t+h}\mathrm{d}t'\int_t^{t'}\exp\left[\frac{\gamma}{m}(s-t')\right]F(s)\mathrm{d}s \tag{2.4.41}$$

和

$$v(t+h) = \exp\left(-\frac{\gamma}{m}h\right)v(t) + \frac{1}{2\gamma}\left[f(x(t)) + f(x^*(t))\right]h\cdot\left[1 - \exp\left(-\frac{\gamma}{m}h\right)\right]$$
$$+ \frac{\sqrt{2\gamma T}}{m}Z_1(t) + \frac{1}{m}\int_t^{t+h}\exp\left[\frac{\gamma}{m}(s-t-h)\right]F(s)\mathrm{d}s \tag{2.4.42}$$

其中

$$Z_1(t) = \int_t^{t+h} \exp\left[\frac{\gamma}{m}(s-t-h)\right]\eta(s)\mathrm{d}s$$

$$Z_2(t) = \int_t^{t+h} \mathrm{d}t' \int_t^{t'} \exp\left[\frac{\gamma}{m}(s-t')\right]\eta(s)\mathrm{d}s \qquad (2.4.43)$$

注意到用在修正步的 Z_1 和 Z_2 与用在预估步的是相同的，它们是两个均值为零的线性相关的高斯随机变量，二次矩和关联分别为

$$\langle Z_1^2 \rangle = \frac{m}{2\gamma}\left[1 - \exp\left(-\frac{2\gamma}{m}h\right)\right] \qquad (2.4.44)$$

$$\langle Z_2^2 \rangle = \frac{m}{2\gamma}\left\{\frac{2m}{\gamma}\left[h - \frac{m}{\gamma}\left(1 - \exp\left(-\frac{\gamma}{m}h\right)\right)\right] - \left(\frac{m}{\gamma}\right)^2\left[1 - \exp\left(-\frac{\gamma}{m}h\right)\right]^2\right\}$$
$$(2.4.45)$$

$$\langle Z_1 Z_2 \rangle = \frac{m^2}{2\gamma^2}\left[1 - 2\exp\left(-\frac{\gamma}{m}h\right) + \exp\left(-2\frac{\gamma}{m}h\right)\right] \qquad (2.4.46)$$

在弱惯性极限 $m \to 0$ 条件下，方程 (2.4.41) 退化成方程 (2.4.37)。

求解随机微分方程，提高精度的核心是如何计算 "面积" $\int_t^{t+\delta t} F(s)\mathrm{d}s$ 的值。对于通常布朗粒子的定向运动问题，如果方程没有加速度项，简单而且好用的是二阶随机龙格–库塔法[28]。然而，对于不同的方程应采用不同的方案。数值计算过程中需要注意的是，一个好的算法会使计算结果对时间步长的变化比较平缓，因为时间步长是算法的参量，而不应该是物理模型的参量。因此，最终的计算结果应与时间步长无关。

2.5 福克尔–普朗克方程及其典型解

扩散 (diffusion) 是物理系统中物质输运的基本机制之一。众所周知，扩散过程的典型例子是布朗运动，这一现象可用福克尔–普朗克方程进行描述。统计物理中，福克尔–普朗克方程还是描述非平衡态系统演化的一个重要工具。

通过引入 2.3 节的无量纲化方法后，对于运动在空间周期势中的布朗粒子，如受到周期外力及负载的作用，其无量纲化的朗之万方程可写为

$$\ddot{x} + \gamma\dot{x} = -V'(x) + a\cos(\omega t) + F + \sqrt{2\gamma D_0}\xi(t) \qquad (2.5.1)$$

方程中各项物理量符号在 2.3 节都有详细介绍，这里不做过多描述。

与朗之万方程 (2.5.1) 对应的描述概率密度 $\rho(x, v, t)$ 随时间演化的福克尔–普朗克方程可写成如下形式 [5,36]

$$\frac{\partial}{\partial t} \rho(x, v, t) = L_{\mathrm{FP}}(t) \rho(x, v, t) \tag{2.5.2}$$

其中，时间周期的福克尔–普朗克算子 (Fokker-Planck operator) 为

$$L_{\mathrm{FP}}(t) = -\frac{\partial}{\partial x} v - \frac{\partial}{\partial v} \left[F - \gamma v - V'(x) + a \cos(\omega t) \right] + \gamma D_0 \frac{\partial^2}{\partial v^2} \tag{2.5.3}$$

$$L_{\mathrm{FP}}(t + T) = L_{\mathrm{FP}}(t) \tag{2.5.4}$$

其中 $T = \dfrac{2\pi}{\omega}$。利用式 (2.5.2) 的福克尔–普朗克方程及给定的初始条件，任意物理量的平均值计算公式可写成

$$\langle g(x(t), v(t)) \rangle = \int \mathrm{d}x \int \mathrm{d}v g(x, v) \rho(x, v, t) \tag{2.5.5}$$

例如，位置 $x(t)$ 的 n 阶矩的平均值可计算为

$$\langle x^n(t) \rangle = \int \mathrm{d}x \int \mathrm{d}v x^n \rho(x, v, t) \tag{2.5.6}$$

在粒子的位置空间对 $\rho(x, v, t)$ 的积分定义了时间关联的速度分布

$$\rho(v, t) = \int \mathrm{d}x \rho(x, v, t) \tag{2.5.7}$$

由此可得粒子的平均速度为

$$\langle v(t) \rangle = \int \mathrm{d}v \, v \rho(v, t) \tag{2.5.8}$$

在长时间下，周期驱动的随机过程逼近渐近的周期速度概率分布 $\rho_{\mathrm{as}}(v, t)$(正的时间周期函数)

$$\rho_{\mathrm{as}}(v, t + T) = \rho_{\mathrm{as}}(v, t) \tag{2.5.9}$$

并满足归一化条件

$$\int \mathrm{d}v \rho_{\mathrm{as}}(v, t) = 1 \tag{2.5.10}$$

渐近的平均可定义为

$$\langle g(v(t)) \rangle_{\mathrm{as}} = \int \mathrm{d}v g(v) \rho_{\mathrm{as}}(v, t) \tag{2.5.11}$$

由此，粒子的渐近平均速度可表示为

$$\langle v(t)\rangle_{\mathrm{as}} = \int \mathrm{d}v v \rho_{\mathrm{as}}(v, t) \tag{2.5.12}$$

引入时间平均后，渐近速度分布为

$$\rho_{\mathrm{as}}(v) = \frac{1}{T} \int_0^T \mathrm{d}t \rho_{\mathrm{as}}(v, t) \tag{2.5.13}$$

及时间平均后的平均速度

$$\langle\langle v\rangle\rangle = \frac{1}{T} \int_0^T \mathrm{d}t \langle v(t)\rangle_{\mathrm{as}} = \lim_{t\to\infty} \frac{1}{t} \int_0^t \mathrm{d}s \langle v(s)\rangle \tag{2.5.14}$$

由此可见，只要求出福克尔–普朗克方程的概率密度，便能进一步求解布朗粒子的稳态平均速度。下面通过具体实例重点介绍求解福克尔–普朗克方程中概率密度 ρ 的计算方法。

2.5.1 福克尔–普朗克方程的解析求解实例

关于福克尔–普朗克方程 (2.5.2) 中 $\rho(x, v, t)$ 的求解方法极其复杂，常见的有矩阵连分式法 (matrix-continued-fraction method) 等，感兴趣的读者可进一步参考 Risken 关于福克尔–普朗克方程求解及应用的理论 [36]。这里，重点介绍分子马达运动环境中几种常见的情况，如具有常数扩散系数、时间关联的线性力和时变负载几种情况下福克尔–普朗克方程中相对简单的关于 $\rho(x, t)$ 的解析求解实例。

通常情况下，福克尔–普朗克方程可写成如下的形式 [37]

$$\frac{\partial \rho(x, t)}{\partial t} = \left[-\frac{\partial}{\partial x} D_1(x, t) + \frac{\partial^2}{\partial x^2} D_2(x, t) \right] \rho(x, t) \tag{2.5.15}$$

接下来主要讨论不同漂移系数 (drift coefficient) $D_1(x, t) = -\gamma(t) x + \beta(t)$ 和扩散系数 (diffusion coefficient) $D_2(x, t) = D$ 的情况。同时，线性力和负载力对于研究马达系统是非常重要的，例如，线性力描述的简谐势是一个束缚势，而负载力还能改变马达系统的运动方向。此外，负载力还可用来描述生物系统中货物驱动的多个马达系统 [38]。

对于时间无关线性力和常扩散系数的情况，即

$$D_1(x, t) = -\gamma x \quad \text{和} \quad D_2(x, t) = D \tag{2.5.16}$$

如果 $\gamma > 0$，漂移系数与抛物势有关。然而当 $\gamma < 0$ 时，漂移系数还与反转的抛物势有关。若系统从初始分布

$$\rho(x, 0) = \delta(x - x_0) \tag{2.5.17}$$

开始，则 t 时刻的概率密度分布函数 (probability density distribution function) 为 [36]

$$\rho\left(x,t\right)=\sqrt{\frac{\gamma}{2\pi D\left(1-\mathrm{e}^{-2\gamma t}\right)}}\mathrm{e}^{-\frac{\gamma\left(x-x_0\mathrm{e}^{-\gamma t}\right)^2}{2D\left(1-\mathrm{e}^{-2\gamma t}\right)}} \tag{2.5.18}$$

对于 $\gamma>0$(抛物势)，从概率密度分布函数的解 (2.5.18) 中可以得到时间 $t\to\infty$ 时系统的稳态解

$$\rho_{\mathrm{st}}\left(x\right)=\sqrt{\frac{\gamma}{2\pi D}}\mathrm{e}^{-\frac{\gamma x^2}{2D}} \tag{2.5.19}$$

如果 $\gamma<0$(反转的抛物势)，则分布函数不存在稳态的解，即当 $t\to\infty$ 时，式 (2.5.18) 趋于零。

接下来讨论更一般的线性力和常扩散系数情况 [37]

$$D_1\left(x,t\right)=-\gamma(t)x+\beta(t)\quad\text{和}\quad D_2\left(x,t\right)=D \tag{2.5.20}$$

这里，函数 $\beta(t)$ 可表示时间关联的负载力。在公式 (2.5.20) 的系数条件下，与福克尔–普朗克方程 (2.5.15) 相对应的朗之万方程为

$$\frac{\mathrm{d}x}{\mathrm{d}t}=-\gamma\left(t\right)x+\beta\left(t\right)+\sqrt{D}\varGamma\left(t\right) \tag{2.5.21}$$

其中，朗之万力 (热噪声) 满足如下的统计关系

$$\left\langle\varGamma\left(t\right)\right\rangle=0,\quad\left\langle\varGamma\left(t\right)\varGamma\left(s\right)\right\rangle=2\delta\left(t-s\right) \tag{2.5.22}$$

在这种情况下，福克尔–普朗克方程不能用分离变量法和本征函数展开法求解，因为这两种方法只能处理与时间无关的线性力情况。我们可以利用傅里叶变换 (Fourier transform) 方法进行求解。对分布函数 $\rho\left(x,t\right)$，其傅里叶变换为

$$\bar{\rho}\left(k,t\right)=\int_{-\infty}^{\infty}\mathrm{e}^{-\mathrm{i}kx}\rho\left(x,t\right)\mathrm{d}x \tag{2.5.23}$$

相应的逆变换为

$$\rho\left(x,t\right)=\frac{1}{2\pi}\int_{-\infty}^{\infty}\mathrm{e}^{\mathrm{i}kx}\bar{\rho}\left(k,t\right)\mathrm{d}k \tag{2.5.24}$$

将傅里叶变换应用于方程 (2.5.15) 和系数公式 (2.5.20)，可以得到

$$\frac{\partial\bar{\rho}\left(k,t\right)}{\partial t}=-\left[\gamma\left(t\right)k\frac{\partial}{\partial k}+\mathrm{i}\beta\left(t\right)k+Dk^2\right]\bar{\rho}\left(k,t\right) \tag{2.5.25}$$

对于方程 (2.5.25) 的解，可尝试如下类型的解决方案

$$\bar{\rho}(k,t) = \mathrm{e}^{\left(\sum_{n=1}^{\infty} b_n(t)k^n\right)} \tag{2.5.26}$$

将方程 (2.5.26) 代入方程 (2.5.25) 中，可以得到

$$\sum_{n=1}^{\infty}\left[\frac{\mathrm{d}b_n(t)}{\mathrm{d}t} + n\gamma(t)b_n(t)\right]k^n + \mathrm{i}\beta(t)k + Dk^2 = 0 \tag{2.5.27}$$

上式中对于任意的 k，可以得到关于 b_n 的方程组

$$\left[\frac{\mathrm{d}b_1(t)}{\mathrm{d}t} + \gamma(t)b_1(t)\right]k + \mathrm{i}\beta(t)k + Dk^2 = 0 \tag{2.5.27a}$$

$$\left[\frac{\mathrm{d}b_2(t)}{\mathrm{d}t} + 2\gamma(t)b_2(t)\right]k^2 + \mathrm{i}\beta(t)k + Dk^2 = 0 \tag{2.5.27b}$$

$$\left[\frac{\mathrm{d}b_n(t)}{\mathrm{d}t} + n\gamma(t)b_n(t)\right]k^n + \mathrm{i}\beta(t)k + Dk^2 = 0 \quad (n \geqslant 3) \tag{2.5.27c}$$

通过整理式 (2.5.27a)～式 (2.5.27c) 中 k 的各幂项系数并令其等于零，便能得到系数 b_n 的解

$$b_1(t) = b_{10}\mathrm{e}^{-H(t,0)} - \mathrm{i}\int_0^t \mathrm{d}\tau\,\beta(\tau)\,\mathrm{e}^{-H(t,\tau)} \tag{2.5.28}$$

$$b_2(t) = b_{20}\mathrm{e}^{-2H(t,0)} - D\int_0^t \mathrm{d}\tau\,\beta(\tau)\,\mathrm{e}^{-2H(t,\tau)} \tag{2.5.29}$$

以及

$$b_n(t) = b_{n0}\mathrm{e}^{-nH(t,0)} \quad (n \geqslant 3) \tag{2.5.30}$$

其中，

$$H(t,t_1) = \int_{t_1}^t \gamma(\tau)\mathrm{d}\tau \tag{2.5.31}$$

把系数 b_n 代回方程 (2.5.26) 中，可以得到

$$\bar{\rho}(k,t) = \mathrm{e}^{\left(b_{10}\mathrm{e}^{-H(t,0)} - \mathrm{i}\int_0^t \mathrm{d}\tau\beta(\tau)\mathrm{e}^{-H(t,\tau)}\right)k}$$

$$\times \mathrm{e}^{\left(b_{20}\mathrm{e}^{-2H(t,0)} - D\int_0^t \mathrm{d}\tau\mathrm{e}^{-2H(t,\tau)}\right)k^2 + \sum_{n=3}^{\infty} b_{n0}\mathrm{e}^{-nH(t,0)}k^n} \tag{2.5.32}$$

现在利用傅里叶空间中的初始条件 (2.5.17)

$$\bar{\rho}(k,0) = \mathrm{e}^{-\mathrm{i}kx_0} \tag{2.5.33}$$

来确定常数 b_{n0}。把方程 (2.5.33) 和方程 (2.5.32) 进行比较，可以得到

$$\bar{\rho}(k,t) = \mathrm{e}^{-\mathrm{i}\left(x_0\mathrm{e}^{-H(t,0)}+\int_0^t \mathrm{d}\tau\beta(\tau)\mathrm{e}^{-H(t,\tau)}\right)k-D\int_0^t \mathrm{d}\tau\mathrm{e}^{-2H(t,\tau)}k^2} \tag{2.5.34}$$

对方程 (2.5.34) 进行傅里叶逆变换，可以得到

$$\rho(x,t) = \frac{1}{2\pi}\int_{-\infty}^{\infty} \mathrm{e}^{\mathrm{i}kx}\bar{\rho}(k,t)\,\mathrm{d}k$$

$$= \frac{1}{\sqrt{4\pi D\int_0^t \mathrm{d}\tau\mathrm{e}^{-2H(t,\tau)}}}\mathrm{e}^{-\frac{\left[x-\int_0^t \mathrm{d}\tau\beta(\tau)\mathrm{e}^{-H(t,\tau)}-x_0\mathrm{e}^{-H(t,0)}\right]^2}{4D\int_0^t \mathrm{d}\tau\mathrm{e}^{-2H(t,\tau)}}} \tag{2.5.35}$$

注意到概率密度分布函数 (2.5.35) 具有高斯形式，并且它实际上是方程 (2.5.15) 的解，因为它通过直接代换满足方程 (2.5.15)。一阶和二阶矩也可以从概率密度分布函数 (2.5.35) 中获得，它们分别是

$$\langle x\rangle = \int_0^t \mathrm{d}\tau\beta(\tau)\mathrm{e}^{-H(t,\tau)} + x_0\mathrm{e}^{-H(t,0)} \tag{2.5.36}$$

和

$$\langle x^2\rangle = 2D\int_0^t \mathrm{d}\tau\mathrm{e}^{-2H(t,\tau)} + \left[\int_0^t \mathrm{d}\tau\beta(\tau)\mathrm{e}^{-H(t,\tau)} + x_0\mathrm{e}^{-H(t,0)}\right]^2 \tag{2.5.37}$$

此外，还可以得到方差

$$\sigma_{xx} = \left\langle(x-\langle x\rangle)^2\right\rangle = \langle x^2\rangle - \langle x\rangle^2 = 2D\int_0^t \mathrm{d}\tau\mathrm{e}^{-2H(t,\tau)} \tag{2.5.38}$$

根据式 (2.5.36) 和式 (2.5.38)，可以把式 (2.5.35) 重新写成

$$\rho(x,t) = \frac{1}{\sqrt{2\pi\sigma_{xx}}}\mathrm{e}^{-\frac{[x-\langle x\rangle]^2}{2\sigma_{xx}}} \tag{2.5.39}$$

同时，n 阶矩可以写成如下形式

$$\langle x^n\rangle = \frac{1}{\sqrt{\pi}}\sum_{k=0}^n \frac{n!\langle x\rangle^{n-k}(2\sigma_{xx})^{\frac{k}{2}}\Gamma\left(\frac{1+k}{2}\right)}{k!(n-k)!} \tag{2.5.40}$$

其中，k 是偶数。值得注意的是，由于方差 σ_{xx} 是随机变量 x 围绕平均值 $\langle x\rangle$ 离散程度的量度，因此根据等式 (2.5.38)，σ_{xx} 不依赖于负载力。然而，负载力的存在对 n 阶矩很重要。

当 $\beta(t) = 0$ 时，概率密度分布函数 (2.5.35) 可退化为文献 [39] 中得到的结果，即

$$\rho(x,t) = \frac{1}{\sqrt{4\pi D \displaystyle\int_0^t \mathrm{d}\tau \mathrm{e}^{-2H(t,\tau)}}} \mathrm{e}^{-\frac{\left[x - x_0 \mathrm{e}^{-H(t,0)}\right]^2}{4D \int_0^t \mathrm{d}\tau \mathrm{e}^{-2H(t,\tau)}}} \tag{2.5.41}$$

同时，如果 $\gamma(t) = \gamma$，概率密度分布函数 (2.5.41) 可进一步退化为式 (2.5.18) 的结果，并且概率密度分布函数 (2.5.35) 将退化为如下结果

$$\rho(x,t) = \sqrt{\frac{\gamma}{2\pi D\left(1 - \mathrm{e}^{-2\gamma t}\right)}} \mathrm{e}^{-\frac{\gamma\left[x - \int_0^t \mathrm{d}\tau \beta(\tau)\mathrm{e}^{-\gamma(t-\tau)} - x_0 \mathrm{e}^{-\gamma t}\right]^2}{2D(1 - \mathrm{e}^{-2\gamma t})}} \tag{2.5.42}$$

可以看到，概率密度分布函数 (2.5.35) 具有一些独特的性质。例如，通过如下位置坐标的平移变换

$$x \to x - \int_0^t \mathrm{d}\tau \beta(\tau)\mathrm{e}^{-H(t,\tau)} \tag{2.5.43}$$

可以得到式 (2.5.35) 与时间关联的线性力公式 (2.5.41) 具有相同的解。

位置坐标的平移特点也可通过变量 x 的变换来证明，该变换将带系数的方程 (2.5.15) 简化为如下的线性力方程

$$\frac{\partial \rho(\bar{x},t)}{\partial t} = \left[-\frac{\partial}{\partial \bar{x}}\left(-\gamma(t)\bar{x}\right) + D\frac{\partial^2}{\partial \bar{x}^2}\right] \rho(\bar{x},t) \tag{2.5.44}$$

这里，$\bar{x}$ 由变换关系 (2.5.43) 给出。

基于上述结果，可进一步研究几种特定情况，如随时间变化的负载力作用时粒子的扩散行为 [37]。

实例 1　负载力 $\beta(t) = a\delta(t)$，$\gamma(t) = \gamma$。

这种情况下，概率密度分布函数

$$\rho(x,t) = \sqrt{\frac{\gamma}{2\pi D\left(1 - \mathrm{e}^{-2\gamma t}\right)}} \mathrm{e}^{-\frac{\gamma\left[x - (a + x_0)\mathrm{e}^{-\gamma t}\right]^2}{2D(1 - \mathrm{e}^{-2\gamma t})}} \tag{2.5.45}$$

位置的一阶矩

$$\langle x \rangle = (a + x_0)\mathrm{e}^{-\gamma t} \tag{2.5.46}$$

以及位置的二阶矩

$$\langle x^2 \rangle = \frac{D\left(1 - \mathrm{e}^{-2\gamma t}\right)}{\gamma} + (a + x_0)^2 \mathrm{e}^{-2\gamma t} \tag{2.5.47}$$

注意到，如果 $a = -x_0$，概率密度分布函数 (2.5.45) 的峰值在任何时候都会偏离原点。同时，从公式 (2.5.47) 可得热平衡关系 $\langle x^2 \rangle = D/\gamma$ 在 $\gamma > 0$ 和 $t \to \infty$ 的情况下能够得到满足。

实例 2　负载力 $\beta(t) = a$**(常数)**，$\gamma(t) = \gamma$。

此时，概率密度分布函数

$$\rho(x,t) = \sqrt{\frac{\gamma}{2\pi D\left(1 - \mathrm{e}^{-2\gamma t}\right)}} \mathrm{e}^{-\frac{\gamma\left[x - \left(\frac{a}{\gamma}(\mathrm{e}^{\gamma t} - 1) + x_0\right)\mathrm{e}^{-\gamma t}\right]^2}{2D(1 - \mathrm{e}^{-2\gamma t})}} \tag{2.5.48}$$

位置的一阶矩

$$\langle x \rangle = \left[\frac{a}{\gamma}\left(\mathrm{e}^{\gamma t} - 1\right) + x_0\right]\mathrm{e}^{-\gamma t} \tag{2.5.49}$$

以及位置的二阶矩

$$\langle x^2 \rangle = \frac{D\left(1 - \mathrm{e}^{-2\gamma t}\right)}{\gamma} + \left[\frac{a}{\gamma}\left(\mathrm{e}^{\gamma t} - 1\right) + x_0\right]^2 \mathrm{e}^{-2\gamma t} \tag{2.5.50}$$

可以看到，简谐势 $(\gamma > 0)$ 的稳态是保持不变的，它由

$$\rho_{\mathrm{st}}(x) = \sqrt{\frac{\gamma}{2\pi D}} \mathrm{e}^{-\frac{\gamma\left(x - \frac{a}{\gamma}\right)^2}{2D}} \tag{2.5.51}$$

给出。当 $t \gg 1$ 时，概率密度分布函数 (2.5.48) 的峰值位于 a/γ 处。对于 $\gamma > 0$，在没有负载力的情况下，一阶矩 $\langle x \rangle$ 会由势的限制而衰减至零。然而，一阶矩在负载力存在的情况下，显示出在恒定负载力决定方向上的净漂移，并且它以指数形式衰减到 a/γ 处。这意味着粒子能很好地被引导到恒定负载力的方向上。这种情况下，热平衡关系为 $\langle x^2 \rangle = D/\gamma + a^2/\gamma^2$。

实例 3　负载力 $\beta(t) = bt$，$\gamma(t) = \gamma$。

这种情况下的概率密度分布函数

$$\rho(x,t) = \sqrt{\frac{\gamma}{2\pi D\left(1 - \mathrm{e}^{-2\gamma t}\right)}} \mathrm{e}^{-\frac{\gamma\left[x - b\left(\frac{t}{\gamma} - \frac{1}{\gamma^2}\right) - \left(\frac{b}{\gamma^2} + x_0\right)\mathrm{e}^{-\gamma t}\right]^2}{2D(1 - \mathrm{e}^{-2\gamma t})}} \tag{2.5.52}$$

位置的一阶矩

$$\langle x \rangle = \frac{b}{\gamma}\left(t - \frac{1}{\gamma}\right) + \left(\frac{b}{\gamma^2} + x_0\right)\mathrm{e}^{-\gamma t} \tag{2.5.53}$$

以及位置的二阶矩

$$\langle x^2 \rangle = \frac{D\left(1 - \mathrm{e}^{-2\gamma t}\right)}{\gamma} + \left[\frac{b}{\gamma}\left(t - \frac{1}{\gamma}\right)\mathrm{e}^{\gamma t} + \frac{b}{\gamma^2} + x_0\right]^2 \mathrm{e}^{-2\gamma t} \tag{2.5.54}$$

随着时间的增加，概率密度分布函数峰值的位置将会右移。

实例 4 负载力 $\beta(t) = a_1 \mathrm{e}^{-a_2 t}$，$\gamma(t) = \gamma$。

这种情况下的概率密度分布函数

$$\rho(x,t) = \sqrt{\frac{\gamma}{2\pi D\left(1 - \mathrm{e}^{-2\gamma t}\right)}} \mathrm{e}^{-\frac{\gamma\left[x - \left(\frac{a_1}{\gamma - a_2}\left(\mathrm{e}^{(\gamma - a_2)t} - 1\right) + x_0\right)\mathrm{e}^{-\gamma t}\right]^2}{2D\left(1 - \mathrm{e}^{-2\gamma t}\right)}} \tag{2.5.55}$$

位置的一阶矩

$$\langle x \rangle = \left[\frac{a_1}{\gamma - a_2}\left(\mathrm{e}^{(\gamma - a_2)t} - 1\right) + x_0\right]\mathrm{e}^{-\gamma t} \tag{2.5.56}$$

以及位置的二阶矩

$$\langle x^2 \rangle = \frac{D\left(1 - \mathrm{e}^{-2\gamma t}\right)}{\gamma} + \left[\frac{a_1}{\gamma - a_2}\left(\mathrm{e}^{(\gamma - a_2)t} - 1\right) + x_0\right]^2 \mathrm{e}^{-2\gamma t} \tag{2.5.57}$$

特别地，当负载力 $\beta(t)$ 系数 $a_2 = a\gamma$，$a_1 = (1-a)\gamma x_0$ 且 $a \neq 1$ 时，线性力条件下的概率密度分布函数 (2.5.18) 会随由 $\mathrm{e}^{-a\gamma t}$ 给出的初始位置 x_0 的衰减而再现。对于 $\gamma > 0$ 和 $a_2 > 0$ 的情况，一阶矩 $\langle x \rangle$ 会衰减到零，并且此时的热平衡关系仍为 $\langle x^2 \rangle = D/\gamma$。

2.5.2 福克尔–普朗克方程的数值求解实例

对于棘轮势 $V(x)$ 中运动的过阻尼布朗粒子，当受到随时间振荡的摇摆力 $F(t)$ 时，其动力学方程可由 2.2 节引入的朗之万方程描述

$$\gamma\dot{x} = -V'(x) + F(t) + \xi(t) \tag{2.5.58}$$

其中，$\xi(t)$ 是随机力，满足涨落–耗散关系 $\langle \xi(t)\xi(s) \rangle = 2\gamma k_B T'\delta(t - s)$。根据前面的讨论，由方程 (2.5.58) 描述的随机微分方程可用概率密度 $\rho(x,t)$ 表示成相应的福克尔–普朗克方程 [40]

$$\frac{\partial\rho(x,t)}{\partial t} = \frac{\partial}{\partial x}\left[\left(\frac{1}{\gamma}\frac{\partial}{\partial x}\tilde{V}(x,t) + D_0\frac{\partial}{\partial x}\right)\rho(x,t)\right] \tag{2.5.59}$$

其中，$\tilde{V}(x,t) = V(x) - xF(t)$，扩散系数 $D_0 = k_B T'/\gamma$。从 2.5.1 节的讨论可以发现，除外力是线性力或者外力随时间缓慢变化等少数特殊情况外，福克尔–普朗克方程 (2.5.59) 很难进行解析求解。然而，如果势场 $V(x)$ 是周期为 L 的周期势，且外力 $F(t)$ 是角频率为 ω 的周期驱动力，则可利用时间、空间的傅里叶展开方法对方程 (2.5.59) 进行处理 [31,40]

$$\rho(x,t) = \sum_{r,s} u_{r,s}\mathrm{e}^{\mathrm{i}2\pi rx/L}\mathrm{e}^{\mathrm{i}s\omega t} \tag{2.5.60}$$

$$\tilde{V}(x,t) = V(x) - xF(t) = \sum_r b_r \mathrm{e}^{\mathrm{i}2\pi rx/L} - x\sum_s a_s \mathrm{e}^{\mathrm{i}s\omega t} \qquad (2.5.61)$$

其中，$u_{r,s}$、b_r、a_s 是傅里叶系数。值得注意的是，从式 (2.5.61) 中可直接看出总势场 $\tilde{V}(x,t) = V(x) - xF(t)$ 在空间上不再是周期性的，但在时间上仍然是周期性的。然而，总的外力 $-\partial_x \tilde{V}(x,t)$ 在空间和时间上都是周期性的，因此总外力可以写成

$$\partial_x \tilde{V}(x,t) = \sum_{r,s} g_{r,s} \mathrm{e}^{\mathrm{i}2\pi rx/L} \mathrm{e}^{\mathrm{i}s\omega t} \qquad (2.5.62)$$

为了用 b_r 和 a_r 表示傅里叶系数 $g_{r,s}$，可先考虑傅里叶的逆变换

$$g_{r,s} = \frac{1}{LT} \int_0^L \int_0^T \left(\partial_x \tilde{V}(x,t) \right) \mathrm{e}^{-\mathrm{i}2\pi rx/L} \mathrm{e}^{-\mathrm{i}s\omega t} \mathrm{d}t\mathrm{d}x \qquad (2.5.63)$$

并可进一步化简

$$
\begin{aligned}
g_{r,s} &= \frac{1}{LT} \int_0^L \int_0^T \left(\sum_{r'} \frac{\mathrm{i}2\pi r'}{L} b_{r'} \mathrm{e}^{\mathrm{i}2\pi r'x/L} - \sum_{s'} a_{s'} \mathrm{e}^{\mathrm{i}s'\omega t} \right) \mathrm{e}^{-\mathrm{i}2\pi rx/L} \mathrm{e}^{-\mathrm{i}s\omega t} \mathrm{d}t\mathrm{d}x \\
&= \frac{1}{LT} \int_0^L \int_0^T \left(\sum_{r'} \frac{\mathrm{i}2\pi r'}{L} b_{r'} \mathrm{e}^{\mathrm{i}2\pi (r'-r)x/L} \mathrm{e}^{-\mathrm{i}s\omega t} - \sum_{s'} a_{s'} \mathrm{e}^{-\mathrm{i}2\pi rx/L} \mathrm{e}^{\mathrm{i}(s'-s)\omega t} \right) \mathrm{d}t\mathrm{d}x \\
&= \frac{1}{LT} \sum_{r'} \frac{\mathrm{i}2\pi r'}{L} b_{r'} \int_0^L \mathrm{e}^{\mathrm{i}2\pi(r'-r)x/L} \mathrm{d}x \int_0^T \mathrm{e}^{-\mathrm{i}s\omega t} \mathrm{d}t \\
&\quad - \frac{1}{LT} \sum_{s'} a_{s'} \int_0^L \mathrm{e}^{-\mathrm{i}2\pi rx/L} \mathrm{d}x \int_0^T \mathrm{e}^{\mathrm{i}(s'-s)\omega t} \mathrm{d}t \\
&= \frac{1}{LT} \sum_{r'} \frac{\mathrm{i}2\pi r'}{L} b_{r'} L\delta_{r,r'} T\delta_{s,0} - \frac{1}{LT} \sum_{s'} a_{s'} L\delta_{r,0} T\delta_{s,s'} \\
&= \frac{\mathrm{i}2\pi r b_r}{L} \delta_{s,0} - a_s \delta_{r,0} \qquad (2.5.64)
\end{aligned}
$$

当 $\rho(x,t)$ 的一阶导数和 $\tilde{V}(x,t)$ 的一阶导数与二阶导数出现在方程 (2.5.59) 中时，可分别计算出它们的傅里叶分解为

$$\partial_t \rho(x,t) = \mathrm{i}\omega \sum_{r,s} s u_{r,s} \mathrm{e}^{\mathrm{i}2\pi rx/L} \mathrm{e}^{\mathrm{i}s\omega t} \qquad (2.5.65)$$

$$\partial_x \rho(x,t) = \frac{i2\pi}{L} \sum_{r,s} r u_{r,s} e^{i2\pi r x/L} e^{is\omega t} \qquad (2.5.66)$$

$$\partial_x^2 \rho(x,t) = -\frac{4\pi^2}{L^2} \sum_{r,s} r^2 u_{r,s} e^{i2\pi r x/L} e^{is\omega t} \qquad (2.5.67)$$

$$\partial_x^2 \tilde{V}(x,t) = \frac{i2\pi}{L} \sum_{r,s} r g_{r,s} e^{i2\pi r x/L} e^{is\omega t} \qquad (2.5.68)$$

把等式 (2.5.65)～ 等式 (2.5.68) 代入福克尔–普朗克方程 (2.5.59) 中，可得

$$
\begin{aligned}
i\omega \sum_{r,s} s u_{r,s} e^{i2\pi r x/L} e^{is\omega t} =& \frac{i2\pi}{\gamma L} \sum_{m,n} m g_{m,n} e^{i2\pi m x/L} e^{in\omega t} \sum_{r,s} u_{r,s} e^{i2\pi r x/L} e^{is\omega t} \\
&+ \frac{i2\pi}{\gamma L} \sum_{m,n} g_{m,n} e^{i2\pi m x/L} e^{in\omega t} \sum_{r,s} r u_{r,s} e^{i2\pi r x/L} e^{is\omega t} \\
&- \frac{4\pi^2 D_0}{L^2} \sum_{r,s} r^2 u_{r,s} e^{i2\pi r x/L} e^{is\omega t} \\
=& \frac{i2\pi}{\gamma L} \sum_{r,s} \sum_{m,n} m g_{m,n} u_{r,s} e^{i2\pi(r+m)x/L} e^{i(s+n)\omega t} \\
&+ \frac{i2\pi}{\gamma L} \sum_{r,s} \sum_{m,n} r g_{m,n} u_{r,s} e^{i2\pi(r+m)x/L} e^{i(s+n)\omega t} \\
&- \frac{4\pi^2 D_0}{L^2} \sum_{r,s} r^2 u_{r,s} e^{i2\pi r x/L} e^{is\omega t} \\
=& \frac{i2\pi}{\gamma L} \sum_{r,s} \sum_{m,n} m g_{m,n} u_{r-m,s-n} e^{i2\pi r x/L} e^{is\omega t} \\
&+ \frac{i2\pi}{\gamma L} \sum_{r,s} \sum_{m,n} (r-m) g_{m,n} u_{r-m,s-n} e^{i2\pi r x/L} e^{is\omega t} \\
&- \frac{4\pi^2 D_0}{L^2} \sum_{r,s} r^2 u_{r,s} e^{i2\pi r x/L} e^{is\omega t} \\
=& \frac{i2\pi}{\gamma L} \sum_{r,s} \sum_{m,n} r g_{m,n} u_{r-m,s-n} e^{i2\pi r x/L} e^{is\omega t} \\
&- \frac{4\pi^2 D_0}{L^2} \sum_{r,s} r^2 u_{r,s} e^{i2\pi r x/L} e^{is\omega t} \qquad (2.5.69)
\end{aligned}
$$

同时，可进一步化简成

$$\sum_{r,s}\left(\mathrm{i}\gamma\omega s u_{r,s}+\frac{4\pi^2 D_0\gamma}{L^2}r^2 u_{r,s}-\frac{\mathrm{i}2\pi}{L}\sum_{m,n}rg_{m,n}u_{r-m,s-n}\right)\mathrm{e}^{\mathrm{i}2\pi rx/L}\mathrm{e}^{\mathrm{i}s\omega t}=0$$

$$(2.5.70)$$

对于任意时间 t 及任意 $[0,L]$ 范围内的 x，都要满足等式 (2.5.70)，因此可得到如下的递推关系

$$\left(\mathrm{i}\gamma\omega s+\frac{4\pi^2 D_0\gamma}{L^2}r^2\right)u_{r,s}-\frac{\mathrm{i}2\pi}{L}\sum_{m.n}rg_{m,n}u_{r-m,s-n}=0 \qquad (2.5.71)$$

再利用方程 (2.5.64)，可得到最终的结果

$$\left(\mathrm{i}\gamma\omega s+\frac{4\pi^2 D_0\gamma}{L^2}r^2\right)u_{r,s}-\frac{\mathrm{i}2\pi}{L}\sum_{m,n}r\left(\frac{\mathrm{i}2\pi mb_m}{L}\delta_{n,0}-a_n\delta_{m,0}\right)u_{r-m,s-n}=0$$

$$(2.5.72)$$

为了确定未知系数 $u_{r,s}$，可根据如下变换

$$(r,s)\to 1+(r+R)(2S+1)+s+S \qquad (2.5.73)$$

将双指标变量 $u_{r,s}$ 映射到单指标变量 $\tilde{u}_l$，则等式 (2.5.72) 便转化成为矩阵方程。同时，还要选择空间和时间傅里叶系数的两个截止参数 S 和 R，将指标 s 和 r 的范围限制在 $-S<s<S$ 和 $-R<r<R$ 区域内。然后，利用概率密度分布函数 $\rho(x,t)$ 的归一化条件 $\int_0^L\rho(x,t)\mathrm{d}x=1$ 和对称关系 $u_{r,s}=u_{-r,-s}$，能够得到 $u_{0,0}=L^{-1}$，这样就可以把得到的矩阵方程化成 $Ay=b$ 的形式。最后，通过使用标准的线性代数程序可以容易地得到唯一的解决方案。

2.6　涨落–响应关系及 Harada-Sasa 等式

悬浮在水溶液中的纳米级和亚微米级的大分子和胶体颗粒为研究非平衡态统计力学的基本问题提供了一个理想的研究平台。由于这种尺度下的颗粒所受到的热涨落 ($\sim k_\mathrm{B}T$) 可与其能量水平相比拟，因此观测和操纵这种小系统的实验技术的最新进展，使人们有可能直接研究系统涨落的非平衡本质。特别是，这些技术已被用来设计和验证一些普适的关系，如涨落定理 [41]、Jarzynski 等式 [42] 和 Harada-Sasa 恒等式 [43-46]。

通过对非平衡态系统的研究，人们认识到对于涨落–响应关系 (fluctuation-response relation，FRR)[47] 破坏程度的定量化可为远离平衡态系统提供新的信

息 [48]。另外，能量耗散率 (energy dissipation rate) 还是表征非平衡稳态 (nonequilibrium steady state) 最基本的物理量。因此，很自然地联想到 FRR 的破坏是否与能量的耗散量有关。为此，本节将重点讨论非平衡态随机系统的能量耗散率和 FRR 破坏程度的关系，并给出相应等式的证明过程。

为简单起见，下面以朗之万方程为例

$$\gamma \dot{x}(t) = F(x(t), t) + \xi(t) + +\varepsilon f^p(t) \tag{2.6.1}$$

其中，γ 是摩擦系数，$\xi(t)$ 是均值为零的高斯白噪声，方差为 $2\gamma T$。$F(x(t), t)$ 表示粒子受到的来自势场的作用力。方程 (2.6.1) 中的最后一项表示系统外部施加的扰动力，ε 是一个无量纲的参数，且 $\varepsilon \ll 1$，这就保证了足够小的外部扰动。这一项也可理解为用于研究系统线性响应特性的 "探针" 力 [46]。

2.6.1 平衡态情况：涨落–响应关系

首先，定义几个涉及下面定理讨论的物理量。其中，一个重要的物理量是速度关联函数 (velocity correlation function)，其定义如下

$$C(t) \equiv \langle [\dot{x}(t) - \bar{v}][\dot{x}(0) - \bar{v}] \rangle_0 \tag{2.6.2}$$

其中，$\langle \cdots \rangle_0$ 表示没有外界扰动 ($\varepsilon = 0$) 时的系综平均，$\bar{v}$ 表示粒子的平均速度。根据维纳–欣钦定理，$C(t)$ 的傅里叶变换

$$\tilde{C}(\omega) = \int_{-\infty}^{\infty} C(t) \mathrm{e}^{i\omega t} \mathrm{d}t \tag{2.6.3}$$

等于速度涨落 $\dot{x}(t) - \bar{v}$ 的功率谱密度 (power spectrum density)。由于稳态系统具有时间平移不变性，因此关联函数满足对称性关系 $C(t) = C(-t)$。相应地，$\tilde{C}(\omega)$ 的虚部因为对称性关系而消失。

如果用 $R(t)$ 表示平均速度对扰动力的线性响应关系，也称之为响应函数 (response function)，理论表明 $R(t)$ 可将平均速度对脉冲的响应描述为 [46]

$$R(t) = \lim_{\varepsilon \to 0} \frac{\langle \dot{x}(t) \rangle_\varepsilon - \bar{v}}{\varepsilon}, \quad f^p(t) = \delta(t) \tag{2.6.4}$$

其中，$\langle \cdots \rangle_\varepsilon$ 表示扰动 (探针力) 存在时的系综平均。此外由于因果关系，$R(t)$ 对于 $-t$ 的响应总是等于 0。

根据卷积定理 (convolution theorem)，响应函数的傅里叶变换可称为敏感度 (susceptibility)

$$\tilde{R}(\omega) = \int_0^\infty R(t)\mathrm{e}^{\mathrm{i}\omega t}\mathrm{d}t \tag{2.6.5}$$

满足如下关系

$$\tilde{R}(\omega) = \frac{1}{\tilde{f}^p(\omega)} \lim_{\varepsilon \to 0} \int_0^\infty \frac{\langle \dot{x}(t)\rangle_\varepsilon - \bar{v}}{\varepsilon} \mathrm{e}^{\mathrm{i}\omega t}\mathrm{d}t \tag{2.6.6}$$

其中，$\tilde{f}^p(\omega)$ 是 $f^p(\omega)$ 的傅里叶变换。实验上，可通过施加正弦扰动 $f^p(t) = \sin\omega t$ 来确定 $\tilde{R}(\omega)$。

关于涨落耗散定理，如果系统满足细致平衡条件，则没有扰动时 ($\varepsilon = 0$) 系统是平衡的，更详细的证明过程可参考文献 [46] 的讨论。这种情况下，粒子的平均速度会消失，即 $\bar{v} = 0$。此外，关联函数和响应函数还会满足如下关系

$$C(t) = TR(t) \quad (t > 0) \tag{2.6.7}$$

或者，同样的等价关系

$$\tilde{C}(\omega) = 2T\tilde{R}'(\omega) \tag{2.6.8}$$

这里，$\tilde{R}'(\omega)$ 表示 $\tilde{R}(\omega)$ 的实部。因此，可进一步将等式 (2.6.8) 称为涨落–响应关系。

值得指出的是，涨落–响应关系完全独立于模型的细节，如周期外势的结构或者粒子的跃迁率等。正如文献 [46] 所释，涨落–响应关系是平衡态下系统具有细致平衡特性的直接结果。由于这种简单的关系，当系统处于平衡状态时，关联函数和响应函数的测量能够给出相同的信息。

2.6.2　非平衡态情况：Harada-Sasa 等式

在非平衡稳态下，可以发现在 2.6.1 节中讨论的涨落–响应关系将会被破坏。同时，这种非平衡稳态一般是通过外部的能量输入及耗散到环境中的能量来维持的。

设 v_s 为 $\varepsilon = 0$ 时系统的稳态速度，则速度对"探针"力的响应为[44]

$$\langle \dot{x}(t)\rangle_\varepsilon = v_\mathrm{s} + \varepsilon \int_{-\infty}^t R(t-s)f^p(s)\mathrm{d}s + O\left(\varepsilon^2\right) \tag{2.6.9}$$

通常可将扰动 f^p 作为 0 时刻的脉冲进行处理，即 $f^p(s) = \delta(s)$。

根据文献 [49] 的随机能量学理论 (关于这一理论将在 4.6 节有详细的讨论)，可对朗之万系统的能量耗散问题进行定量分析。在 t 时刻，每条轨道的能量耗散率 $J(t)$ 可表示为

$$J(t)\mathrm{d}t \equiv [\gamma\dot{x}(t) - \xi(t)] \circ \mathrm{d}x(t) \tag{2.6.10}$$

其中，"∘" 表示斯特拉托诺维奇乘法 (Stratonovich multiplication)[50]。同时，能量耗散率的这种定义符合能量守恒定律和热力学第二定律。通过比较能量流 J 和非平衡稳态下涨落–响应关系被破坏的程度，可以得到上述讨论相关物理量之间的定量关系。这一结果可用如下等式描述

$$\langle J \rangle_0 = \gamma \left\{ v_s^2 + \int_{-\infty}^{\infty} \left[\tilde{C}(\omega) - 2T\tilde{R}'(\omega) \right] \frac{\mathrm{d}\omega}{2\pi} \right\} \tag{2.6.11}$$

其中，$\langle J \rangle_0$ 为能量耗散率，其他物理量上面已经给出相应的说明。由于这个理论最早由 Takahiro Harada 和 Shin-ichi Sasa 提出[44]，因此又被称为 Harada-Sasa 恒等式。

有趣的是，等式 (2.6.11) 的右边描述了涨落–响应关系破坏的程度。在非平衡态下，当细致平衡条件被破坏时，括号中的第一项即速度的平方会偏离零值。同时，括号中的第二项表示在频率区域上违反等式 (2.6.8) 的程度。注意，v_s^2 可理解为速度关联函数 $\langle \dot{x}(t)\dot{x}(0) \rangle_0$ 的零频率分量。因此，等式 (2.6.11) 右边的物理意义为单位时间内通过各频率的速度涨落所耗散的能量之和。在平衡态下，由于平均速度为零，等式 (2.6.8) 成立，这将导致等式 (2.6.11) 的右端消失。这个结果与能量输入率和耗散率在平衡态下消失的事实是一致的。

需要指出的是，Harada-Sasa 等式 (2.6.11) 适用于各种不同类型的朗之万系统，并且不需要考虑外部驱动力的大小以及系统偏离平衡态的方式。接下来我们通过两类模型，对等式 (2.6.11) 的有效性进行数学证明。

2.6.3 Harada-Sasa 等式的数学证明

实例 1 模型 A 的数值验证。

对于模型 A，朗之万方程为式 (2.6.1)。设粒子受到的势场作用为[44]

$$F(x,t) \equiv -\delta_{\sigma(t)0} \partial_x U_0(x) - \delta_{\sigma(t)1} \partial_x U_1(x) \tag{2.6.12}$$

其中，周期势 $U_i(x)(i = 0, 1)$ 的空间周期为 l，$\sigma(t)$ 是 $\{0, 1\}$ 上的泊松过程，且从 0 到 1 和从 1 到 0 的跃迁率为常数 α。该模型起源于马达蛋白的研究，$\sigma(t)$ 为随机开关，故称之为闪烁棘轮模型[51]。

首先，通过分析与朗之万方程 (2.6.1) 相对应的福克尔–普朗克方程

$$\frac{\partial}{\partial t} \begin{pmatrix} P_0(x,t) \\ P_1(x,t) \end{pmatrix} = \begin{pmatrix} L_0 - \alpha & \alpha \\ \alpha & L_1 - \alpha \end{pmatrix} \begin{pmatrix} P_0(x,t) \\ P_1(x,t) \end{pmatrix} \tag{2.6.13}$$

可计算模型 A 的统计参量。其中，$L_i \equiv -\partial_x [F_i(x) + \varepsilon f^p(t) - T\partial_x]/\gamma$ 及 $F_i(x) \equiv -\partial_x U_i(x)$，$i = 0, 1$。特别地，外势分别选择 $U_0(x) = D\cos(2\pi x/l)$ 和 $U_1(x) =$

const，且所有参量都通过 γ、l 和 T 归一化为无量纲的形式。函数 $\tilde{C}(\omega)$ 和 $\tilde{R}'(\omega)$ 可利用矩阵连分式法进行计算 [36]。图 2.2 给出当 $D = 5$ 和 $\alpha = 10$ 时函数 $\tilde{C}(\omega)$ 和 $2T\tilde{R}'(\omega)$ 随 ω 的变化关系。如图 2.2 所示，涨落–响应关系的违反是明显的，即 $\tilde{C}(\omega) \neq 2T\tilde{R}'(\omega)$，特别是在小频率范围。因此，图 2.2 结果也是非平衡稳态下 FRR 破坏的一个例证。

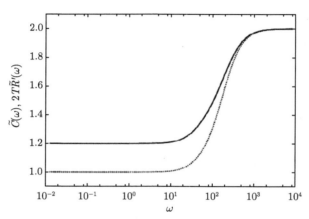

图 2.2　函数 $\tilde{C}(\omega)$ 和 $2T\tilde{R}'(\omega)$ 随 ω 的变化关系，其中 $D = 5$ 和 $\alpha = 10$。在归一化系数 $\gamma = l = T = 1$ 条件下所有参量都已无量纲化。实线和虚线分别代表 $\tilde{C}(\omega)$ 和 $2T\tilde{R}'(\omega)$[44]

这种情况下，由于选择的外势关于变量 x 具有反射对称，因此 $v_s = 0$。同时，通过积分整个频域 $\tilde{C}(\omega)$ 和 $2T\tilde{R}'(\omega)$ 之间的差值，可计算出等式 (2.6.11) 右端约等于 16.891。另外，我们可以计算该模型 A 的能量输入率，其按定义的计算公式为 [49]

$$\langle J_{\text{in}} \rangle_0 = \alpha \int_0^l [U_1(x) - U_0(x)] \left[P_0^{\text{st}}(x) - P_1^{\text{st}}(x) \right] \mathrm{d}x \qquad (2.6.14)$$

其中，$P_0^{\text{st}}(x)$ 和 $P_1^{\text{st}}(x)$ 是方程 (2.6.13) 的稳态解。作为能量平衡的结果，无论公式 (2.6.11) 的有效性如何，能量输入率 $\langle J_{\text{in}} \rangle_0$ 应与能量耗散率 $\langle J \rangle_0$ 一致。由此，如果 $\langle J_{\text{in}} \rangle_0$ 的计算结果与等式 (2.6.11) 的右端结果相同，则表明等式 (2.6.11) 的有效性。利用上述参数值，可计算得到 $\langle J_{\text{in}} \rangle_0 \approx 16.891$。因此，在这种情况下等式 (2.6.11) 的关系已被验证。

为了证明这个结果不是偶然的，图 2.3 给出了不同 D 下定义在方程 (2.6.11) 和方程 (2.6.14) 中的 $\langle J \rangle_0$ 和 $\langle J_{\text{in}} \rangle_0$ 作为跃迁率 α 的函数图像。该图清楚地展示了 $\langle J \rangle_0$ 和 $\langle J_{\text{in}} \rangle_0$ 之间的良好一致性，且与模型参数的选择无关。对于模型 A，通过这种数值方式给出了等式 (2.6.11) 的验证过程。

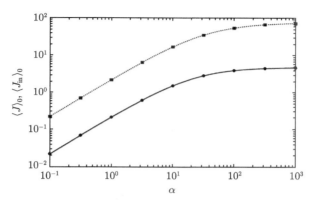

图 2.3　基于方程 (2.6.11) 和方程 (2.6.14) 的能量流 $\langle J \rangle_0$ 和 $\langle J_{\text{in}} \rangle_0$ 作为跃迁率 α 的函数图像。实线和封闭的圆圈分别代表 $D = 1$ 时的 $\langle J \rangle_0$ 和 $\langle J_{\text{in}} \rangle_0$。虚线和封闭的方块分别代表 $D = 5$ 时的 $\langle J \rangle_0$ 和 $\langle J_{\text{in}} \rangle_0$。其他参量与图 2.2 一致 [44]

实例 2　模型 B 的数学证明。

对于模型 B，考虑朗之万方程 (2.6.1)，若粒子受到一个与时间无关的势场力 [44]

$$F\left(x, t\right) = F(x) \equiv f - \partial_x U(x) \tag{2.6.15}$$

其中，f 是常驱动力，$U(x)$ 是周期为 l 的空间周期势，这个模型的物理意义可参考文献 [36]。

接下来，将给出等式 (2.6.11) 的数学证明。研究结果已表明，通过把力 $F\left(x(t)\right)$ 转化为如下形式 [52]，便能从朗之万方程 (2.6.1) 推导出响应方程 (2.6.4)

$$F\left(x(t)\right) = \gamma v_{\text{s}} + \int_{-\infty}^{t} K_0\left(t - s\right) \cdot \left[\xi(s) + \varepsilon f^p(s)\right] \mathrm{d}s$$

$$+ \int_{-\infty}^{t} K_{\perp}\left(t - s; x(s)\right) \cdot \left[\xi(s) + \varepsilon f^p(s)\right] \mathrm{d}s \tag{2.6.16}$$

其中 "$\cdot$" 表示伊藤乘法 (Itô multiplication)[50]。定义 $K_0(t) = 0$，对于 $t < 0$ 时 $K_{\perp}\left(t; x(s)\right) = 0$。力的分解是通过定义 $K_{\perp}\left(t; x(s)\right)$ 来确定的，对于任意的 $t > 0$ 和 s，满足性质

$$\left\langle K_{\perp}\left(t; x(s)\right)\right\rangle_0 = 0 \tag{2.6.17}$$

将方程 (2.6.16) 代入方程 (2.6.1) 后取平均，再利用关系 (2.6.17) 便能够得到方程 (2.6.4)。进一步，可确定

$$\gamma \tilde{R}\left(\omega\right) = \tilde{K}_0\left(\omega\right) + 1 \tag{2.6.18}$$

更细节的讨论可参考文献 [52]。

在下面的证明过程中，为了明确两种乘法 "∘" 和 "·" 的计算规则，先简单介绍两种型如 $\int_{t_0}^{t} G(t')\mathrm{d}W(t')$ 随机积分的定义。感兴趣的读者可进一步参考文献 [50]。

伊藤随机积分的定义：

$$\int_{t_0}^{t} G(t') \cdot \mathrm{d}W(t') = \lim_{n\to\infty} \sum_{i=1}^{n} G(t_{i-1})[W(t_i) - W(t_{i-1})] \qquad (2.6.19)$$

对应于在时间间隔开始时计算 G，该积分规则由积分下乘积中的 "·" 符号表示。

斯特拉托诺维奇随机积分的定义：

$$\int_{t_0}^{t} G(t') \circ \mathrm{d}W(t') = \lim_{n\to\infty} \sum_{i=1}^{n} \frac{G(t_i) + G(t_{i-1})}{2} [W(t_i) - W(t_{i-1})] \qquad (2.6.20)$$

函数 G 在时间间隔的起点和终点上取平均值，该积分规则由积分下乘积中的 "∘" 符号表示。

现在令 $\varepsilon = 0$，先将时间离散化，即 $t_n \equiv n\Delta t$。此外，可通过引入维纳过程 $W(t)^{[50]}$ 来代替噪声 $\xi(t)$。由此，可得离散化符号：$x_n \equiv x(t_n)$，$\Delta x_n \equiv x_{n+1} - x_n$ 以及 $\Delta W_n \equiv W(t_{n+1}) - W(t_n)$。通过维纳过程的定义，存在关系 $\langle \Delta W_n \rangle_0 = 0$ 和 $\langle \Delta W_n \Delta W_m \rangle_0 = \delta_{nm}\Delta t$。

结合方程 (2.6.1) 和方程 (2.6.10)，并考虑到斯特拉托诺维奇乘法 ∘ 的定义，可以得到

$$J(t_n)\Delta t = \bar{F}_n \Delta x_n + O(\Delta t^{3/2}) \qquad (2.6.21)$$

其中，$\bar{F}_n \equiv [F(x_n) + F(x_{n+1})]/2$。另外，对方程 (3.6.1) 进行从 t_n 到 t_{n+1} 的积分，有

$$\gamma \Delta x_n = \bar{F}_n \Delta t + \sqrt{2\gamma T}\Delta W_n + O(\Delta t^2) \qquad (2.6.22)$$

然后通过简单的计算可以得到

$$\langle J(t_n)\rangle_0 = \gamma v_{\mathrm{s}}^2 + \gamma \left\langle \left(\frac{\Delta x_n}{\Delta t} - v_{\mathrm{s}}\right)^2 \right\rangle_0 - \frac{2T}{\Delta t} - \sqrt{\frac{2T}{\gamma}} \frac{\langle \bar{F}_n \Delta W_n \rangle_0}{\Delta t} + O(\Delta t^{1/2}) \qquad (2.6.23)$$

在极限条件 $\Delta t \to 0$ 下，等式 (2.6.23) 右边的第二项和第三项可以转化为

$$\lim_{\Delta t\to 0}\left[\gamma \left\langle \left(\frac{\Delta x_n}{\Delta t} - v_{\mathrm{s}}\right)^2 \right\rangle_0 - \frac{2T}{\Delta t}\right] = \int_{-\infty}^{\infty}\left[\gamma \tilde{C}(\omega) - 2T\right]\frac{\mathrm{d}\omega}{2\pi} \qquad (2.6.24)$$

接下来, 可将式 (2.6.16) 的离散表达式变形为

$$F(x_n) = \gamma v_s + \sqrt{2\gamma T} \sum_{k=1}^{\infty} K_0(t_k) \Delta W_{n-k} + \sqrt{2\gamma T} \sum_{k=1}^{\infty} K_\perp(t_k, x_{n-k}) \Delta W_{n-k}$$

$$(2.6.25)$$

并由式 (2.6.17) 可知

$$\langle \bar{F}_n \Delta W_n \rangle_0 = \sqrt{\frac{\gamma T}{2}} K_0(\Delta t) \Delta t \qquad (2.6.26)$$

此外, 利用公式 (2.6.18) 和傅里叶积分定理, $\lim_{\Delta t \to 0} [K_0(-\Delta t) + K_0(\Delta t)]/2 = \int_{-\infty}^{\infty} \tilde{K}_0'(\omega) \, d\omega / 2\pi$, 可以得到

$$\lim_{\Delta t \to 0+} K_0(\Delta t) = 2 \int_{-\infty}^{\infty} \left[\gamma \tilde{R}'(\omega) - 1 \right] \frac{d\omega}{2\pi} \qquad (2.6.27)$$

将方程 (2.6.24)、方程 (2.6.26) 和方程 (2.6.27) 代入等式 (2.6.23) 中, Harada-Sasa 定理得证。

2.6.4 Harada-Sasa 等式的进一步说明

首先, 虽然 Harada-Sasa 等式的数学证明本节仅针对模型 B, 但通过确定方程 (2.6.16) 所表示的力的分量, 可以用几乎相同的方法对模型 A 进行等式 (2.6.11) 的证明。此外, 等式 (2.6.11) 表示的结果可推广到更大范围的布朗棘轮模型 [45], 包括具有惯性效应、时间–周期势和空间非均匀温度分布的棘轮模型。

对于 Harada-Sasa 等式研究的物理意义, 从实验的观点来看, 很难估计被研究系统的能量耗散率。然而, 等式 (2.6.11) 表达形式的优点是, 它能使我们从实验可获得的物理量来确定系统的能量耗散, 而不需要知道系统的每个细节, 如力的形式 $F(x,t)$ 等。此外, 这一结果对于生物分子马达的研究具有一定的理论参考。

值得注意的是, Harada-Sasa 等式的一个突出特点是它独立于模型的细节, 如外势结构或跃迁率等。实际上, 无论模型的参量如何选择, 这个等式都是成立的。同时, Harada-Sasa 方程也独立于系统内部状态的数目。此外, 涨落–响应关系还可以在各种形式的朗之万方程中得到证明。它可以推广到含时系统和包含多个热源情形。因此, 能量耗散率与涨落–响应关系破坏程度之间的这种定量关系对于朗之万动力学系统来说是普遍存在的。更多讨论和相关数学证明可参考文献 [45, 46]。

参 考 文 献

[1] 郑志刚, 胡岗. 从动力学到统计物理学 [M]. 北京: 北京大学出版社, 2016.

[2] Brillouin L. Can the rectifier become a thermodynamical demon? [J]. Phys. Rev., 1950, 78(5): 627-628.

[3] Feynman R P, Leighton R B, Sands M. The Feynman Lectures on Physics [M]. Reading: Addison-Wesley, 1963.

[4] Ford B J. Brown's observations confirmed [J]. Nature, 1992, 359(6393): 265.

[5] Machura L. Performance of Brownian motors [D]. Augsburg: University of Augsburg, 2006.

[6] Brown R. A brief account of microscopical observations made in the months of June, July, and August, 1827, on the particles contained in the pollen of plants, and on the general existence of active molecules in organic and inorganic bodies [J]. Philos. Mag. N. S., 1828, 4(21): 161-173.

[7] Brown R. Additional remarks on active molecules [J]. Philos. Mag. N. S., 1829, 6(33):161-166.

[8] Ford B J. Brownian movement in Clarkia pollen: A reprise of the first observations [J]. Microscope, 1992, 40(4): 235-241.

[9] 杨静, 龙正武. 布朗运动的启示 [M]. 北京: 科学出版社, 2015.

[10] Einstein A. Über die von der molekularkinetischen Theorie der Wärme geforderte Bewegung von in ruhenden Flüssigkeiten suspendierten Teilchen [J]. Ann. Phys. (Leipzig), 1905, 322(8): 549-560.

[11] Einstein A. Eine neue bestimmung der moleküldimensionen [J]. Ann. Phys. (Leipzig), 1906, 324(2): 289-306.

[12] Sutherland W. A dynamical theory of diffusion for non-electrolytes and the molecular mass of albumin [J]. Philosophical Magazine, 1905, 9(54): 781-785.

[13] Smoluchowski M. Zur kinetischen theorie der brownschen molekularbewegung und der suspensionen [J]. Ann. Phys. (Leipzig), 1906, 326(14): 756-780.

[14] Smoluchowski M. Drei vorträge über diffusion, brownsche molekularbewegung und koagulation von kolloidteilchen [J]. Phys. Z., 1916, 17: 557-571.

[15] Gouy L. Note sur le mouvement brownien [J]. J. Phys. Theor. Appl., 1888, 7(1): 561-564.

[16] 汪志诚. 热力学 · 统计物理 [M]. 6 版. 北京: 高等教育出版社, 2019.

[17] Perrin J. Les atomes [J]. Comptes Rendues Acad. Sci. Paris, 1914, 158: 1168.

[18] Hänggi P, Marchesoni F. Artificial Brownian motors: Controlling transport on the nanoscale [J]. Rev. Mod. Phys., 2009, 81(1): 387-442.

[19] Purcell E M. Life at low Reynolds number [J]. Am. J. Phys., 1977, 45(1): 3-11.

[20] Visscher K, Schnitzer M J, Block S M. Single kinesin molecules studied with a molecular force clamp [J]. Nature, 1999, 400(6740): 184-189.

[21] Łuczka J, Bartussek R, Hanggi P. White noise induced transport in periodic structures [J]. Europhys. Lett., 1995, 31(8): 431-436.

[22] Machura L, Kostur M, Łuczka J. Transport characteristics of molecular motors [J]. Biosystems, 2008, 94(3): 253-257.

[23] Łuczka J. Application of statistical mechanics to stochastic transport [J]. Physica A, 1999, 274(1-2): 200-215.

[24] Kostur M, Machura L, Talkner P, et al. Anomalous transport in biased AC-driven Josephson junctions: Negative conductances [J]. Phys. Rev. B, 2008, 77(10): 104509.

[25] 艾保全. 生物系统中噪声效应的研究 [D]. 广州: 中山大学, 2004.

[26] Mannella R, Palleschi V. Fast and precise algorithm for computer simulation of stochastic differential equations [J]. Phys. Rev. A, 1989, 40(6): 3381-3386.

[27] Honeycutt R L. Stochastic Runge-Kutta algorithms. I. White noise [J]. Phys. Rev. A, 1992, 45(2): 600-603.

[28] 包景东. 经典和量子耗散系统的随机模拟方法 [M]. 北京: 科学出版社, 2009.

[29] Honeycutt R L. Stochastic Runge-Kutta algorithms. II. Colored noise [J]. Phys. Rev. A, 1992, 45(2): 604-610.

[30] Bao J D. Numerical integration of a non-Markovian Langevin equation with a thermal band-passing noise [J]. J. Stat. Phys., 2004, 114(1-2): 503-513.

[31] Denisov S, Hänggi P. AC-driven Brownian motors: A Fokker-Planck treatment [J]. Am. J. Phys., 2009, 77(7): 602-606.

[32] Kloeden P E, Platen E. Numerical Solution of Stochastic Differential Equations [M]. New York: Springer, 1992.

[33] Jung P, Marchesoni F. Energetics of stochastic resonance [J]. Chaos, 2011, 21(4): 047516.

[34] Jung P. Periodically driven stochastic systems [J]. Phys. Rep., 1993, 234(4-5): 175-295.

[35] Bao J D. Semi-integral scheme for simulation of Langevin equation with weak inertial [J]. J. Stat. Phys., 2000, 99(1-2): 595-602.

[36] Risken H. The Fokker-Planck Equation [M]. 2nd ed. Berlin: Springer-Verlag, 1996.

[37] Kwok S F. Fokker-Planck equation with linear and time dependent load forces [J]. Eur. J. Phys., 2016, 37(6): 065101.

[38] Bouzat S, Falo F. The influence of direct motor-motor interaction in models for cargo transport by a single team of motors [J]. Phys. Biol., 2010, 7(4): 046009.

[39] Lillo F, Mantegna R N. Drift-controlled anomalous diffusion: A solvable Gaussian model [J]. Phys. Rev. E, 2000, 61(5): 4675-4678.

[40] Schwemmer C, Fringes S, Duerig U, et al. Experimental observation of current reversal in a rocking Brownian motor [J]. Phys. Rev. Lett., 2018, 121(10): 104102.

[41] Evans D J, Cohen E G D, Morriss G P. Probability of second law violations in shearing steady states [J]. Phys. Rev. Lett., 1993, 71(15): 2401-2404.

[42] Jarzynski C. Nonequilibrium equality for free energy differences [J]. Phys. Rev. Lett., 1997, 78(4): 2690-2693.

[43] Hatano T, Sasa S I. Steady-state thermodynamics of Langevin systems [J]. Phys. Rev. Lett., 2001, 86(16): 3463-3466.

[44] Harada T, Sasa S I. Equality connecting energy dissipation with a violation of the fluctuation-response relation [J]. Phys. Rev. Lett., 2005, 95(13): 130602.

[45] Harada T, Sasa S I. Energy dissipation and violation of the fluctuation-response relation in nonequilibrium Langevin systems [J]. Phys. Rev. E, 2006, 73(2): 026131.

[46] Harada T, Sasa S I. Fluctuations, responses and energetics of molecular motors [J]. Math. Biosci., 2007, 207(2): 365-386.

[47] Kubo R, Toda M, Hashitsume N. Statistical Physics II: Nonequilibrium Statistical Mechanics [M]. Berlin: Springer-Verlag, 1991.

[48] Harada T, Yoshikawa K. Fluctuation-response relation in a rocking ratchet [J]. Phys. Rev. E, 2004, 69(3): 031113.

[49] Sekimoto K. Kinetic characterization of heat bath and the energetics of thermal ratchet models [J]. J. Phys. Soc. Jpn., 1997, 66(5): 1234-1237.

[50] Gardiner C W. Handbook of Stochastic Methods for Physics, Chemistry and the Natural Sciences [M]. Berlin: Springer-Verlag, 2004.

[51] Astumian R D, Bier M. Fluctuation driven ratchets: Molecular motors [J]. Phys. Rev. Lett., 1994, 72(11): 1766-1769.

[52] Harada T, Hayashi K, Sasa S I. Exact transformation of a Langevin equation to a fluctuating response equation [J]. J. Phys. A, 2005, 38(17): 3799-3812.

第 3 章　布朗棘轮的非平衡态输运理论

要深刻理解分子马达的定向运动，必须意识到马达的运动尺度属于布朗运动范畴。同时，这一活动区域并不是直观可见的。人们早已习惯了自己活动的宏观世界，这个尺度下用来施加约束和力的能量势垒要比热能 $k_{\mathrm{B}}T$ 大得多；热激发允许跨越这些尺度能量势垒的"逃逸时间"实际上可以是无限的。但在布朗运动尺度，势垒高度通常是 $k_{\mathrm{B}}T$ 量级且逃逸时间也是有限的，由此导致的新奇结果也属正常。

众所周知，在布朗运动范畴，如果用显微镜观察放在桌上的微观物体，可以发现它不会"静息"而是在不断地"跳舞"，直到它走到桌子的尽头然后掉下去。如果非要把这个微观物体的活动范围限制在桌子上，还要把它从地板上捡起来再放回到桌上，这个过程必定会消耗掉一部分能量。当然这不是一个永久的解决方案，微观物体还会发生下落。为了运用力，能量需要不断地被消耗。这意味着像宏观卡诺热机这种循环结构在布朗领域的运转是没有意义的。活塞不能在没有持续消耗能量的情况下被准静态地推动，因为活塞的手柄会不断地从人们的手中滑落。因此，想要理解生物分子马达的工作原理，可以像用卡诺循环分析汽车引擎一样，先构建一个简化的理想模型作为参照。

3.1　布朗棘轮的引入与相关理论发展

1912 年，斯莫卢霍夫斯基发表了一篇论文 [1]，他在文中设计了一个有启发性的实验小装置，展示了利用棘轮 (ratchet) 和棘爪 (pawl) 机制调制热能的可能性。换句话说，斯莫卢霍夫斯基提出一种实验装置，通过利用系统对称性的破缺可以将远离平衡态的布朗粒子的热运动转化为定向运动。同时，该文中的内容就像是对古伊假设的一种响应，古伊曾暗示分子棘轮机制违反了热力学第二定律 [2]。1960 年初，Richard Feynman (理查德 · 费曼, 1918~1988) 在其著名的物理学讲义中重新阐述了这一观点 [3]。

3.1.1　棘轮模型的引入

首先，我们可以检验一下称之为斯莫卢霍夫斯基–费曼棘轮 (Smoluchowski-Feynman ratchet) 的装置，如图 3.1 所示。这台机器的中间是一个轴，一端由叶片 (vane, 右) 组成，另一端由棘轮 (左) 组成。叶片的旋转能够带动形如不对称锯齿的棘轮，棘轮上有棘爪，棘爪会将棘轮的运动限制在一个方向上以防止弹簧按压时棘轮朝 "错误" 的方向旋转。

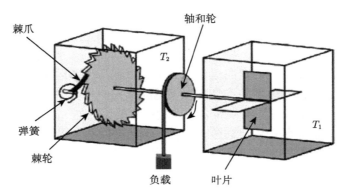

图 3.1   斯莫卢霍夫斯基–费曼棘轮和棘爪装置示意图。叶片因受到扩散气体分子的撞击而旋转。同时，叶片旋转带动棘轮 (带有不对称齿)，棘轮上有棘爪，当被弹簧压下时可防止棘轮朝 "错误" 的方向旋转。如果叶片和棘轮同时以正确的方向旋转，该装置可以通过提升负载来完成有用功 [4]

同时，装置的两端分别被放置在温度为 T_1 和 T_2 的不同 "盒子" 中，并且盒中充满大量分子组成的气体。棘轮、叶片都会与气体分子发生碰撞进而能够产生随机转动。由于棘爪机制的限制，该装置给人的第一印象是即使处在相同的温度 $(T_1 = T_2)$，装置中的轴也有可能朝一个方向转动，并且平均而言，装置的定向运动是由热涨落 (thermal fluctuation) 产生的。

上述假定的实验装置看起来似乎造出了一台第二类永动机 (perpetual motion machine of the second kind) 或者像一个特定工作的麦克斯韦妖 (Maxwell's demon)[5]。费曼解释了这一悖论：装置 "箱子" 里的每一个部分在各个方向上都会受到不间断的等强度的分子的轰击。因此，由于布朗运动的作用，棘爪有可能上升到棘轮齿的上方，导致棘轮以相等的概率在两个方向上转动，其净运动的效果显然为零。同时，文献 [6] 还对斯莫卢霍夫斯基–费曼棘轮的结构特点进行了批判性分析。特别地，如果两个 "盒子" 的温度不同，即 $T_1 \neq T_2$，则会导致平均运动的非零结果。这种情况下，温度的宏观差异就会引起轴的净转动。此时，如果叶片和棘轮都以相同的方向旋转，那么该装置就可以通过提升负载来做有用功。

3.1.2   棘轮系统的数学物理建模

根据图 3.1 所示的斯莫卢霍夫斯基–费曼棘轮装置，可从以下的数学分析进行物理上的理解 [5,7]：

(1) 棘轮在转动方向上是一个空间周期系统，它可对应于一个空间周期势 $V(x)$

$= V(x + L)$。

(2) 由于棘爪的机制 (锯齿是不对称的), 因此棘轮的对称性被破坏。它对应于势的反射对称性 (reflection symmetry) 破坏, 即不存在实数 x_0 使 $V(x_0 - x) = V(x_0 + x)$。

(3) 大量气体分子碰撞作用于叶片上的平均随机力为零, 它对应于均值为零的热涨落。

(4) 棘轮的定向转动可由温度梯度或偏置力诱导。然而, 这一条件可根据马达蛋白特点或者细胞内的环境通过非热的力使系统远离平衡态而实现, 通常这个力的均值为零。

在物理上, 根据上述分析可以发现, 通过修正热涨落来实现棘轮系统的定向运动, 进而对外输出潜在的机械功, 需要两个必要条件: 空间不对称和非平衡驱动。非平衡驱动为分子马达动力学提供了时间上的不对称性, 而空间上的不对称性允许马达能够根据自由能的输入给出定向运动上的响应。

在数学上, 通过上述分析能够得到棘轮系统的动力学, 可由如下形式简单的方程进行描述

$$\dot{x} = f(x) + \xi(t) \tag{3.1.1}$$

其中, $f(x) = -\mathrm{d}V(x)/\mathrm{d}x$, 表示棘轮势 $V(x)$ 的作用力。$\xi(t)$ 表示平均值为零的热涨落, 通常可用高斯白噪声进行描述。通过公式 (3.1.1) 的形式可以看到, 方程 (3.1.1) 就是第 2 章详细介绍过的朗之万方程。由此, 棘轮系统的动力学可用朗之万方程进行数学化分析。

3.1.3 生物分子马达、布朗马达与布朗棘轮

由第 1 章的介绍可知, 生物分子马达的运动具有三个基本特征 [8,9]。第一, 分子马达的几何尺度很小, 一般在 10 nm 左右。实验表明, 马达与轨道之间的结合能具有 $k_\mathrm{B}T$ 的量级 (k_B 为玻尔兹曼常量, T 为热力学温度), 热运动的影响不容忽略, 因此分子马达的布朗运动特征非常明显。第二, 在生物体内马达蛋白还是一个高度的非平衡体系, ATP 浓度远高于平衡态的浓度。ATP 的水解反应是单向进行的, 水解所释放的能量为系统提供了一种非平衡的驱动力源。第三, 分子马达总是沿着微丝或微管作轨道运动, 构成这些轨道的蛋白亚基顺序排列, 形成非对称的周期性结构。即使是旋转马达的转动也可看作沿周期性轨道的运动。

总的说来, 分子马达是一种在很强噪声环境中工作的小尺寸机器, 因此噪声带来的涨落与非平衡效应及其小系统的非线性都扮演着重要角色。人们将分子马达这类基于布朗运动动力学理论的物理模型概括为布朗马达 (Brownian motor)，并可利用布朗棘轮 (Brownian ratchet) 模型来研究分子马达的定向运动机制 [10]。

3.1.4　棘轮效应

下面以布朗棘轮为例，简要分析棘轮系统产生定向流的机制 (棘轮效应)。假设布朗粒子在势场 $U(x,t) = V(x) + f(t)x$ 中做随机运动，其中空间周期的棘轮势

$$
V(x) = \begin{cases} \dfrac{U_0}{aL}x, & nL \leqslant x < nL + aL \\[3mm] \dfrac{U_0}{(1-a)L}(L-x), & nL + aL \leqslant x < (n+1)L \end{cases} \tag{3.1.2}
$$

$f(t)$ 为时间平均为零的周期方波驱动力，即

$$
f(t) = \begin{cases} A, & n\tau \leqslant t < \left(n+\dfrac{1}{2}\right)\tau \\[3mm] -A, & \left(n+\dfrac{1}{2}\right)\tau \leqslant t < (n+1)\tau \end{cases} \tag{3.1.3}
$$

现分析布朗粒子在摇摆棘轮 $U(x,t)$ 中产生定向运动的机制 [11]。如图 3.2 所示，当棘轮势向左倾斜时 (图中第 2 部分)，这会使得原来 L 处势阱的势高于原来 aL 处的势，由此势向左单调递减，此时粒子可以无阻碍地沿 x 轴负向运动。当棘

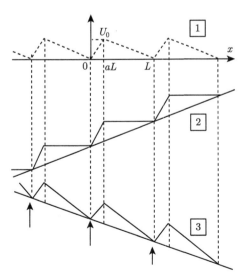

图 3.2　粒子在一个摇摆的棘轮势中做定向运动的原理图 [11]

轮势向右倾斜时 (图中第 3 部分), 此时存在一系列的势阱 (图中以箭头表示) 阻碍粒子沿 x 轴正向运动。方波驱动力 $f(t)$ 使棘轮在 $\pm Ax$ 之间摇摆, 对于向左和向右倾斜相同角度的棘轮而言, 粒子沿缓坡的有效势垒高度低于陡坡的高度, 则粒子向左运动的概率大于向右的概率, 平均而言, 布朗粒子 (棘轮) 能够产生沿 x 轴负向的定向流。

3.1.5 棘轮模型的发展

自从费曼提出棘轮概念以来, 有非常丰富的文献涉及上述模型的理论化问题。同时, 棘轮的概念模型有很多, 包括确定性驱动下的脉动棘轮[12]、涨落力棘轮[13]、高斯倾斜或者周期倾斜的摇摆棘轮[14], 或者空间对称势但不对称驱动力作用下的非对称倾斜棘轮等。在均值为零的外力作用下产生净运动的其他可能性是斯莫卢霍夫斯基–费曼装置的扩展——具有周期性温度变化的温度棘轮或温度的二分随机转换棘轮模型[15]。在非均匀摩擦情况下, 人们也发现了棘轮效应[16]。此外, 还有一种非常奇特的棘轮效应, 叫做帕朗多悖论 (Parrondo paradox)[17]。如果把系统的状态演化看作一个博弈, 并且考虑两个公平的博弈, 可把这个悖论表述为: 通过在两个公平博弈之间的随机切换, 一个博弈最终会变成一个不再公平的博弈。

生物学上, 一类典型的棘轮模型系统就是第 1 章介绍过的分子马达 (molecular motor)。这一概念主要是指蛋白质或蛋白质的复合物, 它们通常能够将储存在 ATP 中的化学能转换成机械功, 并在分子尺度上的不对称环境中做定向运动。这些输运蛋白能够沿着细胞内带有极性的"高速公路"运动, 如微管蛋白 (驱动蛋白沿微管正向步进, 动力蛋白沿负向步进)。通常的丝状结构轨道 (微管) 一般是不对称的且具有周期性结构, 其周期约为 8nm。此外, 还有一类能够执行旋转运动的蛋白, 如 F_1F_0-ATP 合酶, 能够产生 (几乎 100% 的效率) 生命必需的核苷酸 ATP[18]。令人震惊的是, 我们每天都会产生并燃烧一半身体重量的 ATP。

目前, 人们对于分子马达从物理、生物机制、运动规律到能量转换过程等的许多不同方面的相关问题都进行了详细的研究。如在实验[19]和理论[20]中, 研究者提出了双头马达模型及其沿微管蛋白行走 (步进) 的方式。利用棘轮效应和管内自由扩散运动, 文献 [21] 还研究了能够在两个构象之间转变的马达模型。此外, 利用光镊技术, 人们可以对马达的机械性能进行研究[22]。利用分子动力学模拟, 研究者可以了解马达定向输运过程中的构象变化[23]等。通常情况下, 对于许多棘轮问题的研究, 过阻尼动力学是一个有效的近似, 它特别适合描述分子马达的运动。然而, 在其他情况下惯性效应也可能会发生重要作用, 如原子在晶体表面的扩散[24]、阈值器件的耗散[25]、金属中的缺陷位错[26]和滞后的约瑟夫森

结 [27] 等。在这些物理系统中，阻尼系数不大，惯性的作用不仅不能忽略，而且很多时候会从根本上改变系统的定向输运行为。

根据非平衡力的来源不同，分子马达的布朗运动理论大致可分为以下两种基本类型 [9]：① 摇摆力棘轮 (rocking ratchet)，非平衡涨落力是对时间平均为零且在两个值之间变化的周期力；② 闪烁势棘轮 (flashing ratchet)，非对称周期势场随时间周期性地或随机地在两态或多态之间跃迁。前者是通过周期力整流而产生定向运动，后者是通过对噪声的整流而产生的定向运动。

需要指出的是，上述两种机制所产生的定向运动方向是相反的。近年来，在此基础上人们还构造出了一些新的棘轮模型 [22,23]，这些模型有各自的特点，所能解决的问题也有差异，但归根到底可看作上述两种模型的推广或者两者结合的产物。例如，通过关联噪声和闪烁势可以讨论马达定向运动以及定向流的反转问题，而考虑随时间变化的驱动力和噪声的共同作用还可以解释马达定向运动的梯跳特征等方面 [24]。

3.2　棘轮效应实例：热噪声控制棘轮的定向输运

由 3.1 节的分析可知，空间周期结构中平均值为零的非平衡涨落和非热噪声可以诱导布朗粒子的定向运动。此外，产生定向输运的基本条件为系统的空间反射对称性破缺 (棘轮效应)，或者涨落在统计上是不对称的。换句话说，产生空间输运的必要条件之一是某种对称性的破缺，典型的情形是或者空间周期势必须是不对称的，或者涨落必须是不对称的。

噪声诱导棘轮输运的诸多问题和方面至今已经有了大量的理论分析，如噪声统计的作用、对输入参数的依赖、最优条件的存在、流反转的产生 [28] 等。此外，通过多种不同噪声源的综合影响还会导致系统的非预期行为。然而，困难的是多噪声情况下很难用解析的方法进行处理。本节将对热平衡的奈奎斯特噪声 (Nyquist noise) 和指数关联的非对称二分马尔可夫过程 (asymmetric dichotomous Markov process) 这两种随机驱动的系统的输运特性进行研究。第一种随机驱动可在零温度下消失。第二种随机驱动可通过在两个不对称亚稳态结构之间的跃迁产生 [29]。对于常方差对称二分过程 (symmetric dichotomous process)，Reimann 和 Elston 得到了粒子在势阱中逃逸速率 (escape rate) 的计算公式 [30]。在弱热噪声强度极限下，它对二分噪声的任意关联时间和一般形式的势场都是有效的。本节将重点讨论各种噪声参量下，如热噪声的强度、不对称度、二分涨落强度等对棘轮效应的影响。

3.2.1   双噪声棘轮模型

考虑过阻尼布朗粒子在一维空间周期势中的运动，设外势周期为 L 且满足 $\hat{V}(\hat{x}) = \hat{V}(\hat{x}+L)$，势垒高度为 $V_0 = V_{\max} - V_{\min}$。粒子的动力学可由朗之万方程描述[31]

$$\gamma\dot{\hat{x}} = -\frac{\mathrm{d}\hat{V}(\hat{x})}{\mathrm{d}\hat{x}} + \hat{\Gamma}(\hat{t}) + \hat{\xi}(\hat{t}) \tag{3.2.1}$$

其中，热涨落 $\hat{\Gamma}(\hat{t})$ 由平均值为零的高斯白噪声描述，关联函数为 $\left\langle \hat{\Gamma}(\hat{t})\hat{\Gamma}(\hat{s}) \right\rangle = 2\hat{D}\delta(\hat{t}-\hat{s})$，这里涨落强度 $\hat{D} = \gamma k_{\mathrm{B}}T$，正比于系统的温度 T 和摩擦系数 γ。同时，随机力 $\hat{\xi}(\hat{t})$ 代表非平衡涨落 (non-equilibrium fluctuation)，假设为均值是零的二分马尔可夫随机过程 (dichotomous Markov stochastic process)，值为 $\hat{\xi}(\hat{t}) = \{-F_a, F_b\}$，且有 $F_a > 0$，$F_b > 0$。$\hat{\xi}(\hat{t})$ 与关联时间 $\hat{\tau}_c$ 和强度 $\hat{Q} = F_a F_b \hat{\tau}_c$ 呈指数关系。

根据 2.3 节的无量纲化方法，这里特征长度由外势周期 L 确定，特征时间选取 $\tau_0 = \gamma L^2 / V_0$，可理解为在常力 V_0/L 作用下过阻尼布朗粒子移动 L 距离所需要的时间[32]。相应地，布朗粒子位置的标度为 $x = \hat{x}/L$，时间标度为 $t = \hat{t}/\tau_0$。通过这种标度，朗之万方程 (3.2.1) 可化为无量纲的形式

$$\dot{x} = f(x) + \Gamma(t) + \xi(t) \tag{3.2.2}$$

其中，$f(x) = -\mathrm{d}V(x)/\mathrm{d}x$，标度后单位势垒高度的外势为 $V(x) = V(x+1) = \hat{V}(\hat{x})/V_0$。重新标度后的均值为零的高斯白噪声为 $\Gamma(t)$，相应的噪声强度 (noise intensity) $D = k_{\mathrm{B}}T/V_0$。同时，标度后平均值为零的二分涨落取值为 $\xi(t) = \{-a, b\}$，其中 $a = F_a L/V_0 > 0$，$b = F_b L/V_0 > 0$，噪声关联函数具有形式 $\left\langle \xi(t)\xi(s) \right\rangle = (Q/\tau_c)\exp\left[-|t-s|/\tau_c\right]$，其中强度 $Q = ab\tau_c$，关联时间 $\tau_c = \hat{\tau}_c/\tau_0$。$a = b$ 对应于对称的非平衡涨落 $\xi(t)$，否则是不对称的。

方程 (3.2.2) 中由于关联噪声的驱动，$x(t)$ 是非马尔可夫的。然而，$\{x(t), \xi(t)\}$ 是马尔可夫过程，其联合概率密度 $P(x, \xi, t)$ 满足主方程。根据分布 $P(x, t) \equiv P(x, b, t) + P(x, -a, t)$ 和 $W(x, t) \equiv bP(x, b, t) - aP(x, -a, t)$，可用以下形式重新计算[31]

$$\frac{\partial P(x, t)}{\partial t} = -\frac{\partial J(x, t)}{\partial x}$$

$$\equiv -\frac{\partial}{\partial x}\left[f(x)P(x, t) - D\frac{\partial}{\partial x}P(x, t) + W(x, t)\right] \tag{3.2.3}$$

$$\frac{\partial W\left(x,t\right)}{\partial t}=-\frac{\partial}{\partial x}\left\{\left[f\left(x\right)+\theta\right]W\left(x,t\right)-D\frac{\partial}{\partial x}W\left(x,t\right)\right\}$$

$$-\frac{1}{\tau_{\mathrm{c}}}W\left(x,t\right)-\frac{Q}{\tau_{\mathrm{c}}}\frac{\partial}{\partial x}P\left(x,t\right) \tag{3.2.4}$$

这里，$\theta=b-a$ 是涨落 $\xi\left(t\right)$ 的不对称度。式 (3.2.3) 定义了概率流 (probability current)$J\left(x,t\right)$ 的连续性方程。在稳态区域，当 $P\left(x\right)=\lim\limits_{t\to\infty}P\left(x,t\right)$，$W\left(x\right)=\lim\limits_{t\to\infty}W\left(x,t\right)$ 以及 $J=\lim\limits_{t\to\infty}J\left(x,t\right)$，从方程组 (3.2.3)、(3.2.4) 可得到 $P\left(x\right)$ 的封闭性方程

$$D^2P'''(x)-D\left\{\theta P''(x)+\left[f(x)P(x)\right]''+\left[f(x)P'(x)\right]'\right\}+\theta\left[f(x)P(x)\right]'$$

$$+\left[f^2(x)P(x)\right]'-\frac{D+Q}{\tau_{\mathrm{c}}}P'(x)+\frac{1}{\tau_{\mathrm{c}}}f(x)P(x)=\left[\frac{1}{\tau_{\mathrm{c}}}+f'(x)\right]J \tag{3.2.5}$$

这里，撇表示对粒子位置 x 的导数。方程 (3.2.5) 是一个三阶 (非自治线性) 常微分方程，其中还有待确定的概率流 J。同时，这里还隐含两个条件，周期性边界条件 $P\left(x\right)=P\left(x+1\right)$ 和在重新标度棘轮势的周期长度 $L=1$ 上的归一化边界条件。这两个条件对于方程 (3.2.5) 的唯一解是充分的，因为 $P\left(x\right)$ 的周期性意味着附加了一个边界条件。

对于特定形式的势 $\hat{V}\left(\hat{x}\right)$，方程 (3.2.5) 可以进行精确求解。这里考虑一个分段线性势，其无量纲形式如下

$$\hat{V}\left(\hat{x}\right)=\begin{cases}\dfrac{V_0}{L+2\hat{k}}\left(2\hat{x}+L\right),&\hat{x}\in\left[-L/2,\hat{k}\right]&(\mathrm{mod}\ L)\\[3mm]-\dfrac{V_0}{L-2\hat{k}}\left(2\hat{x}-L\right),&\hat{x}\in\left[\hat{k},L/2\right]&(\mathrm{mod}\ L)\end{cases} \tag{3.2.6}$$

其中，势垒高度 $V_0>0$，势的不对称度 $\hat{k}\in\left(-L/2,L/2\right)$。如果 $k\equiv\hat{k}/L=0$，势 $V\left(x\right)$ 具有反射对称性，否则是不对称的，其结构示意图如图 3.3 所示。对于公式 (3.2.6)，重新标度的势场力为

$$f\left(x\right)=\begin{cases}-2/\left(1+2k\right),&x\in\left(-1/2,k\right)&(\mathrm{mod}\ 1)\\[2mm]2/\left(1-2k\right),&x\in\left(k,1/2\right)&(\mathrm{mod}\ 1)\end{cases} \tag{3.2.7}$$

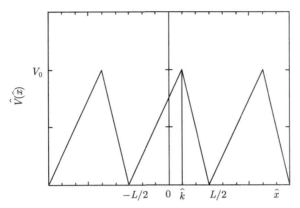

图 3.3　分段线性无量纲势 $\hat{V}(\hat{x})$ 的结构示意图，周期为 L，不对称度为 $\hat{k}$ 以及势垒高度 V_0 [31]

为了计算式 (3.2.6) 条件下的概率流，可以采用文献 [33] 中的方法，3.3 节还有专门的关于布朗棘轮概率流的解析方法介绍。由于在一个周期内，区间 $(-1/2, k)$ 和 $(k, 1/2)$ 内的力 $f(x)$ 是分段常力，且其不连续的点在 $x_1 = -1/2$ 和 $x_2 = k$ 处，因此方程 (3.2.5) 将区间 $(-1/2, k)$ 和 $(k, 1/2)$ 上分别定义的两个函数 $P_1(x)$ 和 $P_2(x)$ 分解为如下两个三阶常系数的线性微分方程，其形式为

$$D^2 P_i'''(x) - D(2f_i + \theta) P_i''(x) + \left[f_i^2 + \theta f_i - (D+Q)/\tau_c \right] P_i'(x) + f_i P_i(x)/\tau_c = J/\tau_c$$
$$(3.2.8)$$

这里 $i = 1, 2$。根据文献 [34] 中的定理 1.2.1，在力 $f(x)$ 的不连续点处，同时还存在六个条件，它们分别是 [31]

$$P_1(k) = P_2(k), \quad P_1(-1/2) = P_2(1/2)$$

$$D[P_1'(k) - P_2'(k)] = f_1 P_1(k) - f_2 P_2(k)$$

$$D[P_1'(-1/2) - P_2'(1/2)] = f_1 P_1(-1/2) - f_2 P_2(1/2)$$

$$D^2[P_1''(k) - P_2''(k)] = 2D[f_1 P_1'(k) - f_2 P_2'(k)]$$
$$- [f_1^2 P_1(k) - f_2^2 P_2(k)] + J[f_1 - f_2]$$

$$D^2\left[P_1''\left(-\frac{1}{2}\right) - P_2''\left(\frac{1}{2}\right)\right] = 2D\left[f_1 P_1'\left(-\frac{1}{2}\right) - f_2 P_2'\left(\frac{1}{2}\right)\right]$$
$$- \left[f_1^2 P_1\left(-\frac{1}{2}\right) - f_2^2 P_2\left(\frac{1}{2}\right)\right] + J[f_1 - f_2]$$
$$(3.2.9)$$

这样，包括概率流 J 的边界条件，我们能够获得一组由七个线性代数方程组成的非齐次方程组，进而概率流 $J = J(D; Q, \tau_c, \theta; k)$ 可用两个七阶行列式的比来表示 [31]。粒子稳态的平均速度 $\langle v \rangle \equiv \langle \mathrm{d}\hat{x}/\mathrm{d}\hat{t} \rangle = (L/\tau_0) \langle \mathrm{d}x/\mathrm{d}t \rangle$ 可通过无量纲化的概率流进行表示

$$\langle v \rangle \equiv v_0 \times J \left[k_\mathrm{B}T/V_0; \hat{Q}/\gamma V_0, \hat{\tau}_c V_0/\gamma L^2, (F_b - F_a) L/V_0; k \right] \qquad (3.2.10)$$

其中，特征速度 $v_0 = L/\tau_0$。

3.2.2　噪声诱导棘轮的定向输运

这里主要讨论概率流 J 对无量纲热噪声强度 $D = k_\mathrm{B}T/V_0$ 的依赖关系。需要指出的是，对于确定的周期棘轮结构，势垒高度 V_0 是固定的，而噪声强度 D 的变化意味着系统温度 T 是变化的。

在非对称势 $(k \neq 0)$ 和对称的二分涨落 $(\theta = 0)$ 条件下，平均速度 $\langle v \rangle$ 随温度的变化如图 3.4 所示。文献 [28] 的结论已表明，当二分涨落引起粒子向后和/或向前面的势阱跃迁时，速度随温度的升高而减小；当二分涨落不引起粒子在两个方向的跃迁时，净速度呈现钟形的极值。对于对称势 $(k = 0)$ 和非对称涨落 $(\theta \neq 0)$ 的情况，速度 $\langle v \rangle$ 随温度的依赖关系与上述两种情况大致相同。本质上，当势和涨落都是不对称且 k 和 θ 符号相反时，这种棘轮效应就会发生。此外，两种不对称力的相互作用还能导致温度诱导的平均粒子流反转。

从图 3.4 可以清楚地发现，存在临界温度 $T_c = k_\mathrm{B}^{-1}V_0 D_c (D \propto T)$，在临界噪声强度 D_c 处，概率流 $J = 0$。该临界温度将 $J > 0$ 与 $J < 0$ 两种输运区域分开。同时，当温度范围在 T_c 以下和 T_c 以上时，布朗粒子的运动方向相反，并且粒子的输运与噪声强度的依赖关系是非单调的。此外，还存在另外两种特征温度 $T_\mathrm{m} = k_\mathrm{B}^{-1}V_0 D_\mathrm{m}$ 和 $T_\mathrm{M} = k_\mathrm{B}^{-1}V_0 D_\mathrm{M}$，在这两种温度下粒子分别向 "左" 和向 "右" 的净速度 (定向输运) 最大。也就是说，在 $D < D_c$ 区域，势阱中的粒子以 $D = D_\mathrm{m}$ 处的最大漂移速度沿势更陡的斜率方向 (向左侧，图 3.3) 输运。同理，在 $D > D_c$ 区域，势阱中粒子以 $D = D_\mathrm{M}$ 处的最大漂移速度沿势更缓的斜率方向 (向右侧) 输运。

图 3.5 给出了二分涨落不对称 θ 的变化是如何影响输运反转效应的。当涨落的不对称性保持不变而势的不对称 k 变化时，人们也得到了类似的行为。同时，文献 [35] 的结果表明，由温度引起的流反转可以发生在由外部确定性 (对称和时间周期) 力驱动的棘轮系统中，然而其机制与本模型所考虑的完全不同。另外，在文献 [30] 中，通过改变具有固定方差 $\langle \xi^2(t) \rangle = ab$ 的二分涨落的关联时间 τ_c，也可以得到速度反转的结果。相比之下，这里固定强度 $Q = ab\tau_c$ 描述的是一种不同的物理情况，在文献 [30] 中并没有考虑。如果关联时间 $\tau_c \to 0$，则 $\xi(t)$ 趋于高斯

白噪声 (当 Q 固定并且同时满足 a、$b \to \infty$)。在相反的极限条件下，当 $\tau_c \to \infty$ 时，二分涨落消失，且有 a、$b \to 0$，此时粒子流不饱和并趋于零。定性地说，在奥恩斯坦-乌伦贝克噪声 (Ornstein-Uhlenbeck noise) 驱动的系统中也观察到类似的行为 [36]。值得注意的是，从实验的角度来看改变涨落的关联时间是不现实的。最自然的控制参量是热噪声强度，即系统的温度。

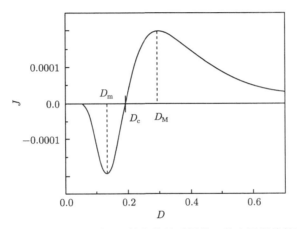

图 3.4   无量纲化概率流 J 随噪声强度 D 的变化关系图像，其中周期势的不对称度 $k = 0.13$，
强度 $Q = 3$，关联时间 $\tau_c = 19$ 及二分涨落的不对称参量 $\theta = -0.32$ [31]

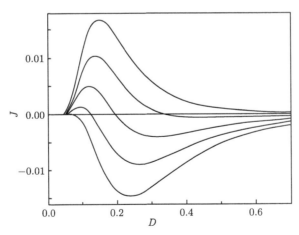

图 3.5   概率流 J 随噪声强度 D 的变化关系，其中 $Q = 1$，$\tau_c = 0.9$，$k = 0.25$。图中从上到
下，二分涨落的不对称参量分别为 $\theta = -0.7, -0.8, -0.9, -1.0, -1.1$ [31]

漂移速度 $\langle v \rangle$ 对颗粒尺寸的依赖关系隐含在摩擦系数 γ 中，即存在斯托克斯公式 $\gamma = 6\pi\eta R$，其中 η 是溶液的黏度，R 是布朗颗粒的线性尺寸。平均速度 $\langle v \rangle$

通过 3 个参量与 γ 相关，分别为 $v_0 \equiv v_0(\gamma) = V_0/\gamma L$, $Q \equiv Q(\gamma) = \hat{Q}/\gamma V_0$ 以及 $\tau_c \equiv \tau_c(\gamma) = \hat{\tau}_c V_0/\gamma L^2$. 对于一个给定的 $\gamma = \gamma_0$, 相对速度为

$$\langle v \rangle / v_0(\gamma_0) = (\gamma_0/\gamma) J\left(D; (\gamma_0/\gamma) Q(\gamma_0), (\gamma_0/\gamma)\tau_c(\gamma_0), \theta; k\right) \qquad (3.2.11)$$

这是如图 3.6 所示的 γ(或 R) 的相关函数的依赖关系。

在图 3.6 中有一个有趣的温度区域 $D \in (0.13, 0.19)$, 在这个区域内，由于粒子尺寸 $R \propto \gamma$, 因而会看到不同 γ 的曲线对应的速度符号各不相同，小尺寸粒子的速度 $\langle v \rangle > 0$ 且运动得相对很快，中尺寸粒子的速度 $\langle v \rangle > 0$ 但运动很慢，而大尺寸粒子的速度出现了流反转，$\langle v \rangle < 0$, 向相反的方向运动。这种粒子尺寸的定向流依赖性特征可以作为一种新的粒子分离技术的基础。例如，蛋白质马达沿生物聚合物的基质 (substrate) 进行双向运动：运输各种物质 (如囊泡、细胞器等) 的分子马达的有效大小决定了它们拖动的物质，同时也决定了它们的运动方向。

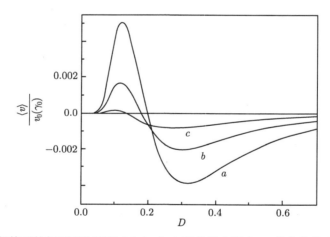

图 3.6　布朗粒子的相对平均速度 $\langle v \rangle / v_0(\gamma_0)$ 随热噪声强度 D 的变化关系图像，其中 $Q(\gamma_0) = 1$, $\tau_c(\gamma_0) = 0.9$, $k = 0.25$, $\theta = -0.9$, 三种相对摩擦系数条件分别为 a: $\gamma/\gamma_0 = 1$, b : $\gamma/\gamma_0 = 2$, c : $\gamma/\gamma_0 = 5$. 在 $D \approx 0.175$ 附近，粒子尺寸在 $R \propto \gamma = 5\gamma_0$ 大小开始向相反的方向运动 [31]

3.3　几种典型棘轮模型的解析方法

费曼指出，热力学第二定律的核心是，像棘轮这种机器，当它被放置在单一热浴中是不会提供功或净的运动。实际上，费曼棘轮发生在一个理想的热浴中，在这个热浴里时间的关联是可以忽略不计的，并且棘轮可从一个有色 (非白色) 的时间关联热浴中自由地获取能量。棘轮的工作就像一个机械的二极管能够整流输入，然而它并不能单独地矫正 "白色" 热噪声 [28]。

值得注意的是，在介观领域 (mesoscopic domain) 与热噪声相关联的时间要比斯莫卢霍夫斯基时间短 [37]。此外，马达蛋白这种时间尺度约为 10^{-2}s，而斯莫卢霍夫斯基时间小于 10^{-10}s。因此可以进一步确认马达蛋白的运动是布朗的而不是介观的，并且更为合适的朗之万方程在时间上应是一阶的。进而，本节讨论的几类模型主要是对费曼讲义中用来说明第二定律意义的 "棘轮和棘爪" 装置进行的扩展 [3]，并且主要讨论在过阻尼区域内布朗棘轮的运动情况，特别地给出求解棘轮定向流的几种常见解析方法。

3.3.1 力热棘轮的解析方法

通过 3.1 节的讨论，可知周期势 $V(x)$ 可称为 "棘轮" 而且是对称性破缺的，并满足朗之万方程形式 [28]

$$\dot{x} = f(x) + \xi(t) + F(t) \tag{3.3.1}$$

其中，x 描述棘轮的状态，$f(x) \equiv -\partial_x V(x)$ 是棘轮作用下的势场力，$\xi(t)$ 是高斯白噪声并满足统计特性 $\langle \xi(t)\xi(s) \rangle = 2k_{\mathrm{B}}T\delta(t-s)$。这里 $F(t)$ 是驱动力，由 2.3 节的讨论可知其形式可以是确定性的也可以是随机的。从公式 (3.3.1) 的形式上来看，方程中既包含了驱动力项又包含了热噪声项，由此方程 (3.3.1) 可称为简单的力热棘轮 (forced thermal ratchet) 模型。关于朗之万方程的动力学和相应福克尔–普朗克方程在第 2 章已有深入的讨论。此外，在外力作用条件下 [38] 和色噪声条件下棘轮解的行为也有相关的讨论 [39]。

1. 不存在热噪声情况 ($\xi(t) = 0$)

如果没有热噪声，系统能够表现出人们所期望的确定性棘轮行为。这种情况下，如果试图 "推动" 棘轮，需要一个克服势垒的最小的力。同样，一个足够大的反方向的力也会使棘轮转动。因此棘轮系统存在两种典型的力：一种力能使棘轮朝着它喜欢的方向运动，另一种力是使棘轮朝相反的方向运动。

数学上，如果在一个简单的作用力 $F(t) = A\sin(\omega t)$ 下，对于一定的振幅 A 来说方程 (3.3.1) 存在两个阈值，分别为 $\max f(x)$ 和 $\min f(x)$，并满足 $\max f(x) = -\min f(x)$。然而，对称性条件破缺会使 $\max f(x) \neq -\min f(x)$。同时，当 A 小于这两个值时，棘轮在两个方向上都不会运动。当 A 介于这两个阈值之间时，棘轮会像我们直觉所期望的那样工作，即朝一个方向转动。然而，当 A 超过较大的阈值时，棘轮会被过度地驱动，这种情况下棘轮会反向转动，进而降低了效率。

2. 存在热噪声情况 ($\xi(t) \neq 0$)

当存在热噪声时，由 2.5 节的讨论可知，与朗之万方程 (3.3.1) 对应的概率密度的演化遵从福克尔–普朗克方程，相应的方程中的概率密度满足如下守恒

定律[37]

$$\partial_t P + \partial_x J = 0 \tag{3.3.2}$$

这里，$P(x,t)$ 是 t 时刻 x 位置处的概率密度，$J(x,t)$ 是 t 时刻通过 x 点的概率流，并遵从

$$2J = -k_{\mathrm{B}}T\partial_x P + (f + F)P \tag{3.3.3}$$

如果想要求解 F 为常数时的稳态解析解，外势 $V(x)$ 应采用如图 3.7 所示的分段线性势 ($f(x)$ 为线性力)。这时方程 (3.3.3) 中的概率流 J 可用 F 作为自变量进行解析求解，因为方程 (3.3.3) 也相应变成了分段线性的形式。

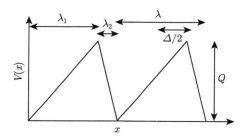

图 3.7　分段线性锯齿势 $V(x)$ 随 x 变化的结构示意图。一个周期内，势的宽度分别为 λ_1 和 λ_2。棘轮势的周期 $\lambda = \lambda_1 + \lambda_2$，势的不对称度 $\Delta = \lambda_1 - \lambda_2$[28]

具体求解方法如下[28]：假设在棘轮一个周期的左边有一个概率密度值，可以通过方程 (3.3.3) 把它传播到右边。同时要求该周期末的解等于周期初的解，进一步得到 P_0/J 的方程，其中 $P_0(x) = C\mathrm{e}^{\phi(x)}$，$\phi(x) = -\dfrac{V(x)}{k_{\mathrm{B}}T}$。由于所求解具有归一化特点，可进一步求出 J 为

$$J(F) = \frac{P_2^2 \sinh\left(\dfrac{\lambda F}{2k_{\mathrm{B}}T}\right)}{k_{\mathrm{B}}T\left(\dfrac{\lambda}{Q}\right)^2\left[\cosh\left(\dfrac{Q - \dfrac{\Delta F}{2}}{k_{\mathrm{B}}T}\right) - \cosh\left(\dfrac{\lambda F}{2k_{\mathrm{B}}T}\right)\right] - \dfrac{\lambda}{Q}P_1 P_2 \sinh\left(\dfrac{\lambda F}{2k_{\mathrm{B}}T}\right)} \tag{3.3.4}$$

其中，$P_1 = \Delta + \dfrac{\lambda^2 - \Delta^2}{4}\dfrac{F}{Q}$，$P_2 = \left(1 - \dfrac{\Delta F}{2Q}\right)^2 - \left(\dfrac{\lambda F}{2Q}\right)^2$。

如果考虑驱动力 $F(t)$ 以周期 τ 进行缓慢的变化，通过利用绝热近似平均流变形为

$$J_{\mathrm{aver}} = \frac{1}{\tau}\int_0^{\tau} J(F(t))\,\mathrm{d}t \tag{3.3.5}$$

特别地, 如果外力 $F(t)$ 是振幅为 A 的方波力, 方程 (3.3.4) 可进一步解析求解

$$J_{\text{sqr}} = \frac{1}{2}[J(A) + J(-A)] \tag{3.3.6}$$

3.3.2 热驱动布朗热机的解析方法

由温度不均匀可导致布朗热机 (Brownian heat engine) 工作的想法最初是由 Büttiker、van Kampen 和 Landauer[40] 提出的, 当时他们正致力于揭示 Landauer 关于喷灯效应 (blowtorch effect) 论文新影响的意义[41]。此外, Millonas 还研究了他称之为 "信息热机" 的动力学, 并将其与微观热力学联系了起来[42]。根据 Büttiker 的工作, Matsuo 和 Sasa 以布朗热机为例, 通过分析发现该热机在准静态极限条件下可看作卡诺热机[43]。Derényi 和 Astumian 在分析了布朗热机的热流特点后, 发现热机效率原则上可以接近卡诺热机[44] (关于热机效率将在第 4 章有详细的讨论)。后来, Hondou 和 Sekimoto 声称由于从温度边界 (热源) 流出的不可逆热流的存在, 这种热机无法达到卡诺效率[45]。

上述的一系列工作要么涉及布朗热机在准静态极限下的行为, 要么就是没有考虑热机的能量学问题。然而, 本节主要从可以激发实际兴趣的信息中研究一个精确可解的模型。该模型不仅可以处理准静态极限问题, 还可以分析热机以最大速度或最优效率或其他方式执行任务时的一般特性。虽然模型简单, 但得到的结果具有普遍意义, 并且结论不局限于模型本身。

考虑一个带有负载外力的布朗粒子处于空间锯齿势中, 其空间的黏滞环境还分别与高、低温热源交替接触。在 $x = 0$ 处, 锯齿势 $U_s(x)$ 的形状可由下式描述[46]

$$U_s(x) = \begin{cases} U_0\left(\dfrac{x}{L_1} + 1\right) & (-L_1 \leqslant x < 0) \\ U_0\left(-\dfrac{x}{L_2} + 1\right) & (0 \leqslant x < L_2) \end{cases} \tag{3.3.7}$$

相应于外力的势能 fx 是线性的, 其中 f 是负载。温度可由 $T(x)$ 描述, 在一个周期 $-L_1 \leqslant x < L_2$ 内可表示为

$$T(x) = \begin{cases} T_h & (-L_1 \leqslant x < 0) \\ T_c & (0 \leqslant x < L_2) \end{cases} \tag{3.3.8}$$

这里 $U_s(x)$ 和 $T(x)$ 具有相同的周期, 即 $U_s(x+L) = U_s(x)$ 和 $T(x+L) = T(x)$, 并且 $L = L_1 + L_2$。可以注意到, 每个锯齿势的左边与介质环境的高温区域重叠, 右边只与低温区域重叠。施加外力后的锯齿势可写为 $U(x) = U_s + fx$, 且 $U_s(x)$ 和 $T(x)$ 的结构如图 3.8 所示。

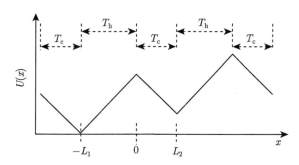

图 3.8　常外力作用下锯齿势的结构示意图。温度变化情况显示在势的上方 [46]

从实用的观点来看，这种微观热机 (棘轮) 的尺寸要受温度梯度大小的限制。由于微米尺度的温度梯度能够实现，因此这种热机可以小到几微米。从图 3.8 可以清楚地看到，每个周期内势场处在不同的热源中，由此该棘轮还可以称为热驱动布朗热机 (棘轮) 模型。

由于每个锯齿势的周期内都存在高低温热源作用，同时布朗粒子还要受外力驱动而产生定向运动，相应的稳态概率流 J 的大小和方向都要取决于模型的特征参量。研究发现，在非均匀介质中控制布朗粒子的动力学方程取决于粒子所处的特定环境。本模型中，把非均匀介质看作高黏滞的，并且其相应的动力学方程可采用特定形式的斯莫卢霍夫斯基方程

$$\frac{\partial}{\partial t}\left(P(x,t)\right) = \frac{\partial}{\partial x}\left[\frac{1}{\gamma(x)}\left(U'(x)P + \frac{\partial}{\partial x}\left(T(x)P\right)\right)\right] \tag{3.3.9}$$

其中，$P = P(x,t)$ 是在时刻 t、位置 x 处发现粒子的概率密度，$U'(x) = \mathrm{d}U(x)/\mathrm{d}x$，$\gamma(x)$ 是 x 位置处的摩擦系数。玻尔兹曼常量 k_{B} 已取单位 1。该方程最初由 Sancho 等推导，后来由 van Kampen、Jayannavar 和 Mahato 进行了扩展 [46]。由式 (3.3.9)，可以得到稳态 $\partial P/\partial t = 0$ 下的流为常数

$$J = -\frac{1}{\gamma(x)}\left[U'(x)P_{\mathrm{ss}}(x) + \frac{\mathrm{d}}{\mathrm{d}x}\left(T(x)P_{\mathrm{ss}}(x)\right)\right] \tag{3.3.10}$$

这里 $P_{\mathrm{ss}}(x)$ 是 x 位置处的稳态概率密度。利用周期边界条件 $P_{\mathrm{ss}}(x+L) = P_{\mathrm{ss}}(x)$，并且考虑到介质的摩擦环境空间均匀，可以得到以势函数和温度作为变量的概率流 J 的表达式 [46]

$$J = \frac{-F}{G_1 G_2 + HF} \tag{3.3.11}$$

其中

$$F = \mathrm{e}^{a-b} - 1$$

$$G_1 = \frac{L_1}{aT_h}\left(1 - e^{-a}\right) + \frac{L_2}{bT_c}e^{-a}\left(e^b - 1\right)$$

$$G_2 = \frac{\gamma L_1}{a}\left(e^a - 1\right) + \frac{\gamma L_2}{b}e^a\left(1 - e^{-b}\right) \tag{3.3.12}$$

另外，H 可以写成三项的和，即 $H = A + B + C$。这里

$$A = \frac{\gamma}{T_h}\left(\frac{L_1}{a}\right)^2\left(a + e^{-a} - 1\right)$$

$$B = \frac{\gamma L_1 L_2}{abT_c}\left(1 - e^{-a}\right)\left(e^b - 1\right)$$

$$C = \frac{\gamma}{T_c}\left(\frac{L_2}{b}\right)^2\left(e^b - 1 - b\right) \tag{3.3.13}$$

需要注意的是，上述方程中 $a = (U_0 + fL_1)/T_h$ 和 $b = (U_0 - fL_2)/T_c$。

如果不存在负载 ($f = 0$) 并取 $L_1 = L_2$，概率流还可以写成更简洁的形式

$$J = \frac{1}{2\gamma(T_h + T_c)}\left(\frac{U_0}{L_1}\right)^2\left(\frac{1}{e^{\frac{U_0}{T_h}} - 1} - \frac{1}{e^{\frac{U_0}{T_c}} - 1}\right) \tag{3.3.14}$$

还要注意的是，方程中的总概率流 J 是向右和向左概率流的合成，即 $J = J_+ - J_-$。

3.3.3 闪烁布朗棘轮的解析求解

在非对称周期场中平均值为零的非平衡涨落可以诱导定向运输，这就是所谓的布朗棘轮。人们研究了各种可能产生定向输运的机制并试图从物理上给予解释，其中重要的一类就是闪烁布朗棘轮 (flashing Brownian ratchet)，即马达在 ATP 水解所释放的能量驱动下在两个棘轮势间跃迁。如图 3.9 所示，态 1 是周期锯齿势，另一个态是空间均匀恒定势。设马达从态 1 到态 2 的跃迁率为 k_1，相应的从态 2 到态 1 的跃迁率为 k_2，则马达在两态中运动的朗之万方程为 [47]

$$\frac{dx}{dt} = -\frac{V_i(x)}{dx} + f_{B_i}(t), \quad i = 1, 2 \tag{3.3.15}$$

其中，$f_{B_i}(t)$ 是随机力，与朗之万方程相对应的斯莫卢霍夫斯基方程为

$$\frac{\partial P_1(x,t)}{\partial t} = D\frac{\partial}{\partial x}\left[\frac{\partial P_1(x,t)}{\partial t} - \frac{f(x)}{k_B T}P_1(x,t)\right] + k_2 P_2(x,t) - k_1 P_1(x,t) = -\frac{\partial J_1}{\partial x} \tag{3.3.16}$$

$$\frac{\partial P_2(x,t)}{\partial t} = D\frac{\partial^2 P_2(x,t)}{\partial x^2} + k_1 P_1(x,t) - k_2 P_2(x,t) = -\frac{\partial J_2}{\partial x} \tag{3.3.17}$$

等式 (3.3.16) 中，$f(x) = -V_1'(x)$，其中 "'" 代表对空间位置 x 的一阶微分，k_B 为玻尔兹曼常量，T 是温度，棘轮势 $V_1(x)$ 的表达式在这里取如下的分段形式

$$V_1(x) = \frac{V_0}{\lambda}(x - mL) \quad (mL < x \leqslant mL + \lambda) \tag{3.3.18}$$

$$V_1(x) = \frac{V_0}{L - \lambda}[-x + (m+1)L] \quad (mL + \lambda < x \leqslant (m+1)L) \tag{3.3.19}$$

其中，空间周期数 $m = 0, 1, 2, \cdots$。式 (3.3.16) 与式 (3.3.17) 分别给出了马达在分段周期势 (两态) 中的空间概率密度分布函数 $P_{1,2}(x, t)$ 的演化。当系统达到稳态时，根据式 (3.3.16) 和式 (3.3.17) 可得到闪烁棘轮总的概率流 $J = J_1 + J_2$ 的表达式为

$$J = -D\frac{\partial P(x)}{\partial x} + D_1 f(x) W(x) \tag{3.3.20}$$

其中，$P(x) = P_1(x) + P_2(x)$，$D_1 = \frac{D}{k_B T}$，$W(x) = P_1(x)$。如果令跃迁率 $k_1 = k$，$k_2 = \mu k$，于是根据式 (3.3.16) 和式 (3.3.17) 可以得到

$$D[P''(x) - W''(x)] + k[(1 + \mu)W(x) - \mu P(x)] = 0 \tag{3.3.21}$$

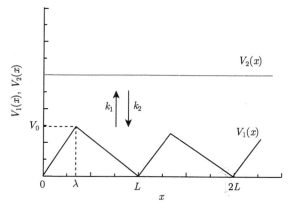

图 3.9　两态跃迁棘轮示意图，$V_1(x)$ 是周期锯齿势，$V_2(x)$ 是常数势，粒子以一定的跃迁率在两态间跃迁 [47]

　　ATP 水解的能量使分子马达在两态之间产生跃迁，而且跃迁率非常大，$k \gg 1$。因此，可以对 $P(x)$、$W(x)$ 和 J 按照 k^{-1} 进行幂级数展开 [47]

$$P(x) = \sum_{n=0}^{\infty} k^{-n} p_n(x), \quad W(x) = \sum_{n=0}^{\infty} k^{-n} w_n(x), \quad J = \sum_{n=0}^{\infty} k^{-n} j_n \tag{3.3.22}$$

把式 (3.3.22) 代入式 (3.3.20) 和式 (3.3.21), 并比较 k^{-n} 系数, 很容易得到

$$p_0'(x) - \frac{\mu D_1}{(1+\mu)D}f(x)p_0(x) = -\frac{j_0}{D} \tag{3.3.23}$$

$$w_0(x) = \frac{\mu}{1+\mu}p_0(x) \tag{3.3.24}$$

$$-Dp_n'(x) - \frac{\mu D_1}{1+\mu}f(x)p_n(x) = j_n + G_{n-1}(x), \quad n = 1,2,3,\cdots \tag{3.3.25}$$

$$G_n(x) = \frac{DD_1}{1+\mu}f(x)[p_n''(x) - w_n''(x)], \quad n = 0,1,2,\cdots \tag{3.3.26}$$

再根据周期边界条件

$$p_n(x+L) = p_n(x), \quad n = 0,1,2,\cdots \tag{3.3.27}$$

和归一化条件可以得

$$\int_0^L p_n(x)\,\mathrm{d}x = \delta_{0n}, \quad n = 0,1,2,\cdots \tag{3.3.28}$$

通过式 (3.2.23)、式 (3.3.24)、式 (3.3.27) 和式 (3.3.28) 可以求出零阶近似的 j_0

$$j_0 = 0, \quad p_0(x) = \frac{U(x)}{\int_0^L U(x)\,\mathrm{d}x}, \quad U(x) = \exp\left[-\frac{\mu D_1}{(1+\mu)D}V_1(x)\right] \tag{3.3.29}$$

进一步, 通过式 (3.3.25)、式 (3.3.26)、式 (3.3.27) 和式 (3.3.28) 可以得到 n 阶近似的 j_n

$$j_n = -\frac{\int_0^L G_{n-1}(x)U^{-1}(x)\,\mathrm{d}x}{\int_0^L U^{-1}(x)\,\mathrm{d}x} \tag{3.3.30}$$

此时, 很容易写出 j_1 的表达式

$$j_1 = -\frac{\mu^2 D_1^3}{(1+\mu)^4 D}\frac{\int_0^L f^3(x)\,\mathrm{d}x}{\int_0^L U(x)\,\mathrm{d}x\int_0^L U^{-1}(x)\,\mathrm{d}x} \tag{3.3.31}$$

由于 $k^{-1} \ll 1$，故可以用近似到一阶的结果来表示概率流

$$J \approx j_0 + k^{-1} j_1 = -\frac{\mu^2 D_1^3}{(1+\mu)^4 D} \frac{\displaystyle\int_0^L f^3(x)\,\mathrm{d}x}{\displaystyle\int_0^L U(x)\,\mathrm{d}x \int_0^L U^{-1}(x)\,\mathrm{d}x} \tag{3.3.32}$$

代入相关公式进行积分，便可得到一阶近似概率流的表达式

$$J \approx -\frac{\mu^4 D^2 V_0^5 (2\lambda - L)}{(1+\mu)^6 \beta^5 k L \lambda^2 (L-\lambda)^2 \left(\mathrm{e}^{\frac{\mu}{(1+\mu)\beta} V_0} + \mathrm{e}^{-\frac{\mu}{(1+\mu)\beta} V_0} - 2\right)} \tag{3.3.33}$$

式中，$\beta = k_{\mathrm{B}} T$。

3.4　持续蛋白马达步进速度的优化研究

能够持续"行走"在微管上的马达蛋白可看作最小单位的生物机器。这种蛋白能够利用 ATP 水解的能量沿生物聚合物轨道前进并且能够帮助维持细胞组织输运"货物"。20 世纪末，实验上就能利用光镊技术对持续蛋白马达驱动蛋白的步进方式进行可视化。进一步的研究结果表明驱动蛋白马达在行进过程中有 $p \approx 5\% \sim 10\%$ 的概率是向后步进的[48]。随着测量方法和实验技术的不断进步，更加精细而又微小的反向步进分数已被用来描述分子马达的这种反向步进方式的可能性。2002 年，Nishiyama 等[49] 给出的概率是 $p = 1/220$，2005 年，Carter 和 Cross[50] 给出的概率是 $p = 1/802$。生物学家往往更关注的是驱动蛋白马达这种向后的步进概率，通过研究可帮助人们修正相关的生物随机模型。

3.4.1　驱动蛋白马达模型

物理上，通常可用如图 3.10 所示的离子泵 (ion pump) 的运行方式构建马达步进的循环模型[51]。平衡态时，向前跃迁率为 $k_{12} \times k_{23} \times \cdots \times k_{n1}$，且等于向后跃迁率 $k_{21} \times k_{32} \times \cdots \times k_{1n}$，无净的循环产生。为了使马达蛋白能够历经每个中间状态 $S_1, S_2, \cdots, S_n$，马达行走时的驱动能量是必需的。这种能量来源于 ATP 与马达蛋白的结合，以及结合 ATP 后的催化水解过程。水解后的 ADP 和无机磷酸盐不得不被释放掉并完成马达的一个步进循环，然后马达蛋白又恢复到可再次结合新的 ATP 的态。生理条件下，水解 ATP 能够产生 $G_{\mathrm{ATP}} = 22 k_{\mathrm{B}} T$ 的自由能。在循环过程中，像 Na、K-ATPase 这种跨膜分子泵，其中部分自由能 G_{ATP} 被用来结合、输运和释放 3 个钠离子和 2 个钾离子到其他膜内。与图 3.10 的模型一致，发现在充分低的 ATP-ADP 外势和高的电化学势下，对于钠离子和钾离子来说分子泵的运行能够反向进行。

驱动蛋白马达的步进看起来是一种不寻常的步进方式。马达每行进 8 个纳米步长水解一个 ATP，同时这种马达的步进方式在实验上已被观测到。在没有负载的情况下仅由自由能 G_{ATP} 来驱动图 3.10 的循环。对于一个循环来说，如果 ATP 水解后产生的定向运动中还伴随马达的反向步进的话，可用 $p_{\mathrm{b}}/p_{\mathrm{f}} = \exp(-G_{\mathrm{ATP}})$ 来表示向后运动的概率和向前运动的概率之比[52]。然而，和前面实验文献 [49] 与文献 [50] 提到过的向后步进的概率相比，$\exp(-G_{\mathrm{ATP}}) = \exp(-22)$ 将是更小的量级。此外图 3.10 还会导致一个失速力 F_{st}，即马达蛋白速度等于零时的外力，这个力可由 $G_{\mathrm{ATP}} = F_{\mathrm{st}}L$ 来确定，其中 L 是马达蛋白的步长。如果 $G_{\mathrm{ATP}} = F_{\mathrm{st}}L$，则意味着化学力和机械力这两个反向驱动循环的外力相互抵消。当自由能 $G_{\mathrm{ATP}} = 22k_{\mathrm{B}}T$ 和步长 $L = 8\mathrm{nm}$ 时，从等式 $G_{\mathrm{ATP}} = F_{\mathrm{st}}L$ 解出的失速力 F_{st} 将是实验上测量到的 7pN 的两倍大小[48,50]。更为重要的是，当驱动蛋白拖动失速力的时候即使在负载力大于失速力的条件下仍然会水解 ATP。

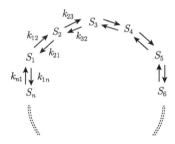

图 3.10 驱动蛋白马达的催化循环示意图。循环中包含结合、水解 ATP，机械步进过程，释放 ADP 和无机磷酸盐过程[51]

同时，人们关于持续步进马达蛋白的研究理论又提出一个新的模型[52]。在马达蛋白的后脚分离后，前面附着的脚将重新定位并且使后面分离的脚"着陆"于前方的下一个结合态，如图 3.11 所示。布朗运动最终会使后面分离的脚撞击到下一个前进的态，然后附着在那里开始新的结合。后脚再次分离后，即完成一次前进步骤。能量 G 驱动马达使附着的脚重新定位并使马达向前运动。在驱动蛋白马达一个完整的水解循环中，脚部的重新定位就是一次跃迁。因此，每次定位需要的能量 G 要小于自由能 G_{ATP}。对于向后结合的概率 p_{b} 和向前结合的概率 p_{f} 来说，有 $p_{\mathrm{b}}/p_{\mathrm{f}} \gg \exp[-G_{\mathrm{ATP}}]$[51]。如果马达结合后方的状态来自于向后的跃迁率，那么图 3.11 的模型可以准确地描述驱动蛋白马达的反向步进方式。和图 3.10 的驱动蛋白马达催化循环相比，关于驱动蛋白马达步进方式的研究，图 3.12 的描述将是一个更加符合实际的模型。如图 3.12 所示，在 ATP 水解循环中，某个特殊位点将决定驱动蛋白马达向前或者向后的步进，这种随机现象类似于投硬币一样。

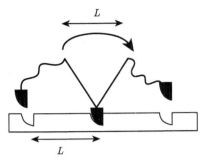

图 3.11　持续蛋白马达的步进示意图。这里存在一个非零的概率 p_b，使得马达后面分离的脚撞击并结合到后方的结合态[51]

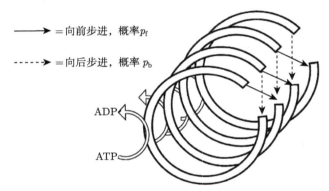

图 3.12　当驱动蛋白马达拖动的外力比失速力大时仍可以水解 ATP。ATP 水解驱动的化学循环以顺时针方向进行。在机械连接处 (图 3.11)，做出向前和向后的 "决定"[51]

3.4.2　马达蛋白的反向步进及速度优化的统计力学分析

关于驱动蛋白马达的反向步进 (backstep) 问题，一个需要考虑的基本问题是：为什么生物自然选择导致的马达反转概率会比热力学理论中的 $\exp(-22)$ 大很多呢？原因是真核细胞有这样一种主动的传输系统，首先这种系统不像原核细胞那样庞大，以致不能靠扩散来满足它们输运的需求。其次，驱动蛋白马达的步进速度最终取决于真核细胞对外界环境刺激的反应速度。对于选择步进速度快的驱动蛋白马达会有一个选择的优势[51]。

Bier 等的理论[51] 认为，驱动蛋白在 "选择" 前进或者后退时系统熵的增加能够给出该问题的解释。假设 N 个马达蛋白都在同一位置，对于这种宏观状态仅有一种可能的微观态。接下来让所有 N 个马达走一步，如果这些马达都向后运动，相对于系统的宏观态这时仍仅有一种微观态与之对应。但是如果考虑在 N 步步进中马达可以向后走一步，那么这里就会有 N 种可能的微观态。因为在这

N 个马达中，任意一个马达都有向后迈步的可能，然而微观状态数的增加意味着系统熵的增加。考虑这种问题的统计方法如下：马达在迈步之前的熵是 $S_0 = k_{\mathrm{B}} \sum_i p_0(i) \ln p_0(i)$，其中 $p_0(i)$ 是微观状态 i 的概率。在一个催化循环后伴随步进的进行，向前步进对应的微观状态概率是 $p_1(i, f)$，而向后步进的微观状态概率是 $p_1(i, b)$。马达迈出一步后的熵为 $S_1 = k_{\mathrm{B}} \sum_i \sum_{l=b,f} p_1(i, l) \ln p_1(i, l)$。一个循环后马达的宏观状态恢复到初态，但马达的位置是向前还是向后，这个概率和迈步前的概率 $p_1(i, f) = p_0(i) p_{\mathrm{f}}$ 和 $p_1(i, b) = p_0(i) p_{\mathrm{b}}$ 有关联。因此，马达步进一次后熵的增量为 $\Delta S = S_1 - S_0 = -k_B(p_{\mathrm{f}} \ln p_{\mathrm{f}} + p_{\mathrm{b}} \ln p_{\mathrm{b}})$，这仅是 "位置熵"(position entropy) 的增加，考虑的是不同状态马达位置的概率传播。

考虑到马达向前步进的概率 p_{f} 和向后步进的概率 p_{b}，马达行走时的速度为 $v \propto p_{\mathrm{f}} - p_{\mathrm{b}} = 1 - 2p_{\mathrm{b}}$。因此当马达反向运动的概率 p_{b} 增加时，定向机械效应会导致马达的定向速度减小。然而，马达反向运动概率 p_{b} 同时也会增加系统末态的熵。这个熵增意味着系统末态自由能的增加，同时它还能提供马达持续步进的额外自由能，即

$$\tilde{G} = T\Delta S = -(p_{\mathrm{f}} \ln p_{\mathrm{f}} + p_{\mathrm{b}} \ln p_{\mathrm{b}}) \tag{3.4.1}$$

这里，$\tilde{G}$ 是以 $k_{\mathrm{B}}T$ 为单位，而 $k_{\mathrm{B}}T$ 可看作能量的自然单位，接下来的能量均以 $k_{\mathrm{B}}T$ 为单位。由于实验上观测到的 p_{b} 非常小 ($p_{\mathrm{b}} < 0.01$)，因此一级近似将足够精确。当采用 p_{b} 的一级近似进行展开时，等式 (3.4.1) 便退化为 $\tilde{G} \approx p_{\mathrm{b}}(1 - \ln p_{\mathrm{b}})$。因此 p_{b} 的微分 δp_{b} 将导致可利用的自由能的改变为

$$\delta \tilde{G} \approx -\ln p_{\mathrm{b}} \delta p_{\mathrm{b}} \tag{3.4.2}$$

Bier 的模型认为方程 (3.4.1) 中的自由能 $\tilde{G}$ 能够用来加速马达蛋白的催化循环。纵观生物界，能量可用来建立物种的秩序以及可以保持低熵的结构。然而，当输运物体利用浓度梯度作为能量源时，熵能 (entropic energy) 便可以被利用起来。有许多生物分子都能够利用熵产生作为自由能的来源。更一般的情况是，对于一个离子或者分子来说，细胞内的浓度 C_{in} 和细胞外的浓度 C_{out} 之差满足能斯特势 $V = RT \ln(C_{\mathrm{in}}/C_{\mathrm{out}})$ 关系，这也是活体细胞可利用的能量源。

如图 3.10 所示，驱动蛋白催化循环过程中的化学部分 (结合 ATP，释放 ADP 和磷酸盐，马达蛋白头部和微管结合以及分离的状态) 已经很好地构建起来了。设马达蛋白从 S_i 态跃迁到 S_{i+1} 态的能量为 $G_{i,i+1}$，则有 $\exp(G_{i,i+1}) = k_{i,i+1}/k_{i+1,i}$，把 $\delta \tilde{G}$ 的表达式代入 $G_{i,i+1}$ 中有

$$\mathrm{e}^{G_{i,i+1}+\delta\tilde{G}} = \frac{k_{i,i+1} + \delta k_{i,i+1}}{k_{i+1,i} + \delta k_{i+1,i}} \tag{3.4.3}$$

如果用近似因子 α 描述有多少 $\delta\tilde{G}$ 的改变能使向前跃迁率 $k_{i,i+1}$ 增加或者有多少 $\delta\tilde{G}$ 的改变能使向后跃迁率 $k_{i+1,i}$ 减小，有

$$k_{i,i+1} + \delta k_{i,i+1} = k_{i,i+1} \mathrm{e}^{\alpha\delta\tilde{G}} \tag{3.4.4}$$

$$k_{i+1,i} + \delta k_{i+1,i} = k_{i+1,i} \mathrm{e}^{-(1-\alpha)\delta\tilde{G}} \tag{3.4.5}$$

参数 α 的主要作用是驱动马达蛋白向前步进。对于 $\alpha \approx 1$ 的情形，当小量 $\delta\tilde{G}$ 有 $\exp(\delta\tilde{G}) \approx 1 + \delta\tilde{G}$，在此近似条件下有

$$\delta\tilde{G} \approx \frac{\delta k_{i,i+1}}{k_{i,i+1}} \tag{3.4.6}$$

因此，向前跃迁率 $k_{i,i+1}$ 的相对增加量就是 $\delta\tilde{G}$。如考虑 $\alpha \approx 0$ 的情况，$\delta\tilde{G}$ 会使马达反转的概率 $k_{i+1,i}$ 减小。若步进是不可逆的 (即 $k_{i,i+1}/k_{i+1,i}$ 充分大)，此时 $\alpha \approx 0$，这并不是加速马达蛋白步进的有效方式。

此外，图 3.10 的循环中马达蛋白的跃迁率增加 1%，并不意味着历经整个循环所需的时间减少 1%。实际上，时间的改变将会小于 1%。令 $C_{k_i}^v$ 为无量纲化 "控制系数"，该参量可用来描述状态 i 的跃迁率 k_i 对经过整个循环速度 v 的影响。这里的循环速度也是马达蛋白的步进速度。若忽略 $k_{i+1,i}$ 并用 k_i 来代替 $k_{i,i+1}$，有

$$C_{k_i}^v = \frac{\delta v/v}{\delta k_i/k_i} \tag{3.4.7}$$

当 $\delta k_i \to 0$ 时，可得控制系数 $C_{k_i}^v$ 是对数型的导数 $\partial \ln v/\partial \ln k_i$。因此，控制系数 $C_{k_i}^v$ 可粗略地给出当 k_i 发生改变时速度 v 改变的百分比。假设以相同的百分比来改变循环中所有的跃迁率，显然就像缩放时间一样，速度 v 也将被改变相同的百分数。这一结果便是熟知的加法定理，即 $\sum\limits_{i=1}^{n} C_{k_i}^v = 1$。如果 k_i 表示被限制的跃迁率，那么 $C_{k_i}^v$ 将趋于 1。如果循环中状态 i 的跃迁率 k_i 和其他跃迁率相比变化得非常快，那么控制系数 $C_{k_i}^v$ 将趋于 0。总的来说，控制系数 $C_{k_i}^v$ 是一个大于 0 的参数，并且 $0 < C_{k_i}^v < 1$。在大多数生化网络及蛋白的催化循环中，一般没有控制步进的信号发生率。相反，类似的控制将机会均等地分布在各个步进的过程中。

既然 $\delta\tilde{G}$ 给出跃迁率 k_i 的相对改变量，对于马达蛋白的步进速度和由于 $\delta\tilde{G}$ 引起的状态 i 的速度增量，有

$$v + \delta v \propto 1 + C_{k_i}^v \delta\tilde{G} \approx 1 - C_{k_i}^v (\ln p_b) \delta p_\mathrm{b} \tag{3.4.8}$$

把前面结果 $v \propto 1 - 2p_{\mathrm{b}}$ 或者 $\delta v \propto -2\delta p_{\mathrm{b}}$ 和马达反转的力学效应结合起来，则当 p_{b} 改变时，v 的净改变量为

$$\delta v \propto -[2 + C_{k_i}^v(\ln p_{\mathrm{b}})]\delta p_{\mathrm{b}} \tag{3.4.9}$$

当变量 $\delta v = 0$ 时，速度 v 有最大值，则由式 (3.4.9) 可以得到

$$\ln p_{\mathrm{b}} = -\frac{2}{C_{k_i}^v} \tag{3.4.10}$$

等式 (3.4.10) 揭示了马达反转概率和跃迁率的控制系数间的优化关系，这也显示出自由能起源于马达前进和反转时熵的改变 [51]。当概率 $p_{\mathrm{b}} = 1/220$ 时 [49]，可以得到 $C_{k_i}^v = 0.4$，而当概率 $p_{\mathrm{b}} = 1/802$ 时 [50]，我们有 $C_{k_i}^v = 0.3$。

在生理条件下，循环中马达蛋白能够产生跃迁的条件是需要 2 个 $k_{\mathrm{B}}T$ 单位的能量 [53]。因此，催化循环中马达反转的跃迁率相对而言非常小。当驱动蛋白马达的后脚分离后，水解 ATP 将使马达向前迈进。释放 ADP 的同时，刚处于分离状态的脚又再次和微管结合。在文献 [53] 的评论中，马达后面的脚分离或者水解时的跃迁率大约为 $250\mathrm{s}^{-1}$。在步进率为 $100\mathrm{s}^{-1}$ 的条件下，确实能够得到这种跃迁方式的控制系数为 0.4。该评论中还给出当 ADP 释放的跃迁率大约为 $300\mathrm{s}^{-1}$ 时，相应的控制系数变为 0.3。通过等式 (3.4.10) 可以发现，若控制系数在 $0.3 \sim 0.4$ 之间，那么马达向后跃迁的概率将在 $1/150 \sim 1/800$。可以推断，文献 [49] 和 [50] 中观测得到的反转概率 p_{b} 可应用控制系数 $C_{k_i}^v$ 来进行预测及修正。因此，理论上得到的等式 (3.4.10) 及其内在假设与现实中的实验完全吻合。

关于驱动蛋白马达内部结构改变的问题，目前还没有更加清晰的研究结果。因此对于生物马达步进机制来说，还不能确切地给出通过增加马达的反转概率 p_{b} 来应用自由能的分子机制 [51]。但可以想象的是，在循环中的某一位点——马达蛋白形成的原子团簇的位置，马达步进的方式是向前还是向后是可以确定的。

3.5 布朗棘轮的扩散与输运品质的优化策略

微观尺度上的输运过程能够展现出与宏观世界相当不同的特征。在微观尺度上，粒子受到无处不在的涨落和环境背景噪声的强烈影响。此外，这些涨落还可被用来有选择地操纵物质及各种有益的输运现象。近些年，这类有趣的、由噪声诱导的输运现象包括布朗棘轮的输运，运输效率的提高，扩散及超扩散的增大等广阔领域 [54]。特别是布朗马达这一典型的微观棘轮模型，它们可以在即使没有施加外部偏置的情况下，也能通过打破系统的时空对称性来整流环境噪声，进而产生定向的运动。

同时，了解布朗棘轮的工作原理可被视为理解细胞内的输运、癌细胞的转移、离子通过纳米孔的运输、光学晶格中的冷原子以及超导体中的涡流和约瑟夫森相 (Josephson phase) 等过程的关键。鉴于布朗棘轮的广泛应用，定向运动的可控性已经成为非平衡态统计物理研究的一个焦点，同时这也激发了一批具有反常输运特性的新型微尺度器件的开发 [55]。

3.5.1　布朗棘轮扩散的计算方法

自从爱因斯坦和斯莫卢霍夫斯基的开创性研究以来，扩散现象 (diffusion phenomenon) 越来越引起人们的兴趣。这种兴趣源于这样一个事实：扩散普遍存在于经典输运体系和量子体系中 [56]。

在物理上，描述布朗粒子扩散及扩散轨道传播最常用的物理量是空间坐标自由度 $x(t)$ 的均方差 (或者方差)，它定义为 [54]

$$\langle \Delta x^2(t) \rangle = \left\langle \left[x(t) - \langle x(t) \rangle \right]^2 \right\rangle = \langle x^2(t) \rangle - \langle x(t) \rangle^2 \tag{3.5.1}$$

其中，平均 $\langle \cdot \rangle$ 是对所有可能的热噪声轨道以及对初始条件的位置 $x(0)$ 和速度 $\dot{x}(0)$ 的系综平均。数值计算时，需要注意的是系统速度初始条件的平均是强制性的，因为特别是在热涨落强度 $Q \to 0$ 的确定性极限条件下动力学可能不是遍历的，而相应的结果可能会受这些初始条件特定选择的影响。

尽管 $x(t)$ 的扩散运动会发生偏离，但通过引入一个与时间相关的 "扩散系数" $D(t)$ 还是很有趣的 [57]，即

$$D(t) = \frac{\langle \Delta x^2(t) \rangle}{2t} = \frac{\langle x^2(t) \rangle - \langle x(t) \rangle^2}{2t} \tag{3.5.2}$$

扩散过程在长时间极限下的均方偏差 (MSD) $\langle \Delta x^2(t) \rangle$ 是时间的增函数，并且是时间的幂律变化 [58]

$$\langle \Delta x^2(t) \rangle \sim t^\alpha \tag{3.5.3}$$

指数 α 的不同可以明确给出扩散的类型。正常扩散 (normal diffusion) 的特征是 $\alpha = 1$。而 $\alpha \neq 1$ 时，系统的扩散行为是反常扩散 (anomalous diffusion)。反常扩散，它可分为两个完全不同的区域。如果 $0 < \alpha < 1$，则称为亚扩散 (subdiffusion)，$\alpha > 1$ 时称为超扩散 (superdiffusion)[58]。在前一种的亚扩散情况下，随着时间的演化，MSD 的增长速度低于正常扩散；而在超扩散情况下，MSD 的增长速度高于正常扩散。因此，在不同的反常扩散区域内，与时间有关的扩散系数 $D(t)$ 的变化行为也不同：即当 $D(t)$ 增大时发生超扩散，$D(t)$ 减小时对应亚扩散，$D(t) = $ const 时发生的是正常扩散。因此，只有当渐近的 α 趋于 1 时才能得到与时间关

联的扩散系数 $D^{[54]}$

$$D = \lim_{t \to \infty} D(t) \tag{3.5.4}$$

否则, 上面的定义便没有意义, 因为 D 要么是零 (亚扩散) 要么是发散到无穷 (超扩散)。

1. 讨论 1: 两个耦合粒子情形

考虑噪声背景下不对称棘轮势中二聚体的运动, 则该二聚体的两个 "脚" 可以看作两个耦合的布朗粒子。对于耦合系统扩散的研究可采用二聚体的质心平均速度进行分析 [59−62]。由于耦合粒子的质心为

$$z(t) = \frac{x(t) + y(t)}{2} \tag{3.5.5}$$

进一步耦合棘轮的有效扩散系数 (effective diffusion coefficient) 为

$$D_{\text{eff}} = \lim_{t \to \infty} \frac{\langle z^2(t) \rangle - \langle z(t) \rangle^2}{2t} \tag{3.5.6}$$

2. 讨论 2: 多体耦合粒子情形

如果考虑多体耦合布朗粒子在不对称周期势中的运动, 即棘轮系统由 N 个耦合布朗粒子构成, 则多体耦合布朗棘轮的平均有效扩散系数 (average effective diffusion coefficient) 可表示为 [63]

$$D_{\text{eff}} = \lim_{T \to \infty} \sum_{i=1}^{N} \frac{\langle x_i^2(t) \rangle - \langle x_i(t) \rangle^2}{2TN} \tag{3.5.7}$$

其中, $x_i(t)$ 是第 i 个粒子的位置坐标, T 是棘轮的演化时间。

需要注意的是, 等式 (3.5.6) 与等式 (3.5.7) 考虑的重点是不同的。利用公式 (3.5.6), 也可以通过计算 N 个耦合布朗粒子的质心后再计算其有效扩散系数 D_{eff}。由此, 可以看到等式 (3.5.6) 关注的是耦合系统质心的扩散行为。而公式 (3.5.7) 的计算方法更强调棘轮系统整体的平均扩散效果。

以扩散系数 D 为特征的传统扩散会随系统周围介质温度的升高而增大。然而, 最近的研究发现, 扩散系数随温度的变化并非只呈单调行为, 在某些中间温度区域还会产生钟形的最大值 [64]。这种特殊的扩散行为与已知的反常扩散明显不同, 因为反常扩散通常都是粒子的均方偏差 $\langle \Delta x^2(t) \rangle$ 按照幂律定律渐近增长, 即 $\langle \Delta x^2(t) \rangle \sim t^{\alpha}$, 其中 $\alpha \neq 1$。此外, 这种非单调的扩散行为与巨扩散现象也不同。后者可以通过布朗粒子在倾斜周期外势中的扩散运动来观察, 也可通过周期势中绝热驱动惯性布朗粒子的运动观察得到。关于扩散现象, 特别是近期发展的有关反常扩散理论的研究可以进一步参考文献 [65]。

3.5.2 布朗棘轮的输运品质 Péclet 数的计算

迄今为止，另一个较少受到关注的重要问题是输运的一致性 (transport coherence)。噪声诱导的定向输运必然伴随着不同轨道的扩散传播。然而，这种扩散还可能完全掩盖了有限空间系统中的棘轮效应。考虑到在许多系统中有限尺寸的限制比其他方面如能量供应方面的限制更为严格，因此较高的输运一致性 (低平均涨落的输运) 可成为衡量输运品质的决定性因素 [66]。此外，输运一致性还可通过输运的不稳定特征量 (扩散系数 D_{eff}) 和佩克莱 (Péclet) 数 (即速度与扩散系数之比) 来量化。

首先，考虑一个足够大的平均距离 $\langle x_e - x_0 \rangle$，不同轨道间的标准方差可由式 (3.5.6) 定义的扩散系数描述，由此可得

$$\sqrt{\langle x^2 \rangle - \langle x \rangle^2} \approx \sqrt{2D_{\mathrm{eff}}T} \approx \sqrt{\frac{2L\langle x_e - x_0 \rangle}{Pe}} \qquad (3.5.8)$$

这里，T 表示从 x_0 到 x_e 需要的平均时间，L 是布朗粒子所处棘轮势的周期特征长度。由此可以把粒子的平均速度 $\langle v \rangle = \langle x_e - x_0 \rangle / T$ 与扩散系数 D_{eff} 之比定义为佩克莱数 [61,66,67]

$$Pe = \frac{\langle v \rangle L}{D_{\mathrm{eff}}} \qquad (3.5.9)$$

这个无量纲化的比值是输运一致性程度的测量方法 [59]，在这种度量中，棘轮系统获得较大的平均速度或者流的同时伴随着小的扩散。Pe 的概念最初出现在流体的传热问题研究中，代表热对流与扩散的比。然而，最近这个物理量被引入刻画棘轮输运一致性中，作为特征量获得了密切关注 [59,68]。此外，Pe^{-1} 在相关生物研究领域还被称为随机性 (randomness)，可用来测量微管上驱动蛋白的输运行为 [22]。

等式 (3.5.9) 中定义的佩克莱数可以很清晰地分析系统输运过程中的扩散与漂移的竞争。当 $Pe < 1$ 时，扩散在输运动力学中占据主导地位，此时与概率分布的非定向传播相比，定向输运只起了很小的作用。当 $Pe > 1$ 时，输运以漂移过程为主。当 $Pe \to \infty$ 的极限时，系统的输运行为相当于在特征长度 L 上有效扩散消失的确定性输运 (deterministic transport)[68]。

从公式 (3.5.9) 中还可以进一步分析，Pe 描述的是粒子的定向运动与随机扩散之间的竞争关系 [63]。特别地，如果定向运动占据主导，即 $\langle v \rangle T > \sqrt{2D_{\mathrm{eff}}T}$，有

$$Pe = \frac{\langle v \rangle L}{D_{\mathrm{eff}}} = \frac{\langle v \rangle}{D_{\mathrm{eff}}} \cdot \langle v \rangle T = \frac{\langle v \rangle^2 T}{D_{\mathrm{eff}}} > 2 \qquad (3.5.10)$$

这一结果表明较大的 Pe 意味着定向漂移优胜于扩散，同时粒子的输运一致性更好。

3.5.3 小随机性下输运品质的优化分析实例

考虑布朗粒子的过阻尼动力学方程 [66]

$$\dot{x} = f(x) + g(x)\sqrt{2D}\xi(t) \tag{3.5.11}$$

其中，x 是粒子的位置，$f(x)$ 是势场 $U(x)$ 对粒子的作用力，$f(x) = -\mathrm{d}U(x)/\mathrm{d}x$。方程 (3.5.11) 中 $g(x)$ 代表一个非负的噪声调制，数学上通常假设 $g(x)$ 与 $U(x)$ 都是周期函数，且具有相同的周期 L_x，即

$$U(x) = U(x + L_x), \quad g(x) = g(x + L_x), \quad g(x) > 0 \tag{3.5.12}$$

方程 (3.5.11) 总是可以利用斯特拉托诺维奇随机微分方程的观点来解释。对于具有乘性噪声 (multiplicative noise) 的系统，方程 (3.5.11) 可由有效势控制 [37]

$$\Psi(x) = -\int_0^x \mathrm{d}\tilde{x}\frac{f(\tilde{x})}{g^2(\tilde{x})} \tag{3.5.13}$$

当且仅当该势场不是周期函数时噪声诱导的输运能够产生，即有效偏置 $\Psi(L_x) - \Psi(0) \neq 0$，此时有

$$v_x = \langle\dot{x}\rangle \neq 0 \tag{3.5.14}$$

这种偏置可由势场和噪声调制的不对称或完全对称势和噪声调制之间合适的相移引起。后一情况已由 Büttiker 和其他学者 [40] 证实。这里外势和噪声调制可分别采用

$$U(x) = 1 - \cos(x) \tag{3.5.15a}$$

$$g(x) = \frac{1}{\sqrt{1 - \alpha\cos(x - \phi)}} \tag{3.5.15b}$$

参数取 $\alpha = 0.95$ 和 $\phi = 1$，等式 (3.5.15) 描述的函数结构示意图如图 3.13(a) 所示，这种结构可导致有效势 (3.5.13) 能够产生一个有限的偏置。

同时，我们研究的第二个系统是在外势和噪声调制之间具有类似的相移，但外势中存在加性的空间不对称性

$$U(x) = A(\beta)\sin(x)\,\mathrm{e}^{\beta[\cos(x)-1]}, \quad g(x) = \mathrm{e}^{\beta[\cos(x)-1]/2} \tag{3.5.16}$$

因子 $A(\beta)$ 的选择是为了使 Büttiker 棘轮的势垒等于 2。对于小 β 来说，势本质上是余弦形式，因此是对称的。对于合适的较大 β 值，外势具有很强的不对称性，

且还能展现出平台部分，并且还有较小的负斜率及弱噪声强度，如图 3.13(b) 所示。作为例子，这里选取 $\beta = 5$ 及 $A(\beta = 5) \approx 3.7799$。

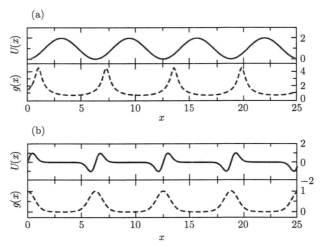

图 3.13　外势 $U(x)$ 和噪声调制 $g(x)$ 的函数图像。(a) 对称系统 (3.5.15) 和 (b) 非对称系统 (3.5.16) [66]

最近，偏置周期势和加性噪声 ($g(x) =$ 常数) 存在条件下的扩散系数已经得到了解析结果 [61]。对于乘性噪声，根据 2.4 节朗之万方程的计算方法我们可以利用加性噪声系统的非线性变换来进行计算。通过引入新的变量 [66]

$$y(x) = \int_0^x \frac{\mathrm{d}z}{g(z)} \tag{3.5.17}$$

动力学方程 (3.5.11) 可变换为

$$\dot{y} = \dot{x}/g(x) = -\frac{\mathrm{d}\Phi(y)}{\mathrm{d}y} + \sqrt{2D}\xi(t) \tag{3.5.18}$$

这里实际上引入了一个有效势

$$\Phi(y) = -\int_0^y \mathrm{d}\tilde{y} \frac{f[x(\tilde{y})]}{g[x(\tilde{y})]} = \Psi[x(y)] \tag{3.5.19}$$

该式可从方程 (3.5.13) 的有效势 $\Psi(x)$ 及方程 (3.5.17) 的逆变换 $x(y)$ 得到。如果 $f(x)$ 和 $g(x)$ 都是周期为 L_x 的周期函数，很容易证明 $\Phi(y)$ 是一个有偏置的周期势，其周期为 $L_y = \int_0^{L_x} \mathrm{d}z/g(z)$。因此，变换后的动力学方程 (3.5.18) 描述的是噪声强度恒定的倾斜周期势中的布朗运动。

根据粒子运动的周期长度可计算潜在的离散过程，其表达式为

$$x\left(t\right) \in \left\{ \left[n_x(t) - 1\right] L_x, \ n_x(t)L_x \right\} \tag{3.5.20}$$

$$y\left(t\right) \in \left\{ \left[n_y(t) - 1\right] L_y, \ n_y(t)L_y \right\} \tag{3.5.21}$$

很容易看出，这些过程与原始过程是相同的，并且变换后的动力学满足 $n_x(t) = n_y(t)$。这两个过程分别确定了 x 和 y 的渐近均值和方差，从而可确定速度 $v_{x,y} = L_{x,y}n_{x,y}(t)/t$ 和扩散系数 $D_{\text{eff},x,y} = L_{x,y}^2 \langle \Delta n_{x,y}(t) \rangle /2t$。从上述关系中可进一步得到

$$v_x = v_y \frac{L_x}{L_y}, \quad D_{\text{eff},x} = D_{\text{eff},y} \left(\frac{L_x}{L_y} \right)^2, \quad Pe_x = Pe_y \tag{3.5.22}$$

由于 v_y，$D_{\text{eff},y}$ 和 Pe_y 的积分公式已知 [61]，因此可以为原始的乘性动力学方程确定这些量。利用文献 [60] 中的简化公式，并通过积分中简单的变量代换后可以得到粒子的速度和输运品质参量的表达式分别为

$$v_x = \frac{L_x \left(1 - e^{\Psi(L_x)/D}\right)}{\int_0^{L_x} \mathrm{d}x I_+\left(x\right)/g\left(x\right)} \tag{3.5.23}$$

$$D_{\text{eff},x} = DL_x^2 \frac{\int_0^{L_x} \mathrm{d}x I_+^2\left(x\right) I_-\left(x\right)/g\left(x\right)}{\left[\int_0^{L_x} \mathrm{d}x I_+\left(x\right)/g\left(x\right) \right]^3} \tag{3.5.24}$$

同时佩克莱数为

$$Pe_x = \frac{v_x L_x}{D_{\text{eff},x}} \tag{3.5.25}$$

我们在方程 (3.5.23) 和方程 (3.5.24) 中已引入了如下函数

$$I_\pm\left(x\right) = \pm \frac{e^{\mp \Psi(x)/D}}{D} \int_x^{x \pm L_x} \mathrm{d}y \frac{e^{\pm \Psi(y)/D}}{g\left(y\right)} \tag{3.5.26}$$

对于等式 (3.5.15) 描述的对称系统，Büttiker 给出了有效势 (3.5.13) 的解析表达式 [66]。对于等式 (3.5.16) 描述的非对称系统，可以计算其有效势

$$\Psi\left(x\right) = A\left(\beta\right) \left[\sin\left(x\right) + \frac{1}{2}\beta \sin\left(x\right)\cos\left(x\right) - \frac{1}{2}\beta x \right] \tag{3.5.27}$$

　　利用上述有效势，便可根据积分公式通过数值方法计算输运品质的参量。由于噪声强度控制着系统的相关时间尺度，因此下面的讨论中我们将以噪声强度作为自变量，研究系统的运动速度 v_x、有效扩散系数 $D_{\mathrm{eff},x}$ 和 Pe_x。

　　1. 讨论：对称势情况

　　图 3.14(a) 给出了速度、有效扩散系数和佩克莱数随噪声强度的变化关系。可以看到速度和有效扩散系数随噪声的增加而单调增大；速度在强噪声极限条件下达到饱和，而有效扩散系数 D_{eff} 的行为表现为在较大噪声强度下才会达到饱和。值得注意的是，存在一个噪声强度使其 Pe 达到最大，表明此时的输运一致性达到了最强。在弱噪声条件下，还可以发现 $Pe \to 2$，这相当于一个罕见的统计事件，且只有在噪声较强的斜坡方向上才会发生跃迁 (另一方向是随机行走)。随着噪声的增加，粒子逃跑得更快，弛豫时间的尺度 (小噪声强度下滑下斜坡) 开始发挥作用，并会产生一个比简单的随机行走更有规律的过程 (Pe 增加并达到最大值)。然而，在很大的噪声条件下，棘轮机制被削弱，同时向后跃迁的概率 (沿小噪声斜坡) 能够发生，这必然导致 Pe 的下降。通过改变其他参数 (α, ϕ)，能够发现数值上 Pe 总是小于 3。

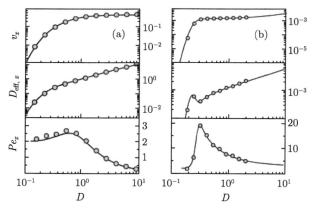

图 3.14　速度、有效扩散系数和 Péclet 数随噪声强度的变化关系, (a) 对称系统 (3.5.15) 和 (b) 非对称系统 (3.5.16) [66]

　　2. 讨论：非对称势情况

　　采用图 3.13(b) 所示的外势，从图 3.14 (b) 中可以发现，系统运动速度大小远低于对称势情况。更为重要的是，规则性的增加表现为 Pe 会展现一个最大值。此外，研究发现有效扩散系数作为噪声强度的函数却经历了一个最小值，并且这个最小值是在 Pe 达到最大值时出现的。显然，这个结果支持 Pe 的显著增强。同时，从图 3.14 (b) 的速度图像中可以发现，在最优噪声强度下，速度与最大值相差不大。因此，输运一致性的最大化并不意味着输运速度的显著降低。

通过考虑外势 (3.5.16) 中两个不同的运动区域可进一步理解输运一致性的增强。在沿平坡运动的过程中，粒子受到较小的涨落 ($g(x) \ll 1$)，因此轨道之间的变化很小。相比之下，较大的噪声背景能够促进粒子通过陡峭的势垒。这一过程虽然是高度不规则的，但速度很快。这两种过程结合后能使粒子经历一系列持续时间较长的有规律过程，并且在通过陡峭的斜坡过程中会被快速的逃逸中断。平均而言，如果沿平坡通过的时间大于沿陡坡的逃逸时间的话，这一过程会是非常有规律的。这种时间尺度上的分离是通过外势的不对称性及外势和噪声调制之间特定的相移实现的，如果在平坦的斜坡处噪声强度较大，则输运一致性较差。

3.6 布朗棘轮的随机共振

随机共振 (stochastic resonance, SR) 是一种显著的现象，通常出现在双稳态系统和阈值系统中，其弱周期信号的响应会随优化噪声强度的增加而增强。至今，随机共振已经得到了广泛的研究并被应用于许多领域 [69,70]。同时，随机共振的检测方法也有多种。响应振幅 (response amplitude, RA) 最初被 Benzi 等用来量化随机共振 [71]。信噪比 (signal-to-noiseratio, SNR) 也是一种可在众多系统中进行实验观测随机共振的测量方法。随机共振的其他测量方法，如停留时间分布函数 (RTDF) 的引入 [72]，即双稳态系统中系统处于一个稳定状态时驻留时间的分布函数。虽然上述方法都可以得到最优噪声强度作为振幅和周期力频率的函数，但这些测量方法得到的优化噪声强度并不完全一致。

此外，关于微观系统的能量，Sekimoto 提出了随机能量学这一非常重要的理论 [73]，它使人们能够分析热力学过程和非平衡态过程的能量问题，这两个过程可由朗之万方程和福克尔–普朗克方程描述。如果势场明显依赖于时间，会导致某种外力对布朗粒子做功。同时，当共振运动增强时，这个期望的功还会变得更大。本节主要通过随机能量学理论分析布朗棘轮的随机共振现象。

3.6.1 随机共振现象

随机共振是非线性系统中噪声和周期驱动的协同效应。现考虑一个双稳态系统，其中的势场可周期性地被频率 $\Omega = 2\pi/T$ 调制，双稳势产生周期地向右或向左的轻微倾斜，如图 3.15 所示。如果考虑一个过阻尼粒子在双阱中的运动，在没有噪声的情况下，粒子会永远停留在初始的阱中。然而在施加强度为 D 的噪声后，噪声的作用会引起粒子在两个阱间的跃迁。

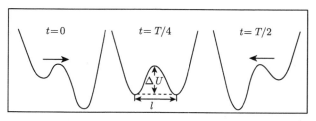

图 3.15   不同时刻下由外部调制的双稳势结构示意图 [69]

在没有周期性驱动的情况下,粒子在噪声作用下的逃逸过程是随机发生的,两次逃逸跃迁之间的逗留时间呈指数型分布,且其特征时间尺度为 $T_k = \nu^{-1} \exp(1/4D)$[69]。此外,周期调制还可以同步粒子的跃迁,并对跃迁过程产生一个周期性的贡献。同时,当粒子在外部驱动的每个周期中平均跃迁两次,则该贡献最大。此时便产生了基本的随机共振,在低驱动频率 $\Omega \ll 2\pi/T_k$ 下,共振由

$$T = 2T_k = 2\nu^{-1} \exp(1/4D) \tag{3.6.1}$$

或噪声强度

$$D = D_0 = \frac{1}{4} \ln \frac{\nu T}{2} \tag{3.6.2}$$

来确定。

当系统满足上述的匹配条件时,我们就会在一个合适的噪声强度下观察到随机共振现象。这种效应已经在多种物理系统中得到了实验验证。

由上述讨论可以发现,随机共振的产生通常需要三个条件[74]。首先,存在一个能量激发势垒,而且系统存在一个阈值;其次,需要对系统有弱相干输入;最后,也是最重要的,系统要有内噪声机制或外噪声环境。这三个因素相互竞争,共同作用,就可以使系统响应噪声强度的变化出现类似共振的行为。

3.6.2   布朗棘轮的随机共振理论

研究随机共振的典型模型是噪声和周期力作用下布朗粒子在双阱势中的过阻尼运动,满足的朗之万方程可描述为[75]

$$\dot{x} = -\frac{\partial U(x,t)}{\partial x} + \xi(t) \tag{3.6.3}$$

其中,周期力调制下的外势采用如下最简单的双稳函数和正弦力

$$U(x,t) = \frac{x^4}{4} - \frac{x^2}{2} - Ax \sin \omega t \tag{3.6.4}$$

方程中的变量已无量纲化。值得注意的是,势场 $U(x,t)$ 中已包含周期力 $A \sin \omega t$。假设外周期力的振幅 A 足够小,则布朗粒子在无噪声背景下在 $x = 0$ 处不会跨越势垒。$\xi(t)$ 是平均值为零的高斯白噪声,满足

$$\langle \xi(t) \rangle = 0, \quad \langle \xi(t)\xi(t') \rangle = 2D\delta(t - t') \tag{3.6.5}$$

其中，D 是扩散系数。这里存在两种共振运动，一种是阱内共振运动 (intra-well resonant motion)，另一种是阱间共振运动 (inter-well resonant motion)。随机共振是指在某一优化的噪声强度下阱间共振运动的增强[75]。

1. 布朗棘轮随机共振的随机能量学分析

由于势场 $U(x,t)$ 具有明显的时间依赖关系，即存在时变的驱动外力 $A\sin\omega t$，所以可通过外周期力对布朗粒子做功。根据随机能量学理论[73]，每个周期内的功可写为

$$W = \frac{1}{n}\int_{t_0}^{nT+t_0}\left\langle \frac{\partial U(x(t),t)}{\partial t}\right\rangle \mathrm{d}t = -A\omega\frac{1}{n}\int_{t_0}^{nT+t_0}\langle x\cos(\omega t)\rangle \mathrm{d}t \tag{3.6.6}$$

这里，t_0 是初始时刻，外驱动周期 $T = 2\pi/\omega$，n 是系综演化的周期数。关于随机能量学理论，在 4.6 节会有详细的分析与讨论。

图 3.16 和图 3.17 给出归一化的功 $w = W/A$ 随噪声强度 D 的变化关系，其中 ω 分别为 0.1 和 0.01。可以发现在某一最优噪声强度 D 处，功 w 能够达到最大值。最优噪声强度依赖于 A 和 ω。对于某一固定的 A，$\omega = 0.01$ 时的优化的噪声强度要小于 $\omega = 0.1$ 时的值。对于固定的 ω 来说，$A = 0.2$ 时的优化的噪声强度要小于 $A = 0.1$ 时的值。

2. 布朗棘轮的响应振幅

上面的讨论表明，布朗棘轮随机共振的发生与噪声强度和周期调制力的振幅、频率均有密切关系。对于不同的外力 (A,ω)，可以看到共振的振幅强度各不相同。为此，Jung 和 Hänggi 分析计算了上述布朗棘轮产生随机共振时的响应振幅[76]。最初响应振幅由 Benzi 提出[71]，其目的是用来量化随机共振。响应振幅的定义为

$$RA = \int_{\omega-\delta\omega}^{\omega+\delta\omega}S(\Omega)\mathrm{d}\Omega/\pi A^2, \quad S(\Omega) = \int_{-\infty}^{\infty}\mathrm{e}^{-\mathrm{i}\Omega\tau}\langle\langle x(t)x(t+\tau)\rangle\rangle \mathrm{d}\tau \tag{3.6.7}$$

上式的双重平均意味着对物理量的系综、时间平均，即 $\langle\langle\cdots\rangle\rangle = (1/T)\int_0^T\langle\cdots\rangle\mathrm{d}t$，$S(\Omega)$ 是功率谱密度 (power spectral density)。响应振幅等式右边的分子描述的是功率谱密度在 ω 处的 δ 尖峰面积，计算时是将 $\omega - \delta\omega$ 到 $\omega + \delta\omega$ 的谱密度 $S(\Omega)$ 用小间隔 $\delta\omega$ 的积分得到。分母是外驱动力的输入功率。

从图 3.16 和图 3.17 的结果可以发现，$(A,\omega) = (0.2, 0.1)$ 时的优化噪声强度发生在 0.225 处，$(A,\omega) = (0.2, 0.01)$ 时的优化噪声强度发生在 0.075 处。在相

同的参数条件下，文献 [76] 计算得到的优化噪声强度分别发生在 0.14 和 0.07 处。因此，本布朗棘轮模型的理论结果大于文献 [76] 计算方法得到的数值。

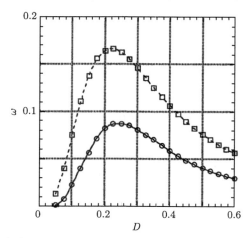

图 3.16 $\omega = 0.1$ 时，每个周期内归一化的功与噪声强度的依赖关系。虚线和实线分别代表 $A = 0.2$ 和 $A = 0.1$[75]

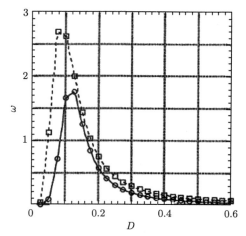

图 3.17 $\omega = 0.01$ 时，每个周期内归一化的功与噪声强度的依赖关系。虚线和实线分别代表 $A = 0.2$ 和 $A = 0.1$[75]

3. 布朗棘轮的信噪比

信噪比常被用于检测系统的随机共振。信噪比是通过用信号的功率谱强度与背景噪声相应的谱强度来表征系统输出的有序和优化程度。其定义为 [77]

$$\text{SNR} = S(\omega)/S_{\text{N}}(\omega) \tag{3.6.8}$$

其中，$S(\omega)$ 是方程 (3.6.7) 定义的功率谱密度，$S_N(\omega)$ 是背景噪声功率谱密度，可通过 ω 附近的功率谱密度的插值进行数值计算，但不包括 ω 处的 δ 峰。图 3.18 给出的是 $A = 0.2$ 时计算得到的信噪比，虚线和实线分别代表 $\omega = 0.01$ 和 $\omega = 0.1$ 时信噪比随噪声强度的变化关系。研究发现信噪比也能出现熟悉的共振曲线，且在最优噪声强度下产生了最大值。尽管这一优化的噪声强度与 A 无关 [78]，但是它会依赖于 ω 的变化。随着 ω 的增加优化的噪声强度会随之增大，正如图 3.18 所示。这一特点在 $A = 0.1$ 的条件下同样能够能被发现。

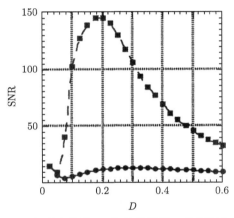

图 3.18　$A = 0.2$ 时，SNR 与噪声强度 D 的依赖关系。虚线和实线分别代表 $\omega = 0.01$ 和 $\omega = 0.1$[75]

　　这里，由于参数 ω 远小于双阱底部的势的曲率，因此阱内共振运动与周期力几乎处于同相位。造成的结果是阱内共振运动的贡献使得信噪比中的小 D 情况减少。此外，虚部的贡献会使信噪比的峰值向更大的 D 处移动。因此，这里的信噪比并不是随机共振很好的定量测量方法。关于更详细的讨论可参考文献 [75, 78]。

3.7　热平衡涨落诱导布朗棘轮的反常输运

　　热力学中由 Le Chatelier 提出了一个重要原理，该原理可简单地进行如下表述："描述系统处于平衡状态的某个变量的变化，会导致抵消该变化的平衡位置的改变 [79]。" 这一原理表明，如果系统处于热平衡状态，系统对施加偏置的反应是系统会与施加的外偏置 (力) 同向，且向一个新的平衡状态演化。特别地，如果系统的响应与小的外偏置力方向相反，这一结果看似违反了热力学定律。然而，系统如果真实地产生了这种响应行为的话，意味着系统发生了反常的输运现象，即出现了绝对负迁移率 (absolute negative mobility, ANM)。目前，已知的 ANM 例子或者说类似于绝对负电导率, 在掺杂 p 调制的多量子阱结构 [80] 和半导体超晶格 [81] 中已经被实验观察到。同时, 理论上在直流+交流驱动的隧穿输运 [82], 合作布朗马达的动力学 [83], 对于含有复杂拓扑结构的布朗输运 [84], 以及在一些模式化的具有依赖于状态噪声的多态模型中 [85] 也都进行了相关的理论研究。

反常输运这种新奇且违反直觉的输运现象激发了人们的兴趣, 其动机是寻求在简单、易于组装的器件中探索新的输运环境, 这些装置本质上利用了丰富的热涨落源进行建设性的技术应用。物理上, 最适合此目的的模型是一维周期对称系统, 如跨越约瑟夫森结的相位差、外场中的旋转偶极子、超离子导体等 [86]。另一个重要的应用领域是噪声背景下的布朗粒子输运 [87], 因为布朗马达在物理和化学领域中有着广泛的应用。本节研究的主要目标是在普通物理系统中检测噪声诱导的 ANM 现象, 这些物理系统是现成的并且可以立即使用, 而不需要达到极低的温度或使用先进的高维模式化结构去捕获能够产生 ANM 必要机制的制造技术, 这种简单的物理系统可参考文献 [84]。

3.7.1　确定性惯性动力学的绝对负迁移率行为

下面以经典布朗运动为例, 设质量为 M 的布朗粒子运动在周期为 L 的空间周期势中, 外势满足 $V(x) = V(x+L)$, 势垒高度 ΔV。此外, 粒子还将受到外部无偏置的时间周期力 $A\cos(\Omega t)$ 作用, 其中振幅为 A, 角频率为 Ω。同时, 一个常外力 F 作用在系统上。由此, 系统的动力学可由惯性朗之万方程进行构建 [79]

$$M\ddot{x} + \Gamma\dot{x} = -V'(x) + A\cos(\Omega t) + F + \sqrt{2\Gamma k_{\mathrm{B}}T}\xi(t) \qquad (3.7.1)$$

其中, 变量上的点表示对时间微分, 撇表示对布朗粒子的位置进行微分。Γ 表示阻尼系数, k_{B} 是玻尔兹曼常量, T 是温度。环境中耦合到粒子上的热涨落可由平均值为零的高斯白噪声 $\xi(t)$ 进行描述, 其关联函数为 $\langle\xi(t)\xi(s)\rangle = \delta(t-s)$。这里采用一种最简单的对称形式的空间周期外势, 即

$$V(x) = \Delta V \sin(2\pi x/L) \qquad (3.7.2)$$

通过采用 2.3 节朗之万方程的无量纲化方法, 并引入 L 和 $\tau_0 = L\sqrt{M/\Delta V}$ 作为长度和时间的单位, 方程 (3.7.1) 可重新标度为无量纲化的形式

$$\ddot{\hat{x}} + \gamma\dot{\hat{x}} = -\hat{V}'(\hat{x}) + a\cos(\omega\hat{t}) + f + \sqrt{2\gamma D_0}\hat{\xi}(\hat{t}) \qquad (3.7.3)$$

这里, $\hat{x} = x/L$ 及 $\hat{t} = t/\tau_0$。其余的标度参量为摩擦系数 $\gamma = (\Gamma/M)\tau_0$, 外势 $\hat{V}(\hat{x}) = V(L\hat{x})/\Delta V = \hat{V}(\hat{x}+1) = \sin(2\pi\hat{x})$, 具有单位周期长度和势垒高度 $\Delta\hat{V} = 2$, 振幅 $a = AL/\Delta V$, 频率 $\omega = \Omega\tau_0$, 负载 $f = FL/\Delta V$。均值为零的高

斯白噪声 $\hat{\xi}(\hat{t})$，其关联函数 $\left\langle \hat{\xi}(\hat{t})\hat{\xi}(\hat{s}) \right\rangle = \delta(\hat{t}-\hat{s})$，噪声强度 $D_0 = k_{\rm B}T/\Delta V$。接下来的讨论中将利用无量纲化的变量并略去方程 (3.7.3) 中所有变量上的"帽子"。

朗之万方程 (3.7.3) 是一个简单的棘轮模型，可以描述前面介绍过的各种周期系统。然而，当噪声强度 $D_0 = 0$ 时，由方程 (3.7.3) 确定的非平衡系统的确定性惯性动力学表现出了非常丰富和复杂的行为[88]。根据参数值的不同，渐近的长时间极限条件下可以导致周期运动、准周期运动和混沌运动，如图 3.19 所示。不同位置和速度的初始条件也会导致不同的渐近行为，即不同的吸引子可以共存。

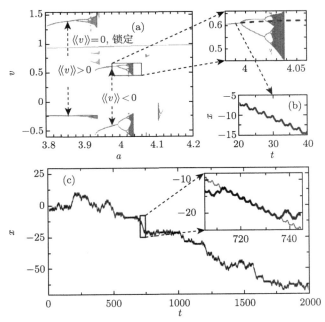

图 3.19　在图 (a) 中，给出无噪声时系统随振幅变化的一小部分分岔图，其中 $a \in (3.8, 4.2)$。
纵坐标表示在渐近长时间极限下的速度。系统受到正的偏置力作用 $f = 0.1$。其余参量取
$\gamma = 0.9$ 和 $\omega = 4.9$。直线是在 $v \approx 0.9$ 处，相当于稳态的锁定状态，它对所有的驱动力振幅值
都保持不变。当振幅达到 $a \approx 4.04$ 时，运行状态与负的平均速度共存。图 (b) 给出的是
$a = 3.99$ 时的相轨道。这是一个周期 2 状态，它在第一个周期停留在一个势阱内，在第二个周
期移动到左邻的势阱内。(c) 图给出的是 $a = 4.2$ 和 $D_0 = 0.001$ 时随机系统的一条轨道。相
应的平均速度为负值。在插图中，展示了对输运起作用的随机轨道 (粗线) 的一个典型部分。
在驱动力的若干周期内，它紧随着一个确定性的不稳定周期轨道 (细线)。这个轨道位于不稳定
的分支上，从 $a \approx 3.99$ 处的叉式分岔发出，运行状态如图 (b) 所示。分岔图的一部分包括周
期二轨道的第一次分岔到稳定的周期四轨道 (实线) 和不稳定周期二轨道 (虚线)，如图 (a) 中
的放大图所示[79]

对渐近行为的一种粗略分类可归结为：运动被限制在有限空间周期内的锁定状态 (locked state)，及在空间中不受限制的运行状态 (running state)。对于确定性输运的特点其运动状态至关重要。除了周期性的运动外，还存在着各种形式的运行状态，其中也包括混沌运动。通过增加热涨落，一个典型的被激活的扩散动力学能够导致共存吸引域之间的随机跃迁，这与平衡态系统中的势阱起类似的作用。例如，确定性系统的稳定锁定状态被噪声破坏，其相邻锁定态之间的跃迁将会导致扩散甚至是定向输运。

描述定向输运最重要的参量是渐近的平均速度，它被定义为速度随时间和热涨落的平均值。与方程 (3.7.3) 对应的福克尔–普朗克方程不能解析求解，因此，需要对朗之万方程进行大量的数值计算。确定性平均速度的计算细节可参考前面几节的讨论或可参考文献 [5] 中的方法。下面首先讨论与方程 (3.7.3) 对应的确定性朗之万方程所获得的结果。

通常情况下，系统稳定运行状态时的速度主要与外力 f 的方向一致。但也有稳定的运行状态，其平均运动方向与恒定驱动力的方向相反，因此表现出了确定性的 ANM，如图 3.19 (b) 所示。在这些确定性的情况下，布朗粒子上坡时运动所消耗的能量来自于振荡的驱动力 [79]。

3.7.2 噪声诱导的绝对负迁移率行为

最吸引人的是，在特定的参数范围内，ANM 完全由热噪声诱导。如图 3.20 所示，对于在零附近大部分范围内的外力条件下，确定性的平均速度消失 ($D_0 = 0, \langle\langle v \rangle\rangle = 0$)。然而，当极小的噪声存在时，较小的外力便能产生负迁移率 (negative mobility)。由绝对迁移率 ($\langle\langle v \rangle\rangle / f$) 的定义，可得图 3.20 中噪声存在时 $|f| < 0.17$ 的范围内迁移率为负值。因此，显著的 ANM 现象发生在小绝对值的偏置 f 处，即偏置力在 $f \in (-f_{\text{stall}}, f_{\text{stall}})$ 范围，且 $f_{\text{stall}} \approx \pm 0.17$，在此区域内布朗粒子的定向运动方向与施加的偏置 f 反向。ANM 产生的区域以平均速度为零时的失速力 $\pm f_{\text{stall}}$ 为界。随着温度的升高，失速力在有限温度下逐渐减小并消失。

虽然上述描述的 ANM 仅在热涨落的条件下产生，但其内在机制受到系统确定性动力学的强烈影响。在驱动强度 $a = 4.2$ 时，确定性棘轮只有一个稳定的周期 1 轨道，这是一个锁定状态，并对输运没有贡献。因此，当噪声强度 $D_0 = 0$ 时，棘轮的定向流为零。然而，还存在大量的不稳定周期轨道，它们在正、负两个方向上传输粒子，从而影响了远离稳定锁定轨道的点的弛豫动力学。在噪声的作用下，粒子将永久地偏离稳定轨道。在图 3.19 (c) 中，给出了随机动力学在噪声强度 $D_0 = 0.001$ 处的一个轨道演化图像。可以观察到粒子位置有规律地向负方向运动。这意味着在弱噪声条件下，系统会发生几乎有规律的运动。所有这些规则部分都以近似相同的负平均速度加以区分，因此主要导致了负迁移率。其中一个规则区域在图 3.19 (c) 的插图中被放大了。随机轨道非常类似于确定性系统的一个特殊不稳定轨道。在减小驱动振幅 a 后，该轨道可看作来自于稳定轨道叉式分岔处的不稳定分支，如图 3.19 (a) 所示。在分岔之前，如图 3.19 (b) 所示，相应稳定轨道的平均速度也为负。在许多其他不稳定的周期轨道中，这种稳定运行状态的不稳定残余显然是最有可能被噪声填充的。

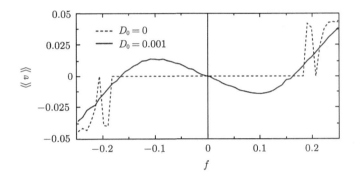

图 3.20　由方程 (3.7.3) 描述的惯性布朗粒子的平均速度 $\langle\langle v \rangle\rangle$ 随外力 f 的确定性 (虚线) 和噪声 (实线) 动力学。系统的参量取 $a = 4.2$，$\omega = 4.9$，$\gamma = 0.9$，$D_0 = 0$(虚线) 和 $D_0 = 0.001$(实线)[79]

　　图 3.21 给出了迁移率系数 $\mu(f \to 0) = (\partial\langle\langle v \rangle\rangle/\partial f)$ 随温度变化的三种情况：① 噪声诱导的 ANM $(a = 4.2)$，② 确定性区域的 ANM $(a = 5.1)$，以及③ "正常"

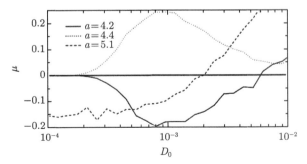

图 3.21　三个驱动强度 a 下，迁移率系数 $\mu(f \to 0)$ 随无量纲化温度强度 $D_0 \propto T$ 的变化关系曲线：振幅 $a = 4.2$(实线) 相当于噪声诱导的 ANM，振幅 $a = 5.1$ (短线) 相当于确定性的 ANM 区域，以及振幅 $a = 4.4$ (虚线) 正常的非线性响应区域。其余参量取 $\omega = 4.9$ 和 $\gamma = 0.9$[79]

或者"正"的迁移率 $\mu > 0$ 区域 ($a = 4.4$)，即对于正的外力速度为正。当外力振幅 $a = 4.2$ 时，存在一个最优的温度值，对应于最显著的 ANM。当外力振幅 $a = 5.1$ 时，持续升高的温度最终会使 ANM 湮灭。对于振幅强度 $a = 4.4$ 时，最佳温度发生在迁移率最大的温度处。同时，也存在所谓的微分负迁移率 (differential negative mobility，DNM)。特别地，方程 (3.7.1) 中噪声诱导 ANM 产生的影响并不存在例外，并在不同的区域也会出现。

3.7.3　反常输运的相关研究与进展

系统对外部扰动的非线性响应可以揭示出非平衡态过程的许多不寻常特性。对于具有复杂布朗输运[84] 和一些具有多稳态的模型[85] 都可以观察到反常输运现象 (anomalous transport phenomena)。特别地，在一维周期势中，摇摆惯性布朗棘轮可以展现出 ANM、非线性负迁移率 (nonlinear negative mobility，NNM) 和 DNM 现象[89,90]。其中，ANM 指的是一种相当令人惊讶的奇异行为，其表现形式为粒子的平均运动与任意方向的偏置始终反向。在 NNM 区域，输运方向与小偏置力方向一致，但随着偏置的进一步增大，输运方向会改变符号，并朝着相反的方向进行。ANM 与 NNM 有着显著的差异。在 ANM 区域中，当恒定的偏置趋于零时速度也趋于零。然而，在 NNM 情况下，即使偏置为非零的有限偏置，速度也可能趋于零。此外，DNM 的典型特征是速度–偏置的响应关系在远离零负载时呈现负斜率，而 ANM 通常保持为正。

近年来，ANM 在一维布朗粒子动力学中已经进行了大量的理论和实验研究[79,91−94]。在适当的噪声环境下，由纯噪声诱导的 ANM 现象可以达到最大化[79]，而瞬态混沌诱导的确定性 ANM 会随温度的升高而减弱直至消失[92]。惯性效应 (inertial effect) 和高频驱动 (high frequency driving) 是 ANM 产生的关键[92,93]。约瑟夫森结器件中的绝对负电导 (ANC) 现象构成了一般系统中实现 ANM 的实际例子[94]。此外，当过阻尼布朗粒子置于二维正方晶格势中时[95]，ANM 可以作为一个特例出现。在周期性分隔的二维通道中，输运粒子几何形状的空间不对称也会导致粒子 ANM 的产生[96]。在时间延迟反馈存在的情况下，空间对称周期系统在过阻尼区域可能表现出负位移率的某些特征[97]。在过阻尼周期系统中，耦合粒子的相互作用还可以激发负迁移率的产生[98]。基于 ANM 的机制，对于胶体颗粒的筛选和分馏已成功地在周期性结构的微流装置中实现[99]。

目前，关于经典 ANM 现象的研究工作大多与噪声效应相关[91−98]。受到振动共振的启发，即噪声在随机共振中的作用被一个时间周期信号取代，文献 [100] 提出了一个替代方案来产生 ANM。当以时间周期驱动代替表现为 ANM 的布朗运动中的噪声时，ANM 现象是否存在，这是一个有趣的研究[89,92,93]。这种策略在技术上是可行的，并且可能会有更好的应用前景[100]。根据振动共振技术，周期系统可被看作"振动马达"。同时，在这个系统中与时间相关的信号在非平衡态传输过程中扮演着与噪声类似的角色。关于布朗棘轮反常输运这一方面的研究，感兴趣的读者可以进一步阅读相关文献[89-92]。

参 考 文 献

[1] von Smoluchowski M. Experimentell nachweisbare, der üblichen thermodynamik widersprechende molekularphänomene [J]. Phys. Z., 1912, 13: 1069-1080.

[2] Gouy L. Sur le mouvement brownien [J]. Comptes Rendues Acad. Sci., 1889, 109: 102.

[3] Feynman R P, Leighton R B, Sands M. The Feynman Lectures on Physics [M]. Reading: Addison-Wesley, 1963.

[4] Tu Z C. Efficiency at maximum power of Feynman's ratchet as a heat engine [J]. J. Phys. A: Math. Theor., 2008, 41(31): 312003.

[5] Machura L. Performance of Brownian motors [D]. Ph.D. Thesis. Augsburg: University of Augsburg, 2006.

[6] Parroñdo J M R, Español P. Criticism of Feynman's analysis of the ratchet as an engine [J]. Am. J. Phys., 1996, 64(9): 1125-1130.

[7] Łuczka J. Application of statistical mechanics to stochastic transport [J]. Physica A, 1999, 274(1-2): 200-215.

[8] 赵同军, 李微, 韩英荣, 等. 分子马达动力学 [J]. 原子核物理评论, 2004, 21(2): 177-179.

[9] 卓益忠, 赵同军, 展永. 分子马达与布朗马达 [J]. 物理, 2000, 29(12): 712-718.

[10] 舒咬根. 生物分子马达的定向输运机制及其 ATP 水解动力学 [D]. 厦门: 厦门大学, 2004.

[11] 包景东. 经典和量子耗散系统的随机模拟方法 [M]. 北京: 科学出版社, 2009.

[12] Astumian R D, Bier M. Fluctuation driven ratchets: Molecular motors [J]. Phys. Rev. Lett., 1994, 72(11): 1766-1769.

[13] Łuczka J, Czernik T, Hänggi P. Symmetric white noise can induce directed current in ratchets [J]. Phys. Rev. E., 1997, 56(4): 3968-3975.

[14] Doering C R, Horsthemke W, Riordan J. Nonequilibrium fluctuation-induced transport [J]. Phys. Rev. Lett., 1994, 72(19): 2984-2987.

[15] Li Y X. Transport generated by fluctuating temperature [J]. Physica A, 1997, 238(1-4): 245-251.

[16] Lançon P, Batrouni G, Lobry L, et al. Drift without flux: Brownian walker with a space-dependent diffusion coefficient [J]. Europhys. Lett, 2001, 54(1): 28-34.

[17] Parrondo J M R, Harmer G P, Abbott D. New paradoxical games based on Brownian ratchets [J]. Phys. Rev. Lett., 2000, 85(24): 5226-5229.

[18] Yasuda R, Noji H, Kinosita K, et al. F_1-ATPase is a highly efficient molecular motor that rotates with discrete 120° steps [J]. Cell, 1998, 93(7): 1117-1124.

[19] Asbury C L, Fehr A N, Block S M. Kinesin moves by an asymmetric hand-over-hand mechanism [J]. Science, 2003, 302(5653): 2130-2134.

[20] Fogedby H C, Metzler R, Svane A. Exact solution of a linear molecular motor model driven by two-step fluctuations and subject to protein friction [J]. Phys. Rev. E., 2004, 70(2): 021905.

[21] Lipowsky R, Klumpp S, Nieuwenhuizen T M. Random walks of cytoskeletal motors in open and closed compartments [J]. Phys. Rev. Lett., 2001, 87(10): 108101.

[22] Visscher K, Schnitzer M J, Block S M. Single kinesin molecules studied with a molecular force clamp [J]. Nature, 1999, 400(6740): 184-189.

[23] Karplus M. Molecular dynamics of biological macromolecules: A brief history and perspective [J]. Biopolymers, 2003, 68(3): 350-358.

[24] Borromeo M, Marchesoni F. Backward-to-forward jump rates on a tilted periodic substrate [J]. Phys. Rev. Lett., 2000, 84(2): 203-207.

[25] Borromeo M, Costantini G, Marchesoni F. Critical hysteresis in a tilted washboard potential [J]. Phys. Rev. Lett., 1999, 82(14): 2820-2823.

[26] Cattuto C, Marchesoni F. Unlocking of an elastic string from a periodic substrate [J]. Phys. Rev. Lett., 1997, 79(25): 5070-5073.

[27] Ben-Jacob E, Bergman D J, Schuss Z. Thermal fluctuations and lifetime of the nonequilibrium steady state in a hysteretic Josephson junction [J]. Phys. Rev. B., 1982, 25(1): 519-522.

[28] Magnasco M O. Forced thermal ratchets [J]. Phys. Rev. Lett., 1993, 71(10): 1477-1481.

[29] Ralph D C, Buhrman R A. Observations of Kondo scattering without magnetic impurities: A point contact study of two-level tunneling systems in metals [J]. Phys. Rev. Lett., 1992, 69(14): 2118-2121.

[30] Reimann P, Elston T C. Kramers rate for thermal plus dichotomous noise applied to ratchets [J]. Phys. Rev. Lett., 1996, 77(27): 5328-5331.

[31] Kula J, Czernik T, Łuczka J. Brownian ratchets: Transport controlled by thermal noise [J]. Phys. Rev. Lett., 1998, 80(7): 1377-1380.

[32] Machura L, Kostur M, Łuczka J. Transport characteristics of molecular motors [J]. Biosystems, 2008, 94(3): 253-257.

[33] Czernik T, Kula J, Łuczka J, et al. Thermal ratchets driven by Poissonian white shot noise [J]. Phys. Rev. E, 1997, 55(4): 4057-4066.

[34] Kecs W, Teodorescu P P. Applications of the Theory of Distributions in Mechanics [M]. Tunbridge Wells: Abacus, 1974.

[35] Bartussek R, Hänggi P, Kissner J G. Periodically rocked thermal ratchets [J]. Europhys. Lett., 1994, 28(7): 459-464.

[36] Bartussek R, Reimann P, Hänggi P. Precise numerics versus theory for correlation ratchets [J]. Phys. Rev. Lett., 1996, 76(7): 1166-1169.

[37] Risken H. The Fokker-Planck Equation [M]. 2nd ed. Berlin: Springer-Verlag, 1996.

[38] Doering C R, Gadoua J C. Resonant activation over a fluctuating barrier [J]. Phys. Rev. Lett., 1992, 69(16): 2318-2321.

[39] Hagan P S, Doering C R, Levermore C D. The distribution of exit times for weakly colored noise [J]. J. Stat. Phys., 1989, 54(5-6): 1321-1352.

[40] Landauer R. Motion out of noisy states [J]. J. Stat. Phys., 1988, 53(1-2): 233-248.

[41] Landauer R. Inadequacy of entropy and entropy derivatives in characterizing the steady state [J]. Phys. Rev. A, 1975, 12(2): 636-638.

[42] Millonas M M. Self-consistent microscopic theory of fluctuation-induced transport [J]. Phys. Rev. Lett., 1995, 74(1): 10-13.

[43] Matsuo M, Sasa S I. Stochastic energetics of non-uniform temperature systems [J]. Physica A, 2000, 276(1-2): 188-200.

[44] Derényi I, Astumian R D. Efficiency of Brownian heat engines [J]. Phys. Rev. E, 1999, 59(6): R6219-R6222.

[45] Hondou T, Sekimoto K. Unattainability of Carnot efficiency in the Brownian heat engine [J]. Phys. Rev. E, 2000, 62(5): 6021-6025.

[46] Asfaw M, Bekele M. Current, maximum power and optimized efficiency of a Brownian heat engine [J]. Eur. Phys. J. B, 2004, 38(3): 457-461.

[47] 艾保全. 生物系统中噪声效应的研究 [D]. 广州: 中山大学, 2004.

[48] Schnitzer M J, Visscher K, Block S M. Force production by single kinesin motors [J]. Nat. Cell Biol., 2000, 2(10): 718-723.

[49] Nishiyama M, Higuchi H, Yanagida T. Chemomechanical coupling of the forward and backward steps of single kinesin molecules [J]. Nat. Cell Biol., 2002, 4(10): 790-797.

[50] Carter N J, Cross R A. Mechanics of the kinesin step [J]. Nature, 2005, 435(7040): 308-312.

[51] Bier M, Cao F J. How occasional backstepping can speed up a processive motor protein [J]. Biosystems, 2011, 103(3): 355-359.

[52] Bier M. Processive motor protein as an overdamped Brownian stepper [J]. Phys. Rev. Lett., 2003, 91(14): 148104.

[53] Cross R A. The kinetic mechanism of kinesin [J]. Trends Biochem Sci., 2004, 29(6): 301-309.

[54] Spiechowicz J, Łuczka J, Hänggi P. Transient anomalous diffusion in periodic systems: Ergodicity, symmetry breaking and velocity relaxation [J]. Sci. Rep., 2016, 6: 30948.

[55] Costache M V, Valenzuela S O. Experimental spin ratchet [J]. Science, 2010, 330(6011): 1645-1648.

[56] Hänggi P, Marchesoni F. 100 years of Brownian motion [J]. Chaos, 2005, 15(2): 026101.

[57] Khoury M, Lacasta A M, Sancho J M, et al. Weak disorder: anomalous transport and diffusion are normal yet again [J]. Phys. Rev. Lett., 2011, 106(9): 090602.

[58] Zaburdaev V, Denisov S, Klafter J. Lévy walks [J]. Rev. Mod. Phys., 2015, 87(2): 483-530.

[59] Mateos J L. Walking on ratchets with two Brownian motors [J]. Fluct. Noise Lett., 2004, 4(1): L161-L170.

[60] Reimann P, Van den Broeck C, Linke H, et al. Giant acceleration of free diffusion by use of tilted periodic potentials [J]. Phys. Rev. Lett., 2001, 87(1): 010602.

[61] Lindner B, Kostur M, Schimansky-Geier L. Optimal diffusive transport in a tilted periodic potential [J]. Fluct. Noise Lett., 2001, 1(1): R25-R39.

[62] Spiechowicz J, Kostur M, Łuczka J. Brownian ratchets: How stronger thermal noise can reduce diffusion [J]. Chaos, 2017, 27(2): 023111.

[63] Wang H Y, Bao J D. Transport coherence in coupled Brownian ratchet [J]. Physica A, 2007, 374(1): 33-40.

[64] Spiechowicz J, Talkner P, Hänggi P, et al. Non-monotonic temperature dependence of chaos-assisted diffusion in driven periodic systems [J]. New J. Phys., 2016, 18(12): 123029.

[65] 包景东. 反常统计动力学导论 [M]. 北京: 科学出版社, 2012.

[66] Lindner B, Schimansky-Geier L. Noise-induced transport with low randomness [J]. Phys. Rev. Lett., 2002, 89(23): 230602.

[67] Freund J A, Schimansky-Geier L. Diffusion in discrete ratchets [J]. Phys. Rev. E, 1999, 60(2): 1304-1309.

[68] Romanczuk P, Müller F, Schimansky-Geier L. Quasideterministic transport of Brownian particles in an oscillating periodic potential [J]. Phys. Rev. E, 2010, 81(6): 061120.

[69] Jung P. Periodically driven stochastic systems [J]. Phys. Rep., 1993, 234(4-5): 175-295.

[70] Gammaitoni L, Hänggi P, Jung P, et al. Stochastic resonance [J]. Rev. Mod. Phys., 1998, 70(1): 223-287.

[71] Benzi R, Sutera A, Vulpiani A. The mechanism of stochastic resonance [J]. J. Phys. A: Math. Gen, 1981, 14(11): L453-L457.

[72] Gammaitoni L, Marchesoni F, Santucci S. Stochastic resonance as a bona fide resonance [J]. Phys. Rev. Lett., 1995, 74(7): 1052-1055.

[73] Sekimoto K. Kinetic characterization of heat bath and the energetics of thermal ratchet models [J]. J. Phys. Soc. Jpn., 1997, 66(5): 1234-1237.

[74] 郑志刚. 耦合非线性系统的时空动力学与合作行为 [M]. 北京: 高等教育出版社, 2004.

[75] Iwai T. Study of stochastic resonance by method of stochastic energetics [J]. Physica A, 2001, 300(3-4): 350-358.

[76] Jung P, Hänggi P. Amplification of small signals via stochastic resonance [J]. Phys. Rev. A, 1991, 44(12): 8032-8042.

[77] Fauve S, Heslot F. Stochastic resonance in a bistable system [J]. Phys. Lett. A, 1983, 97(1-2): 5-7.

[78] Iwai T. Numerical analysis of stochastic resonance by method of stochastic energetics [J]. J. Phys. Soc. Jpn., 2001, 70(2): 353-358.

[79] Machura L, Kostur M, Talkner P, et al. Absolute negative mobility induced by thermal equilibrium fluctuations [J]. Phys. Rev. Lett., 2007, 98(4): 040601.

[80] Höpfel R A, Shah J, Wolff P A, et al. Negative absolute mobility of minority electrons in GaAs quantum wells [J]. Phys. Rev. Lett., 1986, 56(25): 2736-2739.

[81] Cannon E H, Kusmartsev F V, Alekseev K N, et al. Absolute negative conductivity and spontaneous current generation in semiconductor superlattices with hot electrons [J]. Phys. Rev. Lett., 2000, 85(6): 1302-1305.

[82] Goychuk I A, Petrov E G, May V. Noise-induced current reversal in a stochastically driven dissipative tight-binding model [J]. Phys. Lett. A, 1998, 238(1): 59-65.

[83] Reimann P, Kawai R, Van den Broeck C, et al. Coupled Brownian motors: Anomalous hysteresis and zero-bias negative conductance [J]. Europhys. Lett., 1999, 45(5): 545-551.

[84] Eichhorn R, Reimann P, Hänggi P. Brownian motion exhibiting absolute negative mobility [J]. Phys. Rev. Lett., 2002, 88(19): 190601.

[85] Haljas A, Mankin R, Sauga A, et al. Anomalous mobility of Brownian particles in a tilted symmetric sawtooth potential [J]. Phys. Rev. E, 2004, 70(4): 041107.

[86] Fulde P, Pietronero L, Schneider W R, et al. Problem of Brownian motion in a periodic potential [J]. Phys. Rev. Lett., 1975, 35(26): 1776-1779.

[87] Hänggi P, Talkner P, Borkovec M. Reaction-rate theory: Fifty years after Kramers [J]. Rev. Mod. Phys., 1990, 62(2): 251-341.

[88] Mateos J L. Chaotic transport and current reversal in deterministic ratchets [J]. Phys. Rev. Lett., 2000, 84(2): 258-261.

[89] Du L C, Mei D C. Absolute negative mobility in a vibrational motor [J]. Phys. Rev. E, 2012, 85(1): 011148.

[90] 杜鲁春. 时滞双稳系统的功率增益过程及惯性马达中反常输运行为的研究 [D]. 昆明: 云南大学, 2012.

[91] 曾春华, 易鸣, 梅冬成. 随机延迟动力学及其应用 [M]. 北京: 科学出版社, 2020.

[92] Speer D, Eichhorn R, Reimann P. Transient chaos induces anomalous transport properties of an underdamped Brownian particle [J]. Phys. Rev. E, 2007, 76(5): 051110.

[93] Kostur M, Łuczka J, Hänggi P. Negative mobility induced by colored thermal fluctuations [J]. Phys. Rev. E, 2009, 80(5): 051121.

[94] Nagel J, Speer D, Gaber T, et al. Observation of negative absolute resistance in a Josephson junction [J]. Phys. Rev. Lett., 2008, 100(21): 217001.

[95] Speer D, Eichhorn R, Reimann P. Directing Brownian motion on a periodic surface [J]. Phys. Rev. Lett., 2009, 102(12): 124101.

[96] Hänggi P, Marchesoni F, Savel'ev S, et al. Asymmetry in shape causing absolute negative mobility [J]. Phys. Rev. E, 2010, 82(4): 041121.

[97] Hennig D. Current control in a tilted washboard potential via time-delayed feedback [J]. Phys. Rev. E, 2009, 79(4): 041114.

[98] Januszewski M, Łuczka J. Indirect control of transport and interaction-induced negative mobility in an overdamped system of two coupled particles [J]. Phys. Rev. E, 2011, 83(5): 051117.

[99] Regtmeier J, Eichhorn R, Duong T T, et al. Pulsed-field separation of particles in a microfluidic device [J]. Eur. Phys. J. E, 2007, 22(4): 335-340.

[100] Chizhevsky V N, Smeu E, Giacomelli G. Experimental evidence of "vibrational resonance" in an optical system [J]. Phys. Rev. Lett., 2003, 91(22): 220602.

第 4 章　布朗棘轮的输运效率理论

布朗棘轮是一种空间非对称的周期结构，在这种结构中布朗粒子的输运是由一些非平衡态因素引起的 [1]，如势的外部调制或与势变化耦合的非平衡化学反应，或在不同温度下与热浴的接触等。在众多布朗棘轮的研究中，讨论得最广泛的物理量是第 3 章介绍过的布朗粒子的输运速度。然而，还有一个重要性能参量值得人们进一步讨论和研究，即当被输运的粒子做功时 (例如在外力作用下前进) 表征棘轮系统性能的能量转换效率。值得注意的是，最大效率时系统的匹配参数与最大速度时的系统参数具有显著差异 [2]。文献 [3~5] 主要研究了不同外部和化学驱动下棘轮系统的效率问题。本章将深入讨论热驱动布朗棘轮 (thermally driven Brownian ratchet) 或者布朗热机的效率问题。

4.1　布朗热机效率概述

在过去的几十年里，布朗马达的研究受到了广泛的关注，不仅因为它可以帮助人们在微观尺度上利用能量来构建微小热机 [6]，而且还因为它可以帮助人们更好地理解非平衡态统计物理 [7,8]。通过提取热背景温度中的能量涨落，布朗马达 (热机) 可作为微纳尺度层面上的传输媒介 (传输子)。对于更具体的实际应用及量子或经典布朗马达的特性和工作原理，可以参考 Hanggi 等的工作 [9]。

4.1.1　经典热机效率概述

在经典热力学中，热机 (heat engine) 通过从温度为 T_1 的高温热源吸收热量 Q_1 并向温度为 T_2 的低温热源释放热量 Q_2，同时对外做功 W，其效率为 [10–13]

$$\eta = |W|/|Q_1| \leqslant \eta_{\mathrm{C}} = 1 - T_2/T_1 \tag{4.1.1}$$

通过热力学第一和第二定律的分析可知，热机效率会受限于卡诺效率 η_{C}。η_{C} 为热机效率指明了普适的边界条件。热机想要达到上限其代价就是零输出功率，同时为了实现这一目标，热机还需准静态，即热机要无限缓慢地运行。

一个更为实际的效率是最大输出功率时的效率 (efficiency at maximum output power，EMP)η^*。同时只有当指定了可用于最大化的参数空间时，η^* 才会具有相应的意义。对于宏观热力学来说，EMP 问题的引入来自于 Curzon 和 Ahlborn[14]，他们的结果在早期已被描述过, 其详细讨论可见参考文献 [15]。关于有限时间热力学框架下宏观热机的后续工作, 还可以参考文献 [16~18]。

Curzon 和 Ahlborn 假定热源间进行的是普通的热传导过程, 这意味着热机没有进一步的内部损耗。通过利用热源和热机间热交换引起的温差可对功率进行优化, 并能得到相应 EMP 的表达式 [10]

$$\eta_{CA} = 1 - (T_2/T_1)^{1/2} \approx \eta_C/2 + \eta_C^2/8 + O(\eta_C^3) \tag{4.1.2}$$

这一结果表明, CA 效率 η_{CA} 与热源和热机间的热传导是没有关联的。

CA 效率结果是否比原来的 “内可逆” 假设更具普适性, 或者甚至是 EMP 的边界, 这是一个微妙的 (如果不是定义不明确的) 问题 [10]。因为最大输出功率主要取决于可允许的参数空间。除了最初的假设外, 还有一些条件诸如多个热机的串联 [19,20] 和弱对称耗散 [21], 在这些情况下 CA 效率可看作相当合理的选择。

一个相关问题是等式 (4.1.2) 中关于 EMP 普适性的范围。对于紧耦合机器 (tightly coupled machine), 这一概念主要由输出功率为其定义且该功率正比于从高温热源流出的热流, 主要项 $\eta_C/2$ 来自于固定输入和变化输出条件下的简单线性不可逆过程热力学 [22]。这一结果对于宏观和微小热机都适用。

热机效率和 EMP 问题确实是相关的并可把这些问题应用到微小热机或其他宏观机器上。特别地, 对于微观热机来说, 一个新的方面是要关注涨落的作用, 而不是涨落效率的定义上。因为有时热机从热浴中获得的热量可能是零甚至是负值, 因此涨落可能导致不明确的结果。如果保留定义 (4.1.1) 的形式, 那么计算中的 W 和 Q 应是通过对涨落求平均后得到的结果。

4.1.2 布朗热机的发展概况

布朗热机的功能是将热能转换成机械功。只要系统处于非平衡状态, 布朗热机 (马达) 就能将热涨落整流成定向运动, 进而可以做有用功。通常情况下, 布朗热机具有三种基本结构, 它们的区别在于热源温度为 T_A 和 T_B 时, 布朗粒子与两个热源之间的接触方式有所不同 [2]。

第一种结构, 主要以费曼的 “棘轮和棘爪” 热机为代表, 粒子司时与两个热源接触。费曼估计了该棘轮的效率接近于卡诺循环效率。然而, Parrondo 和 Español 以及 Sekimoto 的详细分析表明, Feynman 的估计存在不一致性: 热机永远不可能以可逆的方式工作, 因此永远不可能接近于卡诺效率 [23]。这是由于同时与两个不同温度下的热浴接触的粒子不可能处于热平衡状态。温度较高的热源会不断增加粒子的能量 (动能和势能), 而温度较低的热源则会不断减少粒子的能量。换言之, 来自任一热浴的 “热碰撞” 能量最终会在两个热浴中消散掉。从高温热源到低温热源的连续不可逆热流与粒子质量的倒数 $(1/m)$ 成正比 [23]，并在过阻尼极限下 $(m \to 0)$ 趋于无穷。

在第二种装置中，温度在空间上是均匀的，但在时间上分别以 T_A 和 T_B 交替出现，即粒子分别与两个热浴交替接触 [24,25]。文献 [25] 通过具有热激发跃迁的离散三态模型 (实际研究表明，两态模型就足够了 [26]) 研究了这种热机的效率。研究中分析的重点是粒子的势能，并揭示出从热浴到冷浴间有一个不可逆的热流，这阻碍了效率接近于卡诺循环的效率。事实上，与温度较高的热源接触会提高粒子的平均势能，而与温度较低的热源接触会降低粒子的平均势能，过程中还将多余的能量耗散到温度较低的热源。当热机准静态 (接近零速度) 工作时，这种热流的不可逆特性最为明显，因此，热机的有用功也接近于零。此外，动能部分 (参考文献 [25] 的离散模型未考虑) 还会导致每个循环产生 $k_B \Delta T/2$ 的不可逆热流。因此，这种类型的热机本质上也是不可逆的。与第一种装置类似，粒子的运动将会导致两个热源之间存在不可逆的热流。

第三种热机结构称为 Büttiker-Landauer 模型 [27,28]，其中温度沿棘轮势的分布在时间上是恒定的，但在空间上是不均匀的，即粒子处在不同位置会与不同的热库接触。文献 [2] 证明了在这样的系统中，当热机准静态工作时通过粒子势能的传热是可逆的，在某些情况下，通过动能传递的不可逆热流可以小到足以使布朗热机效率接近于卡诺循环效率。

通过考虑各种不同的棘轮系统，布朗热机的热力学特性已得到广泛探索。布朗热机是空间变温工作的模型系统之一，这在 Büttiker[27]、van Kampen[29] 和 Landauer[28] 的开创性工作中都有研究。继 Büttiker 的工作之后，棘轮模型 (ratchet model) 成为很多研究者的研究课题 [30]。

另外，在布朗热机的建模中如何使制冷机的速度、效率和性能系数 (coefficient of performance) 达到最大化也是一个至关重要的问题。例如，在构建人造布朗马达时，人们需要设计一种运行快速并能有效完成其任务的热机。布朗热机是自动运转的 [7]。这种热机的性能 (它能多快、多有效地完成任务) 取决于在它运转之前系统各组成部件是如何设计的。理论工作者的目的是提出一种可能的方法来提高热机的性能。在早期，人们研究了布朗粒子在锯齿形外势上的平均首通时间 (MFPT)，其中文献 [31] 的工作中使用了超对称势近似的方法与 Goldhirsch 和 Gefen[32] 提出的网络上的随机行走方法。下面几节将具体讨论布朗热机 (马达) 的效率问题。

4.2 生物分子马达的近平衡态效率

评估生物分子马达性能的标准有很多，其中一些性能参量 (如效率、速度、功率和失速力) 对于宏观机器的分析是人们很熟悉的，而另一些 (例如持续性

和特异性) 则是分子马达基本随机行为所特有的。同时，人们还对能够产生高
性能的生物分子马达非常感兴趣。这是因为对于马达性能的研究可能会对生命
系统的功能产生洞察力，在这种情况下，更好性能的假定选择性优势可能会合
理地导致高性能分子马达的发展。对生物分子马达性能的研究不但能够为新奇
的生物分子机器提供理论指导，还能够推动相关理论框架的发展，以便理解分
子机器性能如何接近物理极限等实际问题。尽管特定机器的特定功能任务和生
理环境可能意味着有待改进特定的研究方法，但是本节主要讨论的是生物分子
马达效率的普适性研究方法，这些方法原则上对各种分子机器具有普遍的重要
意义。

4.2.1 分子马达效率的研究现状

分子马达虽然没有一个统一的效率定义 (η)，但它通常被定义为输入自由能
转换为输出自由能的分数，下面首先讨论这个自由能效率。

对于一个分别与温度为 T_h 的热库和温度为 T_c(即 $T_h > T_c$) 的冷库接触的热机
而言，其效率受卡诺极限的限制，效率 $1-T_c/T_h$ 仅在热机运行得无限缓慢时才能
实现 [33]。而分子马达通常是等温运行的，并且马达的运动通常由化学势驱动，因
此马达的效率不受卡诺极限的限制。化学燃料消耗和运动间紧耦合的分子马达在
等温情况下具有很高的甚至是接近于 1 的效率 [34]。然而，接近失速时这些紧耦
合马达有较低的流和功率，多循环或松耦合机器 (loosely coupled machine) 的效
率则会低于紧耦合机器 [34]。对于具有多个中间状态的机器，当驱动力接近恒定时
机器的效率最高 [35,36]。

由于在极低的定向流下获得的近失速力时的高效率并不能反映典型分子马达
的运行情况，因此通常考虑的是最大输出功率时的效率 [37]。可实现的效率取决于
驱动方式，低驱动 (每循环中的低损耗) 不同于大驱动。对于足够低的驱动 (即耗
散 $\ll k_B T$)，马达运行在线性响应区域，对于紧耦合马达而言，在最大输出功率
下效率能够达到 1/2 [37,38]。对于更大的驱动，在线性响应范围之外，效率可以超
过 1/2 [34]。对于松耦合马达而言，在初始状态附近的过渡状态处最大功率时的效
率也能够达到最大 [37]。

4.2.2 分子马达效率的一般计算方法

如第 1 章介绍，绝大多数分子马达是在等温环境下工作的，这意味着可以在
恒定温度 T 下对处于局域平衡的系统进行内部状态的定义。马达的运动主要是由
各种不同类型的力 (称为 "广义力"(generalized force)) 引起。例如，对于马达与
肌丝 (轨道) 系统来说，广义力可确定为施加在马达上的机械力 f_{ext} 与化学势差，
而化学势差 $\Delta\mu$ 测量的是每个消耗 "燃料" 分子的自由能变化。这里 f_{ext} 描述的

是机械外力, 如光镊、微针或者是输运物体的黏性负载。如果周围的溶液被认为是 "外部的", f_{ext} 还需要包括马达和溶液之间的黏性摩擦力。

对于马达蛋白而言, 化学势差 $\Delta\mu$ 是指三磷酸腺苷 (ATP) 水解成二磷酸腺苷 (ADP) 和磷酸盐 (P_i) 的过程, $\text{ATP} \rightleftharpoons \text{ADP} + P_i$, 满足关系 $\Delta\mu = \mu_{\text{ATP}} - \mu_{\text{ADP}} - \mu_{P_i}$[39]。在化学平衡时, $\Delta\mu = 0$, 当 ATP 过量时, $\Delta\mu$ 为正, 而当 ADP 过量时, $\Delta\mu$ 为负。广义力的作用可导致马达的运动和能量的消耗, 其特征是广义的 "流"——分子马达的平均速度 v 和燃料的平均消耗率 r(即每个马达每单位时间内水解 ATP 分子的平均数量)。

分子马达通常工作在远离平衡态区域 ($\Delta\mu \approx 10k_{\text{B}}T$), 速度 $v(f_{\text{ext}}, \Delta\mu)$ 和燃料的平均消耗率 $r(f_{\text{ext}}, \Delta\mu)$ 作为力的函数依赖关系通常是非线性的, 因而这些非线性效应是很重要的。另外, 作为第一步, 探讨线性区域 ($\Delta\mu \ll 10k_{\text{B}}T$) 是有意义的。在这种情况下线性响应理论成立[40], 由此可以把速度和燃料消耗率写成[39]

$$v(f_{\text{ext}}, \Delta\mu) = \lambda_{11}f_{\text{ext}} + \lambda_{12}\Delta\mu$$
$$r(f_{\text{ext}}, \Delta\mu) = \lambda_{21}f_{\text{ext}} + \lambda_{22}\Delta\mu \tag{4.2.1}$$

这里我们引入了迁移率系数 λ_{11} 与机械–化学耦合系数 λ_{12} 和 λ_{21}。只有当肌丝轨道有极性的时候, λ_{12} 和 λ_{21} 才是非零的。λ_{22} 是广义迁移率, 它与 ATP 消耗和化学势差有关。一般来说, 在这个线性区域, 昂萨格 (Onsager) 关系成立: $\lambda_{12} = \lambda_{21}$[40]。另外, 系统的稳定性要求 $\lambda_{ii} > 0$ 和 $\lambda_{11}\lambda_{22} - \lambda_{12}\lambda_{21} > 0$。这保证了耗散率 Π 的正定性, 即

$$\Pi = f_{\text{ext}}v + r\Delta\mu > 0 \tag{4.2.2}$$

当 $f_{\text{ext}}v < 0$ 时, 马达做功; 当 $r\Delta\mu < 0$ 时, 系统能够产生化学能。

一个给定的马达肌丝系统可以在八种不同状态下工作, 如图 4.1 所示。其中, 四个状态基本上是被动的, 而其他四个则更有趣。根据等式 (4.2.2), 如果 $f_{\text{ext}}v$ 和 $r\Delta\mu$ 都为正, 则系统没有输出能量。相反, 在系统中进行的所有工作都在热浴中耗散, 这就是上述介绍的纯被动系统。如果 $f_{\text{ext}}v$ 和 $r\Delta\mu$ 都为负, 意味着系统同时进行机械和化学工作, 并从单一热浴中获取能量。这种情况是热力学第二定律所禁止的, 因为热力学第二定律要求 $\Pi > 0$。如图 4.1 所示, 根据上述讨论, 马达使用 ATP 和 ADP 的方式有如下几种情况:

(A 区) $r\Delta\mu > 0$, $f_{\text{ext}}v < 0$: 马达利用过量的 ATP 水解来产生功;

(B 区) $r\Delta\mu < 0$, $f_{\text{ext}}v > 0$: 系统产生的 ATP 已经超过了机械能输入;

(C 区) $r\Delta\mu > 0$, $f_{\text{ext}}v < 0$: 马达过量地使用 ADP 来产生功;

(D 区) $r\Delta\mu < 0$, $f_{\text{ext}}v > 0$: 系统产生的 ADP 已经超过了机械能输入。

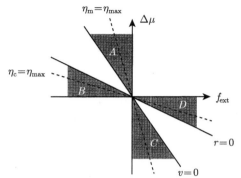

图 4.1　等温化学马达在线性区域的工作原理图, 它是外力 f_{ext} 和化学力 $\Delta\mu$ 的函数。在 A 区和 C 区, 马达将化学能转化为功, 而在 B 区和 D 区, 马达通过机械能输入而产生化学能。图中虚线已标示出最大机械效率 η_{m} 和化学效率 η_{c} 的界限 [39]

　　线性响应理论 (linear-response theory) 指出, $\Delta\mu$ 符号的改变会导致马达速度的反转。对于目前已知的分子马达来说, 这种现象可能是遥不可及的, 因为分子马达一般都工作在非线性区域内, 即远离热平衡态。然而, 这种速度的反向在概念上是有趣的, 因为它允许方向反转而无需改变任何微观机制 [39]。

　　效率 (efficiency) 是衡量马达性能的重要参量, 在 A 和 C 区域下可以定义一个马达的效率为

$$\eta_{\text{m}} = -\frac{f_{\text{ext}}v}{r\Delta\mu} \tag{4.2.3}$$

这就是说, 马达的机械效率等于马达所做的机械功与其所消耗的化学能之比。

　　对于区域 B 和 D, 我们感兴趣的是化学效率 (chemical efficiency)

$$\eta_{\text{c}} = -\frac{r\Delta\mu}{f_{\text{ext}}v} \tag{4.2.4}$$

它是机械效率的倒数。

　　很明显, 如图 4.1 所示的效率沿相应区域的边界消失 (其中或者 v、f_{ext}、r 消失或者 $\Delta\mu$ 消失), 并且沿着在原点处合并的直线具有恒定的最大值 $\eta_{\text{max}} = \left(1 - \sqrt{1-\Lambda}\right)^2/\Lambda$, 其中 $\Lambda = \lambda_{12}^2/(\lambda_{11}\lambda_{22})$。因此, 热平衡 ($\Delta\mu = 0$, $f_{\text{ext}} = 0$) 表示一个奇异的极限。在此点, 由公式 (4.2.3) 和公式 (4.2.4) 给出的效率没有定义。在从区域 A 到 D 开始逐渐接近平衡的极限下, 能够达到有限的效率。

　　还要注意的是, 通常所说的失速力 (即对于给定的 $\Delta\mu$, 速度 $v = 0$ 时的力) 附近的效率是最大的说法是错误的。因为在失速力下效率是不存在的 ($v = 0$, $\eta = 0$)。这是与卡诺热机的一个重要区别, 卡诺热机在失速条件下以可逆工作时的效率最高。

4.3　分子马达的斯托克斯效率理论

当蛋白马达运行在由布朗运动支配的环境里时，马达能够把化学能转化为机械功。如果分子马达与一个可以由实验者控制的外界环境 (如激光陷阱) 中的保守力相耦合工作的话，那么真实的负载–速度曲线便能测量得到[41]。这种环境下，马达对外界负载所做的功率等于外界负载势能的增加率。同时，这个数值可看成是马达对外界负载输出的自由能的变化率。热力学上，能量转换效率 (energy conversion efficiency) 是自由能输出率与马达化学自由能的消耗率之比[36]。

然而在许多实验中，马达只是通过改变来自流体中的黏滞阻力来加载[42]。这就意味着如果马达仅对黏滞阻力做功的话，马达将没有自由能的输出。在这种情况下，如何定义分子马达效率来进一步衡量机械化学能量转换的有效性？此外，一个定义明确的效率，其测量值还必须以 1 为边界。本节将详细讨论没有外力负载条件时，仅是黏滞力作为负载情况下分子马达效率的一般计算方法。

4.3.1　斯托克斯效率理论

首先考虑这样一种情况：分子马达由一个或多个催化部位 (catalytic site) 上的化学反应循环驱动，同时马达还会驱动外界物体。在大多数的实验环境中，外界物体要比马达自身大得多[42]。在没有外界守恒力 (如激光阱) 的情况下，化学反应只能沿着反应体系中化学自由能减小的方向自发进行。通常情况下，可以将反应方向定义为化学循环的正方向，并且可将马达运动的相关方向定义为正方向。

由第 1 章的介绍可知，分子马达主要在由热涨落控制的随机环境中工作，因此在可重复的实验中，只能测量马达的平均量。为了深入分析马达的定向输运能力，Wang 在理论上提出可用斯托克斯效率 (Stokes efficiency) 来研究生物分子马达的定向输运性能[36]。在下文定义斯托克斯效率的过程中，我们引入如下变量符号进行描述，其中 $\langle \cdot \rangle$ 表示时间平均或系综平均：

v：马达的瞬时 (线动或者角动) 速度；

$\langle v \rangle$：马达的平均速度；

f：通过外界环境作用在马达上的守恒力 (如激光陷阱)；

$\langle r \rangle$：化学反应循环的速率。

对于分子马达来说，其瞬时速度的大小要远大于平均速度，并有 $\sqrt{v^2} \gg \langle v \rangle$。同时，对于与周围流体处于热平衡状态的物体而言，瞬时速度的方均值 $\langle v^2 \rangle$ 可由能量均分定理给出，满足 $\langle v^2 \rangle = k_{\mathrm{B}}T/I$，其中 k_{B} 表示玻尔兹曼常量，T 是热力学温度。如果考虑角速度 (或者线速度) 的话，I 是物体的惯性矩 (质量)。对于 $0.5\mu\mathrm{m}$ 大小的水珠 (比分子马达大得多的物体)，有 $\sqrt{\langle v_{\mathrm{angular}}^2 \rangle} \approx 8000\mathrm{Hz}$ 及 $\sqrt{\langle v_{\mathrm{linear}}^2 \rangle} \approx 8000\mu\mathrm{m/s}$。相比之下，在没有负载条件下的旋转马达 $\mathrm{F_1}$-ATPase 角

速度的平均值 $\approx 100\text{Hz}$，驱动蛋白线速度的平均值 $\approx 1\mu\text{m/s}^{[41]}$。这说明分子马达的 $\langle v^2 \rangle$ 远大于 $\langle v \rangle^2$。

在讨论中，定义系统由马达、溶液环境和外界因素 (如激光陷阱) 构成，其中溶液环境中包含化学反应物和生成物，外界环境可对马达作用一个守恒力。化学自由能的变化率可写为 $-A\langle r \rangle$，其中 A 是反应循环中化学自由能的消耗，且满足 $A \equiv -\Delta G_{\text{cycle}} > 0^{[43]}$。外界环境势能的变化率可写为 $-f\langle v \rangle$。热力学第二定律要求总自由能的变化率是负值，即

$$-A\langle r \rangle - f\langle v \rangle \leqslant 0 \tag{4.3.1}$$

在没有外力条件下 $f = 0$，方程 (4.3.1) 指出，化学反应只能沿着导致化学自由能减小的方向自发进行。然而，不等式 (4.3.1) 并没有表明反应进行得有多快，也没有表明马达输运得有多快。此外，马达速度还要受到流体介质黏滞阻力的限制。对于分子马达来说，流体介质的雷诺数 (Reynolds number) 较小，平均黏滞阻力正比于马达的平均速度，满足关系 $\langle f_{\text{Drag}} \rangle = \gamma \langle v \rangle$，其中 γ 是阻尼系数。利用 $\langle f_{\text{Drag}} \rangle \langle v \rangle = \gamma \langle v \rangle^2$ 作为定义斯托克斯效率的分子，则有

$$\eta_{\text{Stokes}} = \frac{\gamma \langle v \rangle^2}{A\langle r \rangle + f\langle v \rangle} \leqslant 1 \tag{4.3.2}$$

关于不等式 $\eta_{\text{Stokes}} \leqslant 1$ 的证明可详见文献 [36]。理论研究表明，分子马达的斯托克斯效率越大，其克服黏滞阻力时做定向运动的能力越强。

4.3.2　分子马达斯托克斯效率的物理意义

在等式 (4.3.2) 的形式中，分母表示马达总自由能的消耗率，分子具有如下特征：

(1) $\gamma \langle v \rangle^2$ 能够从可观测量 γ 和 $\langle v \rangle$ 计算得到。同时，$\gamma \langle v \rangle^2$ 随着平均速度的增加而增大，并在某种意义上衡量了马达的机械性能。

(2) $\gamma \langle v \rangle^2$ 具有单位时间能量的量纲，但并不是马达对流体做功的功率。马达运动时对流体所做功的功率应为 $\dot{W} \equiv \langle (\gamma v - f_{\text{Brownian}}) \cdot v \rangle$，这里 f_{Brownian} 是快速的涨落力，v 是马达的瞬时速度。需要注意，f_{Brownian} 在实验中不易观察到，也不能从观察到的量中计算出来。但令人吃惊的是，在一定条件下 $\dot{W}$ 能够超过自由能的消耗率 [36]。

斯托克斯效率可以看作马达如何有效地利用自由能去驱动黏性环境中负载的一种计算方法。这与通常所定义的热力学效率形成了对比。热力学上，效率定义为外界环境势能的增加率除以马达化学自由能的消耗率，$\eta = -\dfrac{f\langle v \rangle}{A\langle r \rangle}$。此外，热力学效率测量的是马达如何更有效地将化学自由能转换为另一种形式的势能。

4.4 布朗热机的广义效率

近年来，人们能够利用微米尺度的器件来驱动微观粒子的运动[44]，不是用净的宏观场，而是用各向异性的周期性"棘轮"势施加的微小涨落来驱动[1]。这样的小型马达所受的物理条件与宏观世界的物理条件有着本质的不同。首先，当系统的长度尺度减小时，系统的雷诺数也会相应减小。此时，体系接近过阻尼极限，并且在这个极限条件下惯性不再起作用，进而粒子的速度与作用在粒子上的力成正比。其次，存在布朗运动。粒子被周围介质分子随机地撞击，因此任何确定性的运动在热噪声的作用下都会变得无序和随机。

对于过阻尼布朗粒子的运动，可用如下的朗之万方程进行描述[45]

$$\dot{x}(t) = -U'(x,t)/\gamma - F_{\text{ext}}/\gamma + \sqrt{2D(x,t)}\xi(t) \tag{4.4.1}$$

这里，x 表示粒子的位置，$U(x,t)$ 是粒子在空间中运动的周期棘轮势，F_{ext} 是拖动粒子运动的外力，$\xi(t)$ 是高斯白噪声，其统计特性可由关联函数表示为 $\langle \xi(t)\xi(t')\rangle = \delta(t-t')$。一般来说 $U(x,t)$ 会明显地依赖于时间，或者可以在不同的势之间涨落变化。扩散系数 $D(x,t)$ 和黏滞阻尼系数 γ 可由涨落–耗散关系进行描述，其具体关系为 $D(x,t) = k_{\text{B}}T(x,t)/\gamma$，这里 k_{B} 表示玻尔兹曼常量，$T(x,t)$ 是热力学温度。

分子马达的一个最重要性能参量就是它们的效率。目前公认的是，为了测量效率 (或者更确切地说是输出能量)，一个常外力作为负载必须施加在马达上用来实现阻碍马达的运动和做"有用功"。然而，并不是所有马达都去拉动负载。其中一些马达还要实现高速运动，如细胞内部传输化学物质的马达蛋白。这些马达具有布朗运动属性，其热涨落是至关重要的。与我们宏观世界不同的是，作用在热机 (马达) 上的摩擦力经常被替换为外力，这种替代将会极大地改变微观热机的作用，因为黏滞摩擦与涨落耗散定理的热涨落是密不可分的。为了解决这一问题并能更好地计算布朗热机的效率，特别是没有附加任何负载时热机的效率，有必要推广效率的概念。

4.4.1 分子马达的广义效率

定义热机的输出能量 E_{out} (或者输出功率 P_{out}) 等于热机完成相同任务所需的最少输入能量 $E_{\text{in}}^{\min}$ (或者最小输入功率 $P_{\text{in}}^{\min}$)[45]。换句话说，这一输出能量也是完成相同任务中的最小能量。如果热机花费比最小输入能再多一点的输入能 E_{in} (或者输入功率 P_{in})，进而效率 $\eta = E_{\text{out}}/E_{\text{in}} = E_{\text{in}}^{\min}/E_{\text{in}}$ 是小于 1 的。如果任务的完成是以一种非常积极有效的方式进行，则热机效率会趋于 1。如果完成的任务仅是充电或者是提升重物这种简单的工作，则输出能量或效率又回到了传统的定义。由此，有了效率的概念后，任何系统中的任何任务都可以翻译成能量的语言，并且可以方便地进行分析与计算。

首先，分析常温 $T(x,t) = T$ 黏滞环境中分子马达的运动情况。总的来说，一定距离内马达运动得越快，需要的能量也越多。但对于外力 $F_{\text{ext}} = 0$ 的情况，所有的能量最终都会以摩擦的形式对介质环境加热而耗散掉，并且这一过程是不可逆的。然而，关于这些能量没有被用来做有用功的说法并不正确。例如，在设计马达蛋白的时候可以朝着马达的快速传输与能量消耗之间的平衡方向进行努力。因此对于分子马达来说，其任务不仅是移动一段距离 L，而且任务的完成也是在给定的小时间 τ 内以平均速度 $v = L/\tau$ 进行的。由于当马达以速度 $\dot{x}(t) = v$ 匀速运动时，通过摩擦方式的耗散 $(\int_0^L \gamma \dot{x} \mathrm{d}x = \gamma \int_0^\tau \dot{x}^2 \mathrm{d}t)$ 最小。因此马达的输出功率，即单位时间内马达以平均速度 v 拉动反向负载外力 F_{ext} 时所需的最小功率为

$$P_{\text{out}} = P_{\text{in}}^{\min} = F_{\text{ext}} v + P_{\text{dis}} = F_{\text{ext}} v + \gamma v \cdot v = F_{\text{ext}} v + \gamma v^2 \tag{4.4.2}$$

由此，分子马达的广义效率 (generalized efficiency) 定义为 [45]

$$\eta = P_{\text{out}}/P_{\text{in}} \tag{4.4.3}$$

利用式 (4.4.2) 的输出功率，可以比较和分析分子马达在各种环境下的性能 (即使外力 F_{ext} 为零 [5])。

效率的传统定义方式

$$\eta = F_{\text{ext}} v/P_{\text{in}} \tag{4.4.4}$$

对于细胞内的分子马达来说并不是十分合适的。如果以 F_{ext} 为自变量作传统效率 (conventional efficiency) 图像，会发现其形状从开始时候的 0 值线性地变化到最大值，然后又在失速力 (速度 $v = 0$ 时的外力，但 P_{in} 通常仍大于 0) 处减小到 0。相比之下，即使在小外力 F_{ext} 条件下广义效率的定义也给出了更多有意义的信息。效率在从一个非零值变化到失速力处的零值过程中可能或者并不一定会产生局域的最大值。这个最大值 (通常会比传统效率的最大值要小) 也对应于马达负载的优化值。同时，这一优化的负载可以用来决定马达是被设计去拉动较大的负载还是去完成拖动较小负载时的快速输运。

4.4.2　热驱动布朗热机的广义效率计算实例

下面以热驱动布朗热机为例来讨论广义效率的计算，其结构示意图如图 4.2 所示。图中沿周期势 x 方向运动时，随着时间的变化每一点 x 处的温度 $T(x)$ 为

常量，但在空间上温度是不均匀的。每个周期中布朗粒子要与温度为 T_c 的冷源接触，在剩下的所有区域，粒子将与温度为 T_h 的热源接触。对于等温马达来说，上面已经分析了能量的耗散通过摩擦完成且过程不可逆。然而，对于非等温马达来说，这种耗散不一定能够实现。因为任何耗散到热源的热量都会为热机 "充电" (储能)，因此这种热机是部分可逆的。

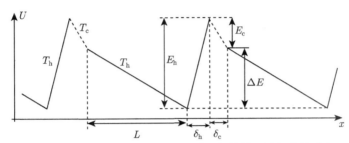

图 4.2　热驱动布朗热机 (马达) 的示意图。由于系统在势的下降部分被冷却，所以粒子的运动被整流到右边 [45]

　　图 4.3 给出了在两个热源间工作的布朗热机的结构示意图，W 是输出的有用功，而 Q 是从热源传递给冷源的热量 (实心灰色箭头表示方向)。正常情况下，热机通过向热源提供 $Q + W$ 的热量可再次实现 "充电" 过程。然而，如果利用 W 去做一些工作，其间部分 W 又耗散给热源的话，那么小于 $Q + W$ 的热量便可足够再次给热机 "充电"。在最优情况下，所有的功 W 最终都会耗散给高温热源 (灰色虚线箭头)，此时需要给热机再次充电的热量 (能量) 减小到仅为 Q。

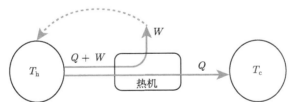

图 4.3　布朗热机示意图。热机从热源中提取一定量的能量 $Q + W$，Q 立即进入冷源，W 被转化为有用的功，最终可以耗散回高温热源 [45]

　　上述最优条件可通过如图 4.4 所示的系统实现，其中热机周期性地与温度为 T_h、长为 L 的斜坡相连。每个热机需要提起粒子的势能为 $W = \Delta E$，同时把热量 Q 传给冷源。然后，粒子又沿着斜坡滑到下一个热机处并消耗 ΔE 的能量。如果热机尺度比 L 小很多且运转速度比下坡时粒子的平均速度还要快，那么粒子会以平均速度 $v = \Delta E / L\gamma$ 进行匀速运动。更详细的讨论可参考文献 [45]。

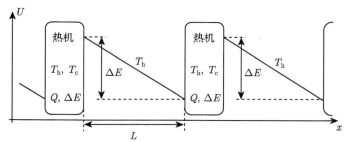

图 4.4 该系统可以看作一个周期性的热机阵列 (在将热量 Q 传递到冷源的同时，通过 ΔE 提高粒子的势能)，同时沿着该阵列，粒子将 ΔE 能量耗散回热库 [45]

为了简单起见，首先考虑没有负载的情况。同时，为了计算输出功率 (即最小的输入功率)，可以假设热机是可逆的，则其熵产生为零

$$\frac{Q + \Delta E}{T_h} = \frac{Q}{T_c} \tag{4.4.5}$$

进而

$$Q = \frac{T_c}{T_h - T_c} \Delta E \tag{4.4.6}$$

为了维持最小的输入功率, 热机不得不以最有效的方式再次充电, 也就是说可在两个可逆热源间通过放置一个热泵 (heat pump) 来给热源提供热量 Q(不是 $Q{+}\Delta E$)

$$\frac{Q}{T_h} = \frac{Q - E_{in}^{min}}{T_c} \tag{4.4.7}$$

从等式 (4.4.7) 能够得到每个周期内需要的最小能量输入为

$$E_{in}^{min} = \frac{T_h - T_c}{T_h} Q = \frac{T_c}{T_h} \Delta E \tag{4.4.8}$$

相应地, 最小输入功率为

$$P_{in}^{min} = \frac{E_{in}^{min}}{t} = \frac{v}{L} E_{in}^{min} = \frac{v}{L} \frac{T_c}{T_h} \Delta E = \frac{T_c}{T_h} \gamma v^2 \tag{4.4.9}$$

一个非常有趣和反直觉的结果是对于某一固定的输入功率, 含有因子 $\sqrt{T_h/T_c}$ 的热驱动布朗马达的速度会比任意等温马达的速度还要大。这意味着等温马达的速度要受输入功率的限制, 而热驱动马达的速度没有这样的约束, 并能随温度 T_h 的增加而任意地增大。

根据输入功率 (4.4.9) 的结果，如果马达运行在非等温环境下，并考虑耗散的能量可再次利用的可能性，我们需要修正等式 (4.4.2)。因此在负载条件下，广义输出功率可表示为

$$P_{\text{out}} = P_{\text{in}}^{\min} = F_{\text{ext}} v + \frac{T_{\text{c}}}{T_{\text{h}}} \gamma v^2 \qquad (4.4.10)$$

需要注意的是，T_{h} 和 T_{c} 表示热源的两个温度。由于 $F_{\text{ext}} v$ 项表示负载外力的功率，它并不是耗散的，因此这一项不用乘以因子 $T_{\text{c}}/T_{\text{h}}$。

4.5 布朗棘轮不同效率的计算方法

4.5.1 能量转换效率、斯托克斯效率与广义效率

在长时间作用下，布朗棘轮的运动特征可由方差 $\sigma_v^2 = \langle v^2 \rangle - \langle v \rangle^2$ 进行描述。当布朗棘轮以实际速度 $v(t)$ 运动时，其速度一定在区间范围内变化

$$v(t) \in (\langle v \rangle - \sigma_v, \langle v \rangle + \sigma_v) \qquad (4.5.1)$$

如果 $\sigma_v > \langle v \rangle$，则布朗棘轮可能会在其平均速度 $\langle v \rangle$ 相反的方向上运动一段时间，且其定向运动的效果会变得更低。

如果想要优化棘轮运动的有效性，需要引入效率 η 的测量方法，同时利用该方法还能分析速度的涨落。假设棘轮对任一给定负载外力 $\tilde{F}$ 做功，根据上节效率定义式 (4.4.4)，传统热机效率为棘轮对负载的输出功率 $P_{\text{out}} = \tilde{F} \langle v \rangle$ 与输入功率 P_{in} 之比，即

$$\eta = P_{\text{out}}/P_{\text{in}} \qquad (4.5.2)$$

如果棘轮对常外力 $\tilde{F} = F$ 负载做功，则布朗棘轮 (马达) 的能量转换效率 (energy conversion efficiency) 为 [46,47]

$$\eta_{\text{E}} = \frac{|F \langle v \rangle|}{P_{\text{in}}} \qquad (4.5.3)$$

通过 4.3 节的讨论可知，式 (4.5.3) 效率的描述方法存在一个严重的不足，即在没有负载外力 F 的情况下 $\eta_{\text{E}} = 0$。然而，在许多情况下，如细胞内的蛋白质输运过程，马达会在零偏置力区域 ($F = 0$) 的黏滞介质中进行定向运动。很显然，将摩擦系数为 γ 的粒子移动一段距离所需的输入能依赖于粒子的速度，在粒子减速运动的过程中，其输入能会趋于零。由于我们感兴趣的是马达在有限的时间内完成货物的输运任务，所以要求马达应以平均速度 $\langle v \rangle$ 来完成。这种情况下，马

达必需的能量输入是有限的。因此，通过利用平均黏滞力 $\gamma \langle v \rangle$ 替换式 (4.5.3) 中的 F，便能获得 4.3 节讨论过的斯托克斯效率 [36,46]

$$\eta_{\mathrm{S}} = \frac{\gamma \langle v \rangle \cdot \langle v \rangle}{P_{\mathrm{in}}} = \frac{\gamma \langle v \rangle^2}{P_{\mathrm{in}}} \tag{4.5.4}$$

对于式 (4.5.4) 的分子表述，曾经有不一致的看法。如果把运动的布朗粒子对流体做的功率放在分子上面，相应效率 η_{S} 的分子应为 $\gamma \langle v^2 \rangle$，这就是说在没有马达输运的情况下，即 $\langle v \rangle = 0$，将会得到 $\eta_{\mathrm{S}} \neq 0$ 的错误结果。关于这方面的讨论，可详见后续 4.5.3 节 2. 的分析。

通过结合上面两个定义，可以重新得到整流效率 (rectification efficiency) 为

$$\eta_{\mathrm{R}} = \frac{\gamma \langle v \rangle^2 + |F \langle v \rangle|}{P_{\mathrm{in}}} \tag{4.5.5}$$

该效率首先由 Suzuki 和 Munakata 提出 [48]，其等价形式在 4.4 节也给出了讨论 [45]。从式 (4.5.5) 可以看到，整流效率实际上就是 4.4 节讨论的布朗热机的广义效率，其实际上是由斯托克斯效率 η_{S} 和能量转换效率 η_{E} 的求和构成。因此，整流效率解释了两个成因，即布朗马达克服外力 F 所做的功以及在黏滞环境中以平均速度 $\langle v \rangle$ 移动一段距离所需要做的功。

4.5.2　布朗棘轮输入能的理论计算

为了计算效率公式 (4.5.3)~(4.5.5) 中的 P_{in}，下面我们根据元量纲化的朗之万方程进行分析 [49]

$$\ddot{x} + \gamma \dot{x} = -V'(x) + F + a \cos(\omega t) + \sqrt{2\gamma D_0} \xi(t) \tag{4.5.6}$$

由关系

$$\mathrm{d}x = v \mathrm{d}t \tag{4.5.7}$$

朗之万方程 (4.5.6) 可改写为微分形式

$$\mathrm{d}v = -(\gamma v + V'(x, t)) \, \mathrm{d}t + \sqrt{2\gamma D_0} \mathrm{d}W(t) \tag{4.5.8}$$

其中，含时有效势 $V(x, t) = V(x) - ax \cos(\omega t) - Fx$，$W(t)$ 是维纳过程并满足

$$\langle W(t) \rangle = 0, \quad \langle W^2(t) \rangle = t \tag{4.5.9}$$

由于布朗粒子的随机动力学特性，系统中的变量通常被认为是多个轨道上的平均值。例如，单个轨道的效率会受涨落的影响，可能是负的，由此需要对棘轮系统的变量进行系综平均。

下面首先计算动能 $G(v) = v^2(t)/2$ 的系综平均值。为了实现这一想法，关于函数 $G(v)$ 可利用伊藤微分 (Ito differential) 运算得到

$$\mathrm{d}(v^2/2) = -\left(\gamma v^2 + vV'(x,t) - \gamma D_0\right)\mathrm{d}t + \sqrt{2\gamma D_0}\,v\mathrm{d}W(t) \qquad (4.5.10)$$

动能变化率的系综平均值 (维纳过程所有轨道的平均，并用 $\langle\cdot\rangle$ 表示)

$$\frac{\mathrm{d}}{\mathrm{d}t}\left\langle v^2/2\right\rangle = -\left[\gamma\left\langle v^2\right\rangle + \left\langle vV'(x)\right\rangle - \left\langle va\cos(\omega t)\right\rangle - \left\langle Fv\right\rangle - \gamma D_0\right] \qquad (4.5.11)$$

这里利用了伊藤微分技巧 (部分考虑了维纳过程特点)。

由于朗之万方程中简谐外力的周期 $T = 2\pi/\omega$，接下来将继续计算时间的平均值。首先

$$\left\langle\left\langle\frac{\mathrm{d}}{\mathrm{d}t}v^2\right\rangle\right\rangle = \frac{1}{T}\left[\left\langle v^2(t+T)\right\rangle - \left\langle v^2(t)\right\rangle\right] = 0 \qquad (4.5.12)$$

注意上式 $\langle\langle\cdot\rangle\rangle$ 表示计算两次平均，即系综和时间的平均。

其次，还可以计算式 (4.5.10) 中右边第二项的平均值为

$$\left\langle\left\langle vV'(x)\right\rangle\right\rangle = \frac{1}{T}\left[\left\langle V\left(x(t+T)\right)\right\rangle - \left\langle V\left(x(t)\right)\right\rangle\right] = 0 \qquad (4.5.13)$$

因此，由式 (4.5.11) 可以得到

$$0 = -\gamma\left[\left\langle\left\langle v^2\right\rangle\right\rangle - D_0\right] + F\left\langle\left\langle v\right\rangle\right\rangle + \left\langle\left\langle va\cos(\omega t)\right\rangle\right\rangle \qquad (4.5.14)$$

由于朗之万方程中系统的外力 $F_{\text{external}} = F + a\cos(\omega t)$，因此由外力输入到系统总的输入功率为

$$P_{\text{in}} = \left|F_{\text{external}}\left\langle\left\langle v\right\rangle\right\rangle\right| = \left|F\left\langle\left\langle v\right\rangle\right\rangle + \left\langle\left\langle va\cos(\omega t)\right\rangle\right\rangle\right| \qquad (4.5.15)$$

此即单位时间内输入到棘轮系统中的能量。从等式 (4.5.14) 可进一步得到关系

$$P_{\text{in}} = \gamma\left|\left\langle\left\langle v^2\right\rangle\right\rangle - D_0\right| \qquad (4.5.16)$$

由速度的方差关系 $\sigma_v^2 = \left\langle\left\langle v^2\right\rangle\right\rangle - \left\langle\left\langle v\right\rangle\right\rangle^2$，输入功率 (4.5.16) 可进一步写成

$$P_{\text{in}} = \gamma\left|\left\langle\left\langle v\right\rangle\right\rangle^2 + \sigma_v^2 - D_0\right| \qquad (4.5.17)$$

从等式 (4.5.15) 和等式 (4.5.16) 可以看到，输入功率 P_{in} 不仅和外力 F_{ext} 有关，而且还和 $\left\langle\left\langle v^2\right\rangle\right\rangle$ 有关。同时，如果速度涨落的方差 σ_v^2 减小，由 P_{in} 的表达式 (4.5.17) 可进一步推断布朗棘轮的效率会增加。这也是人们期望的结果。

4.5.3　布朗棘轮效率的计算实例

由于布朗棘轮的定向流可以在较大的参数空间进行优化，所以从本质上来说定向平均流会展现出较小的涨落。同时，数值计算结果表明在任意选择的参数空间内 $\langle\langle v^2\rangle\rangle > D_0$ 这一条件都能够得到满足 [49]。因此下面有关效率的计算中，表达式 P_{in} 的绝对值可以略去。

1. 能量转换效率

如果布朗棘轮拉动负载，则负载力 F 做功。根据输入功率式 (4.5.16)，可以得到能量转换效率 (4.5.3) 的具体表达式为

$$\eta_{\text{E}} = \frac{|F\langle\langle v\rangle\rangle|}{P_{\text{in}}} = \frac{|F\langle\langle v\rangle\rangle|}{\gamma\left(\langle\langle v^2\rangle\rangle - D_0\right)} \tag{4.5.18}$$

2. 斯托克斯效率

在没有负载的情况下，如果考虑摩擦力 $\gamma\langle\langle v\rangle\rangle$ 作为外载，则布朗棘轮的斯托克斯效率 (4.5.4) 的具体表达式为

$$\eta_{\text{S}} = \frac{\gamma\langle\langle v\rangle\rangle \cdot \langle\langle v\rangle\rangle}{\gamma\left(\langle\langle v^2\rangle\rangle - D_0\right)} = \frac{\langle\langle v\rangle\rangle^2}{\langle\langle v^2\rangle\rangle - D_0} \tag{4.5.19}$$

需要注意的是，等式 (4.5.19) 的分子部分不是马达对其周围黏滞环境所做的功率。此外，它也不是马达克服摩擦力的平均功率 P_{f}，其修正形式应是 [50]

$$P_{\text{f}} = \langle\langle \gamma v \cdot v\rangle\rangle = \gamma\langle\langle v^2\rangle\rangle \tag{4.5.20}$$

然而，在斯托克斯效率的定义式 (4.5.4) 中，P_{f} 并不能作为分子。因为平均速度在某些区域内会相当得小，$\langle\langle v\rangle\rangle \approx 0$，但是 $\langle\langle v^2\rangle\rangle \neq 0$。这样的话，即使粒子的平均运动效果不朝一个方向进行定向运动，计算的效率也会较大，这与实际矛盾。

3. 动能效率

考虑到单位质量的布朗粒子在简谐外驱动力作用周期 $T = 2\pi/\omega$ 内的动能，还可以得到所谓的动能效率 (kinetic efficiency)

$$\eta_{\text{K}} = \frac{(\langle\langle v\rangle\rangle^2/2)(\omega/2\pi)}{\gamma(\langle\langle v^2\rangle\rangle - D_0)} = \frac{\omega\langle\langle v\rangle\rangle^2}{4\pi\gamma(\langle\langle v^2\rangle\rangle - D_0)} \tag{4.5.21}$$

4. 广义效率

根据定义式 (4.5.5)，可以得到布朗棘轮广义效率的表达式

$$\eta_{\text{R}} = \frac{\gamma\langle\langle v\rangle\rangle^2 + |F\langle\langle v\rangle\rangle|}{P_{\text{in}}} = \frac{\gamma\langle\langle v\rangle\rangle^2 + |F\langle\langle v\rangle\rangle|}{\gamma\left(\langle\langle v^2\rangle\rangle - D_0\right)} \tag{4.5.22}$$

现在对上述所引入的四种效率做进一步阐述。上述结果表明:如果速度 $\langle\langle v^2\rangle\rangle$ 的二次矩减小,即方差 σ_v 减小,则在一定条件下效率的大小能够增加,相应地布朗棘轮的输运会变得更加有效。同时,物理上的直觉也告诉我们,较大的速度涨落会减小棘轮的效率。相反,如果减小速度涨落,由式 (4.5.17) 可知 P_{in} 变小,上述讨论的四种效率会相应增大。此外,需要注意的是,上述四种效率中输入功率 P_{in} 的表达式 (4.5.16) 来自于欠阻尼运动方程 (4.5.6) 的能量平衡关系,因此本节得到的相关效率的计算方法通常适用于欠阻尼的布朗棘轮。对于更一般的输入能的计算方法我们将在 4.6 节进行深入讨论。

4.6 布朗棘轮效率的随机能量学理论与应用

对于一般的热棘轮,可用相当抽象和统一的模型进行描述。通常,这些模型系统可由以下四个部分组成:①能量传输子 (energy transducer) 如布朗马达,其状态变量可用 x 表示,并可推广为多个自由度;②外部系统,其状态变量用 y 表示;③热浴;④反抗传输子做功的负载 L[51]。传输子和外部系统的相互作用以及和负载的作用可用势场表示,如 $U(x, y) = U_0(x, y) + Lx$,其中 U_0 是 x 的周期函数,并具有周期 ℓ,满足 $U_0(x + \ell, y) = U_0(x, y)$。

传输子和热浴的相互作用可用随机方法来处理,热浴能够产生一个瞬时力 $-\gamma \mathrm{d}x/\mathrm{d}t + \xi(t)$,其中 γ 为摩擦系数。$\xi(t)$ 通常是高斯白噪声,其统计特性可由系综平均表示,$\langle \xi(t) \rangle = 0$,$\langle \xi(t)\xi(t') \rangle = (2\gamma/\beta)\delta(t - t')$,这里 $\beta = (k_{\text{B}}T)^{-1}$,$T$ 是热浴温度。同时,假定外部系统和 $\xi(t)$ 是统计无关的。

4.6.1 随机能量学理论

通过上述的分析,传输子的动力学可由朗之万方程进行描述 [52]

$$-\frac{\partial U(x, y)}{\partial x} + \left[-\gamma\frac{\mathrm{d}x}{\mathrm{d}t} + \xi(t) \right] = 0 \qquad (4.6.1)$$

其中,$x(t_{\text{i}}) = x_{\text{i}}$,$t_{\text{i}}$ 是初始时刻。势能 U 的出现意味着已假设方程 (4.6.1) 描述的是过阻尼动力学。系统外部的特点并没有详细指定 (如 $y(t)$ 在边界区域内的变化 [53-55] 或者 U 是关于 y 的周期函数 [56]),除非变量 y 的变化会导致 U 的边界变化。

对于等式 (4.6.1) 的棘轮模型的能量,接下来将进行系统分析 [52]。考虑到系统的能量问题,这里引入三个物理量:①总势能在一个周期时间内 $t_{\text{i}} < t < t_{\text{f}}$ 的改变量 ΔU,其形式可写成

$$\Delta U = U\left(x(t_{\text{f}}), y(t_{\text{f}})\right) - U\left(x(t_{\text{i}}), y(t_{\text{i}})\right) \qquad (4.6.2)$$

②耗散到热浴中的能量 D，③总的能量消耗 R，这一部分来自于外部系统。物理量 R 的定义主要通过能量守恒定律来表示，$R = D + \Delta U$。对于传输子来说，在稳态下，$U_0(x, y)$ 的平均值不依赖于时间，即 $\left\langle \dfrac{\mathrm{d}}{\mathrm{d}t} U_0(x, y) \right\rangle = 0$，由此总势能的平均增加率 $\left\langle \dfrac{\mathrm{d}U}{\mathrm{d}t} \right\rangle$ 等于平均功率 $\left\langle L\dfrac{\mathrm{d}x}{\mathrm{d}t} \right\rangle$，其中 $\left\langle \dfrac{\mathrm{d}x}{\mathrm{d}t} \right\rangle$ 可以从朗之万方程 (4.6.1) 的数值计算中得到，或者可从福克尔–普朗克方程中通过积分概率流得到。

下面讨论 D 和 R 的具体关系式。方程 (4.6.1) 表征了作用在传输子上力的平衡关系，相应地该传输子还会给热浴一个反作用力 $-[-\gamma \mathrm{d}x/\mathrm{d}t + \xi(t)]$。同时，传输子对热浴所做的功亦即是传输子的能量耗散，可由如下的斯蒂尔切斯积分 (Stieltjes integral) 得到

$$D = -\int_{t=t_{\mathrm{i}}}^{t=t_{\mathrm{f}}} \left[-\gamma \frac{\mathrm{d}x}{\mathrm{d}t} + \xi(t) \right] \mathrm{d}x(t) = \int_{t=t_{\mathrm{i}}}^{t=t_{\mathrm{f}}} \left[-\frac{\partial U(x(t), y(t))}{\partial x} \right] \mathrm{d}x(t) \quad (4.6.3)$$

上述方程 (4.6.3) 的结果可通过等式 (4.6.1) 的关系得到。

这里需要注意的是，概率理论规定了上述积分可理解为斯特拉托诺维奇理论中的随机过程 [57]，同时可以利用传统的积分规则如分部积分或者积分变量的变化进行分析。由守恒定律 $\Delta U + D = R$，总的能量消耗可以写成 [52]

$$R = \int_{t=t_{\mathrm{i}}}^{t=t_{\mathrm{f}}} \left[\mathrm{d}U(x(t), y(t)) - \frac{\partial U(x(t), y(t))}{\partial x} \mathrm{d}x(t) \right] \quad (4.6.4)$$

需要注意的是，等式 (4.6.4) 的结果对于欠阻尼朗之万运动方程仍适用。从动力学方程组

$$\frac{\mathrm{d}x}{\mathrm{d}t} = \frac{p}{m}$$

$$\frac{\mathrm{d}p}{\mathrm{d}t} = -\frac{\partial U}{\partial x} - \gamma \frac{p}{m} + \xi(t) \quad (4.6.5)$$

出发，定义 $E = \dfrac{p^2}{2m} + U(x, y)$，利用并重新整理守恒定律 $R = D + \Delta E$，便可再次得到等式 (4.6.4)。

4.6.2　不同外部条件下总能量消耗 $\langle R \rangle$ 的计算方法

实例 1　$y(t)$ 为给定的周期函数 $y(t + T) = y(t)$。

这种情况下可将 $U(x, y(t))$ 写成 $u(x, t)$，利用关系 $\mathrm{d}u = (\partial u/\partial x)\mathrm{d}x + (\partial u/\partial t)\mathrm{d}t$，等式 (4.6.4) 可写成

$$R = \int_{t_{\mathrm{i}}}^{t_{\mathrm{f}}} \frac{\partial u(x(t), t)}{\partial t} \mathrm{d}t \quad (4.6.6)$$

这一结果表明, 当传输子的状态 x 固定时, 外部系统在提升势 $u(x,t)$ 的同时还将能量输入给了传输子。

概率密度分布函数 $P(x,t)$ 可由福克尔–普朗克方程求解得到。对应于方程 (4.6.1) 有

$$\partial P/\partial t = -\partial J/\partial x \tag{4.6.7}$$

其中

$$J = -\gamma^{-1}(\beta^{-1}\partial P/\partial x + P\partial U/\partial x) \tag{4.6.8}$$

是概率流, 并满足初始条件 $P(x,0) = \delta(x-x_i)$。

根据方程 (4.6.6), 平均值 $\langle R \rangle$ 可写成

$$\langle R \rangle = \int_{t_i}^{t_f} \mathrm{d}t \int_{\Omega} \frac{\partial u(x,t)}{\partial t} P(x,t)\mathrm{d}x \tag{4.6.9}$$

其中, Ω 是变量 x 的变化区域。为了便于分析, 上述讨论虽把 x 看作系统单一的自由度, 但对于含有两个及以上自由度的情况仍然适用。通过分部积分, 可以得到与等式 (4.6.9) 等价的表达式 $\langle D \rangle$

$$\langle D \rangle = \int_{t_i}^{t_f} \mathrm{d}t \int_{\Omega} \mathrm{d}x \left[-\frac{\partial u}{\partial x} \right] J \tag{4.6.10}$$

对于与时间无关联的外势, Magnasco 讨论了稳态概率分布情况下的简单结果 [58]。

实例 2 $y(t)$ **遵从离散马尔可夫过程。**

外部系统无疑会使 $y(t)$ 的变化从某一离散的值跃迁到另一值, 这里假定 $x(t)$ 的值是连续的。对于一个特定的 $y(t)$, 可以用 $\{t_j\}$ 来表示跃迁发生的时间。则等式 (4.6.4) 中的 R 可写成

$$R = \sum_j [U(x(t_j), y(t_j + 0)) - U(x(t_j), y(t_j - 0))] \tag{4.6.11}$$

这里的求和是对所有发生在 t_i 和 t_f 内的跃迁进行操作。这一结果表明方程 (4.6.6) 中外部系统通过提升势把能量传给了传输子, 其中 x 取瞬时值。

为了计算平均值 $\langle R \rangle$, 需要引入转移概率 (transition probability)。如果把可能的离散值 y 用 $\{\sigma\}$ 进行描述, 关于 x 和 y 的概率密度分布函数 $P_{\sigma}(x,t)$ 遵从如下的福克尔–普朗克方程 [54]

$$\frac{\partial P_{\sigma}}{\partial t} = -\frac{\partial J_{\sigma}}{\partial x} + \sum_{\sigma'} P_{\sigma'} W_{\sigma'\sigma} - \sum_{\sigma'} P_{\sigma} W_{\sigma\sigma'} \tag{4.6.12}$$

其中, $J_\sigma = -\gamma^{-1}(\beta^{-1}\partial P_\sigma/\partial x + P_\sigma \partial U_\sigma/\partial x)$ 表示在 x 变化区域 Ω 内的概率流, $U_\sigma(x)$ 表示 y 为第 σ 值时的势, $W_{\sigma\sigma'}$ 表示 y 从第 σ 值到第 σ' 值的跃迁率 ($W_{\sigma\sigma'}$ 可以是 x 和 t 的函数)。利用 $W_{\sigma\sigma'}$ 和概率 $P_\sigma(x,t)$, 平均耗散 $\langle R \rangle$ 可以写成

$$\langle R \rangle = \frac{1}{2} \int_{t_i}^{t_f} dt \int_\Omega dx \sum_\sigma \sum_{\sigma'} (P_\sigma W_{\sigma\sigma'} - P_{\sigma'} W_{\sigma'\sigma}) \cdot (U_{\sigma'} - U_\sigma) \qquad (4.6.13)$$

这一结果清晰地表明, 非零的能量消耗与细致平衡的破坏以及势能的改变相关。

实例 3 $y(t)$ **为受第二热浴影响的随机过程** [53]。

在这种情况下, 外部系统的动力学可通过 y 的方程明确给出, 并且和方程 (4.6.1) 具有类似的形式

$$-\frac{\partial U(x,y)}{\partial y} + \left[-\hat{\gamma}\frac{dy}{dt} + \hat{\xi}(t) \right] = 0 \qquad (4.6.14)$$

这里, 第二热浴可由 $\hat{\gamma}$ 和 $\hat{\beta}$ 通过关系 $\langle \hat{\xi}(t) \rangle = 0$ 和 $\langle \hat{\xi}(t)\hat{\xi}(t') \rangle = (2\hat{\gamma}/\hat{\beta})\delta(t-t')$ 进行表征。通过守恒方程 $R \equiv D + \Delta U$ 及同样的关系 $dU = (\partial U/\partial x)dx + (\partial U/\partial y)dy$, 可以得到

$$R = -\int_{t_i}^{t_f} \left[-\frac{\partial U(x(t), y(t))}{\partial y} \right] dy(t)$$
$$\equiv -\hat{D} \qquad (4.6.15)$$

由于方程 (4.6.14) 和方程 (4.6.1) 具有类似的形式, 等式 (4.6.15) 的结果也是预料之中的。

上述关于 R 的随机积分不能简单地计算出来。根据等式 (4.6.15), 最直接的办法是计算 $\langle R \rangle (= -\langle \hat{D} \rangle)$ 或者 $\langle D \rangle$, 计算的时候需要注意斯特拉托诺维奇积分 [57]。同时, 在初始条件下对于时刻 t, $dx(t)$ 和 $dy(t)$ 的概率分布遵从福克尔–普朗克方程。作为斯特拉托诺维奇的积分规则, $\partial U/\partial x$ 或者 $\partial U/\partial y$ 可在中点 $t+dt/2$ 处计算出来, 于是可以得到

$$\langle D \rangle = \int_{t_i}^{t_f} dt \int_\Omega dx \int_{\hat{\Omega}} dy \left[-\frac{\partial u(x,y)}{\partial x} \right] J \qquad (4.6.16)$$

$$\langle \hat{D} \rangle = \int_{t_i}^{t_f} dt \int_\Omega dx \int_{\hat{\Omega}} dy \left[-\frac{\partial u(x,y)}{\partial y} \right] \hat{J} \qquad (4.6.17)$$

其中, $\hat{\Omega}$ 是变量 y 的变化区域, $\hat{J} = -\hat{\gamma}^{-1}(\hat{\beta}^{-1}\partial P/\partial y + P\partial U/\partial y)$ 是 y 的概率流。在没有负载的条件下, 即 $L = 0$, 由式 (4.6.1) 和式 (4.6.14) 描述的传输子充当被动的热导角色。

4.6.3 布朗棘轮随机能量学的效率计算方法

根据 4.5.3 节不同效率的计算方法, 只要把上述 4.6.2 节中总能量的消耗 $\langle R \rangle$ 代入 4.5.3 节中不同效率的分母 P_{in} 中, 便可得到随机能量学理论的棘轮各种效率的计算结果。

例如, 能量转换效率为输出功率 $L\left\langle \dfrac{\mathrm{d}x}{\mathrm{d}t} \right\rangle$ 与从系统外部获得的能量流 $\left\langle \dfrac{\mathrm{d}R}{\mathrm{d}t} \right\rangle$ 之比 [52,53], 即

$$\eta = L\left\langle \frac{\mathrm{d}x}{\mathrm{d}t} \right\rangle \bigg/ \left\langle \frac{\mathrm{d}R}{\mathrm{d}t} \right\rangle \tag{4.6.18}$$

因此, 只要知道概率流 $\left\langle \dfrac{\mathrm{d}x}{\mathrm{d}t} \right\rangle$ 和传输子从外界获得的能量流 $\left\langle \dfrac{\mathrm{d}R}{\mathrm{d}t} \right\rangle$, 便可进一步计算 4.5 节布朗棘轮 (热机) 的不同效率。

参 考 文 献

[1] Astumian R D. Thermodynamics and kinetics of a Brownian motor [J]. Science, 1997, 276(5314): 917-922.

[2] Derényi I, Astumian R D. Efficiency of Brownian heat engines [J]. Phys. Rev. E, 1999, 59(6): R6219-R6222.

[3] Kamegawa H, Hondou T, Takagi F. Energetics of a forced thermal ratchet [J]. Phys. Rev. Lett., 1998, 80(24): 5251-5254.

[4] Parrondo J M R, Blanco J M, Cao F J, et al. Efficiency of Brownian motors [J]. Europhys. Lett., 1998, 43(3): 248-254.

[5] Bier M, Astumian R D. Biased Brownian motion as the operating principle for microscopic engines [J]. Bioelec. Bioenerg., 1996, 39(1): 67-75.

[6] Astumian R D, Hänggi P. Brownian motors [J]. Phys. Today, 2002, 55(11): 33-39.

[7] Hondou T, Sekimoto K. Unattainability of Carnot efficiency in the Brownian heat engine [J]. Phys. Rev. E, 2000, 62(5): 6021-6025.

[8] Gomez-Marin A, Sancho J M. Tight coupling in thermal Brownian motors [J]. Phys. Rev. E, 2006, 74(6): 062102.

[9] Hanggi P, Marchesoni F, Nori F. Brownian motors [J]. Ann. Phys. (Leipzig), 2005, 517(1-3): 51-70.

[10] Seifert U. Stochastic thermodynamics, fluctuation theorems and molecular machines [J]. Rep. Prog. Phys., 2012, 75(12): 126001.

[11] 张太荣. 统计动力学及其应用 [M]. 北京: 冶金工业出版社, 2007.

[12] 苏汝铿. 统计物理学 [M]. 2 版. 北京: 高等教育出版社, 2004.

[13] 翁甲强. 热力学与统计物理学基础 [M]. 桂林: 广西师范大学出版社, 2008.

[14] Curzon F L, Ahlborn B. Efficiency of a Carnot engine at maximum power output [J]. Am. J. Phys., 1975, 43(1): 22-24.

[15] Evans D J, Cohen E G D, Morriss G P. Probability of second law violations in shearing steady states [J]. Phys. Rev. Lett., 1993, 71(15): 2401-2404.

[16] Hoffmann K H, Burzler J, Fischer A, et al. Optimal process paths for endoreversible systems [J]. J. Non-Equilib. Thermodyn., 2003, 28(3): 233-268.

[17] Andresen B. Current trends in finite-time thermodynamics [J]. Angew. Chem. Int. Edn, 2011, 50(12): 2690-2704.

[18] 陈金灿, 苏山河, 苏国珍. 热力学与统计物理学热点问题思考与探索 [M]. 2 版. 北京: 科学出版社, 2023.

[19] van den Broeck C. Thermodynamic efficiency at maximum power [J]. Phys. Rev. Lett., 2005, 95(19): 190602.

[20] Jiménez de Cisneros B, Hernández A C. Collective working regimes for coupled heat engines [J]. Phys. Rev. Lett., 2007, 98(13): 130602.

[21] Esposito M, Kawai R, Lindenberg K, et al. Efficiency at maximum power of low-dissipation Carnot engines [J]. Phys. Rev. Lett., 2010, 105(15): 150603.

[22] Kedem O, Caplan S R. Degree of coupling and its relation to efficiency of energy conversion [J]. Trans. Faraday Soc., 1965, 61: 1897-1911.

[23] Parrondo J M R, Español P. Criticism of Feynman's analysis of the ratchet as an engine [J]. Am. J. Phys., 1996, 64(9): 1125-1130.

[24] Reimann P, Bartussek R, Häußler R, et al. Brownian motors driven by temperature oscillations [J]. Phys. Lett. A, 1996, 215(1-2): 26-31.

[25] Sokolov I M, Blumen A. Non-equilibrium directed diffusion and inherently irreversible heat engines [J]. J. Phys. A, 1997, 30(9): 3021-3027.

[26] Astumian R D, Robertson B. Nonlinear effect of an oscillating electric field on membrane proteins [J]. J. Chem. Phys., 1989, 91(8): 4891-4901.

[27] Büttiker M. Transport as a consequence of state-dependent diffusion [J]. Z. Phys. B, 1987, 68(2-3): 161-167.

[28] Landauer R. Motion out of noisy states [J]. J. Stat. Phys., 1988, 53(1-2): 233-248.

[29] van Kampen N G. Relative stability in nonuniform temperature [J]. IBM J. Res. Dev., 1988, 32(1): 107-111.

[30] Asfaw M. Modeling an efficient Brownian heat engine [J]. Eur. Phys. J. B, 2008, 65(1): 109-116.

[31] Bekele M, Ananthakrishna G, Kumar N. Mean first passage time approach to the problem of optimal barrier subdivision for Kramer's escape rate [J]. Physica A, 1999, 270(1-2): 149-158.

[32] Goldhirsch I, Gefen Y. Biased random walk on networks [J]. Phys. Rev. A, 1987, 35(3): 1317-1327.

[33] Schroeder D. An Introduction to Thermal Physics [M]. London: Addison Wesley, 1999.

[34] Seifert U. Efficiency of autonomous soft nanomachines at maximum power [J]. Phys. Rev. Lett., 2011, 106(2): 020601.

[35] Oster G, Wang H. Reverse engineering a protein: The mechanochemistry of ATP synthase [J]. Biochim. Biophys. Acta, Bioenerg., 2000, 1458(2-3): 482-510.

[36] Wang H, Oster G. The Stokes efficiency for molecular motors and its applications [J]. Europhys. Lett., 2002, 57(1): 134-140.

[37] Schmiedl T, Seifert U. Efficiency of molecular motors at maximum power [J]. Europhys. Lett., 2008, 83(3): 30005.

[38] van den Broeck C, Kumar N, Lindenberg K. Efficiency of isothermal molecular machines at maximum power [J]. Phys. Rev. Lett., 2012, 108(21): 210602.

[39] Jülicher F, Ajdari A, Prost J. Modeling molecular motors [J]. Rev. Mod. Phys., 1997, 69(4): 1269-1281.

[40] Hill T L. Theoretical formalism for the sliding filament model of contraction of striated muscle Part I [J]. Prog. Biophys. Mol. Biol., 1974, 28: 267-340.

[41] Visscher K, Schnitzer M, Block S. Single kinesin molecules studied with a molecular force clamp [J]. Nature, 1999, 400(6740): 184-189.

[42] Hunt A J, Gittes F, Howard J. The force exerted by a single kinesin molecule against a viscous load [J]. Biophys. J., 1994, 67(2): 766-781.

[43] Kondepudi D K, Prigogine I. Modern Thermodynamics [M]. New York: John Wiley, 1998.

[44] Faucheux L P, Bourdieu L S, Kaplan P D, et al. Optical thermal ratchet [J]. Phys. Rev. Lett., 1995, 74(9): 1504-1507.

[45] Derényi I, Bier M, Astumian R D. Generalized efficiency and its application to microscopic engines [J]. Phys. Rev. Lett., 1999, 83(5): 903-906.

[46] Wang H. Chemical and mechanical efficiencies of molecular motors and implications for motor mechanisms [J]. J. Phys.: Condens. Matter, 2005, 17(47): S3997- S4014.

[47] Zhou H X, Chen Y D. Chemically driven motility of Brownian particles [J]. Phys. Rev. Lett., 1996, 77(1): 194-197.

[48] Suzuki D, Munakata T. Rectification efficiency of a Brownian motor [J]. Phys. Rev. E, 2003, 68(2): 021906.

[49] Machura L, Kostur M, Talkner P, et al. Brownian motors: Current fluctuations and rectification efficiency [J]. Phys. Rev. E, 2004, 70(6): 061105.

[50] Spiechowicz J, Łuczka J. Efficiency of the SQUID ratchet driven by external current [J]. New J. Phys., 2015, 17(2): 023054.

[51] Sekimoto K. Stochastic Energetics [M]. Berlin: Springer, 2010.

[52] Sekimoto K. Kinetic characterization of heat bath and the energetics of thermal ratchet models [J]. J. Phys. Soc. Jpn., 1997, 66(5): 1234-1237.

[53] Feynman R P, Leighton R B, Sands M. The Feynman Lectures on Physics [M]. M. A.: Addison-Wesley, Reading, 1963.

[54] Astumian R D, Bier M. Fluctuation driven ratchets: Molecular motors [J]. Phys. Rev. Lett., 1994, 72(11): 1766-1769.

[55] Jülicher F, Prost J. Cooperative molecular motors [J]. Phys. Rev. Lett., 1995, 75(13): 2618-2621.

[56] Magnasco M O. Molecular combustion motors [J]. Phys. Rev. Lett., 1994, 72(16): 2656-2659.

[57] Gardiner C W. Handbook of Stochastic Methods [M]. 2nd ed. Berlin: Springer-Verlag, 1990.

[58] Magnasco M O. Szilard's heat engine [J]. Europhys. Lett., 1996, 33(8): 583-588.

第 5 章 不同势场中布朗棘轮的复杂输运

生物分子马达是一类尺度在 2~10 nm 的酶类蛋白大分子, 细胞内马达可沿微丝轨道做定向运动[1,2]。实验研究已表明, 分子马达的定向运动充分参与了细胞内的各种生命活动, 如有丝分裂、肌肉收缩、减数分裂中染色体的分离及信号传导等[3]。早期关于分子马达的研究, Allen[4] 和 Vale[5] 等借助差分干涉对比显微镜直接观察到鱿鱼巨突中囊泡的定向运动现象。此外, Sheetz 研究组还在鱿鱼巨突中发现了沿微管做定向运动的驱动蛋白马达[6]。牛津大学的 Dey 研究小组在最近的研究中提出一种以酶促反应产生的能量作为输入能的马达模型[7], 并证实该马达具有朝酶底物方向运动的趋势, 更新了人们对分子马达定向运动的认识。同时, 最新的医学研究还发现动力蛋白功能的缺陷可引发纤毛功能障碍, 造成呼吸道慢性感染。此外, 在分子机器领域基于酶分子的人工合成马达技术日渐成熟, 并有希望实现分子马达的定点传输或药物输送[8-10]。因此, 分子马达定向输运的研究对生物学、医学乃至对未来分子机器的研发都具有十分重要的意义[11,12]。

同时, 近年来理论上已揭示出当系统远离热平衡态并且其时空对称性发生破缺时, 空间周期系统能够产生布朗马达的定向输运现象。这种系统被称为棘轮系统, 或者被称为布朗马达。本章重点讨论当空间周期系统的结构 (外势) 发生改变时, 布朗棘轮产生的复杂输运现象以及相应的性能变化行为。

5.1 两态闪烁布朗棘轮的概率流特性

在众多布朗棘轮的模型中, 闪烁棘轮是一种研究得最为广泛的物理模型, 它可被用来解释分子马达或者蛋白质马达的运动[13-16]。在通常的两态闪烁棘轮中, 其中一个态是标准的棘轮势而另一个则由自由扩散态组成[15-17]。化学反应可以驱动布朗粒子或者布朗马达从状态 i 跃迁到状态 j, 其中的跃迁率为 ω_{ij}。由于马达和微管蛋白间具有复杂的相互作用, 由此需要建立一种新的由两个非对称外势构成的两态闪烁棘轮模型对棘轮输运的影响进行讨论。在本节的讨论中, 我们拓展了通常采用的两态闪烁棘轮模型, 并选用两个具有相同周期的非对称棘轮外势。因此, 本节所讨论的模型可更进一步分析两个非对称势垒结构对闪烁棘轮定向流的影响。

5.1.1　两态闪烁布朗棘轮模型

基于通常的两态闪烁棘轮 [15-17]，本节构建了一个更为普遍的并且可以产生布朗马达定向运动的两态闪烁棘轮模型，其中 ATP 水解可以驱动状态 1 和 2 间构象上的变化。k_1 (k_2) 是粒子从状态 1 (2) 到状态 2 (1) 的跃迁率，如图 5.1 所示。马达处于状态 i，位置 x 处的自由能可由非对称周期外势 $U_i(x) = U_i(x+L)$，$i = 1, 2$ 描述，分别为 [18]

$$
U_1(x) = \begin{cases} \dfrac{V_1}{\lambda_1}(x - mL) & (mL \leqslant x \leqslant mL + \lambda_1) \\ \dfrac{V_1}{L - \lambda_1}[-x + (m+1)L] & (mL + \lambda_1 < x \leqslant (m+1)L) \end{cases} \tag{5.1.1}
$$

和

$$
U_2(x) = \begin{cases} V_0 + \dfrac{V_2}{\lambda_2}(x - mL) & (mL \leqslant x \leqslant mL + \lambda_2) \\ V_0 + \dfrac{V_2}{L - \lambda_2}[-x + (m+1)L] & (mL + \lambda_2 < x \leqslant (m+1)L) \end{cases} \tag{5.1.2}
$$

其中，L 是棘轮的周期，m 为整数，V_1 和 $V_0 + V_2$ 是两个周期非对称棘轮的最大高度，λ_i $(i = 1, 2)$ 是描述两个外势非对称性的参量，其变化范围是 $0 \leqslant \lambda_i \leqslant L$。

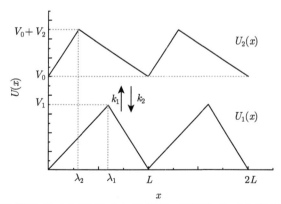

图 5.1　两态闪烁棘轮模型 $U_1(x)$ 和 $U_2(x)$ 示意图。周期为 L，V_1 和 $V_0 + V_2$ 是两个势垒的最大高度，$k_i(i = 1, 2)$ 是两态间的跃迁率，λ_i $(i = 1, 2)$ 是外势的非对称参量，其变化范围是 $0 \leqslant \lambda_i \leqslant L$[18]

当 $\lambda_i = L/2$ 时，$U_i(x)$ 变成对称势。当 $V_2 = 0$ 时，$U_2(x) = V_0$ 是一个常势，通常被看作自由扩散态，因此文献 [15]~[17] 中所涉及的系统可以被包含在本模型中。

5.1.2 概率流的解析求解

在 t 时刻, 处于 i 态且位置在 x 处粒子的状态可由概率密度 $P_i(x,t)$ 描述, 它满足相应概率密度的福克尔–普朗克方程[16−18]

$$\frac{\partial P_1(x,t)}{\partial t} = D\frac{\partial}{\partial x}\left[\frac{\partial P_1(x,t)}{\partial x} - \frac{f_1(x)}{k_{\mathrm{B}}T}P_1(x,t)\right] + k_2 P_2(x,t) - k_1 P_1(x,t) = -\frac{\partial J_1}{\partial x}$$

$$(5.1.3)$$

和

$$\frac{\partial P_2(x,t)}{\partial t} = D\frac{\partial}{\partial x}\left[\frac{\partial P_2(x,t)}{\partial x} - \frac{f_2(x)}{k_{\mathrm{B}}T}P_2(x,t)\right] + k_1 P_1(x,t) - k_2 P_2(x,t) = -\frac{\partial J_2}{\partial x}$$

$$(5.1.4)$$

其中, D 是扩散系数, J_i 是概率流, k_{B} 是玻尔兹曼常量, T 是热力学温度。

$$f_i(x) = -U_i'(x) = \begin{cases} -V_i/\lambda_i & (mL \leqslant x \leqslant mL + \lambda_i) \\ V_i/(L-\lambda_i) & (mL + \lambda_i < x \leqslant (m+1)L) \end{cases} \quad (i = 1,2)$$

$$(5.1.5)$$

表示布朗粒子受到棘轮的作用力。

当系统达到稳态时, $\partial_t P_i = 0$。此时方程 (5.1.3) 和方程 (5.1.4) 的形式解可以写成

$$J = -D\frac{\partial}{\partial x}P(x) + D^* f_1(x)P_1(x) + D^* f_2(x)[P(x) - P_1(x)] \quad (5.1.6)$$

其中, $J = J_1 + J_2$ 是总的概率流, $P(x) = P_1(x) + P_2(x)$ 是总的概率密度, $D^* = D/(k_{\mathrm{B}}T)$。令 $\mu = k_2/k_1$ 为跃迁率之比, 则式 (5.1.6) 可重新写为

$$D[P''(x) - P_1''(x)] - D^* f_2(x)[P(x) - P_1(x)]' + k[(1+\mu)P_1(x) - \mu P(x)] = 0$$

$$(5.1.7)$$

这里, $k_1 = k$ 以及 $k_2 = \mu k$。当跃迁率非常大并且涨落处于主导地位, 即 $k \gg 1$ 时, ATP 水解释放的能量能够驱动布朗粒子在外势 1 和 2 间跃迁。根据上面分析以及文献 [18], [19] 采用的有效研究方法, 可对 $P(x)$, $P_1(x)$ 和 J 进行幂级数展开 ($k^{-1} \ll 1$)

$$P(x) = \sum_{n=0}^{\infty} k^{-n} p_n(x), \quad P_1(x) = \sum_{n=0}^{\infty} k^{-n} p_{1n}(x), \quad J = \sum_{n=0}^{\infty} k^{-n} j_n \quad (5.1.8)$$

将式 (5.1.8) 代入方程 (5.1.6) 和方程 (5.1.7) 中, 可以得到

$$p_{10}(x) = \frac{\mu}{1+\mu} p_0(x) \quad (5.1.9)$$

$$p_0'(x) - \frac{D^*}{(1+\mu)D}[\mu f_1(x) + f_2(x)]p_0(x) = -\frac{j_0}{D} \tag{5.1.10}$$

和

$$p_n'(x) - \frac{D^*}{(1+\mu)D}[\mu f_1(x) + f_2(x)]p_n(x) = -\frac{j_n + G_{n-1}(x)}{D}, \quad n = 1, 2, 3, \cdots \tag{5.1.11}$$

其中

$$G_n(x) = \frac{D^*}{1+\mu}[f_1(x) - f_2(x)]\left\{[p_n''(x) - p_{1n}''(x)]D - D^* f_2(x)[p_n(x) - p_{1n}(x)]'\right\},$$

$$n = 0, 1, 2, 3, \cdots \tag{5.1.12}$$

在一个周期 L 中，概率密度 $P(x)$ 满足周期性边界条件

$$p_n(x+L) = p_n(x), \quad n = 0, 1, 2, 3, \cdots \tag{5.1.13}$$

和归一化条件

$$\int_0^L p_n(x)\,\mathrm{d}x = \delta_{0n}, \quad n = 0, 1, 2, 3, \cdots \tag{5.1.14}$$

求解方程 (5.1.10) 和方程 (5.1.11)，可以得到零阶和 n 阶近似

$$j_0 = 0 \tag{5.1.15}$$

$$p_0(x) = \frac{U(x)}{\int_0^L U(x)\,\mathrm{d}x} \tag{5.1.16}$$

$$p_n(x) = U(x)\left[C_n - \frac{j_n}{D}\int U^{-1}(x)\,\mathrm{d}x - \frac{1}{D}\int G_{n-1}(x)U^{-1}(x)\,\mathrm{d}x\right], n = 1, 2, 3, \cdots \tag{5.1.17}$$

和

$$j_n = -\frac{\int_0^L G_{n-1}(x)U^{-1}(x)\,\mathrm{d}x}{\int_0^L U^{-1}(x)\,\mathrm{d}x}, \quad n = 1, 2, 3, \cdots \tag{5.1.18}$$

常数 C_n 可由条件 (5.1.14) 确定。$p_n(x)$ 和 j_n 主要由低阶的函数 $G_{n-1}(x)$ 来决定，其中

$$U(x) = \exp\left\{-\frac{D^*}{(1+\mu)D}[\mu U_1(x) + U_2(x)]\right\} \tag{5.1.19}$$

很容易写出 j_1 的一阶表达式

$$j_1 = -\frac{\mu D^{*3}}{(1+\mu)^4 D} \frac{\int_0^L [f_1(x) - f_2(x)]^2[\mu f_1(x) + f_2(x)]\,\mathrm{d}x}{\int_0^L U(x)\,\mathrm{d}x \int_0^L U^{-1}(x)\,\mathrm{d}x} \tag{5.1.20}$$

由于 $k^{-1} \ll 1$, 故可以用近似到一阶的结果来表示概率流, 即

$$J \approx j_0 + k^{-1}j_1 = -\frac{\mu D^{*3}}{k(1+\mu)^4 D} \frac{\int_0^L [f_1(x) - f_2(x)]^2 [\mu f_1(x) + f_2(x)] \, \mathrm{d}x}{\int_0^L U(x) \, \mathrm{d}x \int_0^L U^{-1}(x) \, \mathrm{d}x}$$

$$(5.1.21)$$

将式 (5.1.5) 和等式 (5.1.19) 代入等式 (5.1.20), 可以得到如下关系

$$J = \begin{cases} -\dfrac{\mu D^{*3}}{k(1+\mu)^4 D} \dfrac{R_1(\lambda_1, \lambda_2; V_1, V_2)}{\int_0^L U(x) \, \mathrm{d}x \int_0^L U^{-1}(x) \, \mathrm{d}x} & (\lambda_1 \geqslant \lambda_2) \\[4mm] -\dfrac{\mu D^{*3}}{k(1+\mu)^4 D} \dfrac{R_2(\lambda_1, \lambda_2; V_1, V_2)}{\int_0^L U(x) \, \mathrm{d}x \int_0^L U^{-1}(x) \, \mathrm{d}x} & (\lambda_1 < \lambda_2) \end{cases}$$

$$(5.1.22)$$

其中

$$\begin{aligned} R_1(\lambda_1, \lambda_2; V_1, V_2) = & -\left(\frac{V_1}{\lambda_1} - \frac{V_2}{\lambda_2}\right)^2 \left(\mu\frac{V_1}{\lambda_1} + \frac{V_2}{\lambda_2}\right)\lambda_2 \\ & + \left(\frac{V_1}{L-\lambda_1} + \frac{V_2}{L-\lambda_2}\right)^2 \left(-\mu\frac{V_1}{\lambda_1} + \frac{V_2}{L-\lambda_2}\right)(\lambda_1 - \lambda_2) \\ & + \left(\frac{V_1}{L-\lambda_1} - \frac{V_2}{L-\lambda_2}\right)^2 \left(\mu\frac{V_1}{L-\lambda_1} + \frac{V_2}{L-\lambda_2}\right)(L-\lambda_1) \end{aligned}$$

$$(5.1.22a)$$

和

$$\begin{aligned} R_2(\lambda_1, \lambda_2; V_1, V_2) = & -\left(\frac{V_1}{\lambda_1} - \frac{V_2}{\lambda_2}\right)^2 \left(\mu\frac{V_1}{\lambda_1} + \frac{V_2}{\lambda_2}\right)\lambda_1 \\ & + \left(\frac{V_1}{L-\lambda_1} + \frac{V_2}{\lambda_2}\right)^2 \left(\mu\frac{V_1}{L-\lambda_1} - \frac{V_2}{\lambda_2}\right)(\lambda_2 - \lambda_1) \\ & + \left(\frac{V_1}{L-\lambda_1} - \frac{V_2}{L-\lambda_2}\right)^2 \left(\mu\frac{V_1}{L-\lambda_1} + \frac{V_2}{L-\lambda_2}\right)(L-\lambda_2) \end{aligned}$$

$$(5.1.22b)$$

根据等式 (5.1.5) 和等式 (5.1.22) 容易证明, 当 $\lambda_1 = \lambda_2 = L/2$ 时

$$R_1(\lambda_1 = \lambda_2 = L/2; V_1, V_2) = R_2(\lambda_1 = \lambda_2 = L/2; V_1, V_2) = 0 \qquad (5.1.23)$$

因此概率流 $J = 0$。同样可以证明, 当 $\lambda_1 = \lambda_2 = gL$ 和 $V_1 = V_2 = V$ 时

$$R_1(\lambda_1 = \lambda_2 = gL; V_1 = V_2 = V) = R_2(\lambda_1 = \lambda_2 = gL; V_1 = V_2 = V) = 0 \quad (5.1.24)$$

因此概率流 $J = 0$, 其中 $0 \leqslant g \leqslant 1$。对于更一般的情况, 概率流特性可用等式 (5.1.22) 进行数值讨论。

5.1.3　跃迁率之比 $\mu = 1$ 时概率流的特性曲线

由于式 (5.1.22) 参量众多, 为了方便起见, 以下讨论中参量取 $L = 1$, $D = 1$, $k = 100$ 和 $V_0 = 10$。

1. $\lambda_1 = \lambda_2 = \lambda \neq L/2$ 情形

根据等式 (5.1.22), 可以计算得到概率流随热噪声 $\beta = k_{\mathrm{B}}T$ 变化的关系曲线, 如图 5.2(a) 和 (b) 所示, 其中两个外势的非对称参量分别取 0.3 和 0.7。

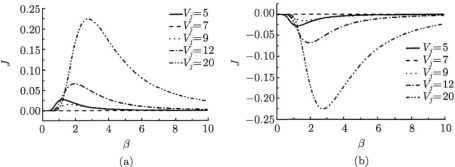

图 5.2　不同 $V_j (j = 1, 2$ 且 $j \neq i)$ 下概率流 J 随热噪声 $\beta = k_{\mathrm{B}}T$ 变化的曲线, $V_i = 7 (i = 1, 2)$, (a) $\lambda_1 = \lambda_2 = \lambda = 0.3$ 和 (b) $\lambda_1 = \lambda_2 = \lambda = 0.7$[18]

根据图 5.2 的特性曲线, 可以得到进一步的结论:

(1) 当非对称参数 $\lambda_1 = \lambda_2 = \lambda < L/2$ 时, 概率流 $J \geqslant 0$; 当 $\lambda_1 = \lambda_2 = \lambda > L/2$ 时, 概率流 $J \leqslant 0$。这表明当两个棘轮的非对称参量 λ 相同时, 概率流的方向只由 λ 值决定, 并且和相应的势垒的高度无关。

(2) $J(\lambda; V_i, V_j) = -J(L - \lambda; V_i, V_j)$, 表明概率流呈反对称, 其反对称轴为 $\lambda = L/2$。

(3) $J(\lambda; V_i = c_1, V_j = c_2) = J(\lambda; V_i = c_2, V_j = c_1)$, 其中 c_1 和 c_2 为两个常数。这表明当两个势垒高度互换时概率流保持不变。

(4) 当热噪声 $\beta \to 0$ 时, 概率流会趋于零, 这是由于此时布朗粒子很难跨越势垒。当热噪声非常大即 $\beta \to \infty$ 时, 粒子仅做自由扩散运动, 因此棘轮效应可被忽略, 概率流 $J \to 0$。该结果与文献 [19], [20] 一致。

(5) 当热噪声 β 取某确定值 β_{Jm} 时, 概率流可以达到极值 J_{m}, 这表明当 $J > 0$ 时存在 $J = J_{\max}$。当 $J < 0$ 时存在 $J = J_{\min}$。尽管 β_{Jm} 随着 $V_j (j = 1, 2)$ 的增大而增加, 但 J_{m} 并不是 V_j 的单调函数, 如图 5.3(b) 所示。

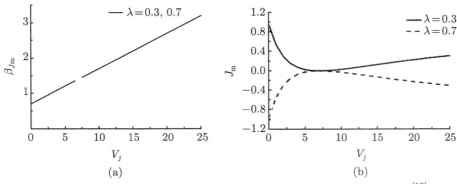

图 5.3 (a) $\beta_{J\mathrm{m}}$ 和 (b) J_{m} 随 V_j 的变化曲线, 其中 $V_i = 7$ $(i, j = 1, 2)$[18]

从图 5.3 可以发现

$$\beta_{J\mathrm{m}}[J_{\max}(\lambda < L/2; V_i, V_j)] = \beta_{J\mathrm{m}}J_{\min}[(L - \lambda > L/2; V_i, V_j)] \tag{5.1.25}$$

及

$$J_{\max}[(\lambda < L/2; V_i, V_j)] = -J_{\min}[(L - \lambda > L/2; V_i, V_j)] \tag{5.1.26}$$

从图 5.2 和图 5.3 中还可以发现, 当 $V_j = V_i$ 时, 概率流 J 和 J_{m} 都等于零。因此当 $V_j = V_i$ 时, 曲线 $\beta_{J\mathrm{m}}$ 随 V_j 的变化是不连续的。

2. $\lambda_1 \neq \lambda_2$ 和 $V_1 = V_2 = V$ 情形

类似地, 通过等式 (5.1.22) 可计算在不同的非对称参数 λ_1 和 λ_2 下, 概率流随热噪声 β 的变化关系, 如图 5.4(a) 和图 5.4(b) 所示。从图 5.4 可以看到, 当两个棘轮的高度相同时概率流的方向完全由两个外势的非对称参数 λ_1 和 λ_2 决定, 即

$$J\left(\lambda_1 + \lambda_2 < L; V\right) \geqslant 0 \tag{5.1.27}$$

$$J\left(\lambda_1 + \lambda_2 = L; V\right) = 0 \tag{5.1.28}$$

$$J\left(\lambda_1 + \lambda_2 > L; V\right) \leqslant 0 \tag{5.1.29}$$

$$J\left(\lambda_i, \lambda_j; V\right) = -J\left(L - \lambda_i, L - \lambda_j; V\right) \tag{5.1.30}$$

和

$$J\left(\lambda_i = d_1, \lambda_j = d_2; V\right) = J\left(\lambda_i = d_2, \lambda_j = d_1; V\right) \tag{5.1.31}$$

其中, d_1 和 d_2 为两个常数。

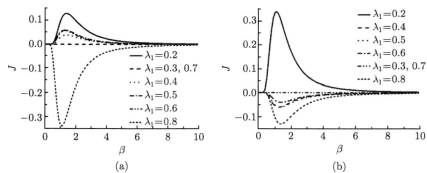

(a)   (b)

图 5.4　概率流 J 随热噪声 β 的变化关系，$V_1 = V_2 = V = 7$，(a) $\lambda_2 = 0.3$ 和 (b) $\lambda_2 = 0.7^{[18]}$

3. $\lambda_1 \neq \lambda_2$ 和 $V_1 \neq V_2$ 情形

对于更一般的情形，等式 (5.1.22) 同样可以给出概率流随热噪声 β 的变化关系，如图 5.5 所示。从图 5.5 可以看到，对于不同的非对称参数和棘轮高度来说，概率流呈现不同的方向。这意味着概率流的方向不仅由非对称参数决定，而且还与两个棘轮的高度有关。因此闪烁棘轮概率流的变化是由两个外势的非对称参数和势垒高度相互竞争的结果。根据图 5.5 的特性曲线，可得到进一步的关系

$$J(\lambda_i = d_1, \lambda_j = d_2; V_i = c_1, V_j = c_2) = J(\lambda_i = d_2, \lambda_j = d_1; V_i = c_2, V_j = c_1)$$

$$(5.1.32)$$

和

$$J(\lambda_i = d_1, \lambda_j = d_2; V_i = c_1, V_j = c_2) = -J(\lambda_i = L - d_1, \lambda_j = L - d_2; V_i = c_1, V_j = c_2)$$

$$(5.1.33)$$

等式 (5.1.32) 表明，当两个棘轮的 (λ_1, V_1) 和 (λ_2, V_2) 互换时，概率流保持不变；等式 (5.1.33) 给出概率流呈反对称的情况，其反对称轴为 $\lambda_i = L/2$。

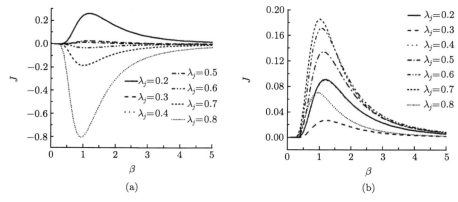

(a)   (b)

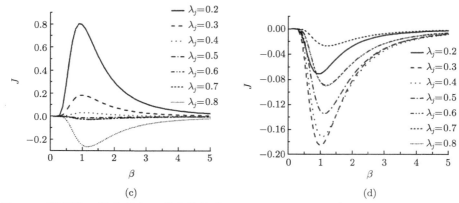

图 5.5 概率流 J 随热噪声 β 的变化关系, (a) $\lambda_i = 0.3, V_i = 5$ 和 $V_j = 7$, (b) $\lambda_i = 0.3$, $V_i = 7$ 和 $V_j = 5$, (c) $\lambda_i = 0.7$, $V_i = 5$ 和 $V_j = 7$ 和 (d)$\lambda_i = 0.7$, $V_i = 7$ 和 $V_j = 5$[18]

从图 5.5 还可以发现, 当两个棘轮的非对称参数不同时, 外势高度不仅会影响概率流的大小, 且在一定条件下还会影响到概率流的方向, 这可以从图 5.6 清晰地看到。

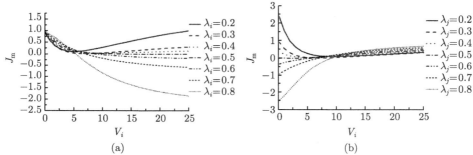

图 5.6 极值流 J_{m} 随外势高度 V_i 的变化关系, (a) $\lambda_j = 0.3$ 和 $V_j = 7$, 和 (b) $\lambda_i = 0.3$ 和 $V_j = 7$[18]

5.1.4 跃迁率之比 μ 的影响

图 5.7 给出在给定 λ_i 和 V_i 的情况下, 极值流 J_{m} 随跃迁率之比的变化关系。从图中可以得到如下结论: 当跃迁率之比 $\mu \to 0$ 或者 $\mu \to \infty$ 的时候, 极值流 J_{m} 趋近于零。该现象可以这样解释: 当 $\mu \to 0$ 或者 $\mu \to \infty$ 时, 两个跃迁率之 k_i 中的一个将趋于零, 这表明布朗粒子仅会处于一个棘轮中, 而另一个棘轮的作用可忽略。这种情况下粒子很难跨越较高的势垒, 由此闪烁棘轮将不会产生净的概率流。

此外, 在给定 λ_i 和 V_i 的情况下, 从图 5.7 可以发现, 当极值流 J_{m} 达到最大或者最小值时, 闪烁棘轮存在一个优化的跃迁率之比 μ。很明显的是, 极值流的最大或者最小值发生在 $\mu=1$ 的附近。这表明上述关于 $\mu=1$ 的详细讨论是非常有意义的。当 $\mu\neq1$ 时，还可以得到进一步关系

$$J_{\mathrm{m}}(\lambda_i=d_1,\lambda_j=d_2;V_i=c_1,V_j=c_2)$$
$$=-J_{\mathrm{m}}(\lambda_i=L-d_1,\lambda_j=L-d_2;V_i=c_1,V_j=c_2) \tag{5.1.34}$$

然而从等式 (5.1.22) 可以证明如下关系

$$J(\lambda_i=d_1,\lambda_j=d_2;V_i=c_1,V_j=c_2;\beta)$$
$$=-J(\lambda_i=L-d_1,\lambda_j=L-d_2;V_i=c_1,V_j=c_2;\beta) \tag{5.1.35}$$

也是成立的。可以很清晰地看到，对于更一般的情形，概率流的大小和方向完全由两个棘轮的非对称参数 λ_i、外势高度 V_i 以及跃迁率之比决定。

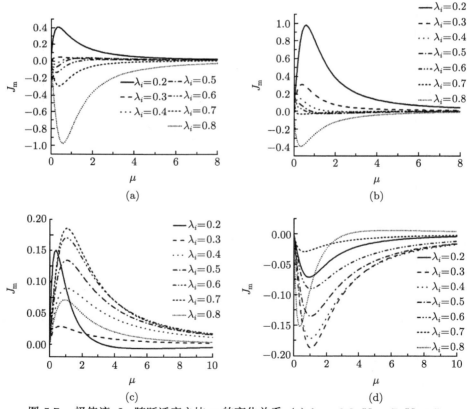

图 5.7　极值流 J_{m} 随跃迁率之比 μ 的变化关系，(a) $\lambda_j=0.3$, $V_1=7$, $V_j=5$, (b) $\lambda_j=0.7$, $V_1=7$, $V_j=5$, (c) $\lambda_j=0.3$, $V_1=5$, $V_j=7$, (d) $\lambda_j=0.7$, $V_1=5$, $V_j=7$[18]

5.2   粗糙棘轮中耦合布朗粒子的定向输运

为了深入理解分子马达的定向输运机制, 理论上人们提出了闪烁棘轮、摇摆棘轮等一系列棘轮模型 [21−23]。例如, Jayannavar 研究小组提出了空间非对称棘轮, 发现粒子定向输运随外 (驱动) 力摇摆频率的增大而减小 [24]; Wang 和 Bao 研究了二维摇摆棘轮模型, 并证明了布朗粒子的耦合作用能增强棘轮的定向输运 [25]; 此外, Li 等详细讨论了空间对称外势中耦合布朗粒子的流反转现象, 发现粒子间耦合强度是诱导流反转现象的关键因素 [26]。上述几类不同棘轮研究中的模型均采用表面光滑的锯齿势或简谐势。然而, 最新的实验研究表明细胞内的杂质和空间不均匀性都会导致布朗粒子对 “光滑” 轨道的偏离 [27]。此外, Frauenfelder 等的研究还发现, 在蛋白质折叠过程中, 侧链的非正常链接会导致外势表面 “粗糙性” 的产生。这种 “粗糙性” 不仅会影响蛋白质的快速折叠, 还会影响分子马达的定向运动 [28,29]。可见外势的粗糙程度不仅是描述各类蛋白质特性的一种语言, 而且还对粗糙棘轮定向输运的研究具有一定的理论参考。因此通过粗糙势来研究分子马达与轨道间的相互作用更具实际意义。

在粗糙棘轮 (rough ratchet) 的理论研究方面, Zwanzig 发现外势的粗糙程度会抑制净流的产生 [30], Marchesoni 等的研究也表明棘轮表面的粗糙还会导致粒子运动过程中的无序性, 从而造成输运速度的降低 [31]。最近, Camargo 等构建了一种新的粗糙棘轮模型, 发现外势的粗糙情况并非完全抑制单粒子的定向运动, 在一定条件下还会促进其定向输运 [27]。可见, 外势粗糙程度对分子马达定向运动的影响仍存在诸多未知。此外, 实验研究还表明, 分子马达在输运过程中大都呈现集体行为。除与轨道的相互作用外, 马达间还存在复杂的相互作用, 且耦合粒子与单粒子的输运行为在性质上还存在明显差别, 因此研究耦合粒子在粗糙棘轮中的定向输运更具实际意义。本节将在上述理论研究的基础上采用一种新的粗糙棘轮模型, 深入讨论外势粗糙度对耦合布朗粒子定向输运性能的影响。

5.2.1   粗糙棘轮模型

本节主要讨论粗糙棘轮中过阻尼耦合布朗粒子的定向运动情况, 同时粒子还会受到周期无偏置外力及热噪声的影响。耦合粒子的动力学行为可由如下朗之万方程描述 [32]

$$\gamma \frac{\mathrm{d}x'_i}{\mathrm{d}s} = -\frac{\partial W\left(x'_i(s)\right)}{\partial x'_i} - \frac{\partial W_0\left(x'_1, x'_2\right)}{\partial x'_i} + F(s) + \theta_i(s) \quad (i = 1, 2) \qquad (5.2.1)$$

方程 (5.2.1) 中 x' 为耦合粒子的位置坐标, s 为时间, γ 为摩擦系数, $W\left(x'(s)\right)$ 为粗糙外势, $W_0\left(x'_1, x'_2\right)$ 为耦合粒子间的相互作用势, $\theta(s)$ 为高斯白噪声, 满足统计

特性: $\langle \theta_i(s) \rangle = 0$, $\langle \theta_i(s) \theta_j(s') \rangle = 2D_0 \delta_{ij} \delta(s - s')$, $i, j = 1, 2$, 其中 $D_0 = \gamma k_B T'$, k_B 为玻尔兹曼常量, T' 为环境温度。此外, 模型中引入 $F(s)$ 来描述外界环境对粗糙棘轮的周期性驱动作用。

　　为使方程 (5.2.1) 中的物理量无量纲化, 可以采用 2.3 节介绍的朗之万方程无量纲化方法。引入特征长度 λ 和特征时间 τ_0, 其中 λ 为外粗糙势周期长度, τ_0 为过阻尼条件下布朗粒子的特征时间, 且 $\tau_0 = \dfrac{\gamma \lambda^2}{\Delta U}$, ΔU 为外势高度。通过定义新的无量纲位置坐标 $x = x'/\lambda$, 无量纲时间 $t = s/\tau_0$, 可得到新的无量纲化参量 $U(x) = W(x')/\Delta U$, $U_0(x) = W_0(x')/\Delta U$, $F(t) = (\lambda/\Delta U) F(s)$, $\xi(t) = \dfrac{\lambda}{\Delta U} \dfrac{1}{\sqrt{\gamma \Delta U}} \theta(s)$。将上述参量代入方程 (5.2.1) 便可得到无量纲化的朗之万方程

$$\frac{\mathrm{d}x_i}{\mathrm{d}t} = -\frac{\partial U(x_i(t))}{\partial x_i} - \frac{\partial U_0(x_1, x_2)}{\partial x_i} + F(t) + \xi_i(t) \quad (i = 1, 2) \tag{5.2.2}$$

方程 (5.2.2) 中 $\xi_i(t)$ 为无量纲化后的高斯白噪声, 且满足如下统计特征: $\langle \xi_i(t) \rangle = 0$, $\langle \xi_i(t) \xi_j(t') \rangle = 2D \delta_{ij} \delta(t - t')$, $i, j = 1, 2$, $D = \dfrac{k_B T'}{\Delta U}$ 为无量纲噪声强度。

　　此外, 方程 (5.2.2) 中的 $U(x_i)$ 表示粗糙外势, 则 $-\dfrac{\partial U(x_i(t))}{\partial x_i}$ 为粒子受到粗糙棘轮势的作用。周期外势 $U(x_i)$ 的形式为 [27,32]

$$U(x_i) = [U_1(x_i) - \varepsilon \cos(2\pi H x_i)/2]/N \tag{5.2.3}$$

其中

$$U_1(x_i) = \begin{cases} \dfrac{x_i}{l}, & 0 \leqslant x_i < l \\[2mm] \dfrac{\lambda' - x_i}{\lambda' - l}, & l < x_i \leqslant \lambda' \end{cases} \tag{5.2.4}$$

在等式 (5.2.3) 中, ε 和 H 分别为粗糙势的扰动振幅和扰动波数, N 为归一化因子。在等式 (5.2.4) 中, $U_1(x_i)$ 为常见的光滑锯齿势, 且 λ' 为锯齿势的周期, l 反映势的非对称度。由等式 (5.2.3) 构建的粗糙棘轮结构示意图如图 5.8 所示, 其中图 5.8(a) 表示扰动波数 $H = 5$ 时粗糙势 $U(x)$ 随空间位置 x 及扰动振幅 ε 的变化关系, 图 5.8(b) 为扰动振幅 $\varepsilon = 0.1$ 时粗糙势 $U(x)$ 随空间位置 x 及扰动波数 H 的变化关系。

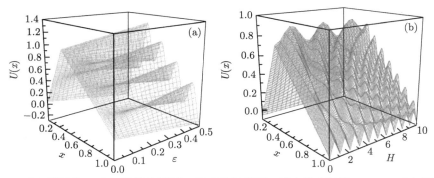

图 5.8   (a) 粗糙势 $U(x)$ 随扰动振幅 ε 的变化示意图, 其中扰动波数 $H=5$; (b) 粗糙势
$U(x)$ 随扰动波数 H 的变化示意图, 其中扰动振幅 $\varepsilon=0.1$[32]

此外, 在方程 (5.2.2) 中, $U_0(x_1,x_2)$ 为两个耦合粒子之间的相互作用势, 可采用如下弹簧简谐势

$$U_0(x_1,x_2)=\frac{1}{2}k(x_1-x_2-a)^2 \tag{5.2.5}$$

其中, k 为耦合强度, a 为弹簧的自由长度。

$F(t)$ 为外驱动力, 其表达式为

$$F(t)=A\cos(\omega t) \tag{5.2.6}$$

其中, A 为外驱动振幅, ω 为外力频率, $T_\omega=\dfrac{2\pi}{\omega}$ 为周期。

为了研究耦合布朗粒子在粗糙棘轮中的定向运动, 采用耦合粒子的质心平均速度来研究棘轮的定向输运, 其表述如下

$$\langle V\rangle=\lim_{T\to\infty}\frac{1}{2T}\sum_{i=1}^{2}\int_0^T\dot{x}_i(t)\mathrm{d}t \tag{5.2.7}$$

式中, $\langle\cdot\rangle$ 表示系综平均, T 为演化时间。为了深入研究无负载作用时分子马达的定向输运能力, 本节采用斯托克斯效率 η 来讨论马达的定向输运性能, 其具体表示如下 [24]

$$\eta=\frac{P_{\text{out}}}{P_{\text{in}}} \tag{5.2.8}$$

其中, P_{out} 为粒子克服溶液阻尼的输出功率

$$P_{\text{out}}=\frac{1}{T}\int_0^T\gamma\dot{x}_c\langle V\rangle\,\mathrm{d}t=\gamma\langle V\rangle^2 \tag{5.2.9}$$

时变外力对耦合粒子做的功为 $W_E = F(t) x_c$，其中 $x_c = \dfrac{x_1 + x_2}{2}$ 为耦合粒子的质心位移，根据 4.6 节的随机能量学理论，时变外力对系统的输入功率 P_{in} 为

$$P_{in} = \frac{W_E}{T} = \frac{1}{T} \int_0^T \left\langle \frac{\partial \left(-x_c F(t) \right)}{\partial t} \right\rangle \mathrm{d}t = A\omega \frac{1}{T} \int_0^T \langle x_c \sin(\omega t) \rangle \mathrm{d}t \quad (5.2.10)$$

因此，耦合布朗粒子斯托克斯效率的具体表达式为

$$\eta = \frac{P_{out}}{P_{in}} = \frac{\gamma \langle V \rangle^2}{A\omega \frac{1}{T} \int_0^T \langle x_c \sin(\omega t) \rangle \mathrm{d}t} \quad (5.2.11)$$

其中，粒子演化时间 $T = nT_\omega$，n 为耦合粒子演化的周期数。如无特殊说明，以下参数取 $\gamma = 1$，$l = 0.7$，$\lambda' = 1$，$\omega = 2\pi$ 和 $D = 0.1$。

5.2.2　扰动振幅 ε 的影响

为了研究耦合粒子在粗糙棘轮中的定向运动，本节主要讨论棘轮的质心平均速度 $\langle V \rangle$ 随不同参量的变化行为。首先，不同耦合条件下粗糙棘轮的扰动振幅 ε 对质心平均速度 $\langle V \rangle$ 的影响如图 5.9(a) 所示。研究结果表明，在弱耦合条件下，如 $k = 1$ 时，质心平均速度随扰动振幅 ε 的增加而单调减小。在强耦合条件下，如 $k \geqslant 5$ 时，速度能够产生峰值。说明在一定耦合条件下，合适的扰动振幅能够促进粗糙棘轮的定向输运。然而，随着扰动振幅 ε 的继续增大，粗糙棘轮的整体输运行为都呈 $\langle V \rangle \to 0$。这是因为随着外势扰动振幅的增加，由粗糙棘轮的结构示意图 5.8 (a) 可知，ε 越大势垒越高，粒子越不容易跨越外势形成定向运动，因此一定条件下势垒的扰动振幅能够抑制耦合棘轮净流的产生。

然而，随着耦合强度的增加，如图 5.9(a) 所示，可以有趣地发现当 $k \geqslant 30$ 时，耦合粒子的质心平均速度 $\langle V \rangle$ 在小扰动振幅范围 (如 $\varepsilon = 0.15$ 附近) 会由负变为正，说明此时粗糙棘轮的定向输运发生了流反转。这种现象的产生是由于粒子间强耦合与扰动振幅的共同作用抑制了耦合粒子负向运动的趋势，同时又促进了其正向运动[33]，因此在小扰动振幅条件下粗糙棘轮更容易产生流反转。此外，在强耦合作用下，随着扰动振幅 ε 的继续增加，研究发现粗糙棘轮的定向输运还可以产生极值流。这种极值流的产生是由于随着 ε 的增加，耦合粒子平均速度先由负变正，并最终再次趋于零。因此，粗糙棘轮存在合适的扰动振幅 ε_{opt} 使其质心平均速度 $\langle V \rangle$ 达到极大值，这说明在强耦合条件下，适当的 ε_{opt} 能够促进粗糙棘轮的定向输运。通过比较不同耦合强度下粒子的平均速度，还发现弱耦合条件下的 $\langle V \rangle_{max}$ 大于强耦合下的 $\langle V \rangle_{max}$。这是因为在强耦合条件下，粒子如同被一根 "硬杆" 连接，导致粒子整体上更不容易产生定向运动，所以其 $\langle V \rangle_{max}$ 会减小。

根据 Wang 的理论, 斯托克斯效率 η 在一定程度上反映了布朗粒子的定向输运性能。因此我们可以进一步讨论斯托克斯效率随粗糙棘轮各参量的变化行为。图 5.9(b) 首先给出了不同耦合强度下粗糙棘轮的扰动振幅对斯托克斯效率的影响。结果表明, 斯托克斯效率的变化规律和图 5.9(a) 速度的变化规律类似。η 与 $\langle V \rangle$ 变化规律的相似性可由公式 (5.2.11) 进行分析。在一定条件下, η 正比于粒子克服溶液阻尼做功的输出功率, 即 $\eta \propto P_{\mathrm{out}}$。又由等式 (5.2.9) 分析知, $P_{\mathrm{out}} \propto \langle V \rangle^2$, 故在一定条件下 η 近似正比于 $\langle V \rangle$, 即 η 与 $\langle V \rangle$ 有类似的变化趋势。在弱耦合条件下, 如 $k = 1$ 时, η 随扰动振幅的增加单调减小。在强耦合条件下, 如 $k \geqslant 5$ 时, 斯托克斯效率会出现一个或多个极值, 且当 $\varepsilon \to \infty$ 时, $\eta \to 0$。此外, 通过对比图 5.9(a) 与图 5.9(b) 发现, 在一定条件下, 当耦合粒子的质心平均速度达到极值时, 其斯托克斯效率也会近似达到最大。这意味着粗糙棘轮的定向输运达到最强时, 其粒子克服黏滞阻力的定向输运效率也近似达到最大。同时, 研究还发现, 在强耦合条件下, 增大粒子间耦合强度会使粗糙棘轮的定向输运速度及斯托克斯效率的极值增大, 这说明在一定条件下, 耦合强度 k 还会促进粗糙棘轮的定向输运。

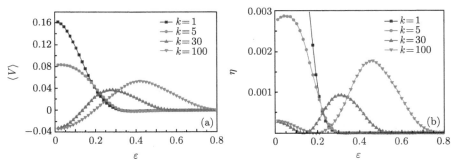

图 5.9　不同耦合强度下 (a) 质心平均速度 $\langle V \rangle$, (b) 斯托克斯效率 η 随粗糙势扰动振幅 ε 的变化曲线, 其中 $a = 0.5$, $A = 3$, $H = 5$[32]

5.2.3　耦合强度 k 的影响

由上文分析知, 耦合强度对粗糙棘轮的定向输运会产生影响, 因此本节进一步讨论了不同扰动波数 H 下粗糙棘轮的定向输运随耦合强度 k 的变化, 如图 5.10(a) 所示。结果表明, 耦合粒子的质心平均速度 $\langle V \rangle$ 在扰动波数较小时 (如 $H = 0, 2$) 会随 k 的增加出现极值, 并随 k 的继续增大逐渐减小, 且当 $k \to \infty$ 时趋于稳定值。当扰动波数较大时 (如 $H = 5, 10$), 粒子的平均速度在达到极值后会随耦合强度的增大不断减小, 且当 $k \to \infty$ 时 $v \to 0$。产生这种现象的原因主要是当耦合强度趋于无穷时, 粒子间的相互作用很强, 耦合粒子受到外驱动力的作用相对较弱, 此时较大的扰动波数将对粒子的输运起着抑制作用 (关于扰动波数对粒子流的影响, 下文还会深入讨论), 因此耦合粒子很难产生定向输运。这一结果表明, 在不同扰动波数下, 恰当的耦合强度 k_{opt} 能使粗糙棘轮的定向输运达到最强。此外, 由图 5.8(b) 的粗糙棘轮结构发现, 扰动波数 H 越大, 外势的表面越粗糙, 可见 H 在一定程度上反映了棘轮的粗糙程度。由图 5.10(a) 所示, 当 $H \neq 0$ 时, 对于给定耦合强度, 棘轮的质心平均速度 $\langle V \rangle$ 随粗糙势扰动波数的增加而单调减小。这是由于扰动波数越大, 外势越粗糙, 而粒子更不容易跨越势垒形成定向运动, 因而 $\langle V \rangle$ 会减小。特别地, 当 $H = 0$ 时, 可以发现在强耦合条件下, $\langle V(H=2) \rangle > \langle V(H=0) \rangle$。也就是说, 扰动波数的增加对粗糙棘轮定向输运的影响并不是完全抑制的, 恰当的粗糙度 (外势结构) 还会促进耦合粒子的定向输运。

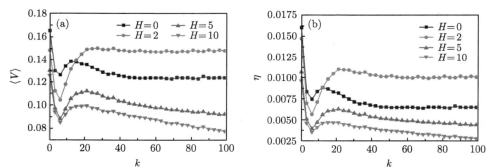

图 5.10   不同扰动波数 H 下 (a) 质心平均速度 $\langle V \rangle$, (b) 斯托克斯效率 η 随耦合强度 k 的变化曲线, 其中 $a = 0.2$, $A = 3$, $\varepsilon = 0.1$[32]

基于上述讨论, 还可以进一步研究不同扰动波数下, 耦合强度对粒子定向输运效率的影响, 如图 5.10(b) 所示。研究发现, 图 5.10(b) 与图 5.10(a) 之间仍存在类似的变化关系, 即斯托克斯效率 η 随耦合强度 k 的变化也会产生极值, 类似的结论可参考图 5.9(b) 的分析。这说明在一定条件下, 合适的耦合强度 k_{opt} 还可以增强粗糙棘轮的定向输运性能。此外, 还可以发现在较弱的耦合条件下, 小扰动波数 H 还会提升耦合粒子的输运性能。

5.2.4 扰动波数 H 的影响

图 5.11(a) 给出了不同噪声强度下扰动波数 H 对耦合粒子质心平均速度的影响。结果表明, 随着扰动波数的增加, 耦合粒子质心平均速度整体的变化趋势逐渐减小。通过图 5.10(a) 类似的分析可得, 外势粗糙度的增加 (即扰动波数 H 增加) 会抑制耦合粒子的定向运动。然而有趣的是, 当扰动波数取整数时, 耦合粒子的质心平均速度会产生一定的振荡, 但总体变化行为仍随外势粗糙度的增加呈

下降趋势。由外势结构示意图 5.8(b) 可知, 当扰动波数 H 为整数时, 外势 $U(x)$ 在一个周期 λ 内包含了 H 个完整的扰动波形, 此时扰动波数对粒子定向输运的影响较 H 为非整数时会更强, 故而整数个 H 的扰动将使 $\langle V \rangle$ 的行为呈现局域的振荡。研究还发现, 随着噪声强度的增大, 平均速度减小的趋势越来越平缓。这是由于随着 D 的增大, 在 D 与 H 两种扰动的竞争中, 热噪声的影响将成为粒子输运的主导因素, 因此热噪声会抑制粗糙度对耦合粒子输运的影响。此外, 当外势的扰动波数较大时, 如 $H \geqslant 4$, 可以发现噪声强度增大会导致耦合粒子的定向输运速度增大。这一结果表明在较大的粗糙度下噪声强度越大耦合粒子越容易跨越势垒形成定向输运。

图 5.11(b) 给出了扰动波数对粗糙棘轮斯托克斯效率的影响。在小噪声条件下, 如 $D < 0.1$ 时, 斯托克斯效率 η 减小的速度较快; 然而, 随着噪声强度的增加, 如 $D \geqslant 0.1$ 时, η 减小的速度反而较慢。产生上述现象的原因可借助图 5.11(a) 加以分析。在小噪声条件下, 耦合粒子的质心平均速度 $\langle V \rangle$ 随 H 的增加迅速减小, 故斯托克斯效率也会随 H 的增加迅速降低。然而, 当 D 较大时, 通过类似的分析可知, 此时噪声强度将成为影响 η 的主导因素, 因而 H 对粗糙棘轮定向输运的抑制效果将会减弱, 故 η 减小的速度变慢。研究还发现, 当外势扰动波数较大时, 如 $H \geqslant 5$, 噪声强度越大, 粗糙棘轮的定向输运效率也越高。这是由于 D 越大, 噪声对粗糙棘轮定向输运的影响越强, 因此外势粗糙度较大时, 噪声 D 还会促进粗糙棘轮的定向输运效率。此外, 耦合粒子的定向输运效率也会在 H 为整数时产生与速度类似的振荡行为, 这主要是因为图 5.11(a) 中 $\langle V \rangle$ 的振荡行为将导致 H 对粗糙棘轮定向输运效率的影响也存在局部的非单调性。结果表明, 一定噪声条件下, 通过构建合适的粗糙棘轮结构 (如取合适的整数扰动波数) 也能增强耦合粒子的定向输运性能。

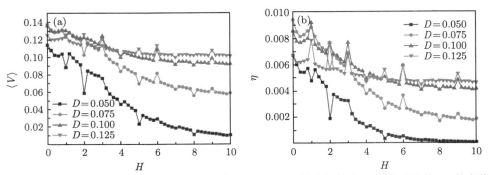

图 5.11　不同噪声强度下 (a) 质心平均速度 $\langle V \rangle$, (b) 斯托克斯效率 η 随扰动波数 H 的变化曲线, 其中 $a = 0.2$, $k = 10$, $A = 3$, $\varepsilon = 0.1$[32]

5.2.5　粗糙棘轮的流反转

图 5.9(a) 的研究结果已表明，在小 ε 条件下 ($\varepsilon \leqslant 0.1$)，粒子间的耦合强度能够诱导棘轮流反转的产生。为了进一步研究粗糙棘轮的流反转现象，下面讨论小扰动振幅条件下耦合布朗粒子的质心平均速度 $\langle V \rangle$ 随耦合自由长度 a 的变化关系。由于外势的平移不变性会使耦合粒子的平均速度 $\langle V \rangle$ 随 a 的变化呈现周期性，即 $\langle V(x) \rangle = \langle V(x + Ka) \rangle$，$K \in Z$，故图 5.12(a) 仅给出一个周期内 $\langle V \rangle$ 的变化情况。可以有趣地发现，在一个演化周期内，质心平均速度 $\langle V \rangle$ 的变化规律关于 $a = 0.5$ 对称。研究还发现，随着 a 的增加，$\langle V \rangle$ 会呈现多个峰值，也就是说可以通过选择合适的自由长度来促进粗糙棘轮的定向输运。在强耦合作用下，如 $k = 30$，粗糙棘轮会在 $a = 0.5$ 附近产生流反转，这表明粗糙棘轮的流反转不仅会受耦合强度 k 的作用，还会受到耦合自由长度 a 的影响。

图 5.12(b) 进一步讨论了粗糙棘轮的耦合强度 k 和耦合自由长度 a 对粗糙棘轮流反转的影响。由于图 5.12(a) 中 $\langle V \rangle$ 随 a 的变化规律关于 $a = 0.5$ 对称，故图 5.12(b) 的计算中仅画出在 $a \leqslant 0.5$ 范围内不同耦合强度下 $\langle V \rangle$ 与 a 的关系，当 $a > 0.5$ 时，$\langle V \rangle$-a 关系可由对称性分析得到。研究发现，当耦合自由长度 a 较小时，如 $a \leqslant 0.275$，粗糙棘轮的 $\langle V \rangle > 0$。然而当 $a > 0.275$ 时，存在较大的区域使 $\langle V \rangle < 0$。也就是说从点 $(A, k) = (0.275, 100)$ 开始，在 $\langle V \rangle = 0$ 线所包围的区域内粗糙棘轮都能产生流反转。此外，就耦合作用来说，$\langle V \rangle = 0$ 所包围的区域内耦合强度在 $k \geqslant 10$ 范围。同时，由图 5.9(a) 的研究可以发现在弱耦合条件下 $\langle V \rangle > 0$，这一结果说明 k 较小时耦合粒子间的相互作用较弱，其行为近似于两个独立粒子。而当 k 较大时，耦合粒子间的相互作用较强，两个耦合粒子如同被一 "硬杆" 连接，则此时两个粒子的运动可近似看作单粒子的运动。从图 5.12(b) 的变化曲线发现，在 $\langle V \rangle = 0$ 线包围的区域内有 $k > 10$ 时 $\langle V \rangle < 0$，说明耦合粒

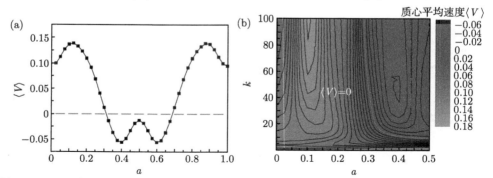

图 5.12　(a) 质心平均速度 $\langle V \rangle$ 随耦合自由长度 a 的变化曲线，其中 $A = 3$, $\varepsilon = 0.1$, $H = 5$, $k = 30$, $D = 0.1$; (b) 质心平均速度 $\langle V \rangle$ 随耦合自由长度 a 及耦合强度 k 的变化曲线，其中 $A = 3$, $\varepsilon = 0.1$, $H = 5$, $D = 0.1$[32](彩图见封底二维码)

子间的相互作用在由弱变强的过程中，耦合粒子的行为将由双粒子性趋于单粒子性。这种粒子属性的改变与耦合自由长度 a 的影响将共同导致耦合粒子的形变，正是这种形变在粗糙棘轮小扰动振幅 ($\varepsilon \leqslant 0.1$) 条件下促进了耦合粒子流反转的产生。同时，本节讨论的耦合粒子形变导致的流反转现象还与粗糙度为零时 Zheng 研究组的结果类似 [26]，这一结果可为实验上纳米粒子的分离、整流与医学上药物的定点投放提供理论指导与启发。

5.3 行波棘轮中布朗粒子的输运性能

关于布朗马达的绝大多数研究工作都是在基于标准正弦型棘轮势中进行的，并且主要集中在定向输运行为和控制方面，特别是温度、能量势垒或其他控制变量对马达定向输运的影响。众所周知，在一些物理参数如温度和压强的变化下，某些物理系统可能会发生空间形状变形、晶体结构变化或构象变化。在固体物理中，可变形的外势如正弦戈登 (sine-Gordon) 势作为一个特例已被广泛应用，并在几种实际环境中成功地对系统的动力学进行了建模 [34,35]。例如，最近通过对时空网络中的同步和信息传输的研究发现，系统的不同空间形状弗伦克尔-康托洛娃链的空间输运特性高度依赖于初始条件 [36]。同样地，系统形状参数的变化对速度"量子化"现象的存在性和鲁棒性也有显著的影响 [35]。

虽然在固体物理中已经知道位置势形状参数的作用，但是在软凝聚态和生物系统中关于形状参量的信息却很少 [37-39]。特别地，艾保全研究组研究了非对称变形势场中的定向输运，并指出存在一个形状参数值能够使概率流达到最大 [38,39]。在这些工作中，人们感兴趣的是概率流对系统形状参数的依赖性。然而，除了平均漂移速度或概率流外，每个马达的特点是将涨落引入的能量转换为有用功的效率 [40,41]。此外，Borromeo 等在对布朗冲浪者 (Brownian surfers) 的研究中还提出了"行波"(travelling wave) 的概念 [42]，他们发现行波对欠阻尼布朗粒子的动力学能够产生一定影响，后来 Li 等也使用了行波这一概念 [40]。

5.3.1 行波棘轮模型

考虑空间位置为 $x(t)$ 的布朗粒子，其黏滞阻尼系数 γ 来自于基底 (substrate) 中的各种耗散源 (电子激发、声子等) 和流体的黏度，同时布朗粒子还受外部静态力 (或负载) F 和随机热噪声 $\xi(t)$ 的作用。对于非常小的微观系统，生物和液体环境中的粒子动力学和涨落现象可用过阻尼朗之万方程进行描述

$$\gamma \frac{\mathrm{d}x}{\mathrm{d}t} = -\frac{\mathrm{d}V(x - \mathscr{V}t, s)}{\mathrm{d}x} - F + \xi(t) \tag{5.3.1}$$

其中，布朗粒子与热浴之间的耦合用 $\xi(t)$ 表示，数学上可写成均值为零且关联函数为 $\langle \xi(t)\xi(t')\rangle = 2D\delta(t-t')$ 的标准高斯白噪声，并具有噪声强度 $D = k_{\mathrm{B}}T/\gamma$。方程中 γ 可取为 1。

本模型中棘轮势采用时间–空间变化的行波势 $V(x - \mathscr{V}t, s)$，其形式为 [43]

$$V(x - \mathscr{V}t, s) = U\left[\frac{(1+s)^2\,[1 - \cos(x - \mathscr{V}t)]}{1 + s^2 - 2s\cos(x - \mathscr{V}t)} - 1\right], \quad |s| < 1 \tag{5.3.2}$$

在公式 (5.3.2) 中，U 和 $\mathscr{V}$ 分别表示变形行波势的振幅和驱动速度。在没有驱动速度的情况下 ($\mathscr{V} = 0$)，图 5.13 给出了几个不同形状参数 s 下，可变形的基底势场 $V(x, s)$。图 5.13 中，对于 $s = 0$，势场 $V(x, s)$ 呈正弦形；当 $s < 0$ 时，势场 $V(x, s)$ 呈宽阱形状，并由窄势垒隔开；当 $s > 0$ 时，势场 $V(x, s)$ 呈深窄阱形状，并由宽的缓慢倾斜的势垒隔开。

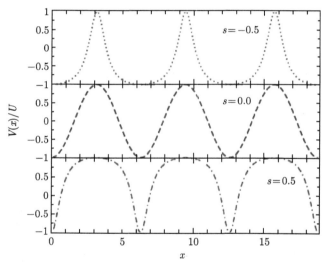

图 5.13　行波势的结构示意图，其中行波速度 $\mathscr{V} = 0$，形状参数分别为 $s = -0.5, 0, 0.5$[43]

根据 2.5 节的福克尔–普朗克方程理论，上述布朗粒子的涨落随机过程可用满足福克尔–普朗克方程的概率密度 $P(x, t)$ 来重新计算 [43]

$$\frac{\partial P(x,t)}{\partial t} = -\frac{\partial}{\partial x}\left[-\frac{\partial V(x - \mathscr{V}t, s)}{\partial x} - F - D\frac{\partial}{\partial x}\right]P(x,t) \tag{5.3.3}$$

假设粒子的运动被限制在 x 的周期性区域内，且周期长度为 2π。应用周期性边界条件和归一化条件后，可得

$$P(x + 2\pi, t) = P(x, t) \tag{5.3.4}$$

$$\int_0^{2\pi} \mathrm{d}x P(x,t) = 1 \tag{5.3.5}$$

在研究远离热平衡态的微观甚至纳米机器时，通过从非平衡涨落中提取能量以产生对外部负载的功，通常需要考虑和计算的是布朗粒子的平均定向速度、效率等物理量。首先，通过解析计算可以得到布朗粒子的平均定向速度 $\langle v \rangle$ 与系统其他参量之间的关系，其中 $v = v(t)$ 表示方程 (5.3.1) 中的随机过程 $\mathrm{d}x/\mathrm{d}t$。通过 $P(x,t) = P(x - \mathscr{V}t)$ 设置行波势的形式，并利用周期性边界条件 (5.3.4) 和归一化条件 (5.3.5) 可求解福克尔–普朗克方程 (5.3.3)。根据文献 [40] 的方法，布朗粒子的概率密度为

$$P(x - \mathscr{V}t) = \frac{1}{Z} \int_0^{2\pi} \mathrm{d}\alpha \exp\left(\frac{1}{D}\right) [V(\alpha + x - \mathscr{V}t, s) - V(x - \mathscr{V}t, s) + (F + \mathscr{V})\alpha] \tag{5.3.6}$$

其中，归一化常数 Z 为

$$Z = \int_0^{2\pi} \mathrm{d}\alpha \int_0^{2\pi} \mathrm{d}x \exp\left(\frac{1}{D}\right) [V(x + \alpha, s) - V(x, s) + (F + \mathscr{V})\alpha] \tag{5.3.7}$$

利用这个概率密度可得到如下所示的布朗粒子平均定向速度

$$\langle v \rangle = \mathscr{V} + 2\pi C \tag{5.3.8}$$

其中，$\mathscr{V}$ 为行波势的速度。C 是一个常数，取决于系统的参数，并由下式给出

$$C = \frac{D\left(1 - \exp\left((2\pi/D)(F + \mathscr{V})\right)\right)}{\int_0^{2\pi} \mathrm{d}\alpha \int_0^{2\pi} \exp\left(\frac{1}{D}\right) \left(V(x + \alpha, s) - V(x, s) + (F + \mathscr{V})\alpha\right) \mathrm{d}x} \tag{5.3.9}$$

结果表明，布朗马达的平均定向速度不仅与行波势的速度 $\mathscr{V}$ 直接相关，而且还与外势的形状、噪声强度和通过常数 C 的外部负载有关。

为了优化布朗马达运动的有效性，需要引入一种包含速度涨落的效率 η 的度量方法。假设布朗马达在外力 $\tilde{F}$ 的作用下工作。根据第 4 章效率理论，布朗马达的效率可定义为对外力所做的功 $E = \tilde{F}\langle v \rangle \tau$ 与输入能量 E_{in} 之比，即 $\eta = E/E_{\mathrm{in}}$，其中 τ 为观察的周期时间。对于在恒定负载力 F 下工作的布朗马达，可使用相同效率的定义方法来定义马达的能量转换效率 [44]，即

$$\eta_F = \frac{F\langle v \rangle \tau}{E_{\mathrm{in}}} \tag{5.3.10}$$

然而，能量转换效率 (5.3.10) 的定义表明，在没有外力 F 的情况下效率将会消失。在许多环境中都会出现类似的情况，如蛋白质在细胞内的输运，布朗马达在黏性环境中以零外力 $(F = 0)$ 的状态工作。

事实上，在耗散 γ 存在的情况下，使粒子移动一段距离所需的力与其速度成正比。这种情况下，在给定的周期时间 τ 内，马达可以平均速度 $\langle v \rangle$ 完成输运，且必要的输入能量也是有限值。因此，通过将平均黏滞力 $\gamma \langle v \rangle$ 代替 $\tilde{F}$，可以得到 4.3 节讨论的斯托克斯 (输运) 效率

$$\eta_T = \frac{\gamma \langle v \rangle^2 \tau}{E_{\mathrm{in}}} \tag{5.3.11}$$

布朗马达在一段时间 $\tau (\tau = 2\pi / \mathscr{V})$ 内的平均输入能量可由文献 [40] 的方法进行计算，即

$$E_{\mathrm{in}} = 2\pi \left(F + \langle v \rangle \right) \tag{5.3.12}$$

利用公式 (5.3.12)，可以计算相应的能量转换效率和输运效率。

5.3.2   速度–驱动速度行为

图 5.14 给出由方程 (5.3.1) 定义的非平衡态布朗马达的平均速度随行波势速度 $\mathscr{V}$ 变化的特性曲线。在图 5.14 中，注意到对于不同形状 s 的行波势，平均速度的整体演化行为是相同的。实际上，在没有外加负载情况下 $(F = 0)$，粒子的平均速度 $\langle v \rangle$ 随驱动速度 $\mathscr{V}$ 的增加可以达到极大值。若此极大值对应的驱动速度为 $\mathscr{V}_{\mathrm{un}}$，则该临界值可称为棘轮的解锁速度 (unlocking speed) 且取决于行波势的形状参数。在 $\mathscr{V} > \mathscr{V}_{\mathrm{un}}$ 时，$\langle v \rangle$ 随驱动速度的继续增加而单调减小到一个非零值。一般来说，当棘轮产生的力引起粒子的运动滞后时，行波势会随行波速度 $\mathscr{V}$ 的增加而前进。当驱动速度 $\mathscr{V}$ 小于或等于系统的解锁速度 $\mathscr{V}_{\mathrm{un}}$ 时，粒子会被限制在势阱中，并与行波势一起全速前进。

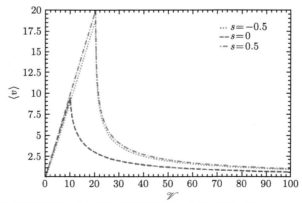

图 5.14   布朗马达的平均速度 $\langle v \rangle$ 作为行波势速度 $\mathscr{V}$ 的函数，其中 $s = -0.5, 0, 0.5$，其他参量取 $D = 0.5$，$F = 0$ 和 $U = 10$[43]

随着行波势速度的继续增加 ($\mathscr{V} > \mathscr{V}_{un}$)，棘轮产生的驱动力变得足够大以致粒子能够跃迁到相邻的势阱。行波势速度 $\mathscr{V}$ 的不断增加会导致布朗粒子的前后运动，最终粒子会在较小的反向概率存在下其平均速度降低至非零值。值得注意的是，由棘轮产生的布朗粒子平均速度的最大值与行波势的形状参数有着内在的联系。实际上，当棘轮形状参数 s 的绝对值增大时，由势能引起的驱动力的解锁值也随之增大。这种增加与解锁速度 $\mathscr{V}_{un}$ 的增加相匹配，因此也与图 5.14 所示的相应粒子平均速度的增加相匹配。

5.3.3　平均速度最大值、解锁速度与形状参数

为了充分刻画行波势存在下棘轮形状参数 s 对布朗粒子动力学的影响，可将注意力集中在图 5.14 最重要的特征上，即平均速度峰值 $\langle v \rangle_{max}$ 和相应行波势的解锁速度 $\mathscr{V}_{un}$ 与系统形状参数 s 的依赖关系。为此，图 5.15(a) 给出了行波势的解锁速度 $\mathscr{V}_{un}$ 与布朗粒子平均速度对应的最大值 $\langle v \rangle_{max}$ 之差作为形状参数的函数。图 5.15(b) 给出了每一对对称的 $(s, -s)$ 下布朗马达平均速度的最大值 $\langle v \rangle_{max}$ 之差作为 s 绝对值的函数。从图 5.15(a) 可以看出，行波势的解锁速度与相应的平均速度最大值之差 $(\mathscr{V}_{un} - \langle v \rangle_{max})$ 是系统形状参数 s 的减函数。事实上，对于形状参数 s 的每对对称值，行波势的解锁速度是相同的，而相应布朗粒子的平均速度值是不同的。

例如，当 $s = \pm 0.5$ 时，$\mathscr{V}_{un} \approx 20.3$。然而，当 $s = -0.5$ 和 $s = 0.5$ 时，$\langle v \rangle_{max}$ 分别等于 18.7910 和 19.9589。这意味着行波势的解锁速度总是大于相应布朗粒子平均速度的最大值。因此，当 s 增加时 $\mathscr{V}_{un} - \langle v \rangle_{max}$ 之差减小 (根据计算得到的数值，当 $s = -0.5$ 时，有 $\mathscr{V}_{un} - \langle v \rangle_{max} = 1.50900$；当 $s = 0.5$ 时，有 $\mathscr{V}_{un} - \langle v \rangle_{max} = 0.34110$)。可以明显看出，对于形状参数 s 的每一对对称值，当 s 取正值时 (深窄阱和宽垒)，在行波速度存在的情况下，势垒产生的布朗粒子平均速度的最大值

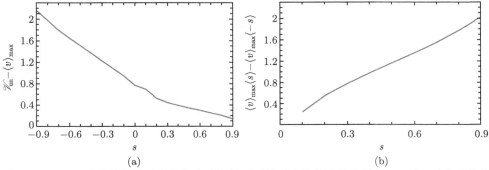

图 5.15　(a) 行波势的解锁速度与相应布朗粒子平均速度的最大值之差；(b) 两个对称形状参数下布朗马达平均速度的最大值之差，分别作为形状参数 s 的函数，其中 $D = 0.5$，$F = 0$，$U = 10$ 和 $\gamma = 1^{[43]}$

更大。如图 5.15(b) 所示，$\langle v \rangle_{\max}(s) - \langle v \rangle_{\max}(-s)$ 之差为 $|s|$ 的增函数。布朗马达在行波势存在下的这种行为可能是由于在深窄阱和宽势垒中，通过热涨落获得的能量耗散较少。这些动力学量的变化表明，形状参数在行波势棘轮中起着重要的作用。

对于不同形状参数 s，图 5.16 讨论了布朗马达的平均速度 $\langle v \rangle$ 作为热噪声强度 D 的函数。当形状参数 $s = 0$ 时，如 Li 等 [40] 所述，布朗粒子的解锁速度和相应平均速度的最大值在零温度或零噪声强度下等于势垒高度 U，如图 5.16 所示，有 $\mathcal{V} \approx \langle v \rangle_{\max} \approx U$，其中 $U = 20$。当棘轮的形状参数不等于零时 ($s > 0$ 和 $s < 0$)，平均速度的这种特性也能得到验证。虽然图 5.16 中的每条曲线都取了棘轮的特定形状，但总的来说，布朗粒子的平均速度是噪声强度的减函数。

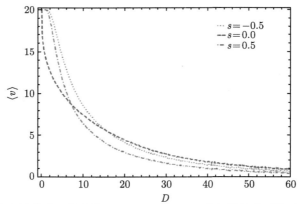

图 5.16　对于几个行波势的形状参数 $s = -0.5, 0, 0.5$，布朗马达的平均速度 $\langle v \rangle$ 作为噪声强度 D 的函数，其中 $F = 0$，$U = 20$ 和 $\mathcal{V} = 20$[43]

5.3.4　能量转换效率与外力

如前所述，效率衡量的是马达将输入能量转化为有用功的能力。对于某些给定行波势的形状参数值 s，计算结果如图 5.17 所示。可以看到，由力产生的能量转换效率 η_F 一般是外负载 F 的增函数。具体来说，行波棘轮效率的增加不仅是由于外部负载的增大，而且在很大程度上也受棘轮形状参数的影响。如图 5.17 所示，当 $s = -0.5$、0、0.5 时，效率的最大值 η_F 分别为 0.85、0.87 和 0.94。当负载持续增加时，具有正形状参数 ($s > 0$) 的棘轮即使在负载 F 较大的情况下也能有效地工作，然后在临界值 F_{Max} 处迅速下降。负载的这个极值 F_{Max} 表示，对于形状参数的每一个值都是系统所能承受的最大负载，超过这个值，棘轮将不能再做任何有意义的工作。

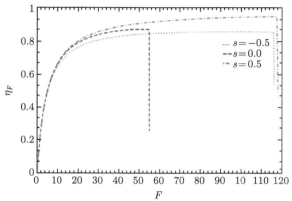

图 5.17　几个形状参数值下，能量转换效率作为负载 F 的函数，其中 $D = 1$，$U = 60$ 和
$\mathcal{V} = 5$[43]

为了深入了解形状参数对行波势中外负载作用下布朗粒子转换能量的能力，图 5.18 的上半部图像给出了由力产生的最大效率 $\eta_F(\text{Max})$ 作为 s 的函数，参数与图 5.17 相同。图 5.18 的下半部图像描绘了相应外部负载的最大值 F_{Max}。可以看出，$\eta_F(\text{Max})$ 是形状参数的增函数，且当 s 趋于 0.9 时，$\eta_F(\text{Max}) \to 0.98$。此外，施加的外部作用力在形状参数 s 的变化范围内近似对称。一般来说，当行波势的速度固定时，在外部负载的作用下，布朗粒子处于形为窄阱和宽垒的棘轮中（$s > 0$）的位移是在势阱内能量损失较小的情况下完成的。这意味着根据形状参数值 s，对于小于或等于临界值 F_{Max} 的负载，能量转换效率很高。因此，在行波势中尖锐的势阱有利于布朗粒子在外力作用下的输运。

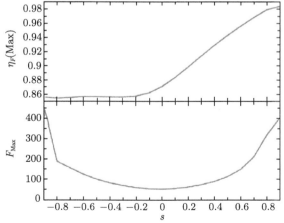

图 5.18　能量转换效率的最大值 $\eta_F(\text{Max})$ 和施于系统的最大负载力 F_{Max} 作为 s 的函数。其余参量与图 5.17 一致 [43]

5.3.5　斯托克斯效率与行波速度

　　在没有外部负载的情况下，布朗粒子将在黏性的环境中工作。图 5.19 给出形状参数 $s = -0.5$、0、0.5 时斯托克斯效率 η_T 作为行波势速度 $\mathscr{V}$ 的函数。该图像表明，当行波势的传播速度 $\mathscr{V}$ 存在时，形状参数对 η_T 的影响较大。事实上，对于 $s = 0$，布朗粒子空载时的输运效率能够保持为 1，直到行波势的速度 $\mathscr{V}$ 达到一个较大的临界值为止。然而，当行波势的速度大于临界值时，任何速度的增加都会导致斯托克斯效率单调地降低到非零的有限值。同时，行波势速度的临界值随形状参数 $|s|$ 的增加而增大。相对于布朗粒子在外加负载作用下的输运，其效率是形状参数的增函数。此外，对于正或负的 s（如 $s = \pm 0.5$），斯托克斯效率的变化基本相同。值得注意的是，在没有任何外部负载的情况下，布朗粒子在具有较大范围行波速度的变形棘轮中输运更有效。

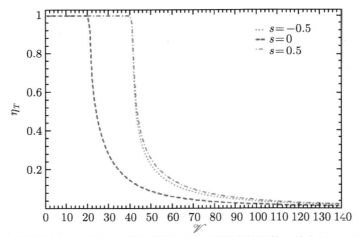

图 5.19　三个形状参数 s 下斯托克斯效率作为行波势速度的函数，其中 $U = 20$, $D = 0.5$ 和 $F = 0$[43]

　　总的来说，生物系统都是软物质，它们的形态可能会受到一些外界的影响而发生变化。因此，在对这些系统进行建模时有必要考虑它们的几何形状。此外，系统地研究变形的行波势存在时惯性对布朗马达动力学特性的影响，将会得到性质不同的结果。

参 考 文 献

[1] Xie P. Mechanism of processive movement of monomeric and dimeric kinesin molecules [J]. Int. J. Biol. Sci., 2010, 6(7): 665-674.

[2] Li M, Ouyang Z C, Shu Y G. Advances in the mechanism of mechanochemical coupling of kinesin [J]. Acta Phys. Sin., 2016, 65(18): 188702.

[3] 郭晓强. 分子马达运动: 生命滑动的乐章 [J]. 自然杂志, 2019, 41(1): 56-62.

[4] Allen R D, Metuzals J, Tasaki I, et al. Fast axonal transport in squid giant axon [J]. Science, 1982, 218(4577): 1127-1129.

[5] Vale R D, Schnapp B J, Reese T S, et al. Movement of organelles along filaments dissociated from the axoplasm of the squid giant axon [J]. Cell, 1985, 40(2): 449-454.

[6] Vale R D, Reese T S, Sheetz M P. Identification of a novel force-generating protein, kinesin, involved in microtubule-based motility [J]. Cell, 1985, 42(1): 39-50.

[7] Dey K K, Zhao X, Tansi B M, et al. Micromotors powered by enzyme catalysis [J]. Nano Lett., 2015, 15(12): 8311-8315.

[8] Nara Y, Niemi H, Steinheimer J, et al. Equation of state dependence of directed flow in a microscopic transport model [J]. Phys. Lett. B, 2017, 769(100): 543-548.

[9] Arzola A V, Volke-Sepúlveda K, Mateos J L. Experimental control of transport and current reversals in a deterministic optical rocking ratchet [J]. Phys. Rev. Lett., 2011, 106(16): 168104.

[10] Minucci S, Pelicci P G. Histone deacetylase inhibitors and the promise of epigenetic (and more) treatments for cancer [J]. Nat. Rev. Cancer, 2006, 6(1): 38-51.

[11] 展永. 生物物理学 [M]. 北京: 科学出版社, 2011.

[12] van den Heuvel M G L, Dekker C. Motor proteins at work for nanotechnology [J]. Science, 2007, 317(5836): 333-336.

[13] Prost J, Chauwin J F, Peliti L, et al. Asymmetric pumping of particles [J]. Phys. Rev. Lett., 1994, 72(16): 2652-2655.

[14] Craig E M, Zuckermann M J, Linke H. Mechanical coupling in flashing ratchets [J]. Phys. Rev. E, 2006, 73(5): 051106.

[15] Derenyi I, Ajdari A. Collective transport of particles in a "flashing" periodic potential [J]. Phys. Rev. E, 1996, 54(1): R5-R8.

[16] Lattanzi G, Maritan A. Force dependence of the Michaelis constant in a two-state ratchet model for molecular motors [J]. Phys. Rev. Lett., 2001, 86(6): 1134-1137.

[17] Moon H Y, Park Y. Modified Michaelis law in a two-state ratchet model for a molecular motor as a function of diffusion constant [J]. Phys. Rev. E, 2003, 67(5): 051918.

[18] Gao T F, Zhang Y, Chen J C. The current characteristics of two-state flashing ratchets composed of two asymmetric potentials [J]. Mod. Phys. Lett. B, 2008, 22(30): 2967-2978.

[19] Ai B Q, Wang L Q, Liu L G. Flashing motor at high transition rate [J]. Chaos, Solitons Fractals, 2007, 34(4): 1265-1271.

[20] Ai B Q, Wang L Q, Liu L G. Transport reversal in a thermal ratchet [J]. Phys. Rev. E, 2005, 72(3): 031101.

[21] Zhang H W, Wen S T, Zhang H T, et al. A feedback-controlled Brownian ratchet operated by a temperature switch [J]. Chin. Phys. B, 2012, 21(7): 078701.

[22] Astumian R D, Bier M. Fluctuation driven ratchets: molecular motors [J]. Phys. Rev. Lett., 1994, 72(11): 1766-1769.

[23] Gao T F, Chen J C. The current transport characteristics of a delayed feedback ratchet in a double-well potential [J]. J. Phys. A: Math. Theor., 2009, 42(6): 065002.

[24] Krishnan R, Chacko J, Sahoo M, et al. Stokes efficiency of temporally rocked ratchets [J]. J. Stat. Mech.: Theory Exp., 2006, 2006(6): P06017.

[25] Wang H Y, Bao J D. Collective dynamics of two-dimensional coupled Brownian motors [J]. Physica A, 2013, 392(20): 4850-4855.

[26] Li C P , Chen H B, Fan H, et al. The single- and double-particle properties and the current reversal of coupled Brownian motors [J]. J. Phys. A: Math. Theor., 2017, 50(47): 475003.

[27] Camargo S, Anteneodo C. Impact of rough potentials in rocked ratchet performance [J]. Physica A, 2018, 495: 114-125.

[28] Frauenfelder H, Sligar S G, Wolynes P G. The energy landscapes and motions of proteins [J]. Science, 1991, 254(5038): 1598-1603.

[29] Frauenfelder H, Wolynes P G, Austin R H. Biological physics [J]. Rev. Mod. Phys., 1999, 71(2): S419- S430.

[30] Zwanzig R. Diffusion in a rough potential [J]. Proc. Natl. Acad. Sci. USA, 1988, 85(7): 2029-2030.

[31] Marchesoni F. Transport properties in disordered ratchet potentials [J]. Phys. Rev. E, 1997, 56(3): 2492-2495.

[32] Liu C H, Liu T Y, Huang R Z, et al. Transport performance of coupled Brownian particles in rough ratchet [J]. Acta Phys. Sin., 2019, 68(24): 240501.

[33] Ai B Q, Xie H Z, Liao H Y, et al. Efficiency in a temporally asymmetric Brownian motor with stochastic potentials [J]. J. Stat. Mech.: Theory Exp., 2006, 2006(9): P09016.

[34] Hu B, Tekić J. Dynamical mode locking in commensurate structures with an asymmetric deformable substrate potential [J]. Phys. Rev. E, 2005, 72(5): 056602.

[35] Woulaché R L, Vanossi A, Manini N. Influence of substrate potential shape on the dynamics of a sliding lubricant chain [J]. Phys. Rev. E, 2013, 88(1): 012810.

[36] Moukam Kakmeni F M, Baptista M S. Synchronization and information transmission in spatio-temporal networks of deformable units [J]. Pranama - J. Phys., 2008, 70(6): 1063-1076.

[37] Costantini G, Marchesoni F. Asymmetric kinks: Stabilization by entropic forces [J]. Phys. Rev. Lett., 2001, 87(11): 114102.

[38] Huang X Q, Deng P, Xiong J W, et al. Directed transport in deformable ratchets [J]. Eur. Phys. J. B, 2012, 85(5): 162.

[39] Huang X Q, Deng P, Ai B Q. Transport of Brownian particles in a deformable tube [J]. Physica A, 2013, 392(3): 411-415.

[40] Li Y X, Wu X Z, Zhuo Y Z. Brownian motors: Solitary wave and efficiency [J]. Physica A, 2000, 286(1-2): 147-155.

[41] Kostur M, Machura L, Hänggi P, et al. Forcing inertial Brownian motors: Efficiency and negative differential mobility [J]. Physica A, 2006, 371(1): 20-24.

[42]   Borromeo M, Marchesoni F. Brownian surfers [J]. Phys. Lett. A, 1998, 249(3): 199-203.

[43]   Woulaché R L, Kepnang Pebeu F M, Kofane T C. Dynamics of Brownian motors in deformable medium [J]. Physica A, 2016, 460 : 326-334.

[44]   Reimann P, Hänggi P. Introduction to the physics of Brownian motors [J]. Appl. Phys. A, 2002, 75(2): 169-178.

第 6 章　温度驱动棘轮的非平衡态性能

　　由于分子马达足够小，和驱动马达的能量相比，热涨落可能会成为主导因素。这些马达工作在纳米尺度范围，因此它们总是受到周围随机环境的影响。人工马达的设计实际上要考虑热涨落的因素，所以这样的机器通常被称为布朗马达，并且可以在纳米尺度上控制它们的运动。布朗马达是一种纳米机器或者是分子器件，他们可以结合热噪声，时空不对称性以及外界输入的能量作用来产生定向运动[1]。

　　和真实的热机相比，布朗马达主要受和时间关联的外势或者化学势差的驱动。近三十年来，关于布朗马达的各个方面都已经得到了广泛的研究，其中包括动力学[1]、随机热力学[2,3]、效率[4,5]以及连续的（朗之万方程）和分立的（主方程）态空间。非均匀温度驱动的布朗热机的工作原理首先由 Buttiker, van Kampen 和 Landauer 提出，同时 Landauer 关于棘轮效应的工作也产生了非常有意义的深远影响。通过分析布朗热机的热流，Derényi 和 Astumian[6] 发现布朗热机的效率理论上可以达到卡诺热机的效率。后来 Hondou 和 Sekimoto[4] 声称这种热机由于温度梯度间存在不可逆热流，因此不可能达到卡诺效率。本章主要讨论由温度驱动的布朗棘轮的非平衡态热力学特性和相关性能，以及温度棘轮产生的流反转等有趣的棘轮输运行为。

6.1　热驱动布朗棘轮的非平衡态热力学分析

　　本节拓展了通常由空间温度梯度和棘轮势构成的马达模型[7-9]，并建立一个更为普适的布朗马达模型。这种模型具有不可逆热机[10-12]的特性，并且可以和非平衡态热力学理论框架相关联[13,14]。因此本节所建立的模型可用来计算实际系统中受主要不可逆因素影响的布朗马达的昂萨格系数和最大输出功率时的效率。另外，本节所得结论可用来进一步讨论系统的热漏，由粒子运动而产生的动能改变对昂萨格系数以及其他一些系统重要参数的影响。

6.1.1　不可逆热驱动布朗棘轮模型

　　考虑布朗粒子在外力 f 的作用下沿空间不对称周期棘轮势的运动。如图 6.1 所示，粒子周期地与两个沿空间坐标分布的高低温热源接触[7,15-17]，其中 $\dot{N}_+$ 和 $\dot{N}_-$ 分别表示单位时间内向前和向后跨越势垒的粒子数，T_H 和 T_C 分别表示高温热源和低温热源的温度，L_1 和 L_2 分别表示一个周期内棘轮势左端和右端的长度，$L = L_1 + L_2$ 是棘轮的周期长度，E 是势垒高度。

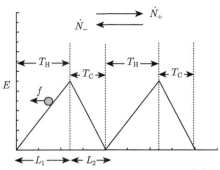

图 6.1 热驱动布朗马达的示意图 [16]

为了方便起见，如图 6.1 所示的连续分段线性棘轮仅由参数 E、L_1 和 L_2 刻画。布朗粒子的运动存在两个不同的驱动因素，一个因素是噪声诱导的定向运动即棘轮效应，另一个因素是驱动粒子从高温热源向低温热源跃迁的温度梯度。$E + fL_1$ 是一个粒子向前跨越势垒需要的能量，而 $E - fL_2$ 是一个粒子向后跨越势垒所需要的能量。如图 6.1 所示，棘轮的左半部分与温度为 T_H 的高温热源相接触，右半部分与温度为 T_C 的低温热源相接触。假定粒子向前和向后跳跃的跃迁率正比于 Arrhenius 因子 [18] 并且系统始终处于稳定流动的状态，因此单位时间内向前和向后跳跃的粒子数由下式决定 [16]

$$\dot{N}_+ = (1/t) \exp[-(E + fL_1)/(k_B T_H)] \tag{6.1.1}$$

和

$$\dot{N}_- = (1/t) \exp[-(E - fL_2)/(k_B T_C)] \tag{6.1.2}$$

其中，k_B 是玻尔兹曼常量，t 是具有时间量纲的比例常数。

根据图 6.1 可以发现，当热流从棘轮的左端流向右端时，上述棘轮模型充当热机角色，并且粒子经历的是周期运动。在这一过程中，系统存在三种热流。首先，粒子为了跨越势垒，在通过高温热源时单位时间内需要从热源吸收热流 $(\dot{N}_+ - \dot{N}_-)(E + fL_1)$。第二种热流是当粒子从高温热源向低温热源流动时，由于粒子再次跨越热源间的动能改变部分 [9]，这部分热流等于 $\frac{1}{2}k_B(\dot{N}_+ + \dot{N}_-)(T_H - T_C)$。第三种热流是高低温热源间的热漏部分 [16,18]，即 $\sigma(T_H - T_C)$，其中 σ 是高低温热源间的热漏系数。需要指出的是，热漏是由高低温热源间的温差直接导致的，因

此和第二种热流有着本质的不同。综上所述，从高温热源向系统释放的总热流是

$$\dot{Q}_{\mathrm{H}} = (\dot{N}_+ - \dot{N}_-)(E + fL_1) + \frac{1}{2}k_{\mathrm{B}}(\dot{N}_+ + \dot{N}_-)(T_{\mathrm{H}} - T_{\mathrm{C}}) + \sigma(T_{\mathrm{H}} - T_{\mathrm{C}}) \quad (6.1.3)$$

类似地，可计算得到向低温热源释放的总热流为

$$\dot{Q}_{\mathrm{C}} = (\dot{N}_+ - \dot{N}_-)(E - fL_2) + \frac{1}{2}k_{\mathrm{B}}(\dot{N}_+ + \dot{N}_-)(T_{\mathrm{H}} - T_{\mathrm{C}}) + \sigma(T_{\mathrm{H}} - T_{\mathrm{C}}) \quad (6.1.4)$$

6.1.2   热驱动布朗棘轮的昂萨格系数

根据上述分析，可以建立热驱动布朗马达的等效循环系统，同时该系统还能输出有用功，如图 6.2 所示。其中 $\dot{Q}_1$ 和 $\dot{Q}_2$ 是由于粒子运动在系统 S 和两个热源间交换的热流，$\dot{Q}_{\mathrm{Leak}}$ 是热漏部分，$\dot{W}$ 是输出功率。系统克服外力所做的功为 $W = -fx$，(这里外力可以是力学的、化学的或者是电场力)，热力学变量是 x。

相应地，热力学力 $X_1 = \dfrac{f}{T}$，其中 T 为系统的温度。热力学流 [10,19,20] 为 $J_1 = \dfrac{\mathrm{d}x}{\mathrm{d}t}$。输出功率 (即单位时间内系统所做的功)$\dot{W} = -f\dot{x} = -J_1 X_1 T$。输出的功是在从高温热源 T_{H} 流出的热流 $\dot{Q}_{\mathrm{H}}$ 影响下产生的。热力学力 $X_2 = \dfrac{1}{T_{\mathrm{C}}} - \dfrac{1}{T_{\mathrm{H}}}$ 以及热力学流 $J_2 = \dot{Q}_{\mathrm{H}}$，其中 T_{C} 是低温热源的温度，且有 $T_{\mathrm{C}} < T_{\mathrm{H}}$。假定温差 $T_{\mathrm{H}} - T_{\mathrm{C}} = \Delta T$ 和热源温度 T_{H} 或者 T_{C} 相比非常小，则热力学力可以重新写为 $X_1 = \dfrac{f}{T_{\mathrm{C}}}$ 和 $X_2 = \dfrac{\Delta T}{T_{\mathrm{C}}^2}$。

根据非平衡态热力学理论 [21]，如图 6.2 所示的布朗马达的熵产生率可以表述为

$$\dot{S} = -\frac{\dot{Q}_{\mathrm{H}}}{T_{\mathrm{H}}} + \frac{\dot{Q}_{\mathrm{C}}}{T_{\mathrm{C}}} \quad (6.1.5)$$

在线性响应区，等式 (6.1.5) 可以重新写成

$$\dot{S} = (X_1, X_2) \begin{pmatrix} L_{11} & L_{12} \\ L_{21} & L_{22} \end{pmatrix} \begin{pmatrix} X_1 \\ X_2 \end{pmatrix} \quad (6.1.6)$$

其中，L_{ij} 是系统的昂萨格系数。将式 (6.1.3) 和式 (6.1.4) 代入等式 (6.1.5) 中可以得到

$$\dot{S} = \frac{1}{k_{\mathrm{B}}t}\mathrm{e}^{-\frac{E}{k_{\mathrm{B}}T_{\mathrm{C}}}}\left[E^2\left(\frac{\Delta T}{T_{\mathrm{C}}^2}\right)^2 - 2E(L_1 + L_2)\frac{f}{T_{\mathrm{C}}}\frac{\Delta T}{T_{\mathrm{C}}^2} + (L_1 + L_2)^2\frac{f^2}{T_{\mathrm{C}}^2}\right]$$

$$+ \frac{1}{t}\mathrm{e}^{-\frac{E}{k_{\mathrm{B}}T_{\mathrm{C}}}}k_{\mathrm{B}}T_{\mathrm{C}}^2\left(\frac{\Delta T}{T_{\mathrm{C}}^2}\right)^2 + \sigma T_{\mathrm{C}}^2\left(\frac{\Delta T}{T_{\mathrm{C}}^2}\right)^2 \quad (6.1.7)$$

通过比较等式 (6.1.7) 和等式 (6.1.6)，可以得到热驱动布朗马达昂萨格系数的具体表达式为

$$L_{11} = \frac{1}{k_{\mathrm{B}}t}\mathrm{e}^{-\frac{E}{k_{\mathrm{B}}T_{\mathrm{C}}}}\left(L_1 + L_2\right)^2 \tag{6.1.8}$$

$$L_{21} = L_{12} = -\frac{1}{k_{\mathrm{B}}t}\mathrm{e}^{-\frac{E}{k_{\mathrm{B}}T_{\mathrm{C}}}}E\left(L_1 + L_2\right) \tag{6.1.9}$$

和

$$L_{22} = \frac{1}{k_{\mathrm{B}}t}\mathrm{e}^{-\frac{E}{k_{\mathrm{B}}T_{\mathrm{C}}}}E^2 + \frac{1}{t}\mathrm{e}^{-\frac{E}{k_{\mathrm{B}}T_{\mathrm{C}}}}k_{\mathrm{B}}T_{\mathrm{C}}^2 + \sigma T_{\mathrm{C}}^2 \tag{6.1.10}$$

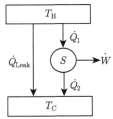

图 6.2 热驱动布朗马达的等效循环图 [16]

同时，昂萨格系数 L_{ij} 还呈现一系列系统固有的非平衡态热力学特性。从等式 (6.1.8)~ 等式 (6.1.10) 可以发现，昂萨格系数满足如下关系

$$L_{11} \geqslant 0, \quad L_{22} \geqslant 0, \quad L_{11}L_{22} - L_{12}L_{21} \geqslant 0 \tag{6.1.11}$$

这组关系清晰地表明，上述热驱动布朗马达是不可逆模型，由于模型中考虑了热漏和粒子动能改变的影响，所以对于布朗马达来说仍然存在熵产生。这一结论和文献 [7]~[9] 讨论的情况有所不同。

从等式 (6.1.8)~ 等式 (6.1.10) 还可以看到，无论是否考虑粒子的热漏以及动能改变的影响，L_{11} 和 $L_{12} = L_{21}$ 都没有受到影响。而 L_{22} 却完全依赖于粒子的热漏和动能改变部分。当忽略粒子的动能改变部分时（正如文献 [18] 所讨论的情况），有

$$L_{22} = \frac{1}{k_{\mathrm{B}}t}\mathrm{e}^{-\frac{E}{k_{\mathrm{B}}T_{\mathrm{C}}}}E^2 + \sigma T_{\mathrm{C}}^2 \tag{6.1.12}$$

这表明等式 (6.1.8)、等式 (6.1.9) 和等式 (6.1.12) 可以直接应用到文献 [18] 的模型上。此外，当粒子的热漏和动能改变的影响再次忽略时，有

$$L_{22} = \frac{1}{k_{\mathrm{B}}t}\mathrm{e}^{-\frac{E}{k_{\mathrm{B}}T_{\mathrm{C}}}}E^2 \tag{6.1.13}$$

L_{ij} 矩阵的系数行列式等于零，即 $L_{11}L_{22} = L_{12}^2$，则马达运行在零熵产生的可逆区域。这正是文献 [8] 所讨论的情况。然而，更为重要的是这些关系隐含着无量纲化的耦合强度 [10]

$$q = \frac{L_{12}}{\sqrt{L_{11}L_{22}}} = -1 \tag{6.1.14}$$

在这种近似条件下，布朗马达是处于紧耦合的 [8]。

线性不可逆热力学是基于局域平衡假设，热力学流与热力学力之间存在下列线性关系：

$$\begin{aligned}
J_1 &= L_{11}X_1 + L_{12}X_2 \\
&= \frac{1}{k_B t} e^{-\frac{E}{k_B T_C}} (L_1 + L_2)^2 \frac{f}{T_C} - \frac{1}{k_B t} e^{-\frac{E}{k_B T_C}} E (L_1 + L_2) \frac{\Delta T}{T_C^2} \\
&= \frac{1}{k_B t} e^{-\frac{E}{k_B T_C}} (L_1 + L_2) \left[(L_1 + L_2) \frac{f}{T_C} - E \frac{\Delta T}{T_C^2} \right]
\end{aligned} \tag{6.1.15}$$

以及

$$\begin{aligned}
J_2 &= L_{21}X_1 + L_{22}X_2 \\
&= -\frac{1}{k_B t} e^{-\frac{E}{k_B T_C}} E (L_1 + L_2) \frac{f}{T_C} + \left(\frac{1}{k_B t} e^{-\frac{E}{k_B T_C}} E^2 + \frac{1}{t} e^{-\frac{E}{k_B T_C}} k_B T_C^2 + \sigma T_C^2 \right) \frac{\Delta T}{T_C^2}
\end{aligned} \tag{6.1.16}$$

对角元素 L_{11} 和 L_{22} 有着明确的物理意义。当 $X_2 = 0$ 时，有

$$\dot{x} = \frac{L_{11}f}{T_C} = \frac{1}{k_B t} e^{-\frac{E}{k_B T_C}} \frac{(L_1 + L_2)^2 f}{T_C} \tag{6.1.17}$$

因此，$\frac{L_{11}}{T_C}$ 相对于外力 f 来说是系统的迁移率 (mobility)。当 $X_1 = 0$ 时，有

$$\dot{Q}_H = \frac{L_{22}\Delta T}{T_C^2} = \frac{1}{k_B t} e^{-\frac{E}{k_B T_C}} \frac{E^2 \Delta T}{T_C^2} + \frac{1}{t} e^{-\frac{E}{k_B T_C}} k_B \Delta T + \sigma \Delta T \tag{6.1.18}$$

因此 $\frac{L_{22}}{T_C^2}$ 是热传导系数 (coefficient of thermal conductivity)。副对角元素 $L_{12} = L_{21}$ 描述的是交叉耦合效应。有关交叉耦合效应的研究，其中非常著名的有 Seebeck (泽贝克)，Thomson (汤姆孙) 以及 Peltier (佩尔捷) 效应 [21]。需要注意的是，这些元素的最大值 (绝对值) 会受等式 (6.1.11) 的限制，并且无量纲化的耦合强度 $q = \frac{L_{12}}{\sqrt{L_{11}L_{22}}}$ 遵循 [10]

$$-1 \leqslant q \leqslant +1 \tag{6.1.19}$$

6.1.3　热驱动布朗棘轮最大输出功率时的效率

输出功率和效率是布朗马达的两个重要指标。根据上述结果，可以计算得到布朗马达的输出功率和效率[10]

$$\dot{W} = -J_1 X_1 T_C = -\left(L_{11} X_1^2 + L_{12} X_1 X_2\right) T_C$$

$$= -L_{11} T_C \left(X_1 + \frac{L_{12}}{2L_{11}} X_2\right)^2 + \frac{L_{12}^2 X_2^2}{4L_{11}} T_C \tag{6.1.20}$$

和

$$\eta = \frac{\dot{W}}{\dot{Q}_H} = -\frac{\Delta T}{T_H} \frac{J_1 X_1}{J_2 X_2} = -\frac{\Delta T}{T_H} \kappa \frac{L_{11}\kappa + L_{12}}{L_{21}\kappa + L_{22}} \tag{6.1.21}$$

其中，$\kappa = X_1/X_2$。

值得注意的是，利用非平衡态热力学研究不可逆马达的性能时，对于不同类型热机的输出功率和效率的表述可以写成统一的形式，尽管对于不同类型热机的昂萨格系数来说是互不相同的。这也明确地表明式 (6.1.20) 和式 (6.1.21) 具有更普遍的意义。

当马达运动停止时，$J_1 = \dot{x} = L_{11} X_1 + L_{12} X_2 = 0$，$\dot{W} = 0$，因此

$$X_1 = -\frac{L_{12} X_2}{L_{11}} = \frac{\frac{1}{k_B t} e^{-\frac{E}{k_B T_C}} E\left(L_1 + L_2\right)}{\frac{1}{k_B t} e^{-\frac{E}{k_B T_C}} \left(L_1 + L_2\right)^2} \frac{\Delta T}{T_C^2} = \frac{E\Delta T}{\left(L_1 + L_2\right) T_C^2} \equiv X_1^{\text{stall}} \tag{6.1.22}$$

称为失速力。相对应的外力为

$$f = X_1^{\text{stall}} T_C = \frac{E\Delta T}{(L_1 + L_2) T_C} \equiv f^{\text{stall}} \tag{6.1.23}$$

从等式 (6.1.22) 和等式 (6.1.23) 可以清楚地看到，无论是否考虑热漏或者粒子动能改变部分的影响，失速力和相应的外力仅与势垒高度和周期长度以及热源的温度有关。

从公式 (6.1.20) 可以很容易地证明，当热力学力 X_1 等于失速力的一半，即

$$X_1 = \frac{E\Delta T}{2\left(L_1 + L_2\right) T_C^2} \equiv X_{1,P} \tag{6.1.24}$$

时，输出功率能够达到最大值

$$\dot{W}^{\max} = \frac{L_{12}^2 X_2^2}{4L_{11}} T_C = \frac{\left[-\frac{1}{k_B t} e^{-\frac{E}{k_B T_C}} E\left(L_1 + L_2\right)\right]^2 \Delta T^2 T_C}{4\frac{1}{k_B t} e^{-\frac{E}{k_B T_C}} \left(L_1 + L_2\right)^2 T_C^4} = \frac{1}{4k_B t T_C^3} e^{-\frac{E}{k_B T_C}} E^2 \Delta T^2$$

$$\tag{6.1.25}$$

相应的效率可以表述为

$$\eta_{\mathrm{m}} = \frac{1}{2} \frac{\Delta T}{T_{\mathrm{H}}} \frac{q^2}{2 - q^2} \tag{6.1.26}$$

此时效率等于卡诺效率一半的倍数，其中的因子只是耦合强度 $|q|$ 的函数。对于紧耦合情况，$|q| \to 1$，系统最大输出功率时的效率正好等于卡诺效率的一半。该结论对于低阶小量 $\Delta T/T_{\mathrm{H}}$ 来说是非常有效的，实际上也满足 CA 效率，$\eta_{\mathrm{CA}} = 1 - \sqrt{T_{\mathrm{C}}/T_{\mathrm{H}}} \approx \Delta T/(2T_{\mathrm{h}})$。

值得关注的是，关于热机在最大输出功率时的效率问题最近有了一些新进展。涂展春研究组推导出费曼棘轮 (热机) 在最大输出功率时效率近似到卡诺效率的二阶项的一般表达式 [22]，随后 Esposito 等证实了这种普遍性 [23]。需要指出的是，除了最大输出功率时的效率外，总的来说，工作在其他状态下不可逆热驱动布朗马达的效率将会受到热漏和由于粒子运动而产生的动能改变部分的影响。

6.2　热驱动布朗棘轮的广义效率

当评估马达系统做功的有效性时，效率是一个重要指标。这个量的严格热力学定义暗含着马达要克服负载做有用功。传统效率的定义是所做的有用功和总耗散能量之比 [24]。为了确定传统效率取最大值的必要条件 [25]，这一效率已经被广泛地应用在各种闪烁和摇摆力棘轮中。对于这种定义来说，负载外力是不能避免的。特别地，当没有外力作用在系统上时，传统效率的结果将呈现零值。由于这一动机，Derényi 等 [15] 提出一个新的不用借助于外载的效率定义方法。这是一项开创性的工作。根据 4.4 节布朗热机的讨论，广义效率定义为最小的能量需求和总输入的能量之比。相应地，纳米机器的广义效率已经引起众多研究者的兴趣。本节主要在 6.1 节的基础上，扩展了以前的工作 [7-9]，并建立了一个更为普遍的热驱动布朗马达模型。该模型可用来计算不可逆因素存在的实际系统中布朗马达的广义效率及其性能。

6.2.1　热驱动布朗棘轮模型

热驱动布朗棘轮模型由沿锯齿势运动并受外力拖动的布朗粒子构成，与 6.1 节不同的是，这里的黏滞环境是可以变化的。同时布朗粒子分别与沿着空间坐标分布的冷源和热源接触 [7,9,26]。在 $x = 0$ 处，一个周期内棘轮势 $U_{\mathrm{s}}(x)$ 的形状可由下式描述

$$U_{\mathrm{s}}(x) = \begin{cases} U_0 \left(\dfrac{x}{L_1} + 1 \right) & (-L_1 \leqslant x < 0) \\[3mm] U_0 \left(\dfrac{-x}{L_2} + 1 \right) & (0 \leqslant x < L_2) \end{cases} \tag{6.2.1}$$

其中，L_1 和 L_2 分别为锯齿势左半部分和右半部分的长度，U_0 是势垒的高度。在一个周期 $-L_1 \leqslant x < L_2$ 内温度 $T(x)$ 的变化由

$$T(x) = \begin{cases} T_{\mathrm{h}} & (-L_1 \leqslant x < 0) \\ T_{\mathrm{c}} & (0 \leqslant x < L_2) \end{cases} \tag{6.2.2}$$

决定，其中，T_{h} 和 T_{c} 分别是热源和冷源的温度。$U_{\mathrm{s}}(x)$ 和 $T(x)$ 都有相同的周期，即 $U_{\mathrm{s}}(x+L) = U_{\mathrm{s}}(x)$ 和 $T(x+L) = T(x)$，如图 6.3 所示，其中 $L = L_1 + L_2$ 是锯齿势的周期。当考虑外力 f 时，相应于外力势能 fx 的等价的势能是线性的，因此含有外力的棘轮势可以写为 $U(x) = U_{\mathrm{s}} + fx$。

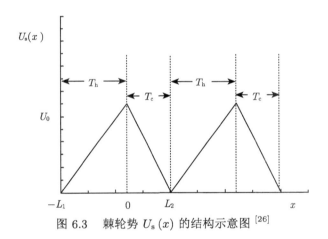

图 6.3　棘轮势 $U_{\mathrm{s}}(x)$ 的结构示意图[26]

由于描述各向异性介质中布朗粒子的动力学方程依赖于粒子所处的特定环境[27]，因此假定系统中各向异性介质具有很强的黏滞性，并且其相应的动力学方程可写成斯莫卢霍夫斯基方程形式。这个方程首先来自于 Sancho 等[28] 的工作，然后被其他的研究者广泛应用[7,29]，形式如下

$$\frac{\partial}{\partial t}(P(x,t)) = \frac{\partial}{\partial x}\left[\frac{1}{\gamma(x)}\left(U'(x)P + \frac{\partial}{\partial x}(T(x)P)\right)\right] \tag{6.2.3}$$

其中，玻尔兹曼常量 k_{B} 已经归一化，$P = P(x,t)$ 为时刻 t 在位置 x 处发现粒子的概率密度，$U'(x) = \mathrm{d}U(x)/\mathrm{d}x$，$\gamma(x)$ 为位置 x 处的摩擦系数。从上述模型和方程 (6.2.3) 出发，并根据 3.3.2 节热驱动布朗热机的解析方法，可以得到稳态时的常数概率流[7,26]

$$J = \frac{-F}{G_1 G_2 + (A_1 + A_2 + A_3)F} \tag{6.2.4}$$

其中

$$F = \mathrm{e}^{a-b} - 1$$

$$G_1 = \frac{L_1}{aT_{\mathrm{h}}}\left(1 - \mathrm{e}^{-a}\right) + \frac{L_2}{bT_{\mathrm{c}}}\mathrm{e}^{-a}\left(\mathrm{e}^b - 1\right)$$

$$G_2 = \frac{\gamma L_1}{a}\left(\mathrm{e}^a - 1\right) + \frac{\gamma L_2}{b}\mathrm{e}^a\left(1 - \mathrm{e}^{-b}\right)$$

$$A_1 = \frac{\gamma}{T_{\mathrm{h}}}\left(\frac{L_1}{a}\right)^2\left(a + \mathrm{e}^{-a} - 1\right)$$

$$A_2 = \frac{\gamma L_1 L_2}{abT_{\mathrm{c}}}\left(1 - \mathrm{e}^{-a}\right)\left(\mathrm{e}^b - 1\right)$$

$$A_3 = \frac{\gamma}{T_{\mathrm{c}}}\left(\frac{L_2}{b}\right)^2\left(\mathrm{e}^b - 1 - b\right)$$

$$a = \frac{U_0 + fL_1}{T_{\mathrm{h}}} \quad \text{和} \quad b = \frac{U_0 - fL_2}{T_{\mathrm{c}}} \tag{6.2.5}$$

当布朗马达的热力学力 $X_1 = \dfrac{f}{T_{\mathrm{c}}}$ 和 $X_2 = \dfrac{T_{\mathrm{h}} - T_{\mathrm{c}}}{T_{\mathrm{c}}^2} = \dfrac{\Delta T}{T_{\mathrm{c}}^2}$ 非常小时，概率流可以简化为

$$J = -C[X_1 - (U_0/L)X_2] \tag{6.2.6}$$

其中，$C = \dfrac{T_{\mathrm{c}}}{\gamma L}\left[\dfrac{\alpha}{\sinh(\alpha)}\right]^2$ 及 $\alpha = U_0/(2T_{\mathrm{c}})$。根据等式 (6.2.6)，粒子的平均漂移速度

$$v = JL \tag{6.2.7}$$

可以简捷地求出。

根据 6.1 节的讨论可知，当热流历经一个周期并从棘轮的左端流向右端时，上述模型可看作热机。同时，系统中存在两类热流 [26]，一类热流是高温热源和低温热源之间的热漏 $k\Delta T$，其中 k 为每个粒子流经高低温热源之间的热漏系数；另一类热流则是粒子在跨越高低温热源区域时由于粒子的运动而产生的热流。为了跨越势垒并克服黏滞阻尼环境，系统吸收的热量为 $(U_0 + fL_1) + \gamma vL_1$，即粒子通过高温热源时所释放的热量。另外，由于粒子再次越过高低温热源区域时所引起的动能改变部分等于 $\Delta T/2$，所以在周期时间 $t = L/v$ 内，从高温热源向系统释放的总热量是

$$Q_{\mathrm{h}} = U_0 + (\gamma v + f)L_1 + \Delta T/2 + tk\Delta T \tag{6.2.8}$$

类似地, 可计算在周期时间 t 内系统向低温热源释放的总热量

$$Q_c = U_0 - (\gamma v + f) L_2 + \Delta T/2 + tk\Delta T \qquad (6.2.9)$$

值得注意的是, 本节所建立的模型与文献 [7] 和 [8] 相比更具一般性, 并且文献中的一些重要结论可以直接从本模型的某些极限条件下获得。

6.2.2 热驱动布朗棘轮广义效率的计算

根据等式 (6.2.8) 和等式 (6.2.9) 可以得到布朗马达在一个循环内所做的净功 W 为

$$W = (\gamma v + f) L \qquad (6.2.10)$$

其中, $(\gamma v + f)$ 项可看作广义负载或者广义力。值得注意的是, 等式 (6.2.8)、等式 (6.2.9) 和等式 (6.2.10) 满足热力学第一定律 $Q_h = Q_c + W$。基于式 (6.2.8) 和式 (6.2.10), 文献 [7], [15] 所提出的布朗马达的广义效率可以写成

$$\eta = \frac{W}{Q_h} = \frac{(\gamma v + f) L}{U_0 + (\gamma v + f) L_1 + \frac{\Delta T}{2} + k(L/v)\Delta T} \qquad (6.2.11)$$

其中, 克服外力 f 所做的功和粒子定向运动克服摩擦所耗散掉的能量从整流的观点来看都被看作有意义的部分[30,31]。广义效率[32] 强调它的更一般行为, 该效率不同于传统效率, 即在广义效率公式的分子中多了一项 γvL, 这一项是粒子克服摩擦所做的功。广义效率强调的是如何把输入的能量利用到粒子的定向运动, 而不是把多少能量存储到系统当中[30]。

为了研究热驱动布朗马达的广义效率如何依赖系统变量, 下面引入一组新的参量 $u = \frac{U_0}{T_c}$, $l = \frac{L_2}{L_1}$, $\beta = \frac{T_h}{T_c}$, $\lambda = f\frac{L_1}{T_c}$ 以及 $\Gamma = \frac{\gamma L_1^2}{T_c}$。根据等式 (6.2.4)、等式 (6.2.7) 和等式 (6.2.11) 可以计算得到布朗马达广义效率的性能特性曲线, 如图 6.4~ 图 6.9 所示。

图 6.4 给出在参数 u、β、l、Γ 和 λ 固定下, 广义效率 η 随热漏系数 k 的变化曲线。从图中可以清楚地看到, 马达的广义效率是 k 的单调减函数。这个原因十分明确, 热漏系数 k 越小, 马达损失的热量就越少, 因此广义效率就越大。当 $k = 0$ 时, 广义效率最大。

图 6.5 给出在参数 u、β、k、Γ 和 λ 取定值时广义效率随非对称参数 l 的变化关系。可以明显地看到, 效率和非对称参数 l 的依赖关系比较复杂, 当热漏系数 $k = 0$ 时, 效率随非对称参数 l 的增加而线性地增大。当 $k \neq 0$ 但非常小的时候, 效率不是 l 的单调函数, 因此当效率达到最大值时有一个优化的 l。当 k 更大的时候, 广义效率随着 l 的增加而减小。对于 $k > 0$ 时, 非对称参数在效率等

于零处有一个最大的 l 值。当 $l > l_{\max}$ 时，效率小于零，此时布朗热机将失去它的作用。l 的最大值与 k 和 Γ 无关，但是依赖于参数 u、λ 和 β 的选择。

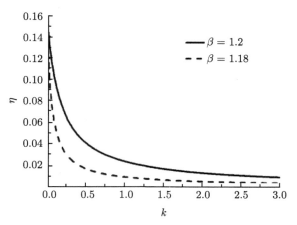

图 6.4　η 随 k 的变化曲线，其中 $l = 0.6$，$u = 2$，$\Gamma = 1$ 和 $\lambda = 0.2$[26]

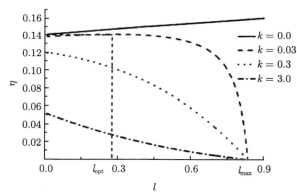

图 6.5　η 随 l 的变化曲线，其中 $\beta = 1.2$，$u = 2$，$\Gamma = 1$ 和 $\lambda = 0.2$，l_{opt} 和 $l_{\max}$ 分别是广义效率取最大值和广义效率等于零时 l 的取值 [26]

　　图 6.6 给出当参数 u、β、l、Γ 和 k 取定值时 λ 对广义效率的影响。当 $k = 0$ 时，效率随着 λ 的增加而线性增大，这个结果和文献 [7] 一致。当 $k > 0$ 时，效率不是 λ 的单调函数。当效率达到最大值时存在一个优化的 λ。随着 k 的增加，最大效率和相应的 λ 值将减小。当 λ 等于 $\lambda_{\min}$ 和 $\lambda_{\max}$ 时，概率流等于零，此时相对应的负载称为失速力，并且相应的效率也等于零。这意味着对于布朗热机来说，λ 的取值范围是 $\lambda_{\min} < \lambda < \lambda_{\max}$。很显然参数 $\lambda_{\min}$ 和 $\lambda_{\max}$ 与 k 和 Γ 无关，但是依赖于参数 u、l 和 β 的选取。

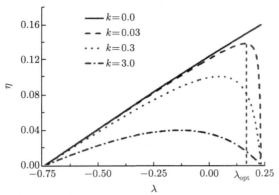

图 6.6 η 随 λ 的变化曲线，参数 $\beta = 1.2$，$l = 0.6$，$u = 2$ 和 $\Gamma = 1$，λ_{opt} 是最大效率时的 λ 值 [26]

图 6.7 给出在参数 u、β、λ、l 和 k 给定时黏滞系数对广义效率的影响。从图 6.7 及等式 (6.2.4) 和等式 (6.2.11) 可以清楚地看到在 $k = 0$ 时，对于给定的参数 u、β、λ 和 l，γv 等于常数，因此效率也是一个常数。当 $k > 0$ 时，效率总是随着黏滞阻尼的增大而减小。

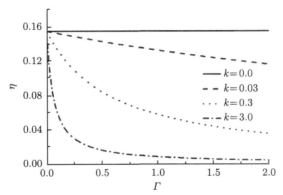

图 6.7 η 随 Γ 的变化曲线，参数 $\beta = 1.2$，$l = 0.6$，$u = 2$ 和 $\lambda = 0.2$[26]

图 6.8 给出当参数 u、Γ、λ、l 和 k 取定值时广义效率随两热源温比的变化关系。可以发现，无论系统内是否存在热漏，广义效率都是 β 的单调增函数。当 $k > 0$ 时，在 $\eta = 0$ 处存在一个最小的 β 值。当 $\beta < \beta_{\min}$ 时，效率会小于零，并且布朗热机将失去它的作用。β 的最小值与 k 和 Γ 无关，但依赖于 u、λ 和 l 的选择。

图 6.9 给出在参数 β、Γ、λ、l 和 k 给定时 u 对广义效率的影响。可以看到当效率达到最大值时存在一个优化的 u。随着系统内的热漏增大，广义效率的最大值将会减小而相应优化的 u 值将增加。当 u 等于 $u_{\min}$ 或者 $u_{\max}$ 时，$\eta = 0$，

这意味着对于布朗热机来说，u 的范围满足 $u_{\min} < u < u_{\max}$。当热漏 $k = 0$ 时，$u_{\min} = 0$。当 $k > 0$ 时，极值 $u_{\min}$ 和 $u_{\max}$ 和参数 k 与 Γ 无关，但是依赖于 β、λ 和 l 的选择。

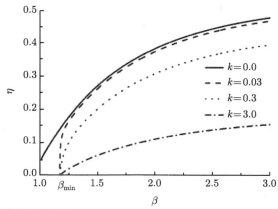

图 6.8　η 随 β 的变化曲线，其中 $l = 0.6$，$u = 2$，$\Gamma = 1$ 和 $\lambda = 0.2$，参数 $\beta_{\min}$ 是效率等于零时的 β 值 [26]

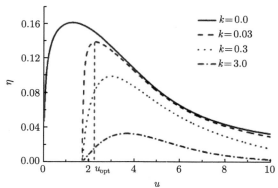

图 6.9　η 随 u 的变化曲线，其中 $\beta = 1.2$，$l = 0.6$，$\Gamma = 1$ 和 $\lambda = 0.2$，参数 u_{opt} 是最大效率处的 u 值 [26]

6.2.3　广义效率的进一步讨论

1. 热漏 $k = 0$ 的情况

当系统的热漏可以忽略时，$k = 0$，方程 (6.2.11) 可以简化成

$$\eta = \frac{(\gamma v + f)\, L}{U_0 + (\gamma v + f)\, L_1 + \frac{\Delta T}{2}} \tag{6.2.12}$$

式 (6.3.12) 清晰地表明，由于粒子的运动而产生的动能改变部分总会降低布朗马达的效率。

当粒子运动而引起的动能改变部分进一步忽略后，式 (6.2.12) 可写成

$$\eta = \frac{(\gamma v + f)\, L}{U_0 + (\gamma v + f)\, L_1} \tag{6.2.13}$$

这一结果正是文献 [7] 所得到的，同时恰好说明文献 [7] 所建立的模型仅是本节讨论模型的一个特例，因此文献中的结论可以直接从本模型中得到。当选择 $L_2 = 0$ 和 $\gamma = 1$ 时 [8]，即 $L_1 = L$、$a = (U_0 + fL)/T_{\mathrm{h}}$ 和 $b = U_0/T_{\mathrm{c}}$，方程 (6.2.4) 与系统的熵产生率可以化简成 [26]

$$J = \frac{v}{L} = \frac{a^2 T_{\mathrm{h}}}{L^2} \frac{\mathrm{e}^{-a} - \mathrm{e}^{-b}}{a\left(\mathrm{e}^{-b} - \mathrm{e}^{-a}\right) + \left(1 - \mathrm{e}^{-b}\right)\left(1 - \mathrm{e}^{-a}\right)} \tag{6.2.14}$$

$$\dot{S} = \frac{T_{\mathrm{c}}}{L^2}\left(\frac{\alpha}{\sinh \alpha}\right)^2 \left[1 - (\alpha/\sinh \alpha)^2\right] \left(U_0^2 X_2^2 - 2 U_0 L X_1 X_2 + L^2 X_1^2\right) \tag{6.2.15}$$

昂萨格系数则可简化为

$$L_{11} = T_{\mathrm{c}}\left(\frac{\alpha}{\sinh \alpha}\right)^2 \left[1 - (\alpha/\sinh \alpha)^2\right] \tag{6.2.16}$$

$$L_{21} = L_{12} = -\frac{U_0 T_{\mathrm{c}}}{L}\left(\frac{\alpha}{\sinh \alpha}\right)^2 \left[1 - (\alpha/\sinh \alpha)^2\right] \tag{6.2.17}$$

和

$$L_{22} = \frac{U_0^2 T_{\mathrm{c}}}{L^2}\left(\frac{\alpha}{\sinh \alpha}\right)^2 \left[1 - (\alpha/\sinh \alpha)^2\right] \tag{6.2.18}$$

式 (6.2.14) 和文献 [8] 中的公式 (4) 一致。然而式 (6.2.15)～式 (6.2.18) 和文献 [8] 中的结果不同。仅当 $v \ll f$ 时，系统和两个热源间相互交换的平均热流可以各自简单表述成 $Q_{\mathrm{h}}/t = (U_0/L + f)v$ 和 $Q_{\mathrm{c}}/t = (U_0/L)v$。在这种条件下，$1 \gg (\alpha/\sinh \alpha)^2$，从式 (6.2.13) 以及式 (6.2.15)～式 (6.2.18) 可以直接得到文献 [8] 的结论，包括效率、熵产生率及昂萨格系数

$$\eta = \frac{fL}{U_0 + fL} \tag{6.2.19}$$

$$\dot{S} = \frac{T_{\mathrm{c}}}{L^2}\left[\frac{\alpha}{\sin \mathrm{h}(\alpha)}\right]^2 \left(U_0^2 X_2^2 - 2 U_0 L X_1 X_2 + L^2 X_1^2\right) \tag{6.2.20}$$

$$L_{11} = T_{\mathrm{c}}\left[\frac{\alpha}{\sinh(\alpha)}\right]^2 \tag{6.2.21}$$

$$L_{21} = L_{12} = -\frac{U_0 T_c}{L} \left[\frac{\alpha}{\sinh(\alpha)} \right]^2 \tag{6.2.22}$$

和

$$L_{22} = \frac{U_0^2 T_c}{L^2} \left[\frac{\alpha}{\sinh(\alpha)} \right]^2 \tag{6.2.23}$$

上述的表达式已经很清楚地表明文献 [8] 仅是本节讨论模型的特例，因此文献 [8] 得到的结论只适用于 $v \ll f$ 的极限条件。

2. 平均速度 $v = 0$ 的情况

当 $v = 0$ 时，从式 (6.2.4) 可以直接得到

$$\frac{T_c}{T_h} = \frac{U_0 - f L_2}{U_0 + f L_1} \tag{6.2.24}$$

根据关系式 (6.2.24)，方程 (6.2.11)、方程 (6.2.12) 可以各自化简为

$$\eta = 0 \tag{6.2.25}$$

和

$$\eta = \frac{W}{Q_h} = \frac{f L \Delta T}{f L T_h + (\Delta T)^2 / 2} \tag{6.2.26}$$

而式 (6.2.13) 和式 (6.2.19) 可以退化成相同的形式 [7,8]

$$\eta = 1 - \frac{T_c}{T_h} \tag{6.2.27}$$

这里可以很清楚地看到当考虑热漏或者由于粒子运动而引起的动能改变部分时，布朗马达的广义效率不可能达到卡诺效率，即使在布朗马达运行在粒子流恒等于零的情况下。

3. 线性响应区的情况

若两个热力学力 X_1 和 X_2 非常小，则布朗马达处于线性响应区。方程 (6.2.11) 可以化简成

$$\eta = C_1 [u(\beta - 1) - (1 + l)\lambda] \{ C_1 [u(\beta - 1) - (1 + l)\lambda] + (1 + l)\lambda \} /$$

$$\left(C_1 [u(\beta - 1) - (1 + l)\lambda] \left\{ u + \{ C_1 [u(\beta - 1) - (1 + l)\lambda] + (1 + l)\lambda \} \frac{1}{1 + l} + \frac{\beta - 1}{2} \right\} \right.$$

$$\left. + k \Gamma (1 + l)^2 (\beta - 1) \right) \tag{6.2.28}$$

其中，$C_1 = C\gamma L T_c$。从式 (6.2.28) 可以证明，效率是 k 和 Γ 的单调减函数，但却是 β 的单调增函数，正如图 6.4、图 6.7 和图 6.8 所示。从式 (6.2.28) 还可以看到，当

$$u(\beta - 1) - (1 + l)\lambda = 0 \tag{6.2.29}$$

或者

$$C_1[u(\beta - 1) - (1 + l)\lambda] + (1 + l)\lambda = 0 \tag{6.2.30}$$

时，广义效率等于零。这意味着当效率达到最大值时，参数 l、λ 和 u 会存在某些优化值，正如图 6.5、图 6.6 和图 6.9 给出的一样。利用式 (6.2.28) 可以计算当参数 k、β 和 Γ 给定时最大效率 $\eta_{\max}$ 以及相应的优化参量 u_{opt}、l_{opt} 和 λ_{opt}，如表 6.1 所列。

表 6.1 $\beta = 1.2$ 以及给定 k 和 Γ 情况下的优化参量 u_{opt}、l_{opt}、λ_{opt} 和 $\eta_{\max}$[26]

k	Γ	u_{opt}	l_{opt}	λ_{opt}	$\eta_{\max}$
	0.1	2.13	0.90	0.20	0.16
0.03	0.5	2.10	0.67	0.20	0.15
	1.0	1.90	0.38	0.19	0.15
	0.1	2.04	0.45	0.20	0.15
0.3	0.5	1.94	0.10	0.19	0.13
	1.0	1.86	0.09	0.13	0.12

类似地，当布朗马达处于线性响应区时，式 (6.2.12) 和式 (6.2.13) 可以化简成

$$\eta = \frac{C_1[u(\beta - 1) - (1 + l)\lambda] + (1 + l)\lambda}{u + \{C_1[u(\beta - 1) - (1 + l)\lambda] + (1 + l)\lambda\}\dfrac{1}{1 + l} + \dfrac{\beta - 1}{2}} \tag{6.2.31}$$

和

$$\eta = \frac{C_1[u(\beta - 1) - (1 + l)\lambda] + (1 + l)\lambda}{u + \{C_1[u(\beta - 1) - (1 + l)\lambda] + (1 + l)\lambda\}\dfrac{1}{1 + l}} \tag{6.2.32}$$

在这种情况下，广义效率是 l 和 λ 的单调增函数并且与摩擦系数 γ 无关，如图 6.5、图 6.6 和图 6.7 实线所示。而且很容易证明，在效率达到最大值时，参量 u 会存在一个优化值，如图 6.9 中的实线所示。

6.3 双温棘轮中耦合布朗马达的流反转

近年来，耦合布朗马达定向输运的理论研究在许多不同的科学领域中得到了大量关注，如生物系统中的分子马达、表面上两种聚合物的扩散以及约瑟夫森结阵列等[33−38]。在棘轮模型中，非平衡态环境和系统对称性破缺是粒子定向输运

的必要条件。对称性破缺一般包括周期势场的对称破缺、非平衡扰动引起的对称性破缺及系统各元素间相互耦合引起的破缺[39-43]。

本节讨论的动机来自于对分子马达 (蛋白质马达) 运动方式的实验观察。研究发现，大多数蛋白质马达（如驱动蛋白）都具有二聚体（dimer）结构，其中每个马达蛋白由两个相互作用的相同单体（monomer）构成，并且每个单体都会经历 ATP 水解循环[44,45]。实验发现，两个马达蛋白之间的耦合在实现定向运动甚至反向运动中起着重要的作用，并且这两个马达蛋白之间的耦合不是独立的，而是以顺序交替的方式进行，从而导致它们的催化循环不同步。此外，还注意到一个与二聚体分子马达对称性破缺有关的重要事实，也就是说，马达的两个头部水解过程是连续的，而它们的步进是异步的[46,47]。这为建立非对称势场中耦合马达的双温棘轮模型提供了理论依据。

6.3.1　耦合双温棘轮模型

1. 动力学模型

在非对称周期势中，考虑两个耦合布朗马达与两个不同温度的热浴进行接触，则两个相互耦合布朗马达的运动可由过阻尼朗之万方程进行描述[48]

$$\dot{x}_i = -\frac{\partial V(x_i)}{\partial x_i} - \frac{\partial U_0}{\partial x_i} + \xi_i(t), \quad i = 1, 2 \tag{6.3.1}$$

其中，x_i 是第 i 个马达的坐标。$V(x)$ 为非对称的周期棘轮势，该势能主要来自于马达与微管间的相互作用。$V(x)$ 的简洁形式可由下式给出

$$V(x) = -V_0 \left[\sin\left(\frac{2\pi}{L}x\right) + \frac{\Delta}{4}\sin\left(\frac{4\pi}{L}x\right) \right] \tag{6.3.2}$$

这里，L 是势 $V(x)$ 的空间周期，Δ 是棘轮的非对称系数。两个马达的相互作用势可用 $U_0(x_1, x_2)$ 表示，并具有如下的简谐形式

$$U_0(x_1, x_2) = \frac{1}{2}k(x_1 - x_2 - a)^2 \tag{6.3.3}$$

其中，k 为耦合强度，a 为耦合自由长度。两个热浴对布朗马达的作用可由噪声项 $\xi_1(t)$ 和 $\xi_2(t)$ 进行描述，并设为独立无偏的高斯白噪声，满足

$$\langle \xi_i(t) \rangle = 0$$

$$\langle \xi_i(t)\xi_j(t') \rangle = 2k_B T_i(t) \delta_{ij}\delta(t - t'), \quad i, j = 1, 2 \tag{6.3.4}$$

这里，$k_{\rm B}T$ 是热能。$T_1(t)$ 和 $T_2(t)$ 是下述调制的谐波变化温度函数

$$T_1(t) = T_0 \left[1 + A \sin\left(\frac{2\pi}{t_0} t \right) \right]^2$$

$$T_2(t) = T_0 \left[1 + A \sin\left(\frac{2\pi}{t_0} t + \Delta\theta \right) \right]^2 \tag{6.3.5}$$

式 (6.3.5) 中，t_0 是温度的脉动周期，$\Delta\theta$ 是两个温度涨落间的相移。两个温度的不匹配从生物学角度反映了两个马达不同的 ATP 水解状态。本节讨论中，参数取 $T_0 = 0.5$ 和 $A = 0.8$。

2. 强耦合下的浸渐消去（adiabatic elimination）与质心动力学

从理论上直接分析两个耦合布朗马达的协作棘轮效应是困难的。然而，通过减小自由度以获得系统的低维描述是处理耦合系统合作棘轮效应的有效方法[48]。通过引入质心坐标 $X = (x_1 + x_2)/2$ 和相对坐标 $Y = x_1 - x_2$，可将方程 (6.3.1) 转化为

$$\dot{X} = -\frac{1}{2} \frac{\partial \left[V\left(X + \frac{Y}{2} \right) + V\left(X - \frac{Y}{2} \right) \right]}{\partial X} - \frac{\partial \left[V\left(X + \frac{Y}{2} \right) - V\left(X - \frac{Y}{2} \right) \right]}{\partial Y}$$
$$+ \frac{1}{2} \left[\xi_1(t) + \xi_2(t) \right] \tag{6.3.6}$$

$$\dot{Y} = -\frac{\partial \left[V\left(X + \frac{Y}{2} \right) - V\left(X - \frac{Y}{2} \right) \right]}{\partial X} - 2\frac{\partial \left[V\left(X + \frac{Y}{2} \right) + V\left(X - \frac{Y}{2} \right) \right]}{\partial Y}$$
$$- 2k(Y - a) + \xi_1(t) - \xi_2(t) \tag{6.3.7}$$

为了解两个马达间的耦合对系统定向输运的影响，研究非常大且有限刚度 k 的极限下的动力学是有指导意义的。在这种情况下，方程 (6.3.7) 中的 $-2k(Y - a)$ 项意味着，与变量 X 的弛豫相比，坐标 Y 的衰减要快得多。分析表明，根据 Haken 提出的役使原理（slaving principle）[33,43]，Y 是一个快变量并可进行浸渐消去。

因此，当 $k \to \infty$ 时，耦合布朗马达质心的动力学方程 (6.3.6) 可变成

$$\dot{X} = -\frac{1}{2} \frac{\partial \left[V\left(X + \frac{a}{2} \right) + V\left(X - \frac{a}{2} \right) \right]}{\partial X} + \frac{1}{2} \left[\xi_1(t) + \xi_2(t) \right] \tag{6.3.8}$$

并有 $Y \approx a$。

同时，动力学方程 (6.3.8) 可简单表示为

$$\dot{X} = f(X) + q(t) \tag{6.3.9}$$

其中

$$f\left(X\right)=-\frac{1}{2}\frac{\partial\left[V\left(X+\frac{a}{2}\right)+V\left(X-\frac{a}{2}\right)\right]}{\partial X}$$

$$q\left(t\right)=\frac{1}{2}\left[\xi_1\left(t\right)+\xi_2\left(t\right)\right] \tag{6.3.10}$$

理论上，通过化简后的布朗粒子动力学（质心动力学方程 (6.3.8)），可以定性地计算多个参数（如耦合自由长度 a、两种温度的调制周期 t_0 和两和温度间的相移 $\Delta\theta$）对耦合布朗马达定向运动的影响。

根据文献 [49] 的单个布朗粒子温度棘轮的分析，当温度涨落的周期 t_0 趋于无穷大时，温度可看作小时间间隔内的近似常数，在高斯白噪声存在下的周期势中单个布朗马达的平均速度为零。当周期 $t_0 \ll 1$ 时，很容易得到

$$\left\langle\dot{X}\right\rangle=t_0^2 B_k\int_0^L\mathrm{d}X\left(V_k'(X)\left[V_k''(X)\right]^2\right)+o\left(t^3\right) \tag{6.3.11}$$

其中，

$$B_k=\frac{4L\int_0^1\mathrm{d}h\left[\int_0^h\mathrm{d}\hat{h}\left(\frac{1-\hat{T}\left(\hat{h}\right)}{\bar{T}}\right)\right]}{\eta^3\int_0^L\mathrm{d}X\left(\mathrm{e}^{\frac{V_k(X)}{k_\mathrm{B}\bar{T}}}\right)\int_0^L\mathrm{d}X\left(\mathrm{e}^{-\frac{V_k(X)}{k_\mathrm{B}\bar{T}}}\right)} \tag{6.3.12}$$

和

$$\bar{T}=\frac{1}{t_0}\int_0^{t_0}\mathrm{d}tT\left(t\right)=\int_0^1\mathrm{d}h\hat{T}\left(h\right)$$

$$\hat{T}\left(h\right)=T\left(t\right)=T\left(t_0h\right) \tag{6.3.13}$$

3. 强耦合下的有效势理论

为分析棘轮系统的流反转现象，可通过引入有效势（effective potential）方法进行理论分析 [33,43,48]。上述讨论中已经看到，在强耦合条件下，相对坐标 Y 的动力学发生在比质心坐标 X 快得多的时间尺度上。通过利用快变量相对坐标 Y 的平均势代替 X 和 Y 的相关势，可以得到 X 的有效势 $V_{\mathrm{eff}}\left(X\right)$ 为

$$V_{\mathrm{eff}}\left(X\right)=-\frac{1}{2}k_\mathrm{B}\bar{T}\ln\left(\int_{-\infty}^{\infty}\mathrm{d}Y\rho\left(X,Y\right)\right) \tag{6.3.14}$$

其中

$$\rho\left(X,Y\right)=\mathrm{e}^{-\frac{U(X,Y)}{k_\mathrm{B}\bar{T}}} \tag{6.3.15}$$

$$U\left(X, Y\right) = \frac{1}{2}k\left(Y - a\right)^2 + V\left(X + \frac{Y}{2}\right) + V\left(X - \frac{Y}{2}\right) \tag{6.3.16}$$

接下来的讨论中，通过利用 2.4 节介绍过的朗之万方程的数值计算方法研究耦合布朗马达的集体定向输运问题，并与理论结果进行比较。计算中已取 $V_0 = 1$ 和 $L = 1$。通过计算瞬时速度的时间和系综平均值，可以得到双温耦合棘轮的平均速度或流

$$\langle v_{\rm c} \rangle = \left\langle \dot{X}_{\rm c} \right\rangle = \lim_{t \to \infty} \frac{1}{Nt_0} \sum_{i=1}^{N} \int_0^{t_0} {\rm d}t' \dot{X}_i\left(t'\right) \tag{6.3.17}$$

6.3.2　耦合强度诱导流反转

下面将重点分析耦合布朗马达的耦合强度 k、耦合自由长度 a 和势非对称系数对平均速度的影响。理论上，可利用强耦合条件下的有效势理论讨论双温棘轮的流反转[48]。

耦合强度 k 对棘轮系统的定向输运起着至关重要的作用。图 6.10(a) 为相移 $\Delta\theta = \pi$、$\pi/2$ 和 0 时平均速度随耦合强度变化的关系曲线。图 6.10(b) 为耦合强度 $k = 0$、300 和 1000 (对应理论分析中的强耦合极限 $k \to \infty$) 时的有效势曲线。对于图 6.10(a) 中的每条曲线，当耦合强度 k 达到一定值时，对应于耦合马达运动方向的速度符号可以反转。

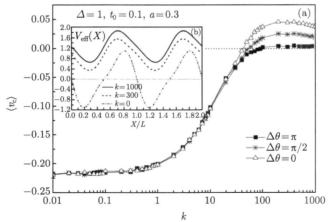

图 6.10　平均速度 $\langle v_{\rm c} \rangle$ 随耦合强度 k 变化的关系曲线[48]

对于弱耦合条件，如图 6.10(a) 所示，当 $0.01 < k < 1$ 时，平均速度 $\langle v_{\rm c} \rangle \approx -0.22$。这是因为在弱耦合条件下，棘轮的运动可看作两个单个粒子的简单组合，其中每个粒子都沉浸在一个共同的周期势 $V(x)$ 和高斯白噪声中。质心的有效势

$V_{\text{eff}}(X)$（如图 6.10(b) 中 $k = 0$ 曲线）可看作单个马达的势 $V(x)$；两个弱耦合布朗马达的运动方向与温度棘轮模型中单个马达朝外势 $V(x)$ 梯度相对较陡的运动方向一致 [33]。随着耦合强度 k 的增加（如图 6.10(a) 中 $k = 1 \sim 40$ 范围曲线），负的平均速度逐渐增大并趋于零，说明两个耦合马达之间的耦合影响了整个系统的对称性破缺。当耦合足够大时（如图 6.10(a) 中 $k = 40 \sim 1000$ 范围曲线），对称性破缺与弱耦合情况下（图 6.10(a) 中 $k = 0 \sim 40$ 范围曲线）的对称性破坏相反，使得强耦合情况下的有效势 $V_{\text{eff}}(X)$ 呈现与图 6.10(b) 中弱耦合情况下的有效势相反的趋势。最终随着耦合强度 k 的增大，正的平均速度达到饱和。

此外，当 $k < 40$ 时，图 6.10(a) 中的三条曲线几乎重合，这表明相移 $\Delta\theta$ 对平均速度的影响很小。这是由于单粒子行为及弱耦合情况下平均速度与 $\Delta\theta$ 无关。当 $k > 40$ 时，平均速度随 $\Delta\theta$ 在 $(0, \pi)$ 范围内的增大而减小，在 $\Delta\theta = \pi$ 时平均速度趋于 0。这一结果可用如下两个时间调制的温度进行解释，即 $T_1(t) = T_0 [1 + A\sin(2\pi t/t_0)]^2$ 和 $T_2(t) = T_0 [1 + A\sin(2\pi t/t_0 + \Delta\theta)]^2$。在温度棘轮模型中，最高温度代表势阱对耦合马达最小的约束力，而最低温度对应于最强的约束力。根据 $\Delta\theta = \pi$ 时温度的两个公式，耦合马达的一个温度达到最大值时，相应的另一个温度达到最小值，说明这种情况下 k 会减弱耦合马达的运动。当 $\Delta\theta = 0$ 时，两个马达温度的涨落是同步的，这意味着平均速度能够达到最大值，因为耦合可以增强马达的运动。

6.3.3   耦合自由长度诱导流反转

两个马达头部之间的耦合不仅提供了协同的定向运动，而且对定向运动有着显著的影响。同时，定向流的方向甚至可由耦合马达的自由长度来决定，在这种情况下，流的反转可利用有效势理论来很好地解释。

图 6.11(a) 给出了平均速度随耦合自由长度 a 的变化曲线，其中四条曲线对应于两种温度间不同的耦合强度 k 和相移 $\Delta\theta$，即 $(k, \Delta\theta) = (1, 0)$、$(300, 0)$、$(300, \pi/2)$ 和 $(300, \pi)$。从图 6.11(a) 可以发现，当耦合强度 k 较小时（如 $k = 1$），耦合自由长度 a 对平均速度的影响不大，对于所有的 a 值，平均速度几乎为常数负值（如 $\langle v_c \rangle = -0.2$）。这是因为在弱耦合条件下，耦合马达的运动可看作两单个马达运动的简单组合。对于图 6.11(a) 中两个马达间具有强耦合（如 $k = 300$）的三条曲线，在 0 到 $L/2$ 范围内，平均速度随 a 的变化先增大后减小，当 $a = L/4$ 时，速度反向。此外，这些曲线还关于 $a = L/2$ 对称。在图 6.11(b) 中，根据公式 (6.3.11) 理论计算了平均速度随耦合自由长度 a 的变化关系。虽然这一结果与图 6.11(a) 中的模拟参量不同，但理论结果仍可以定性地显示耦合自由长度对平均速度的影响情况。注意，只有当 t_0 接近于 0 时，理论计算结果才会与模拟结果吻合得较好。

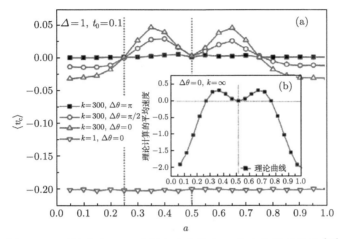

图 6.11 平均速度 $\langle v_c \rangle$ 随耦合自由长度 a 的变化关系曲线 [48]

图 6.12 给出了当耦合自由长度 a 分别取 0.1、0.25、0.3 和 0.5 时，有效势 $V_{eff}(X)$ 的形状，其他参量取为 $k = 300$、$\Delta = 1$、$t_0 = 0.1$ 以及 $\Delta\theta = 0$。同时，图 6.12(a) 引入了有效势 $V_{eff}(X)$ 的有效非对称系数 Δ_{eff}，即 $\Delta_{eff} = (L_2 - L_1)/L$。

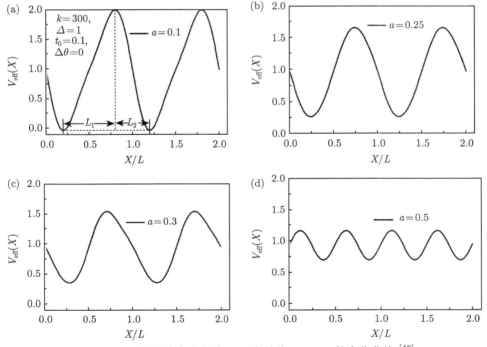

图 6.12 不同耦合自由长度 a 下有效势 $V_{eff}(X)$ 的变化曲线 [48]

如图 6.12 所示，在强耦合条件下，有效势的非对称系数 Δ_{eff} 随耦合自由长度 a 周期性地改变。从图 6.12 可以发现，非对称系数 Δ_{eff} 在 $0 < a < L/4$ 时小于零，在 $L/4 < a < L/2$ 时大于零，而在 $a = L/4$ 和 $a = L/2$ 时等于零。同时，图 6.12 所示的有效势非对称系数的变化行为与强耦合情况下平均速度的变化行为（图 6.11）非常吻合，这自然导致了平均速度的周期性变化。

通过分析动力学方程 (6.3.1) 的时空变换不变性，可以很好地理解平均速度关于 $a = L/2$ 的对称性 [41,43,48,50]。用耦合自由长度 a 作为上标重写方程 (6.3.1)，可以得到

$$\dot{x}_1^{(a)} = -\frac{\partial V(x_1)}{\partial x_1} - k(x_1 - x_2 - a) + \xi_1(t)$$

$$\dot{x}_2^{(a)} = -\frac{\partial V(x_2)}{\partial x_2} + k(x_1 - x_2 - a) + \xi_2(t) \qquad (6.3.18)$$

通过用 $L - a$ 代替耦合自由长度 a，可以得到

$$\dot{x}_1^{(L-a)} = -\frac{\partial V(x_1)}{\partial x_1} - k(x_1 - x_2 - L + a) + \xi_1(t)$$

$$\dot{x}_2^{(L-a)} = -\frac{\partial V(x_2)}{\partial x_2} + k(x_1 - x_2 - L + a) + \xi_2(t) \qquad (6.3.19)$$

再用变量代换 $x_{11} = x_1 - L$ 代入方程 (6.3.19)，进而得

$$\dot{x}_{11}^{(L-a)} = -\frac{\partial V(x_{11})}{\partial x_{11}} - k(x_{11} - x_2 + a) + \xi_1(t)$$

$$\dot{x}_2^{(L-a)} = -\frac{\partial V(x_2)}{\partial x_2} + k(x_{11} - x_2 + a) + \xi_2(t) \qquad (6.3.20)$$

在方程 (6.3.20) 中通过进一步的变量代换，先让 $x_{11} \to x_1$，然后令 $x_1 \leftrightarrow x_2$，可得

$$\dot{x}_2^{(L-a)} = -\frac{\partial V(x_2)}{\partial x_2} + k(x_1 - x_2 - a) + \xi_1(t)$$

$$\dot{x}_1^{(L-a)} = -\frac{\partial V(x_1)}{\partial x_1} - k(x_1 - x_2 - a) + \xi_2(t) \qquad (6.3.21)$$

考虑到 ξ_1 和 ξ_2 具有相同的统计特性，最终可以得到

$$\dot{x}_2^{(L-a)} = -\frac{\partial V(x_2)}{\partial x_2} + k(x_1 - x_2 - a) + \xi_2(t) = \dot{x}_2^{(a)}$$

$$\dot{x}_1^{(L-a)} = -\frac{\partial V(x_1)}{\partial x_1} - k(x_1 - x_2 - a) + \xi_1(t) = \dot{x}_1^{(a)} \quad (6.3.22)$$

从而有

$$v^{(L-a)} = \left(\dot{x}_1^{(L-a)} + \dot{x}_2^{(L-a)}\right)/2 = v^{(a)}$$

$$= \left(\dot{x}_1^{(a)} + \dot{x}_2^{(a)}\right)/2 \quad (6.3.23)$$

这个结果能够解释平均速度相对于耦合自由长度 a 的对称性, 如图 6.11 所示。

6.3.4 势非对称系数诱导流反转

在布朗棘轮的研究中, 势 $V(x)$ 的非对称系数 Δ 对定向流有显著的影响。在上述讨论中, 通过调节耦合强度 k 和耦合自由长度 a 观察到了定向运动的反转。事实上, 对于给定的 a 和 k, 马达的运动方向也可由非对称系数 Δ 决定。图 6.13 (a) 给出了平均速度随非对称系数 Δ 的变化关系, 其中 $(k, \Delta\theta) = (1, 0)$、$(300, 0)$ 及 $(300, \pi)$, 其他参量取 $t_0 = 0.1$ 和 $a = 0.3$。

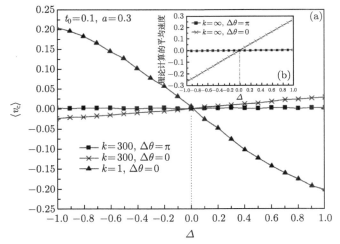

图 6.13 平均速度 $\langle v_c \rangle$ 随势 $V(x)$ 非对称系数 Δ 的变化关系曲线 [48]

在弱耦合条件下 (如 $k = 1$), 如图 6.13 (a) 所示, 对于 $k = 1$ 和 $\Delta\theta = 0$ 的曲线可以发现, $\Delta < 0$ 时, $v > 0$; $\Delta > 0$ 时, $v < 0$; 以及 $\Delta = 0$ 时, $v = 0$。因此, 这种情况下平均速度的大小和方向由非对称系数 Δ 决定。此外, 平均速度随非对称系数的增大近似线性地减小。根据上述分析, 当耦合强度很小时, 耦合布朗马达的运动可近似地看作单粒子布朗马达在周期势 $V(x)$ 和高斯白噪声中的运动, 速度的方向由单粒子温度棘轮模型中的非对称系数 Δ 决定。在强耦

合情况下 (如 $k = 300$), 平均速度的大小和方向也由非对称系数 Δ 决定, 并随非对称系数的增加而线性地增大。然而, 平均速度的变化行为与弱耦合情况下 (如 $k = 1$) 的曲线相反。此外, 当 $k = 300$ 时, $\Delta\theta = 0$ 时速度的绝对值大于 $\Delta\theta = \pi$ 时速度的绝对值。同样地, 根据公式 (6.3.11), 图 6.13 (b) 给出了平均速度相对于非对称系数的理论曲线, 结果与图 6.13 (a) 中所示的模拟结果定性地一致。

非对称系数 Δ 对平均速度的影响同样可用强耦合情况下的有效势理论进行解释。根据温度棘轮模型的动力学机制, 当 $\Delta_{\mathrm{eff}} > 0$ 时, 平均速度 $v > 0$, 及 $\Delta_{\mathrm{eff}} < 0$ 时, 速度 $v < 0$。有效非对称系数 Δ_{eff} 与非对称系数 Δ 的关系曲线如图 6.14 (a) 所示。很容易发现, 有效非对称系数随非对称系数线性增大, 当 $\Delta = 0$ 时, 有效非对称系数 Δ_{eff} 也为 0。图 6.14 (b)、(c) 和 (d) 给出了不同非对称系数 Δ 下的有效势。图 6.14 表明, 当 $\Delta < 0$ 时有效势 $V_{\mathrm{eff}}(X)$ 的非对称性与 $\Delta > 0$ 时相反, 当 $\Delta = 0$ 时, 有效势 $V_{\mathrm{eff}}(X)$ 是对称的。当 Δ 趋于 0 时, 有效势的非对称性减小, 并接近对称。这些结果与图 6.13(a) 中强耦合条件下平均速度对非对称系数 Δ 的依赖关系一致。

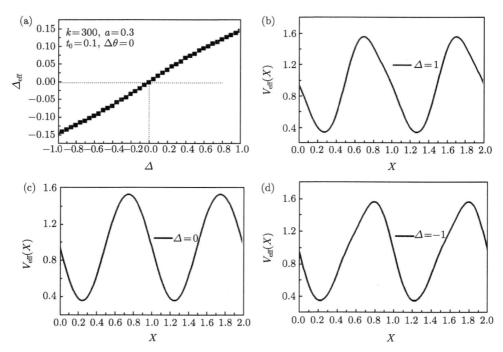

图 6.14　(a) 有效非对称系数 Δ_{eff} 随非对称系数 Δ 的变化关系曲线; (b)~(d) 不同非对称系数 Δ 下有效势 $V_{\mathrm{eff}}(X)$ 的变化曲线 [48]

此外，值得注意的是对于不同的耦合条件，图 6.13(a) 中的每条曲线关于 $\Delta = 0$ 都是反对称的。这个结果仍然可通过时空变换不变性的分析得到很好的解释。与之前的推导类似，把方程 (6.3.1) 进行重新变换，这次用一个上标对应于非对称系数 Δ 的值，即

$$\dot{x}_1^{(\Delta)} = -\frac{\partial V(x_1, \Delta)}{\partial x_1} - k(x_1 - x_2 - a) + \xi_1(t)$$

$$\dot{x}_2^{(\Delta)} = -\frac{\partial V(x_2, \Delta)}{\partial x_2} + k(x_1 - x_2 - a) + \xi_2(t) \tag{6.3.24}$$

将方程 (6.3.24) 中的两个等式相加，可以得到

$$\dot{x}_1^{(\Delta)} + \dot{x}_2^{(\Delta)} = -\left[\frac{\partial V(x_1, \Delta)}{\partial x_1} + \frac{\partial V(x_2, \Delta)}{\partial x_2}\right] + \xi_1(t) + \xi_2(t) \tag{6.3.25}$$

通过用 $L - \Delta$ 代替 Δ，有

$$\dot{x}_1^{(-\Delta)} + \dot{x}_2^{(-\Delta)} = -\left[\frac{\partial V(x_1, -\Delta)}{\partial x_1} + \frac{\partial V(x_2, -\Delta)}{\partial x_2}\right] + \xi_1(t) + \xi_2(t) \tag{6.3.26}$$

然后，把 $V(x) = -V_0\left[\sin(2\pi x/L) + (\Delta/4)\sin(4\pi x/L)\right]$ 代入方程 (6.3.26)，可以得到

$$\dot{x}_1^{(-\Delta)} + \dot{x}_2^{(-\Delta)} = \frac{2\pi V_0}{L}\left[\cos\left(\frac{2\pi x_1}{L}\right) - \frac{\Delta}{2}\cos\left(\frac{4\pi x_1}{L}\right)\right.$$
$$\left. + \cos\left(\frac{2\pi x_2}{L}\right) - \frac{\Delta}{2}\cos\left(\frac{4\pi x_2}{L}\right)\right] + \xi_1(t) + \xi_2(t) \tag{6.3.27}$$

$$\dot{x}_1^{(-\Delta)} + \dot{x}_2^{(-\Delta)} = -\frac{2\pi V_0}{L}\left[\cos\left(\frac{2\pi x_1}{L} - \pi\right) + \frac{\Delta}{2}\cos\left(\frac{4\pi x_1}{L}\right)\right.$$
$$\left. + \cos\left(\frac{2\pi x_2}{L} - \pi\right) + \frac{\Delta}{2}\cos\left(\frac{4\pi x_2}{L}\right)\right] + \xi_1(t) + \xi_2(t) \tag{6.3.28}$$

进一步，利用 $x_1 = x_{11} + L/2$ 和 $x_2 = x_{21} + L/2$ 代入方程 (6.3.28)，有

$$\dot{x}_1^{(-\Delta)} + \dot{x}_2^{(-\Delta)} = -\frac{2\pi V_0}{L}\left[\cos\left(\frac{2\pi x_{11}}{L}\right) + \frac{\Delta}{2}\cos\left(\frac{4\pi x_{11}}{L}\right)\right.$$
$$\left. + \cos\left(\frac{2\pi x_{21}}{L}\right) + \frac{\Delta}{2}\cos\left(\frac{4\pi x_{21}}{L}\right)\right] + \xi_1(t) + \xi_2(t) \tag{6.3.29}$$

然后，再次通过代换 $x_{11} \to x_1$ 及 $x_{21} \to x_2$，可以得到

$$
\begin{aligned}
\dot{x}_1^{(-\Delta)} + \dot{x}_2^{(-\Delta)} &= -\frac{2\pi V_0}{L}\left[\cos\left(\frac{2\pi x_1}{L}\right) + \frac{\Delta}{2}\cos\left(\frac{4\pi x_1}{L}\right)\right. \\
&\quad \left. + \cos\left(\frac{2\pi x_2}{L}\right) + \frac{\Delta}{2}\cos\left(\frac{4\pi x_2}{L}\right)\right] + \xi_1(t) + \xi_2(t) \\
&= \left[\frac{\partial V(x_1, \Delta)}{\partial x_1} + \frac{\partial V(x_2, \Delta)}{\partial x_2}\right] + \xi_1(t) + \xi_2(t) \\
&= -\left(\dot{x}_1^{(\Delta)} + \dot{x}_2^{(\Delta)}\right)
\end{aligned}
\tag{6.3.30}
$$

考虑到高斯白噪声 ξ_1 和 ξ_2 具有相同的统计特性，并进一步和方程 (6.3.25) 进行比较，最终可以得到

$$
\begin{aligned}
v^{(-\Delta)} &= \left(\dot{x}_1^{(-\Delta)} + \dot{x}_2^{(-\Delta)}\right)/2 = -\left(\dot{x}_1^{(\Delta)} + \dot{x}_2^{(\Delta)}\right)/2 \\
&= -v^{(\Delta)}
\end{aligned}
\tag{6.3.31}
$$

上式表明，耦合布朗马达的速度与非对称系数 Δ 之间呈反对称关系。对于特殊的非对称参数 $\Delta = 0$，这将导致耦合布朗马达的无偏运动，进而有 $v^{(0)} = 0$。这些结果与有效势方法分析得到的结果吻合较好。

参 考 文 献

[1] Astumian R D, Hänggi P. Brownian motors [J]. Phys. Today, 2002, 55(11): 33-39.

[2] Sekimoto K, Takagi F, Hondou T. Carnot's cycle for small systems: Irreversibility and cost of operations [J]. Phys. Rev. E, 2000, 62(6): 7759-7768.

[3] Parrondo J M R, de Cisneros B J. Energetics of Brownian motors: A review [J]. Appl. Phys. A: Mater. Sci. Process., 2002, 75(2): 179-191.

[4] Hondou T, Sekimoto K. Unattainability of Carnot efficiency in the Brownian heat engine [J]. Phys. Rev. E, 2000, 62(5): 6021-6025.

[5] van den Broeck C. Carnot efficiency revisited [J]. Adv. Chem. Phys., 2007, 135: 189-201.

[6] Derényi I, Astumian R D. Efficiency of Brownian heat engines [J]. Phys. Rev. E, 1999, 59(6): R6219- R6222.

[7] Asfaw M, Bekele M. Current, maximum power and optimized efficiency of a Brownian heat engine [J]. Eur. Phys. J. B, 2004, 38(3): 457-461.

[8] Gomez-Marin A, Sancho J M. Tight coupling in thermal Brownian motors [J]. Phys. Rev. E, 2006, 74(6): 062102.

[9] Zhang Y, Lin B H, Chen J C. Performance characteristics of an irreversible thermally driven Brownian microscopic heat engine [J]. Eur. Phys. J. B, 2006, 53(4): 481-485.

[10] van den Broeck C. Thermodynamic efficiency at maximum power [J]. Phys. Rev. Lett., 2005, 95(19): 190602.

[11] Verhas J, De Vos A. How endoreversible thermodynamics relates to Onsager's nonequilibrium thermodynamics [J]. J. Appl. Phys., 1997, 82(1): 40-42.

[12] Chen J. The maximum power output and maximum efficiency of an irreversible Carnot heat engine [J]. J. Phys. D: Appl. Phys., 1994, 27(6): 1144-1149.

[13] Onsager L. Reciprocal relations in irreversible processes. II [J]. Phys. Rev., 1931, 38(12): 2265-2279.

[14] Onsager L, Machlup S. Fluctuations and irreversible processes [J]. Phys. Rev., 1953, 91(6): 1505-1512.

[15] Derényi I, Bier M, Astumian R D. Generalized efficiency and its application to microscopic engines [J]. Phys. Rev. Lett., 1999, 83(5): 903-906.

[16] Gao T F, Chen J C. Non-equilibrium thermodynamic analysis on the performance of an irreversible thermally driven Brownian motor [J]. Mod. Phys. Lett. B, 2010, 24(3): 325-333.

[17] Jarzynski C, Mazonka O. Feynman's ratchet and pawl: An exactly solvable model [J]. Phys. Rev. E, 1999, 59(6): 6448-6459.

[18] Velasco S, Roco J M M, Medina A, et al. Feynman's ratchet optimization: Maximum power and maximum efficiency regimes [J]. J. Phys. D: Appl. Phys., 2001, 34(6): 1000-1006.

[19] van den Broeck C, Kawai R. Brownian refrigerator [J]. Phys. Rev. Lett., 2006, 96(21): 210601.

[20] van den Broek M, Van den Broeck C. Chiral Brownian heat pump [J]. Phys. Rev. Lett., 2008, 100(13): 130601.

[21] Callen H. Thermodynamics and an Introduction to Thermostatistics [M]. New York: Wiley, 1985.

[22] Tu Z C. Efficiency at maximum power of Feynman's ratchet as a heat engine [J]. J. Phys. A: Math. Theor., 2008, 41(31): 312003.

[23] Esposito M, Lindenberg K, Van den Broeck C. Universality of efficiency at maximum power [J]. Phys. Rev. Lett., 2009, 102(13): 130602.

[24] Parmeggiani A, Jülicher F, Ajdari A, et al. Energy transduction of isothermal ratchets: Generic aspects and specific examples close to and far from equilibrium [J]. Phys. Rev. E, 1999, 60(2): 2127-2140.

[25] Krishnan R, Mahato M C, Jayannavar A M. Brownian rectifiers in the presence of temporally asymmetric unbiased forces [J]. Phys. Rev. E, 2004, 70(2): 021102.

[26] Gao T F, Zhang Y, Chen J C. The Onsager reciprocity relation and generalized efficiency of a thermal Brownian motor [J]. Chin. Phys. B, 2009, 18(8): 3279-3286.

[27] van Kampen N G. Diffusion in inhomogeneous media [J]. J. Phys. Chem. Solids, 1988, 49(6): 673-677.

[28] Sancho J M, San Miguel M, Dürr D. Adiabatic elimination for systems of Brownian

particles with nonconstant damping coefficients [J]. J. Stat. Phys., 1982, 28(2): 291-305.

[29]　Dufty J W, Brey J J. Brownian motion in a granular fluid [J]. New J. Phys., 2005, 7(1): 20.

[30]　Suzuki D, Munakata T. Rectification efficiency of a Brownian motor [J]. Phys. Rev. E, 2003, 68(2): 021906.

[31]　Machura L, Kostur M, Talkner P, et al. Brownian motors: Current fluctuations and rectification efficiency [J]. Phys. Rev. E, 2004, 70(6): 061105.

[32]　Rozenbaum V M, Korochkova T Y, Liang K K. Conventional and generalized efficiencies of flashing and rocking ratchets: Analytical comparison of high-efficiency limits [J]. Phys. Rev. E, 2007, 75(6): 061115.

[33]　Wang H Y, Bao J D. Transport coherence in coupled Brownian ratchet [J]. Physica A, 2007, 374(1): 33-40.

[34]　Heinsalu E, Patriarca M, Marchesoni F. Dimer diffusion in a washboard potential [J]. Phys. Rev. E, 2008, 77(2): 021129.

[35]　Filippov A E, Klafter J, Urbakh M. Friction through dynamical formation and rupture of molecular bonds [J]. Phys. Rev. Lett., 2004, 92(13): 135503.

[36]　Mateos J L. A random walker on a ratchet [J]. Physica A, 2005, 351(1): 79-87.

[37]　Craig E M, Zuckermann M J, Linke H. Mechanical coupling in flashing ratchets [J]. Phys. Rev. E, 2006, 73(5): 051106.

[38]　Evstigneev M, von Gehlen S, Reimann P. Interaction-controlled Brownian motion in a tilted periodic potential [J]. Phys. Rev. E, 2009, 79(1): 011116.

[39]　Pototsky A, Janson N B, Marchesoni F, et al. Dipole rectification in an oscillating electric field [J]. Europhys. Lett., 2009, 88(3): 30003.

[40]　Zheng Z G, Hu G, Hu B. Collective directional transport in coupled nonlinear oscillators without external bias [J]. Phys. Rev. Lett., 2001, 86(11): 2273-2276.

[41]　Zheng Z G, Cross M C, Hu G. Collective directed transport of symmetrically coupled lattices in symmetric periodic potentials [J]. Phys. Rev. Lett., 2002, 89(15): 154102.

[42]　Zheng Z G, Chen H B. Cooperative two-dimensional directed transport [J]. Europhys. Lett., 2010, 92(3): 30004.

[43]　von Gehlen S, Evstigneev M, Reimann P. Dynamics of a dimer in a symmetric potential: Ratchet effect generated by an internal degree of freedom [J]. Phys. Rev. E, 2008, 77(3): 031136.

[44]　Rogat A D, Miller K G. A role for myosin VI in actin dynamics at sites of membrane remodeling during Drosophila spermatogenesis [J]. J. Cell Sci., 2002, 115(24): 4855-4865.

[45]　Park H, Li A, Chen L Q, et al. The unique insert at the end of the myosin VI motor is the sole determinant of directionality [J]. Proc. Natl. Acad. Sci. USA, 2007, 104(3): 778-783.

[46] De La Cruz E M, Ostap E M, Sweeney H L. Kinetic mechanism and regulation of myosin VI [J]. J. Biochem., 2001, 276(34): 32373-32381.

[47] Nishikawa S, Homma K, Komori Y, et al. Class VI myosin moves processively along actin filaments backward with large steps [J]. Biochem. Biophys. Res. Commun., 2002, 290(1): 311-317.

[48] Li C P, Chen H B, Zheng Z G. Double-temperature ratchet model and current reversal of coupled Brownian motors [J]. Front. Phys., 2017, 12(6): 120507.

[49] Reimann P. Brownian motors: Noisy transport far from equilibrium [J]. Phys. Rep., 2002, 361(2-4): 57-265.

[50] Chen H B, Wang Q W, Zheng Z G. Deterministic directed transport of inertial particles in a flashing ratchet potential [J]. Phys. Rev. E, 2005, 71(3): 031102.

第 7 章　反馈控制棘轮的复杂输运

理论上，布朗马达最简单的模型之一是"闪烁棘轮"，它通过使布朗粒子处在与时间相关的、空间周期的、非对称势来整流扩散粒子的运动。在大多数闪烁棘轮的研究中，外势的打开和关闭是周期性的，也可能是随机的，因此粒子在自由扩散和非对称局域化之间交替变化，进而产生了净的粒子流，其大小取决于势的深度、非对称性和振荡的周期。

然而，大多数的闪烁棘轮采用的都是"开环"(open-loop) 控制策略，其中系统的控制 (势场的打开和关闭) 是由一些外部的标准制定的，而与系统的内部状态无关。相反，"闭环"(closed-loop) 控制则是基于有关系统的信息反馈来作出控制策略。由此，在噪声系统中使用信息反馈 (或闭环控制策略) 引起了人们的极大兴趣，因为它与各种自然系统有关，如种群动力学 [1]、经济学 [2] 和生化信号网络 [3] 等。本章主要讨论几种典型反馈控制策略下不同棘轮的复杂输运行为，所得结果期望能够为纳米器件的粒子分离、共振等有趣的现象提供实验启发。

7.1　布朗棘轮的反馈控制理论

热系统中的反馈控制物理一直是热力学的基本兴趣所在，最具代表性的实验便是著名的"麦克斯韦妖 (Maxwell's demon)"思想实验 [4]，其中一个"小妖"控制门，并将两个粒子浴分开，允许热粒子朝一个方向通过，冷粒子则朝相反的方向通过。尽管小妖并没有像最初建议的那样违反热力学第二定律 (因为它在热浴系统上所做的功只有在它使用外部能量来监测粒子并在打开、关闭门的情况下才有可能)，但该思想实验强调了反馈控制的潜在用途，并说明了它的基本限制 [5]。

7.1.1　瞬时速度最大化策略

最近，理论上提出一种闭环控制策略 (closed-loop control strategy)，该策略以条件施加控制，由此形成一种闭环反馈机制。具体地，只有当棘轮对粒子系统施加的系综平均力 $f(t)$ 为正时，才打开外势 [6,7]。在过阻尼系统中，由于瞬时质心速度始终与 $f(t)$ 成正比，因此该策略能使粒子在每一时刻的速度最大化。在下面的讨论中把这种控制称为瞬时速度最大化 (maximization of instantaneous velocity, MIV) 策略。

布朗粒子的位置变化可由如下的过阻尼朗之万方程描述

$$\gamma \dot{x}_i(t) = \alpha(t)F(x_i(t)) + \xi_i(t), \quad i = 1, \cdots, N \tag{7.1.1}$$

其中，$x_i(t)$ 是第 i 个粒子的位置，N 为系统总粒子数，γ 为粒子的摩擦系数，$\xi_i(t)$ 表示随机涨落的高斯白噪声，满足均值为零且关联函数为 $\langle \xi_i(t)\xi_j(t') \rangle = 2\gamma k_{\mathrm{B}}T\delta_{ij}\delta(t-t')$。外势对粒子的作用力为 $F(x) = -V'(x)$，其中 $V(x)$ 为棘轮势。方程 (7.1.1) 中，$\alpha(t)$ 是重要的控制参量，其取值为 1 或者 0，分别对应于外势的打开或者关闭。在由文献 [7] 引入的 MIV 策略中，$\alpha(t)$ 由下面的阶跃函数决定

$$\alpha(t) = \Theta(f(t)) \tag{7.1.2}$$

其中

$$f(t) = \frac{1}{N}\sum_{i}^{N} F(x_i) \tag{7.1.3}$$

为外势打开时所有粒子受到棘轮施加的系综平均力。$\Theta(y)$ 是赫维赛德函数 (Heaviside function)，即

$$\Theta(y) = \begin{cases} 1, & y \geqslant 0 \\ 0, & y < 0 \end{cases} \tag{7.1.4}$$

相比之下，开环闪烁棘轮使用的调控函数 $\alpha(t)$ 为外部控制函数，与粒子的状态及其分布无关。

值得注意的是，尽管方程 (7.1.1) 中粒子之间没有明确的机械相互作用，但是在系统控制中使用的信息会导致粒子之间的耦合，因为作用在任何粒子上的力取决于其他粒子的位置。因此，对于闭环策略 (closed-loop strategy)，平均速度则会依赖于系统中的粒子数；而对于开环策略 (open-loop strategy)，无论系统的大小如何，对于非相互作用粒子，其输出的速度都是相同的[6]。

通过对朗之万动力学方程 (7.1.1) 的模拟，并结合相应福克尔–普朗克方程的解析解，可以证明 MIV 反馈策略能使单粒子 ($N = 1$) 的时间平均质心速度 v_{cm} 最大化，并在系统粒子数 N 处于 $10^2 \sim 10^3$ 范围时该策略比开环周期闪烁棘轮 (优化周期为 τ_{opt}) 的 v_{cm} 值更高[6]。然而，当 N 非常大时，由于在较大粒子数 N 下相应的涨落较小，所以 v_{cm} 趋于零。

7.1.2 最大净位移策略

理论上，还可以引入一种新的反馈控制策略，在较低的粒子数 ($N > 1$) 限制下，这种策略比 MIV 能够产生更大的平均速度[6]。这种策略称为最大净位移

(maximal net displacement，MND) 反馈策略，其控制参量 $\alpha(t)$ 不是基于粒子上的净力，而是基于势打开时可以预期的净位移 (net displacement)：

$$\alpha = \Theta\left(\mathrm{d}(t)\right) \tag{7.1.5}$$

其中，

$$\mathrm{d}(t) = \sum_i \left(x_i(t) - x_0\right) \tag{7.1.6}$$

这里，$x_i(t)$ 为每个粒子的位置。如果势处于打开状态，x_0 是粒子期望的最终 (平均) 位置。通常，可用势 $V(x)$ 中平衡时高斯粒子分布的平均值表示 x_0 (x_0 的选择一般是 V_0/k_BT 的函数)。在下面的讨论中把这种控制称为 MND。

对于小 N 情况，MND 策略相对于 MIV 策略的优势在双粒子情况下很容易理解。例如，在如图 7.1 所示的情况下，当锯齿势的每个斜坡上都有一个粒子时，净力是负的，因此 MIV 策略会使势保持关闭。然而这种情况下，根据公式 (7.1.6)，外势的打开实际上会产生净的正位移。MND 策略正是利用这个机会产生正的净运动，而 MIV 策略却忽略了这一点。

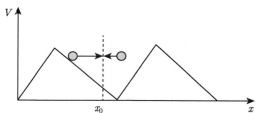

图 7.1　MND 策略：在模拟的每个时间步长计算参数 $\mathrm{d}(x_0)$，其中 $\mathrm{d}(x_0)$ 为每个粒子距离参考位置 x_0 的矢量和，一般在势 $V(x)$ 中平衡时高斯粒子分布的平均值可选为 x_0。当且仅当 $\mathrm{d}(x_0) > 0$ 时，势是打开的。图示情况下，此时 $\mathrm{d}(x_0) > 0$，而 $f(t) < 0$。给出了这样一种情况，即 MND 策略将势打开，而 MIV 策略将势关闭 [6]

7.1.3　有限信息下的反馈控制

到目前为止，上述的讨论都假定系统瞬时状态的完整信息可以反馈到系统的控制上，并且反馈决策可以立即做出并执行。然而，在这些反馈策略的实验性实现中，由于实验固有的限制，如测量中的噪声及数据收集和处理所需的有限时间造成的延迟，上述策略将永远不会实现。在接下来的讨论中，将介绍信息损失对 MIV 影响的相关理论研究，并重点讨论时间延迟在反馈控制策略中的作用。

1. 噪声信息通道 (noisy information channel)

Cao 等最近对闪烁棘轮的反馈控制进行了建模 [8]，并研究了 "噪声通道" 对系统状态信息可靠性的影响。这里继续考虑 MIV 控制策略 (7.1.1 节)，新的假设

是 $f(t)$ 的符号被错误估计的概率为

$$p \in [0, 1/2] \tag{7.1.7}$$

这会导致势以错误的概率 p 进行操作。同时，这个概率决定了通道 $\alpha(t)$ 的信息内容 I，它表示存储 $\alpha(t)$ 所有随机结果所需的平均比特数[9]。可以证明，p 与 I 之间存在如下的关系：

$$I = H(q) - H(p) \tag{7.1.8}$$

其中，$H(b) = -b \log_2(b) - (1-b) \log_2(1-b)$ 是二元熵函数，q 为 $f(t)$ 的错误符号为负的概率。

当 $p = 0$ 时，由公式 (7.1.2) 定义的控制参量 $\alpha(t)$ 可以重新改写为 $\alpha_{\text{eff}}(t) = (1-p)\Theta(f) + p\Theta(-f)$。通过求解相应于有效势场力 $f_{\text{eff}}(t) = \alpha_{\text{eff}}(t)f(t)$ 下的福克尔–普朗克方程，可以获得平均定向流 $\langle \dot{x} \rangle = v_{\text{cm}}$。通过计算 $p(I)$ 的解析上界，进而计算 $v_{\text{cm}}(I)$ 的上界，可证明相比于开环 (优化的周期闪烁) 策略，闭环策略对流的提高会有基本的限制[6]

$$v_{\text{cm}}^{\text{closed}} - v_{\text{cm}}^{\text{open}} \leqslant C_1 \sqrt{I} \tag{7.1.9}$$

其中，C_1 是常数，它取决于棘轮系统的特征。此外，如果对系统施加一个外力 F_{ext}，从而使棘轮做功，则可计算出改进的输出功率 ($P = F_{\text{ext}} v_{\text{cm}}$) 的类似上限，相比于开环策略，对闭环策略而言，有[8]

$$P_{\max}^{\text{closed}} - P_{\max}^{\text{open}} \leqslant C_2 I \tag{7.1.10}$$

其中，C_2 是棘轮系统的另一个特性常数。

与开环策略相比，MIV 闭环策略下，流和功率提高的这些界限建立了控制系统性能作为其使用信息函数的量度。它们还提供了对反馈控制实验实现的预期。此外，关于系统状态的信息还会受到测量设备精度的限制。例如，若实验中棘轮系统在跟踪粒子位置时的实验误差水平能够估计的话，则方程 (7.1.9) 和方程 (7.1.10) 能够确定在该特定实验装置中可以获得多大的流和功率的提高。

2. 延迟反馈控制 (delayed feedback control)

最近，实验上研究了两类相关时间延迟情况下的 MIV 反馈策略，Craig 等[10] 及 Feito 等[8] 提出了反馈实现中在实验上不可避免的两类时滞 (time delay) 问题，如图 7.2 所示。这两种时滞是：

(1) 执行时间 (implementation time)，t_1[10]：如果在 t 时刻进行测量，那么基于该测量的任何反馈都将在 $t + t_1$ 时刻发生。这种类型的延迟主要是由实验中的数据处理引起的。

(2) 测量延迟 (measurement delay)，t_2 [10]：如果在 t 时刻进行测量，下一次测量将在 $t + t_2$ 时刻进行。这种类型的延迟主要是数据采集系统的读取速率受到限制 (如照相机获取粒子图像的时间)。

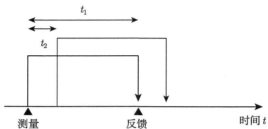

图 7.2 示意图给出反馈策略中两种类型的时间延迟：如果在 t 时刻进行测量，那么基于该测量的反馈将在 $t + t_1$ 时刻执行 (执行延迟)。同时，下一次测量将在 $t + t_2$ 时刻 (测量间隔) 进行 [6]

朗之万动力学模拟和解析计算可被用来研究时间延迟对 MIV 性能的影响。在存在时滞的情况下，粒子动力学可描述为

$$\gamma \dot{x}_i(t) = \beta(t) F\left(x_i(t)\right) + \xi_i(t), \quad i = 1, \cdots, N \tag{7.1.11}$$

式中，$\beta(t)$ 是基于 $\alpha(t)$ 延迟响应后系统的实际状态，如方程 (7.1.2) 中定义的那样。

7.2 瞬时速度最大化策略下反馈耦合棘轮的输运品质

通过上节的分析，在大多数布朗棘轮的研究中，棘轮势的开关是周期性的或随机的，并与系统的状态无关，这类棘轮通常被称为 "开环" 棘轮。然而相对于开环棘轮，Cao 和合作者理论上又提出另一种 "闭环" 策略，即棘轮势的打开或关闭取决于布朗棘轮的状态 [7]。近来的例子包括微流控装置 (microfluidic set-up) 中胶体、细菌和人造马达的控制 [11,12]，生物医学工程 [13]，以及通过反馈陷阱操纵胶体 [14]。最近涉及反馈控制的实验旨在探索小随机系统中的热力学和信息交换的基本概念 [15]。这些闭环棘轮，也称反馈棘轮 (feedback ratchet)，可以最大限度地提高棘轮的性能 [16]。此外，由于反馈棘轮与纳米器件的技术存在一定的相关性，最近理论上提出的反馈控制棘轮得到了实现 [17]。由于反馈棘轮的广泛应用，本节将进一步讨论 MIV 策略下反馈耦合棘轮的输运品质。

7.2.1 反馈耦合棘轮模型

本节主要讨论过阻尼耦合布朗粒子在不对称周期势 $U(x)$ 中的运动。粒子行为的动力学可由具有反馈的朗之万方程描述 [7,18,19]

$$\gamma \dot{x}_1(t) = -\varepsilon(t)\mathrm{d}_{x_1}U(x_1) - \partial_{x_1}V(x_1, x_2) - \lambda + F_1(t) + \sqrt{2\gamma k_\mathrm{B}\theta}\xi_1(t) \qquad (7.2.1)$$

$$\gamma \dot{x}_2(t) = -\varepsilon(t)\mathrm{d}_{x_2}U(x_2) - \partial_{x_2}V(x_1, x_2) - \lambda + F_2(t) + \sqrt{2\gamma k_\mathrm{B}\theta}\xi_2(t) \qquad (7.2.2)$$

方程 (7.2.1) 和方程 (7.2.2) 中，$x_1(t)$ 和 $x_2(t)$ 表示 t 时刻耦合粒子的位置，$\varepsilon(t)$ 为控制参量，γ 为摩擦系数，θ 表示温度，k_B 是玻尔兹曼常量。粒子与热浴耦合而引起的热涨落可由 δ 关联的高斯白噪声 $\xi_i(t)$ $(i=1,2)$ 进行描述，且 $\xi_i(t)$ 满足统计特性 $\langle \xi_i(t) \rangle = 0$ 和 $\langle \xi_i(t)\xi_j(s) \rangle = \delta_{ij}\delta(t-s)$。

不对称周期势 $U(x)$ 的周期为 L，并采用如下形式

$$U(x) = -\Delta U \left[\sin\left(\frac{2\pi}{L}x\right) + \frac{\Delta}{4}\sin\left(\frac{4\pi}{L}x\right) \right] \qquad (7.2.3)$$

其中，ΔU 是势垒高度，Δ 为棘轮势的空间非对称参数。为了方便起见，可令 $L=1$，则棘轮势满足 $U(x+1) = U(x)$。如果外势是空间非对称的，有 $\Delta \neq 0$，进而 $U(x)$ 的反射对称性会被破坏，此时可将周期势看作棘轮装置，如图 7.3 所示。可以发现，在棘轮中势 $U(x)$ 的纵向非对称引入了反馈控制棘轮对称性破缺的特征。此外，两个粒子通过自然长度为 l 及耦合常数为 k 的简谐弹簧耦合。因此，相互作用势 $V(x_1, x_2)$ 可写为

$$V(x_1, x_2) = \frac{1}{2}k(x_1 - x_2 - l)^2 \qquad (7.2.4)$$

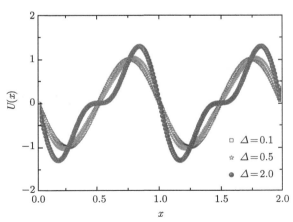

图 7.3　周期棘轮势 $U(x)$，其中 $\Delta U = 1$，$L = 1$ 及非对称参数 $\Delta = 0.1$、0.5 和 2.0[19]

此外，方程 (7.2.1) 和方程 (7.2.2) 中的 λ 表示系统外部的一个常力。时间关联外力 $F_1(t)$ 和 $F_2(t)$ 可以具有任意形式，可以是确定的也可以是随机的[20]。对

于分子马达来说，这两个外力通常来自化学反应。这里假设耦合粒子受到无偏置的周期外力驱动，即

$$F_1(t) = A_1 \cos(\Omega_1 t) \qquad (7.2.5)$$

$$F_2(t) = A_2 \cos(\Omega_2 t + \phi) \qquad (7.2.6)$$

其中，A_1 和 A_2 是两个简谐力的振幅，Ω_1 和 Ω_2 是简谐力的频率，ϕ 为外力 $F_1(t)$ 和 $F_2(t)$ 间的相位差。

方程 (7.2.1) 和方程 (7.2.2) 中的控制参量 $\varepsilon(t)$ 用来控制棘轮势的开关，表达式仍然采用如下的阶跃函数 [7,18]

$$\varepsilon(t) = \Theta(g(t)) = \begin{cases} 0, & g(t) \leqslant 0 \\ 1, & g(t) > 0 \end{cases} \qquad (7.2.7)$$

这里，$g(t)$ 表示耦合粒子受棘轮势 $U(x)$ 作用的系综平均力。作为 "控制目标"，考虑由外势打开而产生的平均力为

$$g(t) = -\frac{1}{2}\left(\frac{\mathrm{d}}{\mathrm{d}x_1}U(x_1) + \frac{\mathrm{d}}{\mathrm{d}x_2}U(x_2)\right) \qquad (7.2.8)$$

从等式 (7.2.7) 的赫维赛德函数可以看到，如果棘轮力 $g(t)$ 为正，则打开外势，否则对于其他情况，外势处于关闭状态。因此，方程 (7.2.1) 和方程 (7.2.2) 描述的是一种受反馈控制的耦合棘轮模型。

由于有大量参量，接下来需要对方程 (7.2.1) 和方程 (7.2.2) 进行无量纲化处理 [20]。通过引入 L 和 $\tau_0 = \dfrac{\gamma L^2}{\Delta U}$ 作为长度和时间的单位，可以得到标度变换 $\hat{x}_1 = \dfrac{x_1}{L}$、$\hat{x}_2 = \dfrac{x_2}{L}$、$\hat{t} = \dfrac{t}{\tau_0}$。由此，无量纲化的朗之万动力学可化为如下形式 [19]

$$\dot{\hat{x}}_1(\hat{t}) = -\varepsilon(\hat{t})\mathrm{d}_{\hat{x}_1}\hat{U}(\hat{x}_1) - \partial_{\hat{x}_1}\hat{V}(\hat{x}_1, \hat{x}_2) - \hat{\lambda} + a_1\cos(\omega_1\hat{t}) + \sqrt{2D}\hat{\xi}_1(\hat{t}) \qquad (7.2.9)$$

$$\dot{\hat{x}}_2(\hat{t}) = -\varepsilon(\hat{t})\mathrm{d}_{\hat{x}_2}\hat{U}(\hat{x}_2) - \partial_{\hat{x}_2}\hat{V}(\hat{x}_1, \hat{x}_2) - \hat{\lambda} + a_2\cos(\omega_2\hat{t} + \phi) + \sqrt{2D}\hat{\xi}_2(\hat{t}) \qquad (7.2.10)$$

无量纲化的外势为 $\hat{U}(\hat{x}) = \dfrac{U(x)}{\Delta U} = \dfrac{U(L\hat{x})}{\Delta U} = \hat{U}(\hat{x}+1)$，具有周期 $L = 1$。相互作用势 $\hat{V}(\hat{x}_1, \hat{x}_2) = \dfrac{V(x_1, x_2)}{\Delta U}$。另外，对其他参量进行重新标度，负载 $\hat{\lambda} = \dfrac{\lambda L}{\Delta U}$，振幅 $a_1 = \dfrac{A_1 L}{\Delta U}$ 和 $a_2 = \dfrac{A_2 L}{\Delta U}$，角频率 $\omega_1 = \Omega_1\tau_0$ 和 $\omega_2 = \Omega_2\tau_0$。重新标度的高斯白噪声的形式为 $\hat{\xi}_i(\hat{t}) = \dfrac{L}{\Delta U}\xi_i(t) = \dfrac{L}{\Delta U}\xi_i(\tau_0\hat{t})$，它们与标度前的噪声具有

相同的统计特性 $\left\langle \hat{\xi}_i(\hat{t}) \right\rangle = 0$ 和 $\left\langle \hat{\xi}_i(\hat{t})\hat{\xi}_j(\hat{s}) \right\rangle = \delta_{ij}\delta(\hat{t}-\hat{s})$。无量纲化的噪声强度 $D = \dfrac{k_{\mathrm{B}}\theta}{\Delta U}$。为了简单起见,下面的讨论将使用无量纲化变量,由此对于出现在方程 (7.2.9) 和方程 (7.2.10) 中的所有变量,将省略上面的 "帽子"。

为了分析反馈布朗棘轮的定向输运行为,需要计算耦合粒子的质心平均速度。它由下式给出

$$\langle V_{\mathrm{cm}} \rangle = \lim_{T \to \infty} \frac{1}{2T} \sum_{i=1}^{2} \int_{0}^{T} \dot{x}_i(t)\mathrm{d}t \tag{7.2.11}$$

同时,反馈棘轮的运输品质可用有效扩散系数来表征[21]

$$D_{\mathrm{eff}} = \lim_{T \to \infty} \frac{\langle z(T)^2 \rangle - \langle z(T) \rangle^2}{2T} \tag{7.2.12}$$

其中,$z(T) = \dfrac{x_1(T) + x_2(T)}{2}$ 为耦合粒子的质心。这种情况下,扩散系数 D_{eff} 实际上描述的是耦合布朗粒子在其质心平均位置附近的涨落。

另一个同时考虑速度和扩散的输运品质参量是无量纲化的佩克莱数[22]

$$Pe = \frac{\langle V_{\mathrm{cm}} \rangle \, l}{D_{\mathrm{eff}}} \tag{7.2.13}$$

其中,l 是系统的特征长度,这里选择的是势的周期长度,即 $l = L$。根据 3.5 节的讨论可知,当 $Pe < 1$ 时,扩散起主导作用,定向输运的作用较小。当 $Pe > 1$ 时,输运主要受定向漂移控制。然而,$Pe \to \infty$ 的极限对应于粒子在特征长度尺度上的确定性输运。

此外,效率也是描写反馈棘轮输运的重要性能参量。对于耦合棘轮,根据第 4 章布朗棘轮的效率理论,能量转换效率定义为棘轮的输出功率与输入功率之比[23]

$$\eta = \frac{P_{\mathrm{out}}}{P_{\mathrm{in}}} \tag{7.2.14}$$

其中,输出功率 (单位时间内对负载所做的功) 为

$$P_{\mathrm{out}} = \sum_{i=1}^{2} \lambda \cdot \langle V_i \rangle \tag{7.2.15}$$

$\langle V_i \rangle$ 是第 i 个粒子的平均速度。同时,耦合粒子从简谐外力作用获得的输入功率为

$$P_{\text{in}} = \lim_{T \to \infty} \frac{1}{T} \sum_{i=1}^{2} \int_0^T F_i(t) \mathrm{d}x(t) \tag{7.2.16}$$

这里，T 是演化时间。

7.2.2　反馈耦合棘轮的定向输运

1. $\dfrac{a_1}{a_2} = 1.0$ 和 $\dfrac{\omega_1}{\omega_2} = 1.0$ 情况下的输运

为了研究反馈棘轮的输运性能，下面首先讨论当两个简谐力的振幅比 $\dfrac{a_1}{a_2} = 1.0$ 和频率比 $\dfrac{\omega_1}{\omega_2} = 1.0$ 时耦合粒子的质心平均速度 $\langle V_{\text{cm}} \rangle$。为了便于讨论，当频率比 $\dfrac{\omega_1}{\omega_2} = 1.0$ 时可令 $\omega_1 = \omega_2 = \omega$。如图 7.4(a) 所示，可以发现随着频率 ω 的增加，$\langle V_{\text{cm}} \rangle$ 可以达到极值。当 ω 趋于零时，质心平均速度也可以达到最大值。这是由于对于非常缓慢 ($\omega \to 0$) 的驱动，简谐力 $F_1(t)$ 和 $F_2(t)$ 变化的角度非常小，相应地余弦型的外力趋于最大值。因此，耦合粒子能够获得最大的棘轮输运。然而，随着频率的增加，$\langle V_{\text{cm}} \rangle$ 逐渐减小，并在高频极限下趋于零。这一现象可理解为，当 $\omega \to \infty$ 时，简谐力的角度变化得非常快，在有限时间内平均而言耦合粒子将受均值为零的简谐力作用，此时简谐外力的作用可以忽略。因此在高频情况下，简谐力 $F_1(t)$ 和 $F_2(t)$ 不能促进反馈棘轮的定向输运。

值得注意的是，对于 $\dfrac{a_1}{a_2} = 1.0$ 和 $\dfrac{\omega_1}{\omega_2} = 1.0$ 情况，如图 7.4(a) 所示，有三个优化的 ω 能使 $\langle V_{\text{cm}} \rangle$ 获得局域最大值。因此，当两个耦合粒子司频运动时，不同的优化频率都能促进棘轮的定向输运。为了进一步理解反馈棘轮的峰值输运特点，图 7.4(b) 给出了标度后的平均速度 $2\pi \langle V_{\text{cm}} \rangle / \omega$ 的变化情况。可以发现，在适当的频率范围内，标度平均速度会表现出由 p/q 比值给出的定向流台阶，其中 p 和 q 为整数。对于大多数情况下 $q = 1$，则相应的标度平均速度为整数。文献 [24] 对于无反馈的过阻尼布朗棘轮的这种精细结构已有报道，而本节讨论的反馈耦合棘轮也会产生整数型的定向流，这很有意思。关于反馈情况下的整数输运，我们将在 7.4 节有更详细的讨论，这里更关注的是耦合棘轮的输运品质及能量转换效率。此外，从图 7.4(a) 可以发现，$\langle V_{\text{cm}} \rangle$ 的最大峰值会随非对称参数 Δ 的增加而减小。因此可以看到，优化的 ω 及 Δ 能够促进反馈耦合棘轮的定向输运。

同时，考虑到耦合粒子在棘轮势中的扩散行为，下面进一步讨论扩散系数 D_{eff} 与简谐力频率 ω 的变化关系，如图 7.4(c) 所示。可以发现随着 ω 的增加，D_{eff} 能够达到极值。D_{eff} 的最小值意味着耦合粒子的扩散被有效抑制。根据公式 (7.2.12)，这种扩散的抑制可以理解为此时反馈棘轮质心平均位置的涨落是缓慢的。同时，

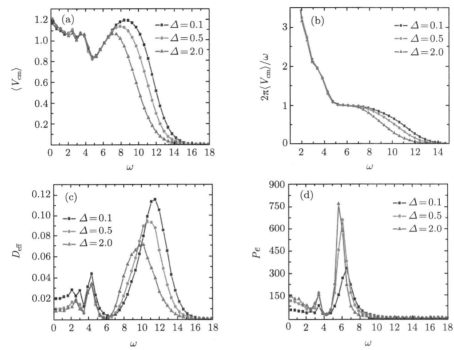

图 7.4   不同势非对称参数 Δ 下, (a) 平均速度 $\langle V_{\mathrm{cm}} \rangle$, (b) 标度平均速度 $2\pi\langle V_{\mathrm{cm}} \rangle/\omega$, (c) 扩散系数 D_{eff} 和 (d) Pe 随相同简谐力频率 ω 的变化曲线, 其中 $a_1 = a_2 = 5.0$, $\omega_1 = \omega_2 = \omega$, $k = 0.01$, $\phi = \dfrac{\pi}{6}$, 其他参量取 $l = 1.2$, $\lambda = 1.2$ 和 $D = 0.02$[19]

还可以发现 D_{eff} 的最大值随 Δ 的增加而减小. 因此, 合适的驱动频率和空间不对称还能够抑制耦合棘轮的扩散.

仅通过平均速度 $\langle V_{\mathrm{cm}} \rangle$ 或扩散系数 D_{eff} 的分析还不能全面了解反馈耦合棘轮的输运品质. 平均速度反映系统定向运动的能力, 而扩散系数则反映系统无序运动的能力, 二者不一定完全一致. 对于具有较大平均速度的棘轮, 其输运过程也可能具有较强的扩散, 这会使输运过程变得不连续. 另外, 即使较低 D_{eff} 时的输运也不能保证棘轮具有较大的平均速度. 因此, 有必要对反馈棘轮的输运一致性 (即定向运动–扩散一致性) 进行研究. 图 7.4(d) 给出了不同非对称参数 Δ 下, Pe 随 ω 的变化曲线. 可以发现的是, 存在两个频率范围能使 Pe 达到局域最大值, 这个最大值意味着此时反馈棘轮是一致性最强的输运. 同时, 研究还发现扩散系数随 ω 的变化出现了两个局域最小值, 且 D_{eff} 的局域最小值是在 Pe 达到局域最大值的范围内实现的, 这显然支持了 Pe 增强的解释. 此外, 输运一致性仍然依赖于反馈棘轮的不对称性.

2. $\dfrac{a_1}{a_2} \neq 1.0$ 和 $\dfrac{\omega_1}{\omega_2} = 1.0$ 情况下的输运

当简谐力的振幅比不同即 $\dfrac{a_1}{a_2} \neq 1.0$ 时, 质心平均速度 $\langle V_{cm} \rangle$ 随简谐力频率 ω 的变化关系如图 7.5(a) 所示。从图中可以发现, $\langle V_{cm} \rangle$ 表现出与图 7.4(a) 类似的峰值输运行为。可以清楚地看到, 随着两相同驱动频率 ω 的增加, $\langle V_{cm} \rangle$ 逐渐减小, 并在某合适的 ω 下, 质心平均速度仍能呈现峰值。当两个简谐力的振幅不同时, 为了深入理解输运的局域最大化, 我们仍然计算了标度平均速度 $2\pi \langle V_{cm} \rangle / \omega$ 随 ω 的变化关系 (图像没有给出)。可以发现的是, 此时棘轮输运并没有产生有理数值的台阶 (流)。由于势的对称性和两个简谐力对称性的破坏, 两个不等的外力振幅并不能轻易地诱导耦合粒子的相同步 [19]。在高频情况下, 耦合粒子的速度行为与图 7.4(a) 中 $\dfrac{a_1}{a_2} = 1.0$ 时的变化情况类似。此外, 研究发现, 随着振幅比 $\dfrac{a_1}{a_2}$ (a_2 为常数) 的增加, 棘轮的定向输运能够增强。这意味着通过增加简谐力 $F_1(t)$ 的振幅, 可以提高反馈棘轮的定向输运。

对于不同的 $\dfrac{a_1}{a_2}$, 图 7.5(b) 给出了扩散系数的对数 $\lg(D_{eff})$ 随频率 ω 的变化关系。可以发现, 随着 ω 的增加, 耦合粒子的 D_{eff} 可在某一 ω 处达到极值。然而, 这里感兴趣的是 D_{eff} 的最小值, 即在这种情况下粒子的扩散被抑制。此外, 我们有趣地发现在振幅比 $a_1/a_2 \leqslant 2.0$ 的情况下, D_{eff} 的极小值由一个变为三个。因此, 合适的 ω 和 a_1/a_2 能够抑制反馈控制下耦合粒子的扩散。同时, 这种情况下耦合粒子的定向输运更加有序。

图 7.5(c) 给出了不同振幅比条件下的 Pe。可以发现, 在较大范围内的 Pe 都远大于 1, 这一现象说明了反馈棘轮具有较高的输运一致性。研究还发现, 随着 a_1/a_2 的增加, Pe 的局域最大值也相应地增大。研究结果表明, 对于耦合粒子的同频运动, 优化的简谐力频率能够导致最有效的棘轮输运。此外, 简谐力的对称性破坏 (不同的 a_1 和 a_2) 能够诱导反馈棘轮更高的输运一致行为。

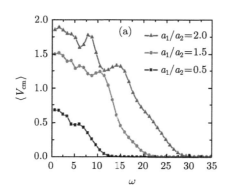

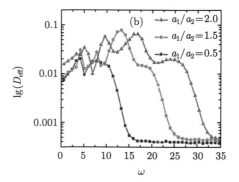

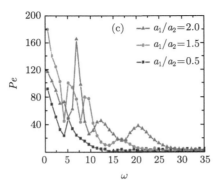

图 7.5   不同振幅比 $\dfrac{a_1}{a_2}$ 条件下，(a) 质心平均速度 $\langle V_{\mathrm{cm}} \rangle$，(b) $\lg(D_{\mathrm{eff}})$ 和 (c) Pe 随相同简谐

力频率 ω 的变化曲线，其中 $\Delta = 2.0$，$\omega_1 = \omega_2 = \omega$，$a_2 = 5.0$，$k = 0.01$ 和 $\phi = \dfrac{\pi}{6}$ [19]

3. $\dfrac{a_1}{a_2} \neq 1.0$ 和 $\dfrac{\omega_1}{\omega_2} \neq 1.0$ 情况下的输运

此外，两个简谐力不同即 $\dfrac{a_1}{a_2} \neq 1.0$ 和 $\dfrac{\omega_1}{\omega_2} \neq 1.0$ 时，系统的输运会表现出更为复杂的行为。图 7.6(a) 研究了质心平均速度 $\langle V_{\mathrm{cm}} \rangle$ 随相位差 ϕ 的变化行为。由于等式 (7.2.6) 描述的时间关联驱动力 $F_2(t)$ 是时间的周期函数，由此 $\langle V_{\mathrm{cm}} \rangle$ 随 ϕ 的变化也会呈现周期性。因此，这里只关注耦合粒子在一个完整周期内的速度行为。可以清楚地看到，平均速度作为 ϕ 的函数显示了非单调的依赖关系，并存在最大值和最小值，且 $\langle V_{\mathrm{cm}} \rangle \sim \phi$ 曲线都是对称的。由交流驱动力的对称性，可以得到关于 $\langle V_{\mathrm{cm}} \rangle$ 的一般性结论。在变换 $\phi \to \pi - \phi$ 和 $\phi \to \pi + \phi$ 的情况下，驱动力 $F_2(t) = a_2 \cos(\omega_2 t + \phi)$ 不变，因此对称性关系 $\langle V_{\mathrm{cm}}(\pi - \phi) \rangle = \langle V_{\mathrm{cm}}(\pi + \phi) \rangle$ 在任意 ϕ 值下都能得到满足。本节反馈棘轮模型中得到的对称性结果与 Machura 等研究的两个约瑟夫森结的输运特性相同 [25]。此外，还存在一个或多个优化的 ϕ 值，使反馈棘轮的定向输运在每个周期内达到局域最大值。同时，研究发现 $\langle V_{\mathrm{cm}} \rangle$ 的最大值随频率比 $\dfrac{\omega_1}{\omega_2}$ 的增加而减小。因此，在两个不同周期驱动力的情况下，改变相位差 ϕ 是另一种促进棘轮输运的方法。

在不同外驱动力下，图 7.6(b) 讨论了扩散系数 D_{eff} 作为 ϕ 的函数。可以发现，随着相位差的增加，耦合粒子的 D_{eff} 也呈周期性变化。因此，这里只讨论一个周期内相位差对扩散的影响。注意到扩散系数作为 ϕ 的函数仍呈现近似的对称关系，$\langle D_{\mathrm{eff}}(\pi - \phi) \rangle = \langle D_{\mathrm{eff}}(\pi + \phi) \rangle$。此外，随着 ϕ 的增加，D_{eff} 能够达到极值。同样地，存在合适的 ϕ 值能使 D_{eff} 达到极小值。根据公式 (7.2.12)，这种情况下棘轮质心平均位置的涨落更为缓慢。因此，对于复杂简谐力情况，通过选择合适的 ϕ 和 $\dfrac{\omega_1}{\omega_2}$ 能够抑制耦合粒子的扩散。

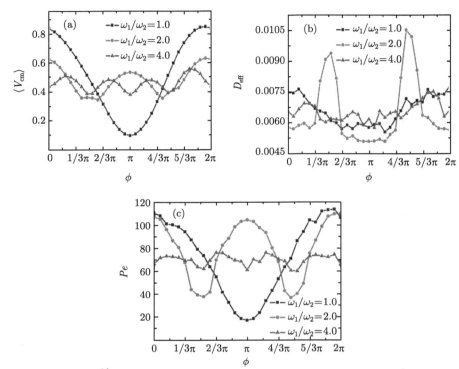

图 7.6　不同频率比 $\dfrac{\omega_1}{\omega_2}$ 条件下，(a) 质心平均速度 $\langle V_{\mathrm{cm}} \rangle$，(b) 扩散系数 D_{eff} 和 (c) Pe 随相位差 ϕ 的变化曲线，其中 $\Delta = 2.0$，$a_1 = 2.5$，$a_2 = 5.0$，$\omega_2 = 0.2$ 和 $k = 0.01$[19]

对于不同的 $\dfrac{\omega_1}{\omega_2}$，图 7.6(c) 给出了 Pe 作为相位差 ϕ 的函数图像。可以明显地看到，Pe 也展现了近似对称性的关系，$\langle Pe(\pi - \phi) \rangle = \langle Pe(\pi + \phi) \rangle$。此外，存在一个或多个优化的相位差 ϕ 值能使 Pe 在一个周期内达到局域最大值。如前面分析，Pe 是平均速度与扩散系数的比值，在两个不同驱动力频率的影响下能够观察到更强的输运一致行为。

7.2.3　反馈耦合棘轮的能量转换效率

1. $\dfrac{a_1}{a_2} = 1.0$ 和 $\dfrac{\omega_1}{\omega_2} = 1.0$ 情况下的效率

为了从能量观点理解反馈棘轮的输运性能，图 7.7 给出了当 $\dfrac{a_1}{a_2} = 1.0$ 和 $\dfrac{\omega_1}{\omega_2} = 1.0$ 时反馈棘轮的能量转换效率 η 随频率 ω 的变化关系。研究发现，随着频率 ω 的增加，η 仍能达到极值。由等式 (7.2.14)～等式 (7.2.16) 可知，能量转换效率在一定条件下近似正比于 $\langle V_{\mathrm{cm}} \rangle$。因此，复杂反馈棘轮的 η 与质心平均速度的变化行为非常相似，如图 7.4(a) 所示。研究还发现，与局域最大效率对应的三个优化频率和质心平均速度取局域最大值时的频率几乎一致。这个结果表明，在优化的频率下，反馈棘轮可以更有效地将输入能量转换为有用的功。然而，反馈棘轮的能量转换效率 η 随 ω 的不断增加而逐渐减小并趋于零。在高频条件下，根据图 7.4(a) 结果，$\langle V_{cm} \rangle$ 是非常小的。同时根据定义，效率 $\eta \propto \langle V_{cm} \rangle$，因此高频下的能量转换也将会减小。此外可以发现，合适的 ω 和 Δ 都能增强反馈棘轮的能量转换效率。

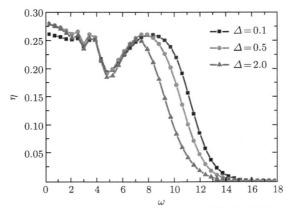

图 7.7 不同势不对称参数 Δ 条件下，能量转换效率 η 随简谐力频率 ω 的变化曲线，其中 $a_1 = a_2 = 5.0$，$\omega_1 = \omega_2 = \omega$，$k = 0.01$ 和 $\phi = \dfrac{\pi}{6}$ [19]

2. $\dfrac{a_1}{a_2} \neq 1.0$ 和 $\dfrac{\omega_1}{\omega_2} = 1.0$ 情况下的效率

当两个简谐力的振幅改变而驱动频率仍然相同时，图 7.8 讨论了能量转换效率 η 随频率 ω 的变化情况。对于不同的振幅比 $\dfrac{a_1}{a_2}$，可以发现，随着 ω 的增加，η 会在一定频率处达到峰值。η 的局域最大值表明，反馈棘轮可以在特定驱动频率下更有效地拖动负载来做有用功。同时，研究发现 η 的局域最大值随 $\dfrac{a_1}{a_2}$ 的增加而减小。从图 7.5(a) 可以看到，对于某一固定频率 ω，当振幅比 $\dfrac{a_1}{a_2}$ 增加时，质心平均速度 $\langle V_{cm} \rangle$ 是增加的。根据等式 (7.2.15) 可知，输出功率 ($P_{out} \propto \langle V_{cm} \rangle$) 将随振幅比的增加而增大。为了更详细地研究能量转换效率 η (P_{out} 和 P_{in}) 与 $\dfrac{a_1}{a_2}$ 的依赖关系，图 7.9 研究了在某一固定频率 ω 下，输出功率 P_{out} 与输入功率 P_{in} 作为振幅比 $\dfrac{a_1}{a_2}$ 的函数。从图中可以发现，在 $\dfrac{a_1}{a_2} < 5.0$ 的范围内，从反馈耦合棘轮外力获得的输入功率 P_{in} 比输出功率 P_{out} 增加得更快。因此，在某一固定 ω 下，能量转换效率 ($\eta = P_{out}/P_{in}$) 的最大值会随 $\dfrac{a_1}{a_2}$ 的增加而减小。需要注意的

是，质心平均速度 $\langle V_{\mathrm{cm}} \rangle$ 与振幅比的依赖关系并不总是单调的，下面将会进行详细讨论。此外，研究还发现，合适的 ω 和 $\dfrac{a_1}{a_2}$ 能够促进反馈耦合棘轮的 η。

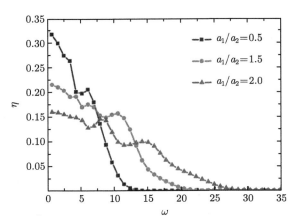

图 7.8　不同振幅比 $\dfrac{a_1}{a_2}$ 条件下，能量转换效率 η 随简谐力频率 ω 的变化曲线，其中 $\omega_1 = \omega_2 = \omega$，$a_2 = 5.0$，$\phi = \dfrac{\pi}{6}$，$k = 0.01$ 和 $\Delta = 2.0$ [19]

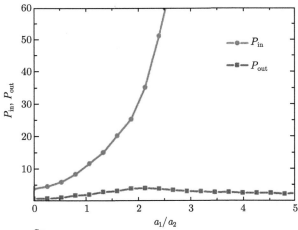

图 7.9　P_{out} 和 P_{in} 随 $\dfrac{a_1}{a_2}$ 的变化曲线，其中 $\omega_1 = \omega_2 = 5.0$，$a_2 = 5.0$，$\phi = \pi/6$，$k = 0.01$ 和 $\Delta = 2.0$ [19]

3. $\dfrac{a_1}{a_2} \neq 1.0$ 和 $\dfrac{\omega_1}{\omega_2} \neq 1.0$ 情况下的效率

此外，对于两个不同的简谐力，图 7.10 研究了能量转换效率 η 随相位差 ϕ 的变化关系。根据 7.2.2 节 3. 的分析可得，ϕ 对 η 的影响仍呈周期性变化。由于能量转换效率近似正比于 $\langle V_{\text{cm}} \rangle$，并有速度的对称性关系 (图 7.6(a))，因此这里也发现了对于不同的频率比 $\frac{\omega_1}{\omega_2}$，效率的对称性关系 $\langle \eta(\pi - \phi) \rangle = \langle \eta(\pi + \phi) \rangle$ 仍然能够满足。同时，研究发现在每个完整周期内，存在一个或多个能量转换效率的局域最大值。也就是说，在不同的优化相位差 ϕ 值下，耦合棘轮拖动负载做功的能力达到最强。因此，对于两个不同的简谐力，合适的 ϕ 和频率比都能够增强耦合棘轮的能量转换效率。

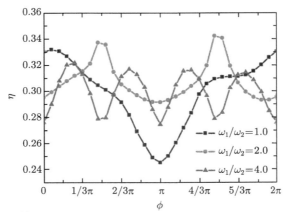

图 7.10　不同频率比 $\frac{\omega_1}{\omega_2}$ 条件下，能量转换效率 η 随相位差 ϕ 的变化曲线，其中 $\omega_2 = 0.2$，$a_1 = 2.5$，$a_2 = 5.0$，$k = 0.01$ 和 $\Delta = 2.0$[19]

7.2.4　反馈耦合棘轮的流反转现象

前面已经系统讨论了质心平均速度和能量转化效率作为系统变量的函数。下面将会关注反馈棘轮的另一方面，即流反转 (current reversal) 问题，这一现象在设计粒子分离设备中具有重要作用。本节的反馈棘轮可以通过破坏两个简谐力的对称性获得定向流的反转。

1. $\frac{\omega_1}{\omega_2} \neq 1.0$ 情况下振幅比 $\frac{a_1}{a_2}$ 的影响

对于不同的简谐力，图 7.11 研究了 $\langle V_{\text{cm}} \rangle$ 随 $\frac{a_1}{a_2}$ 的变化情况。可以发现，对于不同频率比，均存在优化的振幅比 $\frac{a_1}{a_2}$ 使质心平均速度 $\langle V_{\text{cm}} \rangle$ 达到局域最大值。该结果意味着优化的振幅比能够促进反馈棘轮的定向输运。然而，在 $\frac{a_1}{a_2}$ 很大的情况下会出现流的反转。例如，如图 7.11 所示，在 $\omega_1 : \omega_2 = 3 : 1$ 的条件下，当 $\frac{a_1}{a_2} > 250$ 时可以发现，质心平均速度 $\langle V_{\text{cm}} \rangle$ 由正变为负值；对于 $\omega_1 : \omega_2 = 4 : 1$

的曲线, 也可以看到在振幅比 $\frac{a_1}{a_2} > 80$ 时 $\langle V_{\text{cm}} \rangle$ 会由正值转为负值。上述研究结果表明, 调节振幅比 $\frac{a_1}{a_2}$, 可以调制反馈棘轮的运动方向。换句话说, 具有不同振幅比的耦合粒子会向不同的方向运动, 因而粒子可以被分离开。因此, 在某一合适频率比的条件下, 随着 $\frac{a_1}{a_2}$ (设 a_2 为常数) 的增加 (即 a_1 的增加), 简谐力 $F_1(t)$ 的负方向力和负载将会对两个耦合粒子的输运起着决定性的作用, 由此将进一步引起棘轮的流反转现象。然而, 值得注意的是, 当频率比 $\omega_1 : \omega_2 = 2 : 1$ 时, 如图 7.11 所示, 并没有产生流反转现象。因此, 下面有必要详细讨论 $\frac{\omega_1}{\omega_2}$ 的影响。

因此, 在恰当简谐力频率比的条件下, 通过选择合适的振幅比能够获得反馈棘轮的反向输运。

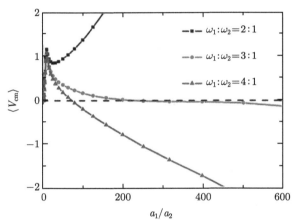

图 7.11　质心平均速度 $\langle V_{\text{cm}} \rangle$ 随振幅比 $\frac{a_1}{a_2}$ 的变化曲线, 其中 $\omega_2 = 0.2$, $a_2 = 1.0$, $\phi = \frac{\pi}{6}$, $k = 0.01$ 和 $\Delta = 2.0$ [19]

2. $\frac{a_1}{a_2} \neq 1.0$ 情况下频率比 $\frac{\omega_1}{\omega_2}$ 的影响

此外, 在复杂简谐力的频率比 $\frac{\omega_1}{\omega_2}$ 影响下, 仍能发现棘轮的流反转现象。例如, 对于图 7.11 的曲线, 通过在 $\frac{a_1}{a_2} = 1.5$ 位置处竖直做一切线, 可以获得反馈棘轮的平均速度作为频率比 $\frac{\omega_1}{\omega_2}$ 的函数, 结果如图 7.12(a) 所示。当频率比 $\frac{\omega_1}{\omega_2}$ 较小时, $\langle V_{\text{cm}} \rangle$ 随 $\frac{\omega_1}{\omega_2}$ (ω_2 为常数) 的增加而减小。在小频率比 $\frac{\omega_1}{\omega_2}$ 情况下, 简谐力 $F_1(t)$ 方向的变化相对缓慢, 因此耦合粒子定向输运的方向没有明显的变化。然而, 可以注意到, 随着 $\frac{\omega_1}{\omega_2}$ 的增大, 耦合粒子的 $\langle V_{\text{cm}} \rangle$ 会改变方向。特别地, 当 $\frac{\omega_1}{\omega_2} > 3.0$ 时, 反馈

棘轮产生了流反转现象。

下面通过分析两个简谐力来解释反馈棘轮的流反转机制。图 7.13 给出了大频率比 $\frac{\omega_1}{\omega_2}$ 情况下 $\left(\text{如 } \frac{\omega_1}{\omega_2} = \frac{4.0}{0.2} = 20\right)$ $F_1(t)$ 和 $F_2(t)$ 随时间的演化图像。可以清楚地看到，较大的 ω_1 能够导致简谐力 $F_1(t)$ 的方向频繁变化。相比之下，周期力 $F_2(t)$ 的方向变化相对缓慢得多，合外力 $F_1(t) + F_2(t)$ 的"周期"近似与 $F_2(t)$ 的周期一致。此外，在每个演化"周期"内，合外力 $F_1(t) + F_2(t)$ 的平均作用几乎为零。因此，在大频率比 $\frac{\omega_1}{\omega_2}$ 条件下，耦合粒子的运动几乎完全受负载 λ 的拉动作用，进而会产生流反转现象。

同时，在图 7.11 中的大振幅比位置如 $\frac{a_1}{a_2} = 100$ 处做一竖直切线，则棘轮的质心平均速度 $\langle V_{\text{cm}} \rangle$ 随频率比 $\frac{\omega_1}{\omega_2}$ 的变化图像如图 7.12(b) 所示。$\langle V_{\text{cm}} \rangle$ 的图像仍包含了非常丰富的变化结构。可以注意到在小频率比如 $\frac{\omega_1}{\omega_2} < 5$ 条件下，$\langle V_{\text{cm}} \rangle$ 的方向改变了两次。换句话说，在大振幅比情况下，反馈棘轮也能产生流反转现象。可以根据图 7.13 类似的方法分析这一流反转现象。此外，研究还发现，$\langle V_{\text{cm}} \rangle$ 的演化行为产生了多峰结构，并且随着频率比的变化，峰值逐渐减小。棘轮输运中产生的多峰结构主要与两个简谐力的对称性破坏密切相关。总的来说，对于复杂简谐力情况，通过选择合适的频率比或者振幅比都能够产生反馈棘轮的流反转现象。此外，值得强调的是，流反转理论可应用于粒子的分离。通过构建高分辨率的可控装置，进而可以实现分离细胞、DNA 或蛋白质等微观粒子。

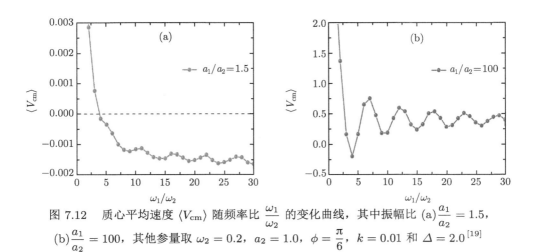

图 7.12 质心平均速度 $\langle V_{\text{cm}} \rangle$ 随频率比 $\frac{\omega_1}{\omega_2}$ 的变化曲线，其中振幅比 (a) $\frac{a_1}{a_2} = 1.5$，(b) $\frac{a_1}{a_2} = 100$，其他参量取 $\omega_2 = 0.2$，$a_2 = 1.0$，$\phi = \frac{\pi}{6}$，$k = 0.01$ 和 $\Delta = 2.0$[19]

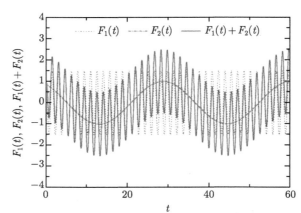

图 7.13　$F_1(t)$，$F_2(t)$ 和 $F_1(t) + F_2(t)$ 随时间 t 的演化图像，其中 $\omega_1 = 4.0$，$\omega_2 = 0.2$，$a_1 = 1.5$，$a_2 = 1.0$ 和 $\phi = \dfrac{\pi}{6}$[19] (彩图见封底二维码)

7.3　延迟反馈控制下耦合布朗棘轮的定向输运性能

除了动力学本身的讨论以外，关于布朗棘轮的另一个研究热点是反馈控制对非平衡态棘轮系统的影响[26]。尽管早期许多关于反馈控制系统的研究都集中于瞬时反馈 (instantaneous feedback) (即测量和控制方式之间没有时滞)[27]，但人们对于探索具有时间延迟 (time delay) 的系统却越来越感兴趣[28]。这主要是考虑到实际情况下通常来自于信号检测和控制方式之间的时间延迟，这是实验操作中普遍存在的一种情况。单粒子操控和电子输运实验技术的最新进展促进了对上述想法的探索，这些技术在微流体学[29]、生物医学工程[30] 和量子光学[31] 等各个领域都具有重要意义。

最近，在控制布朗棘轮输运的背景下，人们成功地将反馈策略用于延迟耦合相互作用的两个棘轮系统中[32]。但是对于大多数情况，人们研究的都是过阻尼系统中时滞反馈对布朗棘轮热运动的整流作用[6−8,16]。实验上，已经有人利用这种反馈机制对闪烁棘轮进行了研究，并通过使用光阱观察到反馈棘轮的速度提高了一个数量级[17]，这与理论结果一致。本节的研究主要说明在耦合布朗棘轮中应用时滞反馈控制可以增强棘轮的定向输运性能。然而，本节的时滞惯性耦合棘轮具有显著的正效应。它可以提高棘轮的流和相应的输运性能，并能产生新奇的效应，如反常输运和共振阶。

7.3.1　延迟反馈控制棘轮

考虑两个耦合布朗粒子在温度为 T 的一维非对称周期势 $V(x)$ 中的运动，其中 x 是粒子的位置。这两个布朗粒子通过棘轮势 $V(x)$ 与轨道 (驱动蛋白的微管)

相互作用 [33]

$$V(x) = \sin\left(\frac{2\pi x}{L}\right) + \frac{\Delta}{4}\sin\left(\frac{4\pi x}{L}\right) \tag{7.3.1}$$

其中，Δ 是势的非对称参数。等式 (7.3.1) 中通常可令 $V(x)$ 的周期 $L = 1$。容易看出，$\Delta \neq 0$ 时的棘轮势是不对称的。根据居里对称性原理 (Curie symmetry principle)，只有当系统中存在对称性破缺时，才能在特定方向上产生净的定向流动。在等式 (7.3.1) 描述的棘轮中，对称性破缺的特征是 $V(x)$ 的非对称性。

同时，反馈棘轮由自然长度为 l 和弹性常数为 k 的简谐弹簧耦合。两个耦合粒子还将受到一个外部非偏置的时间周期力 $A\cos\omega t$ 作用，其中 ω 为角频率，A 是振幅。此外，常外力 F 作用于粒子上。因此，延迟效应影响下惯性耦合棘轮的随机动力学可由无量纲化的朗之万方程描述 [34]

$$\ddot{x}_1 + \gamma\dot{x}_1 = -\alpha(t)V'(x_1) + k(x_2 - x_1 - l) + A\cos\omega t - F + \sqrt{2\gamma D}\xi_1(t) \tag{7.3.2}$$

和

$$\ddot{x}_2 + \gamma\dot{x}_2 = -\alpha(t)V'(x_2) - k(x_2 - x_1 - l) + A\cos\omega t - F + \sqrt{2\gamma D}\xi_2(t) \tag{7.3.3}$$

这里，变量上的点和撇分别代表对时间 t 和布朗粒子位置的微分。变量 γ 为摩擦系数，$\xi_i(t)$ $(i = 1, 2)$ 是高斯白噪声，满足 $\langle\xi_i(t)\rangle = 0$ 及 $\langle\xi_i(t)\xi_j(s)\rangle = \delta_{ij}\delta(t - s)$。$D$ 是噪声强度。棘轮势 $V(x)$ 的开关由控制参量 $\alpha(t)$ 决定。

本棘轮中的控制特点，同时也是文献 [35] 没有考虑的，是系统存在时间上的延迟效应。时间延迟是一种相当自然的现象 [6−8,16]，其主要来自于实验上的测量或系统处理信息时所需的有限时间。在方程 (7.3.2) 和方程 (7.3.3) 中，控制器 $\alpha(t)$ 主要由平均力 $f(t)$ 的方向决定。如果系综平均力为正，则经过时间 τ 后打开外势 ($\alpha = 1$)，否则对于其他情况，外势处于关闭状态 ($\alpha = 0$)。因此，这种延迟反馈控制策略可表述为

$$\alpha(t) = \begin{cases} \Theta(f(t-\tau)), & t \geqslant \tau \\ 0, & \text{其他情况} \end{cases} \tag{7.3.4}$$

其中，Θ 为赫维赛德函数。根据公式 (7.3.4)，可以发现可变的控制器 $\alpha(t)$ 仅依赖于耦合布朗棘轮的内部状态。作为“控制目标”，这里考虑由外势打开而产生的平均力 $f(t)$ 有

$$f(t) = \frac{1}{2}\sum_{i=1}^{2}F_{\text{pot}}(x_i(t)) = -\frac{1}{2}[V'(x_1(t)) + V'(x_2(t))] \tag{7.3.5}$$

因此，平均力对耦合棘轮施加了时间上的延迟反馈控制。我们把受 $\alpha(t)$ 控制的棘轮称为延迟反馈控制棘轮 (delayed feedback control ratchet)。

7.3.2　延迟反馈棘轮的流与效率

与 7.2 节一致，刻画耦合布朗棘轮的重要参量是质心的平均定向速度

$$\langle V_{\mathrm{cm}} \rangle = \lim_{t \to \infty} \frac{1}{2} \frac{\omega}{2\pi} \sum_{i=1}^{2} \int_{t}^{t+2\pi/\omega} \langle \dot{x}_i(s) \rangle \, \mathrm{d}s \tag{7.3.6}$$

粒子的扩散行为可通过时间关联的平均有效扩散系数 D_{eff} 描述为 [21]

$$D_{\mathrm{eff}} = \lim_{t \to \infty} \frac{1}{2} \sum_{i=1}^{2} \frac{\langle x_i(s)^2 \rangle - \langle x_i(s) \rangle^2}{2t} \tag{7.3.7}$$

平均有效扩散系数描述了耦合布朗粒子在平均位置附近的涨落。直觉上，如果稳态速度较大，轨道的扩散较小，则扩散系数较小，定向输运更有效。

然而，同样重要的是质心速度 $V_{\mathrm{cm}}(t)$ 在长时间条件下围绕其质心平均速度 $\langle V_{\mathrm{cm}} \rangle$ 的涨落，即方差 [35]

$$\sigma_v^2 = \langle V_{\mathrm{cm}}^2 \rangle - \langle V_{\mathrm{cm}} \rangle^2 \tag{7.3.8}$$

耦合布朗棘轮以质心速度 $V_{\mathrm{cm}}(t)$ 运动时，该速度的范围通常在

$$V_{\mathrm{cm}}(t) \in (\langle V_{\mathrm{cm}} \rangle - \sigma_v, \langle V_{\mathrm{cm}} \rangle + \sigma_v) \tag{7.3.9}$$

可以注意到，如果 $\sigma_v > \langle V_{\mathrm{cm}} \rangle$，则耦合布朗粒子可能会在与其速度平均值 $\langle V_{\mathrm{cm}} \rangle$ 相反的方向上运动一段时间。

根据 4.5 节计算效率的方法，本节还将对棘轮输运的斯托克斯效率进行讨论。这种方法在无外偏置的情况下也能得到系统的整流效率。在将该方法应用于布朗棘轮时，计算得到的效率即为斯托克斯效率 η_{S}，它由与摩擦相关的定向运动耗散功率 $\gamma \langle V \rangle^2$ 和来自时间周期力的输入功率 P_{in} 的比值给出。对于耦合棘轮来说，可以利用质心平均速度 $\langle V_{\mathrm{cm}} \rangle$ 代替等式 (4.5.4) 中的平均速度，进而可以获得反馈耦合棘轮斯托克斯效率的如下具体表达式 [34]

$$\eta_{\mathrm{S}} = \frac{\gamma \langle V_{\mathrm{cm}} \rangle^2}{P_{\mathrm{in}}} = \frac{\langle V_{\mathrm{cm}} \rangle^2}{\langle V_{\mathrm{cm}}^2 \rangle - D} = \frac{\langle V_{\mathrm{cm}} \rangle^2}{\langle V_{\mathrm{cm}} \rangle^2 + \sigma_v^2 - D} \tag{7.3.10}$$

如果质心速度涨落的方差 σ_v^2 减小，那么反馈棘轮的斯托克斯效率会增加。这正是期望的结果。延迟反馈棘轮的输运可以在较大的平均定向流下进行优化，而这种平均定向流本质上可以有很小的涨落。在以下的讨论中可以看到，时间延迟效应对于欠阻尼耦合棘轮输运的增强确实至关重要。

7.3.3 外偏置力作用下的流与扩散

图 7.14(a) 给出了不同延迟时间 τ 下反馈耦合布朗棘轮的力–速特征曲线。与之前较为熟悉的过阻尼棘轮动力学通常是单调依赖关系的结论不同 [36]，这里的力–速行为变得更加复杂。在延迟时间的影响下，力–速关系会表现出明显的非单调特性。图 7.14(a) 清楚地表明，在反馈控制 ($\tau \neq 0$) 情况下，延迟反馈棘轮表现出非常弱的负驱动 (方程 (7.3.2) 和方程 (7.3.3) 中的负偏置力)，会产生正向的质心平均速度 ($\langle V_{cm} \rangle > 0$)。这正是 3.7 节讨论的反常输运行为。可以看到，当 $\tau = 0.03$ 时，在偏置 F 的较大范围内，反馈棘轮都能以较大的正向速度前进，即使延迟时间 τ 增加到 0.1，仍然存在反常输运现象。然而，如果进一步增加偏置力 F，则反馈棘轮呈现正常输运 ($\langle V_{cm} \rangle < 0$)。因此，惯性反馈耦合棘轮也能产生反常输运现象，这一结果与之前的棘轮模型结论不同 [36]。更为重要的是，$\tau \neq 0$ 时的 $\langle V_{cm} \rangle$ 值比 $\tau = 0$ 时的结果大得多，这意味着引入延迟时间能够增强惯性反馈棘轮的定向输运。同时，这也反映出质心平均速度是依赖于延迟时间 τ 的。

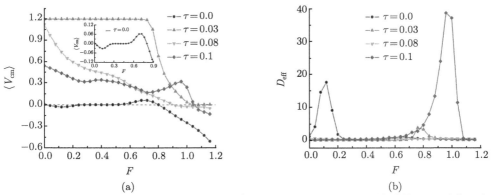

(a)   (b)

图 7.14 不同延迟时间 τ 下 (a) 质心平均速度 $\langle V_{cm} \rangle$，(b) 平均有效扩散系数 D_{eff} 随偏置力 F 的变化曲线，其中 $L = 1$，$\gamma = 1.546$，$\Delta = 0.05$，$k = 0.01$，$l = 0.1$，$D = 0.001$，$A = 8.95$ 及 $\omega = 3.77$ [34]

特别地，对于不存在延迟即 $\tau = 0$ 时，从图 7.14(a) 中也能观察到反常输运现象 (如图 7.14(a) 插图所示)。在非常小的偏置力 F 下，质心平均速度 $\langle V_{cm} \rangle \to 0$，此时系统处于锁相状态，偏置力 F 对定向输运没有贡献。在 $\tau = 0$ 的条件下，对于较小的负 F，质心平均速度 $\langle V_{cm} \rangle$ 呈负值。如果继续增加偏置，质心平均速度 $\langle V_{cm} \rangle$ 会改变符号并会出现正的最大值，若偏置力继续增加，其方向再一次反转，这意味着惯性反馈棘轮会产生非线性负迁移率 (NNM) 现象 [37]，即输运方向与小偏置力方向一致，但随着偏置的增加，输运改变方向，并向相反的方向运动。然而，当 $F > 0.8$ 时，NNM 现象消失，相对于偏置力的速度显示为正常的输运特征。在这一过程中，粒子首先展现了反常输运然后是正常运动，意味着反馈布朗棘轮的定向流反转了两次。

在特定的参数空间,图 7.14(b) 给出了平均有效扩散系数 D_{eff} 随外偏置力 F 的变化图像。研究发现,$D_{\text{eff}} - F$ 的行为会变得更加复杂。对于不同的延迟时间 τ,D_{eff} 产生了一个或多个极大值,意味着在反常输运区域一个或多个优化的偏置力 F^{opt} 将会促进耦合布朗棘轮的扩散。

图 7.15(a) 给出了延迟时间 $\tau = 0.12$ 时对于不同的噪声强度 D 渐近质心平均速度 $\langle V_{\text{cm}} \rangle$ 与偏置力 F 的函数关系。这里仍然可以看到典型的反常输运现象,即一定条件下粒子总是朝着与偏置作用相反的方向运动。一个很有趣的发现是,当噪声强度 $D < 0.1$ 时,在不同的偏置力优化值 F^{opt} 下,质心平均速度 $\langle V_{\text{cm}} \rangle$ 可以达到正的最大值,这意味着通过选择合适的噪声强度和外偏置力,延迟反馈棘轮的正向速度能够最大化。然而,曲线的峰值可理解为负迁移率 (negative mobility) 效应[38,39]。该结果与文献 [33] 的非反馈布朗棘轮输运结果类似。然而,随着噪声强度的增加,例如 $D = 0.1$ 时,可以看到峰值消失,并且 $\langle V_{\text{cm}} \rangle$ 随偏置力的增加而单调减少。可以理解的是,此时负迁移率效应消失,噪声驱动的棘轮效应增强,从而使输运主要受噪声效应的支配。

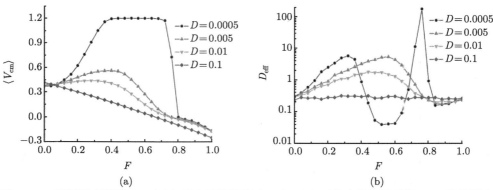

图 7.15　不同噪声强度 D 下 (a) 质心平均速度 $\langle V_{\text{cm}} \rangle$,(b) 平均有效扩散系数 D_{eff} 随偏置力 F 的变化曲线,其中 $\tau = 0.12$, $A = 8.95$ 及 $\omega = 3.77$[34]

为了深入理解上述现象,图 7.15(b) 给出了不同噪声强度 D 下平均有效扩散系数 D_{eff} 作为外偏置力 F 的函数。可以清楚地看到,在小噪声强度 $D = 0.0005$ 情况下存在两个峰值,这意味着对于低温情况 (小噪声强度),耦合布朗棘轮在不同的优化偏置力 F^{opt} 下更容易做扩散运动。而随着反馈棘轮温度的升高,在 D 由 0.005 到 0.01 的变化过程中,D_{eff} 的峰减少到一个并且其峰值已逐渐减小。因此,在 $D < 0.1$ 的反常输运范围,无论噪声强度 D 如何改变,优化的偏置力 F^{opt} 都能促进耦合布朗棘轮的扩散。但是对于 $D = 0.1$ 的高温情形,研究发现扩散系数 D_{eff} 随偏置力的增加没有明显变化。因此,对于较高的温度,耦合棘轮不容易

产生扩散现象。可以理解的是，随着噪声强度 (温度) 的增加，耦合粒子位置的涨落减小，从而使 D_{eff} 急剧减小。

7.3.4 延迟时间作用下的流与扩散

图 7.16(a) 给出了不同振幅 A 条件下反馈棘轮的延迟时间 τ 对质心平均速度 $\langle V_{\text{cm}} \rangle$ 的影响。在数值计算中，方程 (7.3.2) 和方程 (7.3.3) 的外偏置力取 $F = 0.3$。当振幅 $A = 0$ 时，反馈棘轮中仅有外力 F 能够拉动粒子跨越棘轮势 $V(x)$。而对于偏置 $F = 0.3$ 情形，较弱的外偏置很难使耦合粒子跨越势垒，因此在振幅 $A = 0$ 的条件下延迟时间 τ 对质心平均速度 $\langle V_{\text{cm}} \rangle$ 的影响消失。此外，当驱动振幅 $A \neq 0$ 时，如图 7.16(a) 所示，$\langle V_{\text{cm}} \rangle$ 作为延迟时间 τ 的函数变得更加复杂。特别地，当 $A = 2.5$ 时，可以清楚地发现，质心平均速度 $\langle V_{\text{cm}} \rangle$ 在延迟时间的优化值 τ^{opt} 作用下会出现最大值。这意味着对于延迟反馈棘轮来说，通过选择合适的延迟效应和驱动振幅可使输运最大化。然而随着驱动振幅的继续增加，如 $A = 7.6$ 时，可以有趣地发现定向流会产生一系列的台阶，并且台阶的数值为有理数。这些共振台阶对应于外部周期驱动情况下的锁频相运动[40]，关于这一现象将在 7.4 节进行详细讨论。研究还发现，延迟时间的影响不同于早期在过阻尼反馈棘轮中平均速度是 τ 的单调减函数的结果[36]。可以注意到，对于驱动振幅 $A \neq 0$ 的情况，通过进一步增大延迟时间可使输运产生方向逆转。在延迟时间较大的情况下，控制器的行为逐渐与反馈棘轮当前的状态不相关，并开始有效地充当开环棘轮的控制角色。

对于不同的振幅 A，图 7.16(b) 给出了延迟时间 τ 对平均有效扩散系数 D_{eff} 的影响。研究发现，在没有反馈控制 ($\tau \rightarrow 0$) 的情况下，耦合粒子不容易产生扩散现象。特别地，当驱动振幅 $A = 0$ 时，处在势阱内的耦合粒子不容易产生自由扩散运动。然而，随着振幅的增加，如 $A = 2.5$ 时，存在优化的延迟时间 τ^{opt} 能

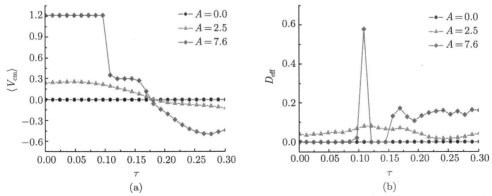

图 7.16 不同振幅 A 下，(a) 质心平均速度 $\langle V_{\text{cm}} \rangle$，(b) 平均有效扩散系数 D_{eff} 随延迟时间 τ 的变化曲线，其中 $D = 0.001$，$F = 0.3$ 及 $\omega = 3.77$[34]

够促进反馈棘轮的扩散。如果进一步增加驱动振幅，例如，当 $A = 7.6$ 时，可以发现平均有效扩散系数 D_{eff} 在不同的共振台阶间变化较大。可以理解为，图 7.16(a) 中对于振幅 $A = 7.6$ 时的质心平均速度曲线在 $\langle V_{\mathrm{cm}} \rangle = 1.2$ 和 $\langle V_{\mathrm{cm}} \rangle = 0.3$ 的两个共振台阶区域内几乎没有变化，这意味着耦合粒子的位置没有涨落。因此，耦合粒子在这两个共振台阶区域内不容易产生扩散，且在这两个共振台阶范围内扩散系数 $D_{\mathrm{eff}} \to 0$。然而，当耦合粒子在这两个共振台阶区域间扩散时，D_{eff} 会产生峰值。对于非共振区域情况，例如，当 $\tau > 0.15$ 时，反馈棘轮更易于扩散。

7.3.5　定向输运效率

如图 7.14(a) 和图 7.15(a) 所示，定向流的反常输运行为反映了惯性棘轮的有趣特征。以往的相关研究详细阐明了非反馈条件下反常输运的相应机制[37]。为了深入了解反馈棘轮的定向输运性能，本节进一步讨论反馈耦合布朗棘轮的流涨落和输运效率。

图 7.17 给出了不同延迟时间 τ 下，斯托克斯效率 η_{S} 和速度涨落 σ_v 随偏置力 F 的变化曲线。对于非延迟情形，$\tau = 0$，耦合棘轮不容易有效地转化能量，因此斯托克斯效率非常低，结果如图 7.17(a) 所示。从图 7.17(b) 可以看到，此时耦合布朗棘轮质心平均速度 $\langle V_{\mathrm{cm}} \rangle$ 的涨落随偏置力的增加急剧变化，同时在偏置的较大变化区间内，相应的 $\langle V_{\mathrm{cm}} \rangle$ 较小 (图 7.14(a))。因此，根据斯托克斯效率理论，在无延迟的情况下，η_{S} 较低。

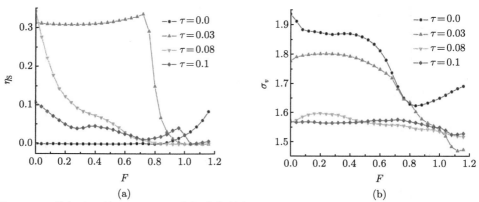

图 7.17　不同延迟时间 τ 下，(a) 斯托克斯效率 η_{S}，(b) 速度涨落 σ_v 随偏置力 F 的变化曲线，其中 $D = 0.001$，$A = 8.95$ 及 $\omega = 3.77$[34]

要想获得较大的整流效率，则需要较大的棘轮定向流或伴随较小速度涨落的较强输运，见等式 (7.3.10)。当考虑延迟效应时，如在小时间延迟 $\tau = 0.03$ 下，可以从图 7.14(a) 明显地看到，在 $F < 0.9$ 范围内的质心平均速度 $\langle V_{\mathrm{cm}} \rangle$ 是最大的，

相应地确实能够从图 7.17(a) 中发现期望的斯托克斯效率 η_S 的增强。然而当时间延迟增大时，如 $\tau > 0.03$，从图 7.17(b) 可以发现，随着偏置力 F 的增加，速度涨落 σ_v 并没有明显的变化。由于 $\tau > 0.03$ 情况下的 $\langle V_{cm} \rangle$ 小于 $\tau = 0.03$ 时的值，因此斯托克斯效率会减小。此外，有趣地发现 $\tau \neq 0$ 时的斯托克斯效率 η_S 大于 $\tau = 0$ 时的 η_S，这意味着如果想要耦合粒子更有效地利用输入能量进行定向输运，可以在反馈棘轮中采用相对较小的时间延迟。

图 7.18 给出不同的噪声强度 D 下斯托克斯效率 η_S 和速度涨落 σ_v 作为偏置力 F 的函数图像。如图 7.18(a) 所示，对于低温情况 $D = 0.0005$，耦合棘轮可以获得最大的斯托克斯效率 η_S。这是因为此时图 7.15(a) 中的耦合棘轮具有较大的定向输运速度，并且相应的速度涨落 σ_v 呈现了最小值，如图 7.18(b) 所示。但随着噪声强度的增加，从图中可以看到，当 $D > 0.0005$ 时，由速度涨落 σ_v 引起的耗散增加，此时对于图 7.15(a) 中的 $\langle V_{cm} \rangle$ 来说峰值逐渐减小，因此斯托克斯效率 η_S 会随 D 的增加而减小。

注意图 7.18(a) 中的 η_S 并不是偏置力 F 的单调函数。在小噪声强度 $D < 0.1$ 时，斯托克斯效率 η_S 随 F 的变化展现了明显的峰值。研究表明，反馈棘轮存在优化的偏置力 F^{opt} 能使 η_S 达到最大值。同时，随着偏置力的减小，η_S^{opt} 和 F^{opt} 也会相应地减小。此外从图 7.15(a) 可以看到，失速力在 $F_{\mathrm{sta}} = 0.8$ 附近，说明稳态情况下，在失速力附近 $\eta_S \to 0$。然而，反馈棘轮的斯托克斯效率与图 7.15(a) 中不同的力–速关系曲线具有类似的变化特征。这一结果再次表明，在反常输运情况下，存在优化的偏置力 F^{opt}，能使惯性反馈棘轮获得更有效的定向输运性能。

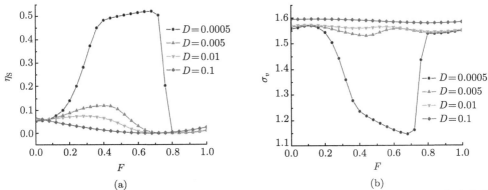

图 7.18   不同噪声强度 D 下，(a) 斯托克斯效率 η_S，(b) 速度涨落 σ_v 随偏置力 F 的变化曲线，其中 $\tau = 0.12$，$A = 8.95$ 及 $\omega = 3.77$[34]

图 7.19 给出了不同振幅 A 情况下斯托克斯效率 η_S 和速度涨落 σ_v 作为延迟时间 τ 的函数图像。通过与图 7.16(a) 的曲线比较可以发现，图 7.19(a) 中的斯

托克斯效率具有类似的复杂行为。当驱动振幅 $A = 0$ 时，效率 η_S 趋于 0。可以这样理解，因为图 7.16(a) 中的棘轮不容易产生定向输运，并且图 7.19(b) 中的速度涨落 σ_v 为非零的有限值，所以能够导致 $\eta_S \to 0$。对于 $A = 2.5$ 的情形，图 7.16(a) 的结果表明，在优化的延迟时间 $\tau = \tau^{\mathrm{opt}}$ 下，$\langle V_{\mathrm{cm}} \rangle$ 具有最大值，而从图 7.19(b) 可以看到此时 σ_v 几乎不变，因此在优化的延迟时间 $\tau^{\mathrm{opt}} = 0.05$ 下，斯托克斯效率 η_S 也能达到极大值。而随着驱动振幅 A 的增加，如图 7.19(a) 所示，当 $A = 7.6$ 时，斯托克斯效率 η_S 会达到最大值，随后急速下降。由于第一个共振台阶的 $\langle V_{\mathrm{cm}} \rangle$ 值较大，且在这个共振台阶范围的速度涨落逐渐减小，因此在两个不同共振区域间，斯托克斯效率可以达到一个最大值。然而，斯托克斯效率在第二个共振台阶范围很小，这一结果可由上述类似的方法分析。总而言之，反馈棘轮的定向输运性能可以通过选择合适的时间延迟和驱动振幅获得增强。

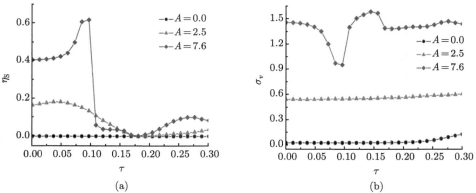

图 7.19　不同振幅 A 下，(a) 斯托克斯效率 η_S，(b) 速度涨落 σ_v 随延迟时间 τ 的变化曲线，其中 $D = 0.001$，$F = 0.3$ 及 $\omega = 3.77$[34]

7.4　延迟反馈控制下耦合惯性布朗粒子的共振流

在最近研究的众多棘轮模型中，一类重要的棘轮是经典的确定性棘轮，其动力学不包含任何的随机因素。作为非线性系统，其确定性动力学可通过搓衣板势 (washboard potential) 中的惯性粒子进行建模，并且这种系统在许多不同的情况下得到了研究，如转子[41] 和光学摇摆棘轮[42]。如果搓衣板势还受外部时变的驱动力作用，则棘轮会表现出有趣的如混沌[43]、相动力学的同步[40] 和反常输运[44] 等现象。更令人惊讶的是，在外部非偏置的周期驱动和非均匀空间关联阻尼的确定性系统中[45]，还可以观察到反常的绝对负迁移率 (ANM) 现象。近年来，由于涡旋 (vortex) 和超导量子干涉 (SQUID) 棘轮等实验方面的大量研究，惯性确定性棘轮的理论探索越来越受到重视。此外，这些实验还证实了流反转现象[46]。本节将讨论由反馈控制和外部驱动之间的相互作用而产生的有趣的动力学行为。特别地，欠阻尼耦合布朗粒子的确定性动力学会表现出 ANM 现象[39]。此外，粒子的锁相运动还会导致反馈棘轮的共振台阶，这些都在数值观测和理论预测中得到证实。因此，上述研究进一步建立了延迟反馈棘轮的优化输运与共振阶之间的联系。

7.4.1 延迟反馈控制下的步行者模型

本节考虑二聚体布朗步行者 (walker) 的两只 "脚" 在非对称棘轮势 $V(x)$ 中的运动。步行者的两个脚可由坐标为 x_1 和 x_2 处的粒子描述，脚之间的扭矩通过自然长度为 a 和弹性常数为 k 的简谐弹簧耦合来刻画。此外，每个粒子都会受到外偏置力 F 和涨落摇摆力 $A\cos\omega t$ 的作用，其中 A、ω 分别为振幅和频率。显然周期摇摆力的时间平均值为零。在没有随机噪声的情况下，这种描述的系统动力学是完全确定的。

下面的讨论将使用无量纲化的变量，二聚体的运动方程可写为无量纲的形式[35,47]。在欠阻尼条件下，摇摆确定性倾斜棘轮的运动方程可以写成[48]

$$\ddot{x}_1 + \gamma \dot{x}_1 = -\beta(t)V'(x_1) + k\,(x_2 - x_1 - a) + A\cos\omega t + F \tag{7.4.1}$$

和

$$\ddot{x}_2 + \gamma \dot{x}_2 = -\beta(t)V'(x_2) - k\,(x_2 - x_1 - a) + A\cos\omega t + F \tag{7.4.2}$$

变量上的点和撇分别代表对时间和布朗粒子位置 x 的微分，参量 γ 表示摩擦系数。

由前面几节的讨论可知，方程 (7.4.1) 和方程 (7.4.2) 中的控制参量 $\beta(t)$ 依赖于棘轮的状态。因而，这种棘轮是受状态的反馈控制的，这也意味着粒子之间存在有效的反馈控制耦合。因此，棘轮势 $V(x)$ 的开关会受到控制器 $\beta(t)$ 的作用。本节的控制方式仍采用 7.3.1 节式 (7.3.4) 中的以提高瞬时质心速度为目标状态的延迟反馈控制策略[7]。控制器可以评估每个粒子由于棘轮势的开启而产生的力

$$f(t) = \frac{1}{2}\sum_{i=1}^{2} F_{\text{pot}}\,(x_i(t)) = -\frac{1}{2}\left[V'\,(x_1(t)) + V'\,(x_2(t))\right] \tag{7.4.3}$$

如果当前系综平均力 $f(t)$ 为正，则经过时间 τ 后棘轮势将打开 ($\beta = 1$)，否则在其他情况下外势处于关闭状态 ($\beta = 0$)。

两个耦合布朗粒子通过周期性不对称棘轮势 $V(x)$ 与轨道进行相互作用

$$V(x) = \sin\left(\frac{2\pi x}{L}\right) + \frac{\Delta}{4}\sin\left(\frac{4\pi x}{L}\right) \tag{7.4.4}$$

其结构示意图如图 7.20 插图所示，这里 Δ 为棘轮的非对称参量。同样，可令外势周期 $L = 1$，即 $V(x + 1) = V(x)$。另外，势 $V(x)$ 的纵向不对称性引入了反馈控制棘轮对称性破缺特征。

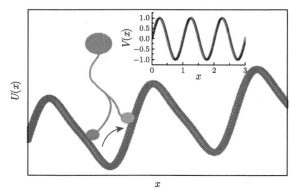

图 7.20　布朗步行者 (惯性粒子) 在倾斜棘轮 $U(x) = V(x) - Fx$ 中运动的结构示意图,其中偏置 $F < 0$。插图为没有倾斜时的棘轮势 $V(x)$ [48]

由式 (7.4.1) 和式 (7.4.2),确定性动力学方程在描述输运过程中最基本的量是长时间渐近的质心平均速度 V_{cm} [48]

$$V_{cm} = \frac{1}{2} \sum_{i=1}^{2} \lim_{t \to \infty} \frac{[x_i(t) - x_i(0)]}{t} \tag{7.4.5}$$

当振幅 $A = 0$ 时,外势为倾斜棘轮,进而总的倾斜外势 $U(x) = V(x) - Fx$,如图 7.20 所示。当倾斜的 $U(x)$ 大于某个临界倾角时,粒子将沿固定的搓衣板势向下滑动,并将通过棘轮的每个周期,此时粒子可看作一个转子或自持续振荡器 [41]。注意到变量 $x_1 - x_2$ 的符号可正、可负或者为零,即 $x_1 - x_2 > 0$ 意味着粒子 x_1 在前,$x_1 - x_2 < 0$ 意味着粒子 x_2 在前。因此,耦合粒子在势阱之间的跃迁相当于粒子间的顺序交换,这就如同步行者在步行过程中交替地移动它的两只脚一样。

7.4.2　延迟反馈棘轮的绝对负迁移率

图 7.21 给出了确定性棘轮的质心平均速度 V_{cm} 作为偏置力 F 的函数图像。可以注意到,在没有驱动振幅 $A = 0$ 的条件下,反馈棘轮的定向流为零。该钉扎状态能够维持到某一临界值 F_C 为止。这种临界行为可作如下理解,当振幅 $A = 0$ 时,棘轮虽具有不对称形的搓衣板势,但如果偏置力 $|F|$ 小于某一个临界值,步行者就不容易脱离这个倾斜棘轮的束缚,进而不能产生定向运动。而当 $|F|$ 的值大于 $|F_C|$ 时,反馈棘轮会获得一个有限的定向流,它会随偏置力 F 单调递减。

当考虑周期驱动时,如图 7.21 所示的振幅 $A = 2.1$ 情形,可以发现典型的 ANM 现象,该现象的特点是一个正的定向流,其方向与负偏置力 F 反向,即粒子运动表现为自主的 "爬坡" 现象。文献 [49] 观察到了单粒子在开环锯齿势中运动时的 ANM 行为。Machura 在其工作中 [39] 还观察到噪声诱导的 ANM 行为。

这种违反直觉的现象可理解为周期驱动力 $A\cos\omega t$ 协作下的惯性效应。换句话说，周期性驱动是产生 ANM 的前提条件。然而，当偏置 F 大于临界值时，棘轮的确定性动力学主要由偏置决定，此时粒子将呈现正常输运，且步行者的质心平均速度随 F 的增加而减小。

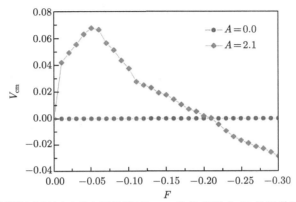

图 7.21 不同周期驱动振幅下质心平均速度 V_{cm} 作为偏置力 F 的函数图像，其余参量取 $\gamma = 1.546$，$L = 1$，$\Delta = 0.05$，$k = 0.01$，$a = 0.1$，$\omega = 3.77$ 及 $\tau = 0.2$[48]

此外，图 7.22 显示了步行者双脚运动的时间序列及 ANM 现象。如图 7.22(a) 所示的典型轨迹表明粒子正处于加速状态，而对于负偏置 $F = -0.025$，可以观察到步行者表现为向上爬升倾斜棘轮势 (正流)。相反地，图 7.22(b) 给出了偏置 $F = -0.3$ 时的运动，可以看到粒子在与偏置相同的方向上进行正常输运。

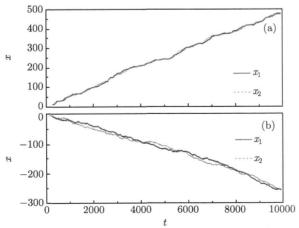

图 7.22 步行者的两个 "脚" 随时间演化的轨迹，(a) 显示了反直觉的 ANM 现象，其中偏置力 $F = -0.025$，(b) 正常输运现象 (负流)，偏置力 $F = -0.3$，驱动振幅 $A = 2.1$[48]

7.4.3　延迟效应

图 7.23 给出了不同振幅 A 下反馈棘轮的延迟时间 τ 对质心平均速度 V_{cm} 的影响。从图 7.23 中可以看到，延迟反馈对粒子的输运动力学过程产生了复杂的影响。在确定性情况下，只有外部驱动才能协助粒子克服倾斜棘轮势 $U(x)$ 的作用（图 7.20）。因此当振幅 $A = 0$ 时，偏置 $F = -0.3$ 的作用无法使粒子跨越倾斜外势，因而延迟时间对质心平均速度 V_{cm} 的影响消失。

从图 7.23 可以看到当驱动振幅 $A \neq 0$ 时，V_{cm} 作为延迟时间 τ 的函数变得更加复杂。研究发现，在振幅 $A = 2.1$ 时 V_{cm} 在延迟时间的最优值 τ^{opt} 处最大。这意味着通过选择适当的延迟时间和周期性驱动振幅能够实现最大的定向流。随着驱动振幅的增加，例如 $A = 7.6$ 时，可以发现定向流能够呈现一系列有趣的有理数台阶。这一现象和上节得到的结果类似。直观上看，输运对 $\tau < 0.17$ 的小延迟时间范围并不敏感，这主要是由惯性棘轮中的锁相运动 (phase locked motion) 造成的，下面将详细讨论这个问题。值得一提的是，上述时间延迟的影响明显不同于以往的工作，在过阻尼反馈棘轮情况下平均速度仅是时滞的单调减函数 [36]。此外可以注意到，对于较大的 τ，输运还会发生反转。这个现象可作如下理解。当延迟时间 τ 过大时，控制器的行为逐渐与反馈棘轮的当前状态不再有关联，并且在相对较大的延迟时间下，反馈控制将失去反馈特征，棘轮变为开环棘轮。

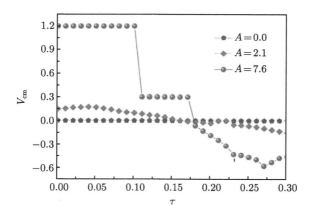

图 7.23　不同振幅 A 条件下质心平均速度 V_{cm} 随延迟时间 τ 的变化曲线，其中 $\omega = 3.77$ 及 $F = -0.3$ [48]

7.4.4　延迟反馈棘轮中的共振流与同步

为了理解定向流中共振台阶的起源，图 7.24 进一步研究了在固定偏置力 $F = -0.3$ 时，标度平均速度 $2\pi V_{\mathrm{cm}}/\omega$ 作为周期驱动振幅 A 的函数。正如图 7.23 中所讨论的，在较弱的驱动振幅下，粒子不容易跨越势垒，因此标度平均速度为零。而在较大的驱动振幅下，定向流表现出显著的锁模特征。结果表明，确定性输运随驱动的增强也会呈现阶梯状结构，即在开环摇摆棘轮中众所周知的效应 (详见文献 [50])。研究发现，标度平均速度可以获得一系列定义明确的共振台阶 (resonant step)，其定向流的大小可由 n/m 给出，这里 n 和 m 是整数。这些定向流的台阶曾在过阻尼棘轮[18,40] 和倾斜的欠阻尼棘轮中都报道过[51]。对于大多数情况，$m = 1$，即定向流的阶为整数值。而对于本节讨论的确定性反馈控制棘轮[48]，仍可以得到定向流的阶对交流驱动的复杂依赖关系。

这里需要强调的是，摇摆反馈棘轮的直流偏置 F 会使外势倾斜，从而耦合惯性粒子会沿倾斜的棘轮向下滑动。这样即使没有外部的周期驱动，粒子也可以看作做自持续振荡的转子[41]。在适当条件下，转子的特征频率 $\omega_{\rm C} = 2\pi V_{\rm cm}$ 与驱动频率 ω 可以产生同步，即标度平均速度的有理数值为 $2\pi V_{\rm cm}/\omega = n/m$，因而可以得到粒子特征频率的全部可能共振模式 $\omega_{\rm C} = (n/m)\omega$。这一现象称为锁相运动[43,51]。在图 7.24 中，当振幅 $A = 7.6$ 时，不同的延迟时间 τ 都具有相同整数值的标度流 $2\pi V_{\rm cm}/\omega$，即 $2 = 2\pi V_{\rm cm}/\omega \approx 2\pi \times (1.2)/3.77$，相应于 $2\pi V_{\rm cm}/\omega = n/m = 2/1$ 的锁相运动。因此，在相同的参数条件下，图 7.23 的平均速度对于延迟时间的改变并不敏感且 $V_{\rm cm}$ 能够产生一个值为 1.2 的平台。其余的共振台阶可以通过类似的方法进行分析。实际上，图 7.24 中的共振阶可看作周期性驱动作用下的同步区域 (synchronization region)[41,24]。为了阐明不同锁相运动下的丰富动力学信息，下面将在参数空间中对该同步区与非同步区进行比较。

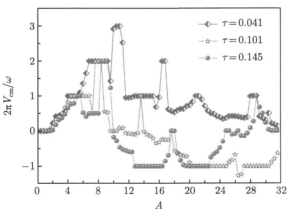

图 7.24　确定性条件下，标度平均速度 $2\pi V_{\rm cm}/\omega$ 作为驱动振幅 A 的函数图像，其中
$F = -0.3, \omega = 3.77$[48]

对于确定性反馈耦合棘轮来说，系统 (7.4.1) 和 (7.4.2) 在不同 n/m 有理数值下的锁相运动对应于参数空间中的同步。为了研究延迟反馈棘轮的同步现象，图

7.25 考察了依赖于时间的 x_1 和 x_2 变量的行为, 即不同锁相运动值下的同步动力学。从图 7.25(a) 可以看到, 对于整数锁相条件 $n/m = 2$, 两个粒子完全步调一致地向前运动, 且 $x_1 - x_2 = 0$。一般来说, 对于标度平均速度的不同共振台阶, 步行者仅表现出简单的同步运动。如图 7.25(b) 所示, 可以发现步行者的脚 x_2 能够跨过 x_1, 并且在倾斜棘轮中很有规律地交换次序。在这种很有趣的情况下, 对于分数型锁相运动, 如 $n/m = 1/2$, 棘轮动力学则展现了一种步行 (hand-over-hand) 运动机制。此外, 对于负值的锁相运动, 如 $n/m = -1$, 在图 7.25(c) 中仍能观察到同步现象, 但此时脚 x_2 始终在脚 x_1 的前方并保持一定的距离。在这种情况下, 棘轮动力学呈现出有趣的尺蠖 (inchworm) 运动机制。而对于锁相条件为无理数如 $n/m = 0.088495$ 的情形, 如图 7.25(d) 所示, 步行者的两个脚为随机地走动, 且变量 $x_1 - x_2$ 时刻在改变, 此时耦合棘轮不能够实现同步运动。

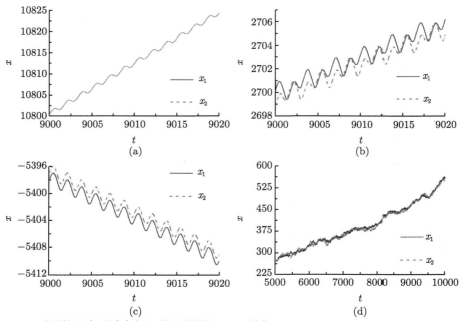

图 7.25　不同的同步区域步行者的演化轨迹, (a) 锁相 $n/m = 2$, $A = 7.6$, $\tau = 0.041$, (b) 锁相 $n/m = 1/2$, $A = 7.6$, $\tau = 0.145$, (c) 锁相 $n/m = -1$, $A = 14$, $\tau = 0.145$ 及 (d) 非同步区域 $n/m = 0.088495$, $A = 7.6$, $\tau = 0.175$, 其他参量取 $\omega = 3.77$ 和 $F = -0.3$[48]

图 7.26 给出了不同锁相运动 n/m 值下的相空间轨道, 其参数空间与图 7.25 相同。这些相空间中的图像呈现了非常丰富的结构, 且同样给出了上述讨论中同步区域的不同共振阶。对于不同的共振台阶, 由于两个相互作用粒子具有类似的动力学行为, 因此这里仅画出粒子 x_1 的相空间轨道。对于同步区域情况, 如锁

相条件为 $n/m = 2$、$1/2$ 和 -1,从图 7.26(a)~(c) 可以发现,相空间轨道虽具有非常复杂的结构,但这些相轨道仍然是周期性的,并有规律地随时间演化。而在非同步区域,如 $n/m = 0.088495$,相空间轨道呈现不规则运动,如图 7.26(d)所示。

此外,由于延迟反馈系统的动力学是耗散且确定性的,因此对于上述的复杂动力学可进一步计算相空间轨道的最大李雅普诺夫指数 λ_{max}。这样做的目的主要是为了验证所研究的参数空间下输运过程是混沌的还是规则的。对于图 7.26(a)~(c)所示的相空间中的规则运动,计算结果表明 $\lambda_{max} \approx 0$,此时轨道上的扰动不会指数增长或衰减。而对于如图 7.26(d) 所示的不规则运动,通过计算其最大李雅普诺夫指数,可以发现 $\lambda_{max} = 0.725 > 0$。相应地,相邻轨道呈指数发散且仍保持在同一个吸引子上。因此,在非同步区域内相空间的轨道运动本质上是混沌的。综上所述,在确定性延迟反馈棘轮中的同步运动主要是由相空间中的周期运动诱导。

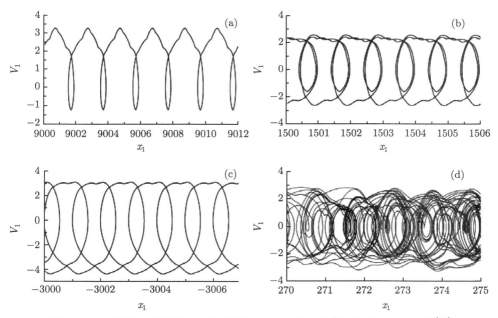

图 7.26　不同的同步区域内步行者的相空间,其参数空间与图 7.25 一致 [48]

7.4.5　共振流的理论预测与数值验证

由上述讨论可知,图 7.24 中的台阶 (平台) 起源于耦合力和摇摆力之间相互作用下的锁相运动。接下来进一步探索共振流现象。同时,这些台阶还可以通过下面的对称性分析进行预测。对于摇摆力 $A\cos\omega t$,方程 (7.4.1) 和方程 (7.4.2) 中一

个重要的对称性关系是对于系统给定的一个稳态解 $\{x_j(t)\}$, 时间–空间平移变换

$$T_{m,n}\{x_j(t)\} = \{x_{j+l}(t - 2\pi m/\omega) + 2\pi n\} \tag{7.4.6}$$

可以产生另一个稳态解 $\{x'_j(t)\}^{[48,52]}$, 其中 m 和 n 是任意的整数。如果耦合粒子的定向运动被摇摆力锁定, 则方程 (7.4.1) 和方程 (7.4.2) 在变换 $T_{m,n}$ 下应是不变的, 即

$$T_{m,n}\{x_j(t)\} = \{x_j(t)\} \tag{7.4.7}$$

满足这一条件需要交流驱动力 $A\cos\omega t$ 的相周期在经历 $\Theta_1 = 2\pi m$ 所用的时间恰好等于耦合粒子移动距离 $\Theta_2 = Ln$ (L 是棘轮势的周期) 所用的时间, 即

$$t = \frac{\Theta_1}{\omega} = \frac{\Theta_2}{V_{\text{cm}}} \tag{7.4.8}$$

这就导致共振台阶

$$V_{\text{cm}} = \frac{\Theta_2}{\Theta_1}\omega = \frac{Ln}{2\pi m}\omega \tag{7.4.9}$$

因此, 产生共振台阶的等式 (7.4.9) 可进一步化简为

$$V_{\text{cm}} = \frac{n}{m}\frac{L}{T_\omega} \tag{7.4.10}$$

等式 (7.4.10) 很好地解释了图 7.24 中产生的一系列共振台阶。对于外势周期 $L = 1$ 及 m 和 n 取整数情况, 能够观察到标度流的一系列台阶。m 和 n 取整数时的锁相运动表明, 在外部驱动的 m 个时间周期 T_ω 内, 周期吸引子同时通过 n 个势的空间周期 L。

　　除了驱动振幅 A 外, 摇摆力的频率也是产生共振台阶的重要来源。图 7.27 给出了步行者的标度平均速度作为频率的函数图像。可以看到, 定向流清楚地展示了有理数值的一系列台阶。同时, 等式 (7.4.10) 的解析预测与数值结果符合得非常好。值得注意的是, 等式 (7.4.10) 给出的共振阶理论上是一系列定义明确的台阶。此外, 共振阶还是耦合力与交流驱动共同作用的结果。由于延迟反馈棘轮中系统的耦合效应, 所以只有部分台阶可以观察到。从图 7.27 可以看到, 耦合强度越小 (如 $k = 0.01$ 情况), 共振阶越显著。然而, 图 7.27 中定向流的这种标度方法在小驱动频率下的值非常巨大。数学上, 这可以解释为随着驱动频率的减小, 质心平均速度的有限大小会导致标度流 $2\pi V_{\text{cm}}/\omega$ 快速增加。而当驱动频率很大时, 由于外驱动力的变化太快, 两个耦合粒子在短时间内来不及产生空间上的响应, 即不会感受到驱动的快速作用。此时, 耦合棘轮仅在外偏置力 F 的作用下运动, 相应的质心速度会随频率的增加而减小。

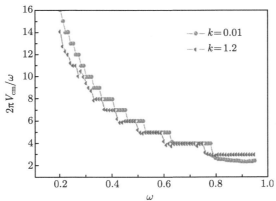

图 7.27 步行者的标度平均速度 $2\pi V_{\mathrm{cm}}/\omega$ 作为频率 ω 的函数图像, 其中参量取 $A = 2.1$, $F = -0.3$ 和 $\tau = 0.145$ [48]

参 考 文 献

[1] Gopalsamy K. Stability and Oscillations in Delay Differential Equations of Population Dynamics [M]. Dordrecht: Kluwer Academic Publishers, 1992.

[2] Hendry D F. The encompassing implications of feedback versus feedforward mechanisms in econometrics [J]. Oxford Econ. Pap., 1988, 40(1): 132-149.

[3] Neves S R, Iyengar R. Modeling of signaling networks [J]. BioEssays, 2002, 24(12): 1110-1117.

[4] Leff H S, Rex A F. Maxwell's Demon: Entropy, Information, Computing [M]. United Kingdom: Taylor & Francis Ltd, 2002.

[5] Touchette H, Lloyd S. Information-theoretic limits of control [J]. Phys. Rev. Lett., 2000, 84(6): 1156-1159.

[6] Craig E M, Kuwada N J, Lopez B J, et al. Feedback control in flashing ratchets [J]. Ann. Phys. (Berlin), 2008, 17(2-3): 115-129.

[7] Cao F J, Dinis L, Parrondo J M R. Feedback control in a collective flashing ratchet [J]. Phys. Rev. Lett., 2004, 93(4): 040603.

[8] Feito M, Cao F J. Information and maximum power in a feedback controlled Brownian ratchet [J]. Eur. Phys. J. B, 2007, 59(1): 63-68.

[9] Cover T M, Thomas J A. Elements of Information Theory [M]. New York: Wiley, 1991.

[10] Craig E M, Long B R, Parrondo J M R, et al. Effect of time delay on feedback control of a flashing ratchet [J]. Europhys. Lett., 2008, 81(1): 10002.

[11] Lichtner K, Pototsky A, Klapp S H L. Feedback-induced oscillations in one-dimensional colloidal transport [J]. Phys. Rev. E, 2012, 86(5): 051405.

[12] Prohm C, Stark H. Feedback control of inertial microfluidics using axial control forces [J]. Lab Chip, 2014, 14(12): 2115-2123.

[13] Vezirov T A, Gerloff S, Klapp S H L. Manipulating shear-induced non-equilibrium transitions in colloidal films by feedback control [J]. Soft Matter, 2015, 11(2): 406-413.

[14] Bregulla A P, Yang H, Cichos F. Stochastic localization of microswimmers by photon nudging [J]. ACS Nano, 2014, 8(7): 6542-6550.

[15] Jun Y, Gavrilov M, Bechhoefer J. High-precision test of Landauer's principle in a feedback trap [J]. Phys. Rev. Lett., 2014, 113(19): 190601.

[16] Feito M, Cao F J. Time-delayed feedback control of a flashing ratchet [J]. Phys. Rev. E, 2007, 76(6): 061113.

[17] Lopez B J, Kuwada N J, Craig E M, et al. Realization of a feedback controlled flashing ratchet [J]. Phys. Rev. Lett., 2008, 101(22): 220601.

[18] Feito M, Baltanás J P, Cao F J. Rocking feedback-controlled ratchets [J]. Phys. Rev. E, 2009, 80(3): 031128.

[19] Gao T F, Fan L M, Chen J C, et al. The enhancement of energy conversion efficiency and current reversal in the feedback coupled ratchets subject to harmonic forces [J]. J. Stat. Mech., 2019, 2019(1): 013211.

[20] Machura L, Kostur M, Łuczka J. Transport characteristics of molecular motors [J]. Biosystems, 2008, 94(3): 253-257.

[21] Reimann P, Van den Broeck C, Linke H, et al. Giant acceleration of free diffusion by use of tilted periodic potentials [J]. Phys. Rev. Lett., 2001, 87(1): 010602.

[22] Lindner B, Schimansky-Geier L. Noise-induced transport with low randomness [J]. Phys. Rev. Lett., 2002, 89(23): 230602.

[23] Sumithra K, Sintes T. Efficiency optimization in forced ratchets due to thermal fluctuations [J]. Physica A, 2001, 297(1-2): 1-12.

[24] Mateos J L, Alatriste F R. Phase synchronization for two Brownian motors with bistable coupling on a ratchet [J]. Chem. Phys., 2010, 375(2-3): 464-471.

[25] Machura L, Spiechowicz J, Kostur M, et al. Two coupled Josephson junctions: dc voltage controlled by biharmonic current [J]. J. Phys.: Condens. Matter, 2012, 24(8): 085702.

[26] Abreu D, Seifert U. Thermodynamics of genuine nonequilibrium states under feedback control [J]. Phys. Rev. Lett., 2012, 108(3): 030601.

[27] Brandes T. Feedback control of quantum transport [J]. Phys. Rev. Lett., 2010, 105(6): 060602.

[28] Munakata T, Rosinberg M L. Entropy production and fluctuation theorems for Langevin processes under continuous non-Markovian feedback control [J]. Phys. Rev. Lett., 2014, 112(18): 180601.

[29] Qian B, Montiel D, Bregulla A, et al. Harnessing thermal fluctuations for purposeful activities: The manipulation of single micro-swimmers by adaptive photon nudging [J]. Chem. Sci., 2013, 4(4): 1420-1429.

[30] Fisher J K, Cummings J R, Desai K V, et al. Three-dimensional force microscope: A nanometric optical tracking and magnetic manipulation system for the biomedical sciences [J]. Rev. Sci. Instrum., 2005, 76(5): 053711.

[31] Sayrin C, Dotsenko I, Zhou X, et al. Real-time quantum feedback prepares and stabilizes

photon number states [J]. Nature, 2011, 477(7362): 73-77.

[32] Kostur M, Hänggi P, Talkner P, et al. Anticipated synchronization in coupled inertial ratchets with time-delayed feedback: A numerical study [J]. Phys. Rev. E, 2005, 72(3): 036210.

[33] Ai B Q, Liu L G. Facilitated movement of inertial Brownian motors driven by a load under an asymmetric potential [J]. Phys. Rev. E, 2007, 76(4): 042103.

[34] Gao T F, Ai B Q, Zheng Z G, et al. The enhancement of current and efficiency in feedback coupled Brownian ratchets [J]. J. Stat. Mech., 2016, 2016(9): 093204.

[35] Spiechowicz J, Hänggi P, Łuczka J. Brownian motors in the microscale domain: Enhancement of efficiency by noise [J]. Phys. Rev. E, 2014, 90(3): 032104.

[36] Gao T F, Zheng Z G, Chen J C. Directed transport of coupled Brownian ratchets with time-delayed feedback [J]. Chin. Phys. B, 2013, 22(8): 080502.

[37] Du L C, Mei D C. Absolute negative mobility in a vibrational motor [J]. Phys. Rev. E, 2012, 85(1): 011148.

[38] Eichhorn R, Reimann P, Hänggi P. Brownian motion exhibiting absolute negative mobility [J]. Phys. Rev. Lett., 2002, 88(19): 190601.

[39] Machura L, Kostur M, Talkner P, et al. Absolute negative mobility induced by thermal equilibrium fluctuations [J]. Phys. Rev. Lett., 2007, 98(4): 040601.

[40] Alatriste F R, Mateos J L. Phase synchronization in tilted deterministic ratchets [J]. Physica A, 2006, 372(2): 263-271.

[41] Mateos J L, Alatriste F R. Phase synchronization in tilted inertial ratchets as chaotic rotators [J]. Chaos, 2008, 18(4): 043125.

[42] Arzola A V, Volke-Sepúlveda K, Mateos J L. Dynamical analysis of an optical rocking ratchet: Theory and experiment [J]. Phys. Rev. E, 2013, 87(6): 062910.

[43] Kautz R L. Noise, chaos, and the Josephson voltage standard [J]. Rep. Prog. Phys., 1996, 59(8): 935-992.

[44] Hennig D. Current control in a tilted washboard potential via time-delayed feedback [J]. Phys. Rev. E, 2009, 79(4): 041114.

[45] Mulhern C. Persistence of uphill anomalous transport in inhomogeneous media [J]. Phys. Rev. E, 2013, 88(2): 022906.

[46] de Souza Silva C C, Van de Vondel J, Morelle M, et al. Controlled multiple reversals of a ratchet effect [J]. Nature, 2006, 440(7084): 651-654.

[47] Spiechowicz J, Łuczka J, Machura L. Efficiency of transport in periodic potentials: Dichotomous noise contra deterministic force [J]. J. Stat. Mech., 2016, 2016(5): 054038.

[48] Gao T F, Zheng Z G, Chen J C. Resonant current in coupled inertial Brownian particles with delayed-feedback control [J]. Front. Phys., 2017, 12(6): 120506.

[49] Eichhorn R, Reimann P, Hänggi P. Paradoxical motion of a single Brownian particle: Absolute negative mobility [J]. Phys. Rev. E, 2002, 66(6): 066132.

[50] Coffey W T, Déjardin J L, Kalmykov Y P. Nonlinear noninertial response of a Brownian particle in a tilted periodic potential to a strong ac force [J]. Phys. Rev. E, 2000, 61(4):

4599-4602.

[51] Alatriste F R, Mateos J L. Anomalous mobility and current reversals in inertial deterministic ratchets [J]. Physica A, 2007, 384(2): 223-229.

[52] Zheng Z G, Cross M C, Hu G. Collective directed transport of symmetrically coupled lattices in symmetric periodic potentials [J]. Phys. Rev. Lett., 2002, 89(15): 154102.

第 8 章　摩擦棘轮的复杂输运

近年来对于布朗棘轮定向输运的研究已引起人们广泛的兴趣[1]。Hojo 等[2]通过研究由气泡状中心束缚力驱动的布朗马达，发现驱动力作用下的马达输运会优于通常单分子马达的输运行为。此外，Pattanayak 等[3]在理论上研究了周期性障碍阵列作用下布朗粒子的输运，发现障碍物阵列的周期性分布能促进棘轮的定向输运。同时，Yan 等[4]还研究了反馈脉冲棘轮模型，结果表明粒子间的自由长度和耦合强度都能促进棘轮的定向输运。

然而，上述各类棘轮的研究中大都考虑均匀不变的单位阻尼条件下布朗粒子的运动情况。由于生物体内细胞液的浓度、杂质等都会影响溶液的实际环境[5,6]，因此分子马达受到的介质阻尼通常是变化的。此外，大量实验研究已表明，布朗马达的运动都是通过耦合相互作用拖动负载并进行集体定向步进的[7,8]。可见研究溶液摩擦阻尼对耦合布朗粒子输运行为的影响更具实际意义。因此，本章将对负载作用下不同摩擦阻尼对耦合布朗粒子定向运动的影响展开详细讨论。通过对不同摩擦阻尼的研究，不仅能深入理解以集体协作形式步进的布朗马达的定向输运特性，而且对于研究摩擦对称性破缺情况下分子马达的能量转换方式也具有一定的实验启发。

8.1　过阻尼摩擦不对称耦合棘轮的定向输运

迄今为止，关于溶液阻尼对布朗马达输运性能影响的研究理论上虽有涉及[9]，但还不深入。如 von Gehlen 等[10]通过研究无负载作用下摩擦对称性破缺溶液环境中棘轮的输运，发现一定条件下的溶液阻尼会减小棘轮的定向输运，且通过选择合适的阻尼条件还能诱导粒子的流反转。此外，Saikia 和 Mahato[11]还研究了空间关联摩擦棘轮的输运行为，结果表明只有在小阻尼条件下布朗粒子才能产生定向运动。然而，上述研究大都关注的是不同摩擦阻尼条件下布朗粒子的定向运动情况，对于复杂细胞溶液环境中布朗粒子拖动负载时的定向输运问题仍少有研究。为了在理论上提高不同摩擦阻尼条件下耦合布朗马达拖动负载时的输运能力，本节通过建立过阻尼摩擦棘轮模型，深入讨论介质阻尼对反馈耦合布朗棘轮定向输运的影响。

8.1.1　过阻尼摩擦棘轮模型

本节主要研究摩擦对称性破缺条件下耦合布朗马达在拖动负载时的运动情况，其动力学行为可由无量纲化的过阻尼朗之万方程描述[12]

$$\gamma_i \dot{x}_i(t) = -\partial U\left(x_1, x_2; l\right)/\partial x_i + F(t) - \lambda + \sqrt{2\gamma_i D}\xi_i(t) \quad (i = 1, 2) \tag{8.1.1}$$

其中，t 为时间，$x_1(t)$、$x_2(t)$ 分别为两个耦合布朗粒子的位置。$\gamma_i(i=1,2)$ 为第 i 个粒子的摩擦系数，$\alpha = \gamma_2/\gamma_1$ 为两个粒子的摩擦系数之比，反映摩擦阻尼的不对称度。模型中两个耦合粒子的摩擦系数通常是不同的，即摩擦不对称。此外，虽然方程 (8.1.1) 中两个粒子的摩擦系数既不依赖于时间也不依赖于空间，但是由于马达的两个头部大小不同，也会造成粒子受到的摩擦力不等，因此会导致马达的摩擦对称性破缺。两个耦合粒子摩擦对称性的破缺会导致一个粒子运动快，另一个粒子运动慢。因此，即使在对称势中耦合棘轮也能产生定向流。以下通过调节摩擦阻尼系数比 α 来改变耦合棘轮摩擦的不对称性，从而讨论过阻尼摩擦棘轮的输运行为。此外，方程中 $F(t)$ 为时变外力，λ 为负载，D 为热噪声强度，满足关系 $D = k_B T$，k_B 为玻尔兹曼常量，T 为环境温度。$\xi_i(t)$ 为高斯白噪声，满足如下统计关系

$$\langle \xi_i(t) \rangle = 0 \tag{8.1.2}$$

$$\langle \xi_i(t)\xi_j(t') \rangle = \delta_{ij}\delta(t - t') \quad (i, j = 1, 2) \tag{8.1.3}$$

方程 (8.1.1) 中外势 $U\left(x_1, x_2; l\right)$ 的具体形式为

$$U\left(x_1, x_2; l\right) = \beta \cdot V_p\left(x_i\right) + V_{\text{in}}\left(x_1, x_2; l\right) \quad (i = 1, 2) \tag{8.1.4}$$

其中，耦合粒子在外势 $V_p\left(x_i\right)$ 中运动

$$V_p\left(x_i\right) = \frac{1}{2}\left[1 - \cos\left(2\pi x_i/L\right)\right] \tag{8.1.5}$$

L 为势的周期长度。同时，两个粒子还将受到耦合作用 $V_{\text{in}}\left(x_1, x_2; l\right)$，其表达式为

$$V_{\text{in}}\left(x_1, x_2; l\right) = \frac{k}{2}\left(x_2 - x_1 - l\right)^2 \tag{8.1.6}$$

式中，k 为耦合强度，l 为弹簧自由长度。耦合粒子在棘轮势中运动的结构示意图如图 8.1 所示，图中的曲线代表势 V_p，黑球与灰球分别代表耦合粒子 x_1 和 x_2，球的不同颜色代表粒子受到的不同摩擦力。两个耦合粒子的相互作用通过弹簧来实现。A、B 两组图分别代表两个粒子处于不同的状态，A 组表示耦合粒子处于压缩状态，B 组则表示耦合粒子处于伸长状态。图 8.1 中第 1 行表示棘轮势 V_p

存在时，耦合粒子分别处于压缩和拉伸状态；第 2 行表示棘轮势 V_p 关闭瞬间耦合粒子所处的状态；第 3 行表示棘轮势 V_p 消失后，两个耦合粒子重新恢复到原长状态。弹簧回到原长的趋势能够促使耦合粒子的运动。如果粒子 x_2 受到的摩擦力小于粒子 x_1 受到的摩擦力 ($\alpha < 1.0$)，平均来说粒子 x_2 的运动会快于粒子 x_1，进而耦合棘轮能够形成定向输运。

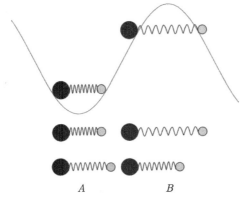

图 8.1　摩擦对称性破缺时耦合粒子运动的结构示意图 [12]

此外，(8.1.4) 式中 β 为 7.1 节介绍过的开关控制参量，其具体形式为

$$\beta = \begin{cases} 1, & G > 0 \\ 0, & G \leqslant 0 \end{cases} \tag{8.1.7}$$

其中控制开关的变量 G 取决于粒子状态：

$$G = -\frac{1}{2}\left[V_p'(x_1) + V_p'(x_2)\right] \tag{8.1.8}$$

它表示耦合粒子受到外势的平均作用。同时，摩擦棘轮还将受到时变外力 $F(t)$ 的作用，可选用下面最简单形式

$$F(t) = A \sin(\omega t) \tag{8.1.9}$$

其中，A 为外力振幅，ω 为圆频率，外驱动力的周期 $\tau = \dfrac{2\pi}{\omega}$。

　　为了研究负载作用下不同摩擦阻尼对耦合棘轮定向输运的影响，本节通过采用质心平均速度来研究耦合棘轮的整体定向运输行为，具体表示为

$$\langle v \rangle = \frac{1}{2}\left[\langle v_1 \rangle + \langle v_2 \rangle\right] \tag{8.1.10}$$

$$\langle v_i \rangle = \lim_{n\tau \to \infty} \frac{1}{n\tau} \int_{t_0}^{n\tau+t_0} \dot{x}_i(t)\mathrm{d}t, \quad i = 1, 2 \tag{8.1.11}$$

其中，τ 为周期时间，n 为周期数，t_0 为初始时刻，$n\tau$ 表示耦合粒子的演化时间，$\langle\cdot\rangle$ 表示系综平均，$\langle v_i \rangle$ 表示第 i 个布朗粒子的平均速度。文中所有物理量均采用无量纲化参量，无特殊说明参量取 $L = 1.0$，$\omega = \pi$。

8.1.2　弹簧自由长度 l 的影响

为了研究摩擦棘轮的定向输运特性，可以系统讨论负载作用下摩擦对称性破缺棘轮的输运随各参量变化的行为。首先，不同热噪声 D 条件下，耦合粒子的质心平均速度随弹簧自由长度 l 的变化关系如图 8.2 所示。由于外势 $U(x_1, x_2; l)$ 具有平移不变性，即 $U(x_1, x_2; l) = U(x_1 + nL, x_2 + mL; l - nL + mL)$，$n, m \in Z$，且还满足反演对称性，即 $U(x_1, x_2; l) = U(-x_1, -x_2; -l)$。因此，耦合粒子的平均速度随自由长度的变化具有周期性。这与 von Gehlen 等研究赖轮输运时得到的结论类似 [10]。为方便起见，仅研究一个演化周期内耦合粒子的输运随弹簧自由长度的变化情况。如图 8.2 所示的研究结果表明，在一个演化周期内，耦合粒子的质心平均速度随自由长度 l 的变化会出现极值。例如，当 $l = 1.0$ 时，耦合粒子在一个演化周期内自由长度最长，此时粒子间的相互作用最弱，所以耦合布朗粒子容易跨越势垒形成定向运动。然而，在一个演化周期内还存在某一个特定的弹簧自由长度使耦合粒子的定向输运达到最小，类似的分析可知，由于此时粒子间的相互作用最强，这会使耦合布朗粒子很难跨越势垒形成定向运动。由此可见，通过选取合适的弹簧自由长度可以增强棘轮的输运。此外，研究还发现，随着热噪声 D 的增加，耦合粒子的输运也会增强，说明一定强度的热噪声也能增强耦合

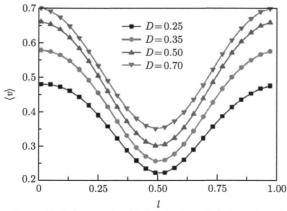

图 8.2　耦合粒子的质心平均速度 $\langle v \rangle$ 随弹簧自由长度 l 的变化曲线，其中 $L = 1.0$，$\omega = \pi$，$\gamma_1 = 5.0$，$k = 20.0$，$\alpha = 0.3$，$A = 1.0$，$\lambda = 0.1$ [12]

棘轮的定向输运。

8.1.3　耦合强度 k 的影响

通过上文研究已知，弹簧结构性质对于棘轮的输运能够产生一定影响。接下来，进一步研究不同外力振幅 A 作用下耦合强度 k 对棘轮质心平均速度的影响，如图 8.3 所示。研究结果表明，在小外力振幅条件下，如 $A = 4$ 时，随着 k 的增加，耦合粒子的概率流单调增加。而随着外力振幅逐渐变大，如 $A > 4$ 时，可以发现粒子的概率流在弱耦合条件下随 k 的增加呈非单调变化关系，这表明耦合粒子的定向输运会随 k 的增加产生极值。有趣的是，在较大外力振幅作用下，如 $A \geqslant 15$ 时，耦合粒子的概率流与 k 的关系会由单峰变成双峰结构，如图 8.3 的插图所示。产生上述极值的原因主要是简谐力与弱耦合作用的相互竞争与协作。由图 8.3 还可以发现，在振幅 $A \geqslant 10$ 时，耦合粒子定向流随 k 变化的曲线都存在峰值，且随着外力振幅的增加，曲线峰值对应的优化耦合强度 k_{opt} 也随之增大，而随着 A 的增大，各曲线对应的优化耦合强度的间隔 Δk_{opt} 却越来越小，因此在一定条件下，这些对应于不同振幅 A 的曲线会相交。随着耦合强度的继续增大，如图 8.3 所示，当 $k \geqslant 30$ 时，耦合粒子的质心平均速度的增加变缓并趋于稳定值。这是因为随着耦合作用的不断增强，其他外力很难与耦合作用进行竞争，因此耦合粒子的输运最终会趋于稳定。由此可见，在一定外力振幅条件下，通过选择一个或多个合适的耦合强度可以促进布朗粒子的定向输运。此外还可以发现，随着外力振幅 A 的增加，耦合棘轮的概率流整体减小，说明大外力对耦合棘轮的定向输运会产生抑制作用。同时，图 8.3 中较大外力时的曲线交叉现象说明了外力振

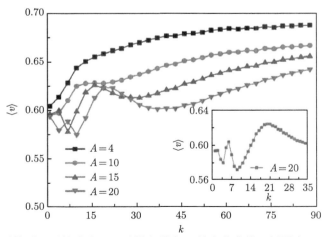

图 8.3　耦合粒子的质心平均速度 $\langle v \rangle$ 随耦合强度 k 的变化曲线，插图为 $A = 20.0$ 的放大曲线，其中 $\gamma_1 = 5.0$, $l = 0.25$, $\alpha = 0.3$, $D = 0.35$, $\lambda = 0.1$ [12]

幅对耦合棘轮概率流的影响并不是单调的，下面将进一步讨论外力振幅对耦合棘轮定向输运的影响。

8.1.4　外力振幅 A 的影响

图 8.3 的研究结果已表明，外力振幅 A 对棘轮的输运能够产生抑制作用，且棘轮的输运随振幅的变化关系并不是单调的。为了深入研究外力振幅对摩擦棘轮输运的影响，图 8.4 详细讨论了不同摩擦系数比 α 条件下的概率流随 A 的变化关系。可以看到随着外力振幅 A 的增加，耦合粒子概率流的变化曲线呈现多峰结构，在很大的外力振幅如 $A > 30$ 时，曲线逐渐变得平缓并最终趋于稳定。产生此现象的原因可由棘轮受到外力作用的分析得到。在中等振幅如 $A < 30$ 区域，简谐力会与摩擦阻尼、耦合作用等其他外力相互协作与竞争，产生复杂的变化关系。一方面，振幅 A 的增加使耦合粒子受到的简谐力增大，这会导致棘轮产生的概率流逐渐变大；另一方面，概率流的增加反过来会导致耦合粒子受到的黏滞阻力增加，进而阻碍耦合粒子的定向运动。这两种相反的趋势相互影响。因此，当黏滞阻力增大到一定程度时，耦合棘轮的概率流将会减小，而减小的概率流又将导致耦合粒子受到的黏滞阻力减小。当溶液的黏滞阻力减小时，耦合粒子的定向输运又会因简谐力的增加而再次增强。这种多重竞争导致耦合粒子概率流随外力振幅 A 的变化曲线呈现多个极值。在振幅 A 足够大的情况下，耦合粒子受到的外力主要是简谐力 $F(t)$，而其他外力很难再与简谐力竞争，这就导致定向流曲线随振幅 A 变化的波动逐渐变小，概率流会变得更加平缓。上述结果表明，在一定条件下存在多个合适的外力振幅使摩擦棘轮的质心平均速度达到极值。此外研究还发现，随着摩擦系数比 α 的增加，摩擦棘轮的定向流整体减小，说明摩擦对棘轮的输运

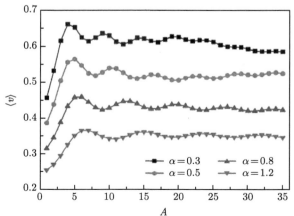

图 8.4　耦合粒子的质心平均速度 $\langle v \rangle$ 随外力振幅 A 的变化曲线，其中 $\gamma_1 = 5.0$，$l = 0.25$，$k = 20.0$，$D = 0.35$，$\lambda = 0.1$ [12]

也有一定的抑制作用。由此可知，通过选取合适的外偏置力振幅及溶液摩擦系数比也能增强摩擦棘轮的定向输运。关于摩擦对耦合粒子定向输运的影响将在下文进行详细讨论。

8.1.5 摩擦系数比 α 的影响

为了进一步研究溶液摩擦对棘轮定向输运的影响，图 8.5 给出了耦合粒子的概率流随摩擦系数比 $\alpha = \gamma_2/\gamma_1$ 的变化关系。可以看到，随着摩擦系数比的增加，耦合粒子的定向输运流整体减小。产生这一现象的主要原因是 α 的增加将导致 γ_2 增加（γ_1 是常数）。这就意味着 α 越大，粒子 2 受到溶液的摩擦也越大，这会导致耦合粒子的概率流整体变小。而小负载条件下，如 $\lambda < 0.54$，曲线存在两个不明显的拐点。随着负载 λ 的继续增加，当 $\lambda \geqslant 0.54$ 时，会看到曲线存在两个明显的峰值，可参考图 8.5 插图中 $\lambda = 0.6$ 时速度随 α 的变化曲线。产生上述峰值现象的主要原因是负载较小时，负载与摩擦的竞争较弱；随着负载逐渐变大，负载与摩擦的竞争变强，因而 $\lambda \geqslant 0.54$ 时会看到速度曲线由两个不明显的拐点逐渐变成明显的峰。由此可见，在一定负载条件下，通过选取合适的摩擦系数比也能够增强摩擦棘轮的定向输运。

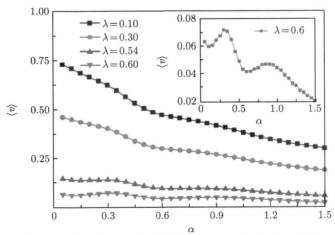

图 8.5　耦合粒子的质心平均速度 $\langle v \rangle$ 随摩擦系数比 α 的变化曲线，插图为 $\lambda = 0.6$ 时的放大曲线，其中 $\gamma_1 = 5.0$，$k = 20.0$，$l = 0.25$，$A = 20.0$，$D = 0.35$[12]

8.2　惯性摩擦棘轮中二聚体的定向输运特性

事实上，无论是天然的还是人造的分子马达，都需要不对称的棘轮势以及无偏的外驱动力来使系统偏离平衡态[13]。在实验研究的基础上，分子马达对称性破缺的机理可能与其内部的结构有关[14]。因此，通过调控马达自身内部的自由度，如具有两个头部的二聚体驱动蛋白 (kinesin) 之间的相对距离, 或者通过周期性地调节布朗粒子的相互作用参数 [15], 或者通过对二聚体的不同头部施加不同的力等, 都可以实现马达系统对称性的破缺 [16,17]。此外, 周期性结构中耦合布朗粒子的理论研究在分子马达、表面吸附原子的扩散 [18]、聚合物物理和胶体 [19] 等众多领域都具有重要意义。特别是二聚体, 由于其内部自由度和结构的简单性, 适合对上述系统进行建模。此外, 另一类具有内禀对称性破缺的系统是基于不同摩擦环境下的棘轮系统 [10]。在欠阻尼系统中, 施加在内部自由度上的摩擦力可导致自推进 (self-propulsion)[20], 即使在没有外部势场的情况下也是如此 [21]。为了将涨落运动转化为单向旋转, 人们在实验上还实现了具有摩擦不对称性的机械装置 [22]。

描述分子马达定向输运最常用的特性参量是布朗棘轮的平均速度。另一个需要的但研究较少的性能参量是布朗棘轮的能量转换效率。本节将分析惯性摩擦棘轮的输运性能, 特别是摩擦棘轮的能量转换效率。通过利用随机能量学理论, 我们将研究二聚体的欠阻尼布朗运动行为。此外, 由于二聚体的摩擦对称性破缺与耦合相互作用以及不同外力间的共同协作与竞争, 惯性摩擦棘轮会表现出更为丰富的输运特性。

8.2.1 惯性摩擦棘轮模型

考虑两个欠阻尼耦合布朗粒子在对称反馈棘轮势中的输运行为。当这个二聚体在时间周期驱动力 $F(t)$ 和均值为零的高斯热涨落力 $\xi(t)$ 的作用下且在外势 $V_p(x)$ 中运动时, 其动力学行为可由如下无量纲化的朗之万方程描述 [23]

$$\ddot{x}_i + \gamma_i \dot{x}_i = -\beta(t)\mathrm{d}_{x_i}V_P(x_i) - \partial_{x_i}V_I(x_1, x_2; l) + F(t) - f + \sqrt{2\gamma_i D}\xi_i(t) \quad (8.2.1)$$

其中, x_i $(i = 1, 2)$ 代表 t 时刻两个粒子的位置, γ_i 为二聚体各自部分的摩擦系数, 两部分摩擦系数之比可写成无量纲化的非对称参量 $\alpha = \dfrac{\gamma_2}{\gamma_1}$。另外, D 是噪声强度。粒子与热浴耦合而引起的热涨落可由 δ 关联的高斯白噪声进行描述, 并满足统计特性 $\langle \xi_i(t) \rangle = 0$, $\langle \xi_i(t)\xi_j(s) \rangle = \delta_{ij}\delta(t-s)$, 其中 $i, j \in (1, 2)$。

方程 (8.2.1) 的右端描述了各种 "力" 对朗之万动力学的影响。可以注意到, 如果部分外力的平均作用为零, 即棘轮在一个空间周期 L 内对粒子的作用 $\langle V_P'(x) \rangle = 0$, 在一个时间周期 τ 内驱动力 $\langle F(t) \rangle = 0$, 以及热噪声满足 $\langle \xi_i(t) \rangle = 0$, 那么式 (8.2.1) 右端的偏置来自于静态力 f。对于一些特殊情况, 如当 $V_P(x)$ 和 $F(t)$ 满足空间、时间对称性及 $f = 0$ 时, 在长时间极限下, 棘轮系统不会产生非零的定向流。然而, 当 $V_P(x)$ 的空间反射对称性和/或 $F(t)$ 的时间反演对称性发生破缺时, 即使在 $f = 0$ 的条件下系统也能产生定向输运 [24]。以下讨论中, 假定势 $V_P(x)$ 和驱动力 $F(t)$ 分别为空间、时间对称形式。因此, 为了诱导二聚体的定向输运, 就需要静态力 $f \neq 0$。

对于势 $V_P(x)$，这里选取周期为 L 的余弦函数

$$V_P(x) = \frac{1}{2}\left[1 - \cos\left(\frac{2\pi}{L}x\right)\right] \tag{8.2.2}$$

可设势的周期 $L = 1$，则有 $V_P(x+1) = V_P(x)$。当系统的状态被反馈到开启或关闭棘轮势的控制方式时，研究表明惯性摩擦棘轮的输运可以获得显著的增强[25,26]。这里考虑作用于两粒子上的势 $V_P(x_1)$ 和 $V_P(x_2)$ 受相同控制参量 $\beta(t)$ 的作用，同步地打开或关闭。为了方便，本节仍采用与 8.1.1 节式 (8.1.7) 相同的控制方式，即仍为瞬时速度最大化 (MIV) 控制策略。

另外，以下讨论中的耦合相互作用 $V_I(x_1, x_2; l)$ 仍采用弹性势，弹性常数为 k 及自然长度为 l，具体可写为

$$V_I(x_1, x_2; l) = \frac{1}{2}k(x_1 - x_2 - l)^2 \tag{8.2.3}$$

这意味着当 $x_2 - x_1 = l$ 时二聚体间不产生内力作用。作用力 f 设为常力。同时，棘轮还受时间关联的 $F(t)$ 的摇摆作用。在 2.3 节的理论介绍中，曾解释过 $F(t)$ 的作用及来源。这里，二聚体将受非偏置的时间周期力驱动

$$F(t) = A\cos\omega t \tag{8.2.4}$$

其中，A 是简谐力的振幅，$\omega = 2\pi/\tau$ 为频率，τ 是驱动力的周期。

为了分析惯性摩擦棘轮的定向输运，可以计算二聚体的质心平均速度，即

$$\langle V_{cm}\rangle = \lim_{T\to\infty}\frac{1}{2T}\sum_{i=1}^{2}\int_0^T \dot{x}_i(t)\mathrm{d}t \tag{8.2.5}$$

此外，在惯性二聚体的输运过程中效率也是一个重要的性能参量。对于摩擦棘轮而言，能量转换效率 η 定义为输出功率与输入功率之比，即

$$\eta = \frac{P_{out}}{P_{in}} \tag{8.2.6}$$

其中，总的输出功率 (单位时间内对负载所做的功) 可表示为

$$P_{out} = \sum_{i=1}^{2} f\cdot\langle V_i\rangle \tag{8.2.7}$$

这里，$\langle V_i\rangle$ 为第 i 个粒子的平均速度。

　　为了使棘轮做有用功，负载力 f 施加在与定向流相反的方向上。只要负载力小于失速力 f_S，定向流便与负载反向，且惯性摩擦棘轮能够做有用功。因此当二聚体做功时负载力的变化区域为 $0 < f < f_S$。相应地，二聚体的能量转换效率始终为正并满足 $\eta < 1$。

　　在初始位置为 $x(0)$ 的条件下，每一条轨道上由外力 $F(t)$ 对系统所做的热力学功 (输入能) 可由 4.6 节介绍过的 Sekimoto 的随机能量学理论进行计算 [27]

$$W(0, N\tau) = \int_0^{N\tau} \frac{\partial U_i(x_i, t)}{\partial t} \mathrm{d}t \qquad (8.2.8)$$

其中，$N \gg 1$ 表示轨道演化的周期数。作用于第 i 个粒子的有效势为

$$U_i(x_i, t) = \beta(t) \left[V_P(x_i) \right] + V_I(x_1, x_2; l) - x_i F(t) + x_i f \qquad (8.2.9)$$

因此任意一个轨道上每个周期内的平均输入能可由下式计算

$$\bar{W} = \frac{1}{N} W(0, N\tau) \qquad (8.2.10)$$

由于 $V_P(x_i)$，$V_I(x_1, x_2; l)$ 和 f 不显含时间，因此所有对 $W(0, N\tau)$ 的贡献都来自于等式 (8.2.9) 中的第三项。对于第 i 个粒子，有

$$W_i(0, N\tau) = -\int_0^{N\tau} x_i \frac{\partial F(t)}{\partial t} \mathrm{d}t \qquad (8.2.11)$$

　　因而在周期 τ 内，外力 $F(t)$ 对第 i 个粒子所做的有用功可计算为

$$\bar{W}_i = \frac{1}{N} W_i(0, N\tau) = \frac{1}{N} \int_0^{N\tau} \frac{\partial U_i(x_i, t)}{\partial t} \mathrm{d}t = \frac{A\omega}{N} \int_0^{N\tau} x_i \sin \omega t \mathrm{d}t \qquad (8.2.12)$$

它等价于系统对外部环境的能量耗散。因此二聚体从简谐力获得的总输入功率 P_{in} 可表示为

$$P_{\mathrm{in}} = \frac{1}{\tau} \sum_{i=1}^{2} \bar{W}_i \qquad (8.2.13)$$

8.2.2　耦合强度 k 的影响

　　图 8.6(a) 给出了不同摩擦系数比 α 条件下质心平均速度作为耦合强度 k 的函数图像。可以清楚地看到，存在耦合强度的最优值，在适当的耦合自然长度下，如 $l = 0.4$，该最优值能够产生平均速度的局域最大流。该结果表明，适当的耦合强度 k^{opt} 能够增强摩擦棘轮的定向流。在耦合强度优化值的条件下，这种最优和

增强效应可理解为摩擦对称性破缺 ($\alpha = \gamma_2/\gamma_1 \neq 1.0$) 与耦合作用的相互协作, 从而共同促进了惯性摩擦棘轮的定向输运。而对于耦合常数 $k > 30$ 的情形 (图中没有给出), 研究发现质心平均速度几乎与耦合强度无关, 且平均速度趋于非零的有限值。这意味着与强耦合条件下的摩擦系数比相比, 弹簧的影响较弱。此外可以明显地发现, 二聚体的平均速度随摩擦系数比 $\alpha = \gamma_2/\gamma_1$ 的增加 (γ_2 增加) 而减小。这种速度行为可作如下定性的解释。随着 α 的增加, 二聚体 x_2 部分的摩擦阻尼相应增加, 从而导致二聚体的质心平均速度减小。最近, 人们在多种不同系统中都发现了耦合行为能够促进系统的定向输运[28]。

图 8.6(b) 给出了不同摩擦系数比 α 条件下能量转换效率 η 随耦合强度 k 的变化图像。研究结果表明, 能量转换效率 η 随耦合强度 k 的变化呈现非单调关系, 并可以观察到明显的峰值。这说明存在优化的耦合强度 k^{opt} 可使能量转换效率达到局域最大值 η^{max}。同时可以看到, 局域最大值 η^{max} 随摩擦系数比的增加而减小。注意到能量转换效率与 α 有关, 这一影响将在下面进行详细讨论。上述结果再次表明, 优化的耦合强度能使惯性摩擦棘轮获得更有效的能量转换和定向输运。

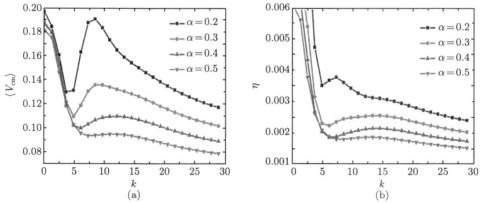

图 8.6 不同摩擦系数比 α 条件下, (a) 质心平均速度 $\langle V_{\text{cm}} \rangle$ 和 (b) 能量转换效率 η 随耦合强度 k 的变化曲线, 其中 $\gamma_1 = 5$, $l = 0.4$, $A = 4$, $\omega = 3$, $f = 0.02$ 及 $D = 0.1$[23]

8.2.3 摩擦系数比 α 的影响

在不同的外力 f 下, 图 8.7(a) 给出了 $\langle V_{\text{cm}} \rangle$ 作为摩擦系数比 α 的函数关系。研究发现, 随着摩擦系数比的增加, 耦合粒子的质心平均速度会出现极大值。研究结果表明, 优化的摩擦系数比可以增强惯性摩擦棘轮的定向输运。关于这一现象可作如下理解: 一方面, 当摩擦系数比 $\alpha = \gamma_2/\gamma_1 \to 0$ (γ_1 为常数) 时, 即 $\gamma_2 \to 0$, 则阻尼力 $\gamma_2 v_2 \to 0$, 意味着二聚体中 x_2 部分的摩擦消失, 粒子 2 更容易运动。

为方便分析, 可将运动方程 (8.2.1) 等号右边项 "$-\beta(t)\mathrm{d}_{x_i}V_P(x_i) + A\cos(\omega t) - f$" 视为粒子受到的等效外力。当等效外力为正值时, 意味着相应的有效外势的形状 左高右低, 等效外力更容易使二聚体向 x 正向运动。粒子在逃逸势垒过程中 (不 断跨越正斜率的外势, $\dfrac{\mathrm{d}V_p(x)}{\mathrm{d}x} > 0$), 平均而言式 (8.1.8) 中的 $G < 0$, 由此反馈 开关 $\beta(t) = 0$, 即 $-\beta(t)\mathrm{d}_{x_i}V_P(x_i)$ 项消失, 意味着耦合粒子不会受到外势的作用 且具有较大的概率朝 x 正向运动。反之, 当等效外力为负值时, 相应的等效外 势形状左低右高, 通过类似的分析可知, 等效外力会使二聚体朝 x 负向运动, 且外 势处于打开状态。耦合粒子在朝 x 负向运动的过程中需要不断消耗能量来跨越势 垒, 因此二聚体会产生一个较小的负向流。综合上述两方面因素, 当 $\alpha \to 0$ 时, 二聚体的总粒子流会表现出正的有限值。

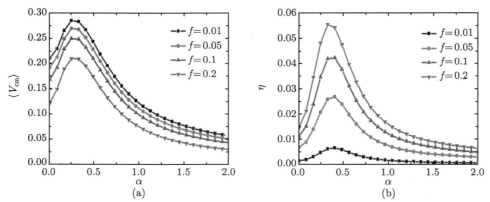

图 8.7 不同外力 f 条件下, (a) 质心平均速度 $\langle V_{\mathrm{cm}} \rangle$ 和 (b) 能量转换效率 η 随摩擦系数比 α 的变化曲线, 其中 $\gamma_1 = 5$, $k = 10$, $l = 0.1$, $A = 4$, $\omega = 3$ 和 $D = 0.1$[23]

另一方面, 当摩擦系数比 $\alpha \to \infty$ 时, 即 $\gamma_2 \to \infty$, 此时二聚体中 x_2 的运动 会被强烈阻碍。由于 x_1 与 x_2 间耦合作用的存在, 该情况下同样也会抑制 x_1 的 运动, 由此耦合粒子不容易产生定向运动。故当 $\gamma_2 \to \infty$ 时, 二聚体的质心平均 速度 $\langle V_{\mathrm{cm}} \rangle \to 0$。特别地, 在 α 的变化过程中, 必定存在合适的摩擦系数比能使 正、负向粒子流在竞争的过程中实现总粒子流的极大值, 这也表明优化的摩擦系 数比能够诱发二聚体的质心平均速度达到最大化。

同时, 摩擦棘轮还会出现反常输运行为, 这表现为一个非常弱的负驱动力 (方 程 (8.2.1) 的负偏置力) 在惯性棘轮中会产生正的质心平均速度 ($\langle V_{\mathrm{cm}} \rangle > 0$)。从 图 8.7(a) 可以发现, 摩擦棘轮可以在较大的偏置 f 范围内以正速度前进。即使当 外力 f 增加到 0.2 时, 反常输运现象仍然存在。然而, 如果进一步增大偏置力的 话, 惯性摩擦棘轮将会显示正常输运 ($\langle V_{\mathrm{cm}} \rangle < 0$) 行为。因此, 与文献 [10], [16]

及 8.1 节结论不同的是，本节的惯性摩擦棘轮还会产生反常输运行为。

图 8.7(b) 给出了不同负载 f 条件下能量转换效率 η 作为摩擦系数比 α 的函数关系。图中曲线表明，能量转换效率对摩擦系数比有很强的优化依赖关系，每条曲线都存在一个对应于最大能量转换效率的最优摩擦系数比 α^{opt}。可以观察到，能量转换效率能够随负载的增加而增大。这种有趣的反直觉行为发生在整个 α 区域。另外，在各种不同的摩擦系数比 α 条件下，如图 8.7(a) 所示，$\langle V_{\mathrm{cm}} \rangle$ 都随负载 f 的增加而不断减小。惯性摩擦棘轮的这个有趣结果与 Mahato 等研究得到的输运性能相似 [27]。根据公式 (8.2.6)、公式 (8.2.7)、公式 (8.2.12) 和公式 (8.2.13)，这可解释为输入功率 P_{in} 与负载 f 无关，所以能量转换效率 η 主要与输出功率 P_{out} 成正比，因而复杂的摩擦棘轮效率与不同负载 f 下的质心平均速度 $\langle V_{\mathrm{cm}} \rangle$ 的行为非常相似。此外，从等式 (8.2.7) 还可以发现，输出功率 P_{out} 在一定条件下随负载 f 的增加而增大。然而在相同 α 的变化范围内，平均而言 $\langle V_{\mathrm{cm}} \rangle$ 减少得很小 (如图 8.7(a) 所示)。因此，负载 f 在一定范围内的增大能够促进惯性棘轮的能量转换效率。上述有趣的结果表明，通过增加特定环境下的负载，可以提高惯性摩擦棘轮的能量转换效率。

当二聚体 x_1 部分的摩擦系数 γ_1 改变时，图 8.8(a) 研究了质心平均速度 $\langle V_{\mathrm{cm}} \rangle$ 与摩擦系数比 α 的依赖关系。从图 8.8(a) 可以发现，在惯性摩擦棘轮中对于摩擦系数比 α 的最优值，$\langle V_{\mathrm{cm}} \rangle$ 明显地表现出最大的定向流。此外可以证实的是，图 8.8(a) 中输运的峰值行为与图 8.7(a) 中的结果类似，并且可用同样的方法进行分析。上述结果更进一步表明了介质中的摩擦并不总是阻碍耦合粒子的定向运动，适当的摩擦系数比 α 可以优化和控制惯性棘轮的定向输运。然而，当固定 α 时可以发现，随着摩擦系数 γ_1 的增加，棘轮的输运流会减小。这个现象可

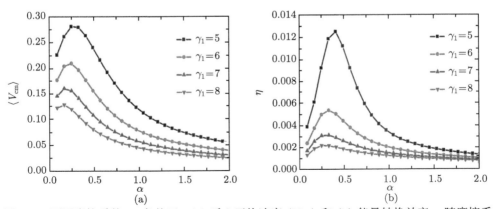

图 8.8 不同摩擦系数 γ_1 条件下，(a) 质心平均速度 $\langle V_{\mathrm{cm}} \rangle$ 和 (b) 能量转换效率 η 随摩擦系数比 α 的变化曲线，其中 $k = 10$, $l = 0.1$, $A = 4$, $\omega = 3$, $f = 0.02$ 和 $D = 0.1$ [23]

作如下理解。随着二聚体的 x_1 部分摩擦系数 γ_1 的增加，耦合粒子受到的阻尼力 $\gamma_1 v_1$ 和 $\gamma_2 v_2$ ($\gamma_2 = \alpha \gamma_1$) 将会随之增大，不同摩擦系数下的曲线会相应地随之减小。因此通过选择合适的二聚体的摩擦系数，摩擦棘轮的整流输运可以得到增强。

为了深入理解摩擦棘轮的输运性能，下面考虑当二聚体各自部分的摩擦不同时在不同 γ_1 条件下能量转换效率 η 作为摩擦系数比 α 的函数，如图 8.8(b) 所示。类似于图 8.7(b) 所示的不同外力 f 条件下效率 η 可以出现最大化，图 8.8(b) 也显示了在不同 γ_1 条件下能量转换效率 η 与摩擦系数比 α 的函数关系，可以明显地看到关系曲线的峰值特点。这说明摩擦棘轮也存在优化的摩擦系数比 α^{opt} 可以使棘轮的能量转换效率达到最大值。产生该结果的原因也可由图 8.7(b) 中类似的方法进行解释。需注意的是，小摩擦环境 (如 $\gamma_1 = 5$) 下的能量转换效率大于摩擦相对较大 (如 $\gamma_1 = 8$) 时的效率。上述研究结果表明，如果需要惯性耦合二聚体更有效地利用输入能来拖动负载做功，则摩擦棘轮应考虑相对较小的摩擦系数情况。

8.2.4 惯性摩擦棘轮的反常输运与流反转

上面已经讨论了惯性摩擦棘轮定向输运的平均速度和能量转换效率作为系统变量的函数，特别是考虑了在相对较大摩擦 ($\gamma_1 \geqslant 5$) 环境下的输运行为。接下来将集中讨论惯性摩擦棘轮的定向流反转问题 [24]，该行为在设计分离装置时发挥着重要的作用。下面的研究将表明，对于上述的摩擦棘轮模型，粒子流的反转在弱阻尼条件下是可以实现的。

图 8.9 给出了在不同外力 f 条件下质心平均速度 $\langle V_{\mathrm{cm}} \rangle$ 随摩擦系数 γ_1 的变化情况。如图所示，可以发现存在优化的摩擦系数 γ_1，能使质心平均速度 $\langle V_{\mathrm{cm}} \rangle$ 达到最大值。这表明最优的摩擦系数 γ_1^{opt} 可以促进惯性棘轮的定向输运。此外，这里仍能观察到典型的反常输运现象，即粒子会朝着与施加偏置力相反的方向运动。当反向负载力 $f \leqslant 0.8$ 时，对于不同的优化摩擦系数 γ_1^{opt}，棘轮的运动速度 $\langle V_{\mathrm{cm}} \rangle$ 具有正的最大值，这意味着通过选择合适的偏置和摩擦惯性，摩擦棘轮能够实现正向输运的最大化。同时可以发现，$\langle V_{\mathrm{cm}} \rangle$ 的最大值随负载 f 的增加而减小。一个很有趣的现象是当负载 f 取 0.8 时，摩擦棘轮会经历两次流反转。这个现象可理解为阻尼力和偏置力可以相互协作与相互竞争，从而诱导惯性摩擦棘轮的反向运动。此外对于 $f \leqslant 0.8$ 的情形，定向流的峰值现象可用负迁移率 (NM) 效应加以解释 [29]。由此可见，反常输运的发生与负载力 f 相关。不同的摩擦系数会导致二聚体朝不同的方向运动，这也意味着一定条件下二聚体可以被分离。当反向负载力 f 增大到 0.85 时，如图 8.9 所示，惯性棘轮表现出正常输运 ($\langle V_{\mathrm{cm}} \rangle < 0$)。因此，通过选择合适的外偏置和摩擦系数，惯性摩擦棘轮能够实现定向流的反转。

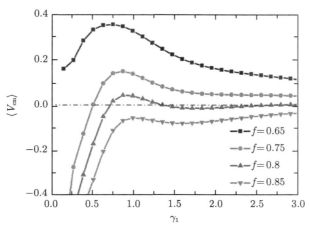

图 8.9　不同偏置力 f 条件下质心平均速度 $\langle V_{\mathrm{cm}} \rangle$ 随摩擦系数 γ_1 的变化曲线，其中 $\alpha = 0.3$,
$k = 10$, $l = 0.1$, $A = 4$, $\omega = 3$ 和 $D = 0.1$ [23]

8.2.5　惯性摩擦棘轮的共振流

　　研究表明，具有时间周期性的简谐力可以成为诱发惯性棘轮共振台阶的重要来源。图 8.10 给出了二聚体的标度平均速度 $2\pi\langle V_{\mathrm{cm}}\rangle/\omega$ 作为周期力 $F(t)$ 频率 ω 的函数图像。可以发现，标度流会出现一系列由整数比值 n/m 给出的明确共振台阶，其中 n 和 m 是整数。实际上，图 8.10 中的共振台阶可看作周期性驱动影响下的运动–驱动同步区域。前面在关于过阻尼开环棘轮中曾讨论过共振台阶的细致结构，并且在 7.4 节的欠阻尼确定性反馈棘轮研究中也进行过详细的讨论。

　　值得注意的是，文献 [30] 给出的共振台阶的解析预测是一系列理论上确定的台阶。然而，对于本节讨论的惯性摩擦棘轮，这些台阶序列只能被部分地观察到。这一现象主要是由于二聚体间摩擦系数的不同打破了弱噪声 (如 $D = 0.001$ 时) 环境下惯性摩擦系统的动力学特性。此外，从图 8.10 可以发现，摩擦的存在产生了额外的共振台阶的依赖关系。这意味着摩擦越小，共振台阶出现得越多。摩擦系数的降低意味着棘轮运动惯性的提高，对应于其加速度项引起运动速度的振荡波动效应会加强，这种振荡与周期外力产生的锁模效应会导致更多定向流的共振台阶的出现。正如理论分析的那样，随着摩擦系数的增大，如 $\gamma_1 = 10$，标度平均速度变成一条光滑的曲线，并且其台阶的结构也受到了破坏。这意味着部分高阶共振台阶会被抹平。在小驱动频率条件下，数学上以这种方式标度的定向流的值将非常大。随着外驱动频率的增加，外力振荡会非常快，以至于耦合粒子在运动过程中不容易感受到驱动作用的振荡性。如此摩擦棘轮可视为仅在负载 f 的作用下输运，质心平均

速度将随频率 ω 的增加而逐渐减小。

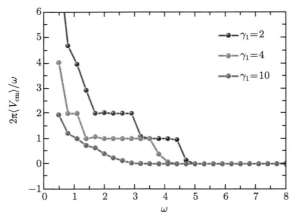

图 8.10　不同摩擦系数 γ_1 条件下标度平均速度 $2\pi\langle V_{cm}\rangle/\omega$ 随简谐力频率 ω 的变化曲线，其中 $\alpha = 0.3$, $k = 10$, $l = 0.1$, $A = 4$, $f = 0.02$ 和 $D = 0.001$ [23] (彩图见封底二维码)

参 考 文 献

[1] Ryabov A, Holubec V, Yaghoubi M H, et al. Transport coefficients for a confined Brownian ratchet operating between two heat reservoirs [J]. J. Stat. Mech.: Theory Exp., 2016, 2016(9): 093202.

[2] Hojo M, Arai N, Ebisuzaki T. Understanding a molecular motor walking along a microtubule: An asymmetric Brownian motor driven by bubble formation with a focus on binding affinity [J]. Mol. Simul., 2017, 44(7): 523-529.

[3] Pattanayak S, Das R, Kumar M, et al. Enhanced dynamics of active Brownian particles in periodic obstacle arrays and corrugated channels [J]. Eur. Phys. J. E, 2019, 42(5): 62.

[4] Yan M Y, Zhang X, Liu C H, et al. Energy conversion efficiency of feedback pulsing ratchet [J]. Acta Phys. Sin., 2018, 67(19): 190501.

[5] Lombardo J, Broadwater D, Collins R, et al. Hepatic mast cell concentration directly correlates to stage of fibrosis in NASH [J]. Hum. Pathol., 2019, 86: 129-135.

[6] 菲利普·纳尔逊著. 生命系统的物理建模: 概率、模拟及动力学 [M]. 2 版. 舒咬根, 黎明, 译. 上海: 上海科学技术出版社, 2023.

[7] Pascu M N, Popescu I. Shy and fixed-distance couplings of Brownian motions on manifolds [J]. Stoch. Proc. Appl., 2016, 126(2): 628-650.

[8] Atzberger P J. Velocity correlations of a thermally fluctuating Brownian particle: A novel model of the hydrodynamic coupling [J]. Phys. Lett. A, 2006, 351(4-5): 225-230.

[9] Guo W, Du L C, Liu Z Z, et al. Uphill anomalous transport in a deterministic system with speed-dependent friction coefficient [J]. Chin. Phys. B, 2017, 26(1): 010502.

[10] von Gehlen S, Evstigneev M, Reimann P. Ratchet effect of a dimer with broken friction symmetry in a symmetric potential [J]. Phys. Rev. E, 2009, 79(3): 031114.

[11] Saikia S, Mahato M C. Deterministic inhomogeneous inertia ratchets [J]. Physica A, 2010, 389(19): 4052-4060.

[12] Zhang X, Cao J H, Ai B Q, et al. Investigation on the directional transportation of coupled Brownian motors with asymmetric friction [J]. Acta Phys. Sin., 2020, 69(10): 100503.

[13] Hänggi P, Marchesoni F. Artificial Brownian motors: Controlling transport on the nanoscale [J]. Rev. Mod. Phys., 2009, 81(1): 387-442.

[14] Henningsen U, Schliwa M. Reversal in the direction of movement of a molecular motor [J]. Nature, 1997, 389(6646): 93-96.

[15] Porto M, Urbakh M, Klafter J. Atomic scale engines: Cars and wheels [J]. Phys. Rev. Lett., 2000, 84(26): 6058-6061.

[16] von Gehlen S, Evstigneev M, Reimann P. Dynamics of a dimer in a symmetric potential: Ratchet effect generated by an internal degree of freedom [J]. Phys. Rev. E, 2008, 77(3): 031136.

[17] Cilla S, Falo F, Floría L M. Mirror symmetry breaking through an internal degree of freedom leading to directional motion [J]. Phys. Rev. E, 2001, 63(3): 031110.

[18] Braun O M, Ferrando R, Tommei G E. Stimulated diffusion of an adsorbed dimer [J]. Phys. Rev. E, 2003, 68(5): 051101.

[19] Libál A, Reichhardt C, Jankó B, et al. Dynamics, rectification, and fractionation for colloids on flashing substrates [J]. Phys. Rev. Lett., 2006, 96(18): 188301.

[20] Denisov S. Particle with internal dynamical asymmetry: Chaotic self-propulsion and turning [J]. Phys. Lett.A, 2002, 296(4-5): 197-203.

[21] Kumar K V, Ramaswamy S, Rao M. Active elastic dimers: Self-propulsion and current reversal on a featureless track [J]. Phys. Rev. E, 2008, 77(2): 020102(R).

[22] Nordén B, Zolotaryuk Y, Christiansen P L, et al. Ratchet due to broken friction symmetry [J]. Phys. Rev. E, 2001, 65(1): 011110.

[23] Fan L M, Ai B Q, Chen J C, et al. Transport performance of a dimer in inertial frictional ratchets [J]. Commun. Theor. Phys., 2024, 76(12): 125601.

[24] Spiechowicz J, Hänggi P, Łuczka J. Josephson junction ratchet: The impact of finite capacitances [J]. Phys. Rev. B, 2014, 90(5): 054520.

[25] Cao F J, Dinis L, Parrondo J M R. Feedback control in a collective flashing ratchet [J]. Phys. Rev. Lett., 2004, 93(4): 040603.

[26] Dinis L, Parrondo J M R, Cao F J. Closed-loop control strategy with improved current for a flashing ratchet [J]. Europhys. Lett., 2005, 71(4): 536-541.

[27] Kharkongor D, Reenbohn W L, Mahato M C. Inertial frictional ratchets and their load bearing efficiencies [J]. J. Stat. Mech., 2018, 2018(3): 033209.

[28] Levien E, Bressloff P C. Quasi-steady-state analysis of coupled flashing ratchets [J]. Phys. Rev. E, 2015, 92(4): 042129.

[29] Bénichou O, Illien P, Oshanin G, et al. Microscopic theory for negative differential mobility in crowded environments [J]. Phys. Rev. Lett., 2014, 113(26): 268002.

[30] Gao T F, Zheng Z G, Chen J C. Resonant current in coupled inertial Brownian particles with delayed-feedback control [J]. Front. Phys., 2017, 12(6): 120506.

第 9 章　生物分子马达研究的应用与展望

　　分子马达是一种生物蛋白分子，在特定的刺激下，能以一种明确的和可控的方式移动其亚分子 (submolecular) 成分以产生机械功 [1]。然而，在纳米尺度上产生机械功和控制运动并非易事。首先，分子马达要想在与周围分子共存的热噪声环境下处于热平衡状态，必须克服布朗运动的影响。此外，在这种情况下，黏性力还比惯性力大几个数量级，进而宏观马达所使用的方法和物理定律并不适用于分子水平。为了给分子马达所处的热噪声环境做一类比，可以想象成一个人走过篮球场的同时有成千上万的人朝他扔篮球。因此，分子马达必须采用不同的机制来吸收能量，从而完成一个机械循环，并以对环境做功的方式来驱动它们远离热平衡。分子马达在纳米尺度工作背后的物理学已经在一些开创性的文章中报道过 [2]。

　　尽管如此，受生物马达复杂性和完善性的启发 [3]，科学家已经开发出了人工分子马达 (artificial molecular motors)，这种马达可以相对容易地制造出来，它们可在不同的环境中用不同的能源操纵和激活，并且能够执行不同类型的任务 [4]。因此，人工分子马达已引起人们极大的兴趣，并在医学、材料科学和信息技术领域有着广泛的应用前景 [5]。本章主要从以下两节对生物分子马达的理论研究和实验研究方面进行展望。

9.1　聚焦小系统的随机热力学

　　在过去十年里, 随机热力学已经发展成为一个非常系统的理论框架, 且能够在单个涨落的轨道上应用功、热和熵产生等经典热力学概念来描述小驱动系统，如文献 [6] 所述。本节的 "聚焦" 精选报道该领域研究的最新研究进展，并给出相应理论和实验方面的新观点，其所涉及的内容大致可分为以下六个方面 [7]。

9.1.1　小系统随机热机

　　发展经典热力学 (classical thermodynamics) 的原始动机是为了理解支配热机的规律并优化其性能。在随机热力学中，这些问题是为了微观及纳米尺度热机的探索而逐渐成熟起来的，其研究结果甚至使我们对宏观热机的应用也有了新的认识。Calvo Hernández 等讨论了有限循环时间的作用及相应不可避免的耗散，他们将热机和制冷机结合起来推导并讨论了相关的优化标准 [8]。对于这种循环热机，Izumida 和 Okuda 提出了基于局域平衡假设下的线性不可逆热力学的唯象理

论 [9]。特别地，涂展春对小系统的随机热力学进行了系统研究 [10]，并讨论了紧耦合热机的隐对称性 (hidden symmetry) 和高阶本构关系 (constitutive relation)[11]。如果稳态热机仅在有限的时间下运行，其输出和输入量将是涨落的，进而导致随机效率 (stochastic efficiency) 的产生，同时可采用大偏差法 (large deviation approach) 对其进行分析。Gingrich 等研究了时间不对称稳态热机 (time-asymmetric steady-state heat engine) 中产生的微妙之处 [12]。Proesmans 和 van den Broeck 通过五个具体实例 (包括等温热机) 研究和分析了随机热机的效率 [13]。

9.1.2 分子马达

分子马达 (molecular motor)，或者更广泛地说，大多数细胞和生化过程通常都是在等温条件下进行的。其中对于典型的分子马达如 F_1-ATPase，Toyabe 和 Muneyuki 给出了研究单分子对外部扭矩 (torque) 响应的实验结果 [14]。特别地，两个代表性的工作讨论了分子马达的效率。Schmitt 等讨论了功率冲程机制 (power-stroke mechanism) 与通过 ATP 消耗的整流热涨落之间的相互作用 [15]。Zuckermann 等探讨了在没有空间或时间不对称情况下，持续性对于产生线性运动的作用 [16]。在外力作用下的共聚 (copolymerization) 与分子马达有一些相似之处。Gaspard 研究了力–速度关系，熵产生和其他量如何依赖于聚合类型和共聚物序列中的无序 [17]。Lahiri 等研究了在有和无总守恒定律条件下封闭系中两种变异体 (variant) 的可逆聚合 (reversible polymerization) 的动力学和热力学 [18]。Hartich 等讨论了上述两个过程的随机热力学模型中出现的细菌感应 (bacterial sensing) 机制和动力学校对 (kinetic proofreading) 之间的类比 [19]。

9.1.3 涨落定理

涨落关系 (fluctuation relation) 对功、热及熵产生 (entropy production) 等热力学量的分布提出了限制。这些结论在初始状态、动力学和驱动类型的明确假设下具有定理级的地位。实验中，探索理论假设在具体实现中的匹配程度是至关重要的，就像下面介绍的三个工作中所做的那样。Gieseler 等研究了在低密度气体中由周期性调制的激光阱驱动的悬浮纳米级二氧化硅球的涨落关系 [20]。Granger 等对 RC 电路探索了从一个稳态过渡到另一个稳态过程中熵产生的涨落定理 [21]。Alemany 等提出了关于修正 DNA–发夹 (DNA-hairpin) 的涨落定理的数据和理论，并以基于部分实验数据的热力学推论为视角进行了总结 [22]。

9.1.4 信息热机

对与热浴耦合的系统的测量和随后的反馈控制 (feedback control) 进程，乍一看似乎违反了热力学第二定律。然而，如果将测量中获得的信息整合到分析上来，第二定律实际上是满足的。探索热力学和信息论 (information theory) 之间的联系已成为随机热力学中一个活跃的主题。Horowitz 和 Sandberg 讨论了各种信息理论中测量的作用，以及通过测量过程获取信息的热力学成本 [23]。Um 等研究了二能级系统 (two-level system) 的类似问题，并探索了信息机器 (information machine) 的效率 [24]。Shiraishi 等处理的是一个自治的信息热机 (information heat engine)，其测量和反馈是分离的 [25]。Bechhoefer 利用隐马尔可夫模型 (hidden Markov model) 的形式讨论了测量误差和反馈的作用，该模型还引导他探索了信息热机中的相变 [26]。

9.1.5 涌现动力学

多体系统的涌现行为 (emergent behavior) 是小系统随机热力学研究的另一个重要方向。Imparato 研究了驱动耦合振子系统，该振子系统显示了从非同步到同步状态的动力学相变，对于不同类型的驱动还确定了功率和最大功率下的效率 [27]。日本学者 Sasa 展示了如何利用随机热力学和稳态热力学概念来确定和解释这类系统在转变过程中的涌现集体动力学 [28]。Gomez-Solano 等给出了在周期光场驱动下相互作用的胶体粒子形成胶体晶体时功分布的实验结果 [29]。Becker 等研究了边界驱动相互作用系统的输运，他们的模拟结果支持宏观涨落理论和加性原理的预测 [30]。对于具有零距离相互作用 (zero-range interaction) 的多粒子驱动系统，Asban 和 Rahav 导出了一个有效的非线性扩散方程，并讨论了无泵定理 (no-pumping theorem) 在这类系统中的适用性 [31]。Cuetera 和 Esposito 分析了通过耦合到量子点接触 (QPC) 的双量子点 (DQD) 输运，得到了能量和粒子流的随机热力学方法 [32]。

9.1.6 基础概念的探索

最后一个研究方向，主要是涉及各种概念和理论的基础方面的研究。通常假设提供驱动系统的热浴是平衡的。Basu 等研究了当整个介质系统被轻微驱动时探针粒子上的力，并讨论了如何使用这种探针测量稳态热力学中超额的热力学量 (excess quantity)[33]。对于耦合到由量子谐振子组成的热浴，Aurell 和 Eichhorn 确定了热浴的冯·诺依曼熵 (von Neumann entropy) 变化的三个贡献，其中两个似乎没有经典的对应关系 [34]。通常，涨落关系是在哈密顿或马尔可夫动力学的假设下推导出来的。Dieterich 等基于分数阶福克尔–普朗克方程 (fractional Fokker-Planck equation) 讨论了反常动力学中的这种关系 [35]。同时，Ford 研究了热力学不可逆性的各种计算方法，并重点讨论了初始非对称速度分布的影响 [36]。钱纮重新讨论了著名的多维奥恩斯坦–乌伦贝克 (Ornstein-Uhlenbeck) 过程，这一理论工作可以作为如何从介观运动定律推导出复杂随机动力学宏观描述的范例 [37]。最后，当然并非最终的，Knoch 和 Speck 提出了一种通用的新方法，即如何用粗

粒化 (coarse-graining) 或重整化 (renormalize) 将马尔可夫网络系统驱动到稳定状态，从而能够保持初始网络的熵产生 [38]。

综上所述，本节介绍的随机热力学研究的各个方面表明，随机热力学作为分析各种非平衡态系统的理论框架，目前已经被很好地建立起来。另外，在基础概念的探索和对相关领域适用范围的拓展仍在不断继续。希望通过阅读本书，能够激发来自不同领域研究者的兴趣，同时能够利用自身的专业优势与背景为分子马达的相关领域做出贡献。

9.2　生物分子马达的应用研究与挑战

生物分子马达具有巨大的生物学和医学意义。关于马达蛋白的理论研究日渐成熟，相应地已经引起了生物学、化学及医学等众多交叉领域的广泛应用。例如，马达在不同构象状态 (conformational state) 下的结构可用 X 射线晶射衍射确定 [39]；同时还可利用生物化学和生物物理学理论阐明它们的生物学作用 [40]；单分子技术的发展使人们对马达运动过程中的机械和化学事件的耦合有了新的认识 [41]。这些详尽的研究结果已经启发科学家和工程师在 20 世纪末便将马达蛋白作为混合纳米系统中现成的 "组件"，同时利用这些生物分子马达作为产生力的单元还能设计出独特的应用 [42]。

在工程纳米系统中，有三种完全不同的方法旨在产生主动运动 (active movement)：包括主动纳米和微电子机械系统 (NEMS/MEMS)、人工分子马达 (artificial molecular motor) 和生物分子马达 (biological molecular motor)。基于 NEMS/MEMS 的马达可将电能转化为机械功。它们由人造材料，如硅、聚合物或碳纳米管制成，在稳定性方面原则上优于蛋白质结构 [43]。然而，与生物分子马达相比，这些马达通常体积较大、效率较低，需要干燥的环境来防止黏附 (stiction)，并与医学应用的兼容性较差。人工分子马达利用合成有机化学 (synthetic organic chemistry) 的方法制成，这种方法主要应用巧妙的分子机制将光能或化学能转化为机械功 [44]。

近年来，分子马达的研究取得了巨大进步。特别是，2016 年诺贝尔化学奖授予分子马达领域的三位科学家 Feringa、Sauvage 和 Stoddart[45]。虽然人工分子马达能够用于制造可收缩的聚合物凝胶 [46] 以及在细胞膜上钻孔进而能够促进药物的输送 [47] 等方面，但是这些马达是在实验室规模上以毫克的数量进行合成的，因而批量生产这些复杂的合成马达相当具有挑战性。

生物分子马达经过数十亿年的进化，其能量转换效率超过 40%[48]。作为蛋白质，它们是生物医学应用的良好候选者，并且很容易在细菌和细胞中产生 [49]。此外，由于生物学被认为是纳米技术的可行性证明，因此能够为生物分子马达的研究提供灵感和工具箱 [50]。本节主要评述过去十年间在分子马达领域中取得的最新研究进展 [51]，包括生物传感器、驱动器、生物计算器等方面。同时，讨论了如何改进现有的生物分子马达，以及利用生物分子马达驱动的运动系统之间的集体输运行为等方面。

9.2.1 线性生物分子马达的应用

线性运动 (linear motion) 在许多实际应用中是必需的，并且可由驱动蛋白、肌球蛋白和动力蛋白马达直接产生 [42]。特别地，在反向运动试验或滑动试验中，生物分子马达 (驱动蛋白-1、动力蛋白或肌球蛋白 II) 黏附在玻璃表面 (glass surface) 并能推动细胞骨架丝 (cytoskeletal filaments) (微管或肌动蛋白)，进而使肌丝 (filament) 能够长距离 (高达厘米级) 地持续运动 [52]。同时，滑动速度还受 ATP 浓度和温度的控制，肌丝的运动方向受运动肌丝尖端的热涨落驱动进而呈现持续的随机行走。这种持续的随机行走以及肌丝与障碍物的相互作用可用布朗动力学方法 (Brownian dynamics method) 进行模拟 [53]。滑动肌丝通过引导结构 (guiding structure) 被限制在规定的路径上，主要由障碍物引导 [54]，并由光或其他刺激控制 [55]。同时，肌丝可以捕获分析物 (analyte) 以及携带货物 [56]。这些发现带来了更加先进的应用，包括传感器 (sensor)[57]、计算器 [58]、屏幕 [59] 和开关 [60] 等方面。本部分将重点介绍线性生物分子马达和肌丝的一些应用，以及旋转马达的几种应用 [51]。

1. 驱动器 (actuator)

无论是在肌肉收缩的宏观尺度上还是在细胞的微观尺度上，驱动 (actuation) 都是生物系统中线性生物分子马达的主要角色。在工程系统中，生物分子马达已被证实可以运送从分子尺度到纳米和微观粒子 [61]，再到细胞大小不等的货物。Groß[62] 等在工作中发现了一个范例式的应用，他们使用携带量子点的驱动蛋白推动微管，进而绘制纳米金缝隙表面的电场分布，如图 9.1 所示。由于微管尺寸小，与电场的相互作用弱，因此与原子力显微镜的尖端相比，微管在这种应用中是优越的致动器。驱动蛋白推动的微管以前曾被用于地形测绘 [63]，但是 Groß 等的工作增加了电场的测绘，Inoue 等的工作则演示了表面应变的测绘 [64]。另一种配置是使用有序排列的固定化微管，这种方式能够使驱动蛋白和肌球蛋白进行双向运输和组装货物 [65]。

该领域的一个长期目标是放大分子力的产生并模拟肌肉的组织结构。同时，人们在人工纤毛 (artificial cilia) 的构建方面已经取得了进展，其中微管通过驱动蛋白结构进行交联 (cross-linked)，由此导致微管束 (microtubule bundle) 表现出跳动运动 (beating movement)[66]。此外，人们在马达、细丝和某些情况下微粒的可收缩网络的构建方面也取得了进展 [67]。然而，如图 9.2 所示的由大量马

达驱动，夹在多层结构中的有序细丝阵列的创建仍处于概念阶段[68]。Agayan
等的工作强调了热力如何抵抗有序阵列的动态组装 (dynamic assembly)[69]。尽
管如此，这种分子热机在假肢等医学应用中仍有重要作用，并具有广阔的应用
前景。

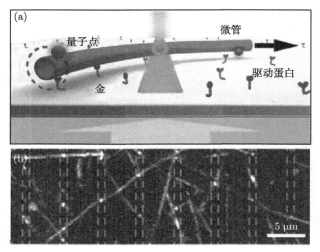

图 9.1　由马达驱动的纳米探针绘制电场。(a) 带有附加量子点的微管示意图，这些微管是由
驱动蛋白沿金纳米缝隙表面推动的。用荧光显微镜观察了量子点与电场相互作用时荧光强度的
变化。(b) 量子点通过表面时的最大强度投影。灰色虚线标志的是金的裂缝[62] (彩图见封底二
维码)

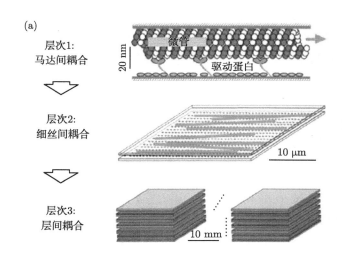

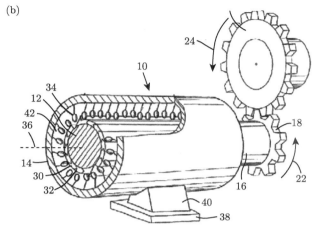

图 9.2　基于分子马达的宏观发动机的概念图。(a) 利用微管、有序微管阵列和夹层耦合的驱动蛋白运动的毫米级发动机原理设计图。(b) 由肌球蛋白驱动的旋转发动机概念的一项专利。图中的数字是概念发动机的各个不同组件 [68] (彩图见封底二维码)

2. 传感器 (sensor)

传感器是用于检测环境变化的设备，它在医疗、环境和军事等领域有着广泛的应用。生物传感器 (biosensor) 通常使用抗体与生物靶分子结合，并利用物理或化学探测器来检测这种结合 [70]。在双抗体夹心生物传感器 (double-antibody sandwich biosensor) 中，表面结合的抗体捕获分析物分子。多余的分析物被洗掉，标记抗体被添加的同时与分析物结合。同时，需要再一次清洗来去除多余的标记抗体，然后才能检测到结合的标记。传感器可以集成由分子马达驱动的主动输运 (active transport)，以减少捕获和检测分析物时所需的时间，并消除清洗步骤和相关机械的需要 [71]。

例如，Fischer 等 [57] 构建了一个二维智能粉尘生物传感器 (two-dimensional smart dust biosensor)。在该装置中，抗体功能化的微管捕获分析物，然后由表面黏附的驱动蛋白推进，这一过程会遇到第二抗体功能化的荧光纳米粒子。在将其中几个标签与被分析物结合后，微管被推进到检测区域，荧光标签的到达表明被分析物的存在。Lard 等利用肌球蛋白马达和肌动蛋白丝构建了一个如图 9.3 所示的超快生物传感器 (ultrafast biosensor)。这种纳米分离器具有可收集分析物的加载区和可以使用探测器的捕获区 [72]。这些区域被肌球蛋白覆盖，并与纳米通道相连。一旦加入 ATP，在 60s 内加载区的肌动蛋白丝就会被推进到捕获区。在 $10\mu m^2$ 检测区域内高浓度的肌动蛋白提供了一个较高的信噪比。运动纤维和纳米结构之间的光学相互作用可以进一步增强传感能力。

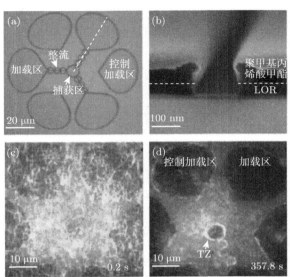

图 9.3　利用了肌球蛋白和肌动蛋白的生物传感器。(a) 生物传感器 (或纳米分离器) 的结构。肌球蛋白通过纳米通道将肌动蛋白从加载区 (CON-LZ) 推进到捕获区 (TZ)。控制加载区 (CTR-LZ) 与纳米通道捕获没有连接。(b) 纳米通道的扫描电子显微镜照片。(c), (d) 三倍体 (TRITC)–鬼笔环肽 (phalloidin) 标记的肌动蛋白, (c) 加入 ATP 前和 (d) 加入 ATP 后的荧光图像[72] (彩图见封底二维码)

Kumar 等[61] 以及后来的 Chaudhuri 等[71] 采用不同的方法设计了具有无标签检测方案 (label free detection scheme) 的生物传感器, 如图 9.4 所示。多价分

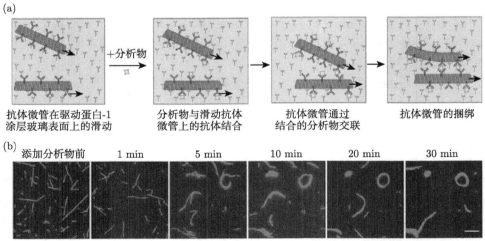

图 9.4　无标签生物传感器。(a) 显示检测阶段的示意图。带有抗体的微管捕获分析物并由驱动蛋白推动。分析物可以交联微管, 并可检测到束状微管。(b) 添加分析物 (白血病微囊泡) 前后标记微管的荧光显微镜图像[71] (彩图见封底二维码)

析物 (multivalent analyte) 与附着在不同肌丝上的两种抗体结合，当它们被表面黏附的马达推动时，就会导致细丝之间的交联 (crosslinking) 和捆绑 (bundling)。利用荧光显微镜可以很容易检测到这些丝束 (filament bundle)。

　　总的来说，在过去的十年中已经发布了许多有趣的实验研究，但至今还尚未找到一项足够商业开发的科学应用。这种情况让人联想到微流控术 (microfluidics)，尽管与集成生物分子马达的微分析系统相比，微流体学的技术障碍较少，但它在商业领域还难以完全实现其价值[73]。

3. 计算器

　　运动剂 (motile agent) 在计算中的应用已由 Nakagaki 等提出[74]，Nicolau 等在 2006 年建议使用生物分子马达和肌丝作为运动剂[75]。2016 年，一个国际团队的一项研究实现了这个愿景，该研究使用驱动蛋白推动的微管或肌球蛋白推动的肌动蛋白在通道网络 (network of channel) 中实现了并行计算 (parallel computation)[58]。网络由两种类型的连接组成：① 通过连接 (pass junction)，肌丝将继续沿着它原来的方向前进，② 分岔连接 (split junction)，肌丝以 50% 的概率决定在两条路径中的一条上移动，如图 9.5(a) 所示。这两种连接类型的排列可以对组合问题进行编码，如图 9.5(b) 所示的集合 {2,5,9} 的子集问题。由于推进马达的能耗较低，该装置每次操作消耗的能量可以比电子计算机减少 4 个数量级。然而，

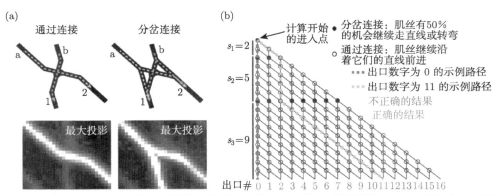

图 9.5　基于生物分子马达与丝状结构的并行计算。(a) 顶部：通过连接 (左) 和分岔连接 (右) 示意图。底部：微管通过连接 (左) 和分岔连接 (右) 的最大投影图像。(b) 计算网络图表，用于计算数字 2、5、9 和的可能解。肌丝从左上角进入，通过连接 (空圆圈)，在那里它们继续直行，而分岔连接 (填充的圆圈)，在那里它们将继续直行或以相等的概率转弯。出口数字对应于可能的解决方案，编码为正确 (绿色) 和错误 (洋红色) 的结果。例如，在标记为黄色的路径中，肌丝在第一个和第三个分岔连接处转向，并在第二个分岔连接处继续直行，从而得到 9+2=11 的解。在蓝色的路径中，肌丝在所有的分岔连接处保持直行，导致 0 的结果[58] (彩图见封底二维码)

误差校正仍然是一个挑战 [58]，同时计算速度也存在争议 [76]。在另一种生物计算方法中，DNA 链被用来交叉连接 DNA 功能化的微管，同时微管在表面黏附的肌动蛋白上滑动，从而实现了逻辑门。此外，微管的聚集依赖于添加正确的交叉连接方式 [60]。

虽然解决复杂的数学问题可能仍是电子计算机的一项任务，但用分子方法 (molecular approach) 处理以指数方式增长的分子信息 (如来自病人和环境样本的 DNA 序列的形式) 可能是有益的。在这种情况下，生物分子马达的主动输运和力的产生对于诸如信息传输和校正等任务可能是至关重要的。此外，未来自主式微型及纳米机器人系统 (nanorobotic system) 将需要集成传感和驱动于一体的分布式信息处理方式 [77]。

9.2.2　旋转生物分子马达的应用

在过去的十年里，旋转马达 (rotary motor)，特别是鞭毛马达 (flagellar motor) 的应用已经被非常广泛地研究，包括微/纳米级发电机 (power generator)，自供电驱动器 (self-powered actuator) 和微泳器 (microswimmer)[78,79]。这里的微泳器是一种混合装置，它将鞭毛运动与合成的或以生物为基础的囊泡结合起来，目的是模仿细菌或精子细胞的运动 [80]。囊泡可以将货物，如药物输送到身体的不同细胞或部位。例如，这种微泳器可以用来瞄准癌细胞 [80] 或提高受精率 [78]。在微泳中加入磁性元件还可以增强推进力和外部的可控性 [81]。这些设备与类似的应用于基因工程的细菌相竞争，同时它们无法繁殖的特点可能是一个重要的安全属性和优势 [51]。

9.2.3　集体效应及应用

在过去的十年里，生物分子马达推动的肌丝的集体运动得到了越来越多的关注，这方面主要是在单个细丝以及主动自组装 (active self-assembly) 的基础上发展起来的 [82]。同时，这些关注是受群集 (swarming) 的启发。群集是一种空间集体行为状态，在这种状态中，成群的蜜蜂、成群的鸟类或成群的鱼群聚集在一起，并以同步的模式集体运动 [83]。这里主要讨论导致群集和自组装的肌丝之间的相互作用，以及这些系统中出现的迷人的相变和这种行为可能产生的应用。

1. 肌丝的集体运动

肌丝的集体运动主要是由吸引力和离散力 (dispersive force) 的相互作用产生的，其理论描述还需要借助于活性物质 (active matter) 及相变科学等方面的进展。肌丝的群集可以表现出自组装 (self-assembly)、捆绑和集体运动，以响应约束、诱导力和工程化的相互作用 [60,66,84]。肌丝之间的空间相互作用可以通过细丝的长度和密度进行调节，这通常会导致各向同性相 (isotropic phase) 到向列相 (nematic phase) 的转变 [85]。更为重要的是，主动运动引入了被动平衡系统

(passive equilibrium system) 所没有的特性，例如，向列态和极性态的共存[86]。此外，与边界的相互作用还会影响系统。肌丝之间的强相互作用，例如通过链霉亲和素 (streptavidin) 交联生物素化微管[87] 或通过肌成束蛋白 (fascin) 交联肌动蛋白丝[88]，可导致长寿命的线状和环状结构的形成[82,87,89]。细丝之间的弱相互作用可由排空力 (depletion force) 引起[84]，其中的大分子如添加到溶液中的甲基纤维素 (methyl cellulose) 以浓度依赖的方式诱导捆绑，如图 9.6 所示。

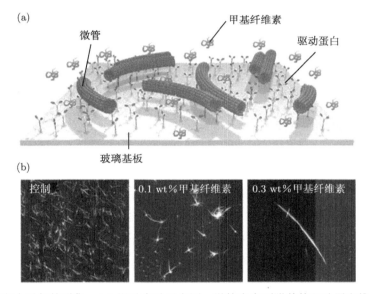

图 9.6　排空力引起的群集。(a) 滑动实验示意图。微管由表面附着的驱动蛋白推动。添加甲基纤维素 (MC) 可引起微管间的排空力。(b) 无 MC 的微管 (左) 与 0.1 wt% (质量分数) MC (中) 和 0.3 wt% MC (右) 的荧光显微镜图像。甲基纤维素引起的排空力导致微管束的形成[84] (彩图见封底二维码)

微管的可编程交互作用可用于逻辑门和开关的设计[60]。例如，Keya 等用化学方法将单链 DNA (ssDNA) 附着到微管 (MT-DNA) 上，并进行滑动实验[60]。一旦互补的单链 ssDNA (l-DNA) 被加入到溶液中，l-DNA 与微管上的 MT-DNA 连接在一起，从而能够导致捆绑和集体运动，如图 9.7(a)，(b) 所示。为了"关闭"这个群集，可以加入额外的单链 ssDNA (d-DNA)，通过链置换与 l-DNA 结合，从而去除了交叉链接 (cross-link)。由偶氮苯 (azobenzene) 修饰的 DNA 链在光照下可在顺式和反式构象 (cisoid and transoid conformation) 间转换，从而实现光控开关，如图 9.7(c) 和 (d) 所示。可见光诱导反式构象，暴露了 DNA 进而引起微管的捆绑。紫外光诱导顺式构象，"隐藏"了 DNA，并可导致微管的解绑 (unbundling)。

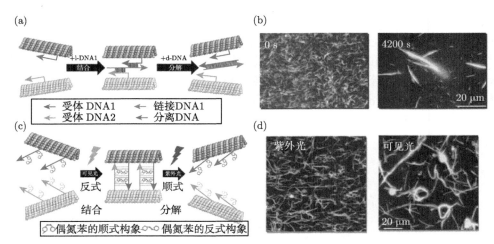

图 9.7 受 DNA 控制的微管群集。(a) 通过添加互补 DNA 链来表示 DNA 功能化微管的结合和分解的示意图。(b) 添加互补 DNA 链情况下，在 $t = 0$ (左) 和 $t = 4200$s (右) 时微管在驱动蛋白表面上滑动的荧光显微镜图像。(c) 光控开关原理图。可见光使偶氮苯转变为反式构象，允许偶氮苯–微管复合物的相互结合。紫外光诱导偶氮苯基团的顺式构象，破坏 DNA 相互作用，导致解聚。(d) 紫外光 (左) 和可见光 (右) 下微管的荧光显微镜图像 [60] (彩图见封底二维码)

2. 生物分子马达的动力学自组织 (dynamic self-organization)

动力 (dynamic) 和集体行为 (collective behavior) 也可在生物分子马达的组织水平上观察到。表面黏附 (surface-adhered) 的驱动蛋白之间的空间相互作用会影响其构象，例如，导致表面覆盖的全长驱动蛋白 (full-length kinesin) 作为接枝密度 (grafting density) 的函数经历了蘑菇形到刷子形的转变 [90]，肌球蛋白马达的构象已被证实对表面性质具有敏感性 [91]。驱动蛋白和肌球蛋白可被固定在脂质膜 (lipid membrane) 上，在膜上它们可以保持运动性，并可通过细丝上传递的力来动态地相互作用。Lam 等进行了这种实验 [92]，其中驱动蛋白不是永久地结合在表面上，而是能够从涂有经 NiNTA 功能化的 Pluronic-F108 共聚物的表面上分离并重新附着到该表面，如图 9.8(a) 所示。这种情况下，微管可从溶液中结合驱动蛋白并利用它们作为推进力，同时将马达蛋白留在一个缓慢消失的尾迹 (trail) 中，如图 9.8(b) 和 (c) 所示。该实验首次在人工系统中实现了马达构件的动态翻转 (dynamic turnover)，同时这一特性还能使心肌 (heart muscle) 维持数十年不停地运转 [93]。

最近的研究为一些基本问题提供了更好的答案，例如有多少马达在表面上，有多少马达与肌丝相连，以及产生的合力是多大？Fallesen 等通过拉动磁珠推断出沿微管运动的马达间距和少体马达的合力 [94]，而 VanDelinder 等使用荧

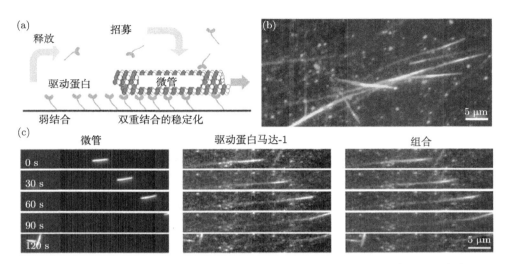

图 9.8 微管将与绿色荧光蛋白 (GFP) 融合的驱动蛋白马达-1 动态募集到弱结合表面。
(a) 由 GFP 驱动蛋白 (绿色) 推动的微管示意图，微管从溶液中吸收 GFP 驱动蛋白，附着在
表面上，被留下，并在几分钟内从表面分离。(b) 微管 (红色) 和驱动蛋白马达 (绿色) 的荧光
显微镜图像。(c) 微管通过后 2min 内，沉积并释放驱动蛋白的荧光延时图像。左：647nm 通
道显示微管。中心：488nm 通道显示驱动蛋白马达。右：微管和驱动蛋白图像的重叠[92] (彩
图见封底二维码)

光干涉对比显微镜 (以前用于测定驱动蛋白推动的微管与表面之间的距离) 来
确定微管上驱动蛋白表面密度与驱动蛋白间距之间的关系[95]。DNA 纳米技术
(DNA nanotechnology) 为精确的耦合数量和具有确定间距的马达类型提供了
马达协调方面的洞察力。实验研究还表明，多个表面黏附的驱动蛋白能够在微
管上产生高达 100pN 的平动力[96]，但是在高马达密度下可以产生哪些力目前
还尚不清楚。

3. 由分子马达驱动的宏观运动

在肌肉组织中，将单分子马达产生的运动放大成宏观运动已经得到了很好的
实现[97]，这也是合成和混合系统的目标。Torisawa 等成功地建立了毫米级微
管的收缩网络 (contractile network) 和同型四聚体 (homotetrameric) 驱动蛋白
Eg5[67]。更引人注目的是如图 9.9 所示的 Li 等的工作[46]，他们以聚合物凝胶的
形式设计活性物质，同时这种活性凝胶可以在光照下收缩。他们利用光驱动的人
造旋转马达设计出了聚合物–马达的结合物。在光照下，马达旋转，扭转聚合物，
同时还减少了凝胶体积。有趣的是，尽管收缩机制是全新的，但产生的应力约为
100 kPa，与肌肉产生的应力相似[98]。

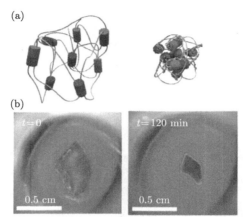

图 9.9　一种经光照而收缩的活性凝胶。(a) 通过照明激活旋转马达单元时交联聚合物的收缩图示。打开式构造 (左)，向上卷起并减小其体积 (右)。(b) 光照前 (左) 和光照后 $t = 120\text{min}$ (右) 的凝胶快照 [46] (彩图见封底二维码)

9.2.4　生物分子马达研究的限制与挑战

目前生物分子马达的应用正面临寿命、放大和成本等一系列问题。本部分将讨论这些问题，并试图理解它们是否是理论极限还是可以找到工程上的解决方案。

上述讨论的装置和系统的功能受限于生物分子马达的寿命和肌丝的稳定性。在生物学中，细胞将不断地取代生物分子马达 [93]，例如，肌球蛋白每隔几天就会在肌肉组织中被取代，而秀丽隐杆线虫 (*Caenorhabditis elegans*) 中的 kinesin-3 一旦失去与货物的特异性结合，就会被移除 [99]。虽然机械应力 (mechanical stress) 在生物分子马达等分子机器中可能发挥重要作用，但氧化应力 (oxidative stress) 则是蛋白质降解的主要原因 [100]。Kabir 等证明了去除活性氧 (ROS) 的重要性，当他们将滑行试验放置在充氮室中以去除溶液中的氧气时，发现驱动蛋白马达的生命周期从几个小时延长到几天 [101]。其他小组的相关研究进一步证实了这个发现 [102]。无活性氧环境能够增强微管聚合的活力 [103]。无标签成像，例如，通过干涉反射显微镜，可以减少对高强度照明的需求。微管和肌动蛋白丝本质上是动态的组件 (assemblies)，通常在紫杉醇 (taxol) 或鬼笔环肽作用下稳定 1~2 天不发生解聚 (depolymerization)。通过微管蛋白表面官能团的交联，微管的寿命可延长至一周。最近的研究表明，微管解聚不仅受到紫杉醇等小分子的抑制，而且还会受到溶液中渗透压的抑制。通过光合系统的整合，ATP 的有限供应可以被无限期地延长 [104]。

许多其他生物杂交系统在寿命方面也有类似的问题，例如，与光伏太阳能电池相比，基于光合作用的太阳能电池的寿命非常短暂 [105]。不断替换蛋白质成分是解决这个问题的生物学方法，在 9.2.3 节 2. 中已经描述了构建具有连续循环构件工程系统的第一步。但是，某些应用程序可能不需要超过几分钟或几小时的活动生存期。

机械活性 (mechanical activity) 会导致宏观尺度上的退化 (磨损和疲劳)，这有助于分子马达驱动的纳米系统的降解。例如，细丝的断裂和磨损 (其定义为马达系统的逐渐损耗)。Dumont 等测量了紫杉醇稳定时微管的磨损 [106]，发现微管随时间的推移而变短。驱动蛋白推动的微管收缩率高于静态微管。此外，增加驱动蛋白密度或增加运动速度都会增加微管的收缩率。Reuther 等强调，在低驱动蛋白表面密度下，静态微管的收缩率随密度的增加而降低 [107]。这表明，通过驱动蛋白与微管表面的连接在一定程度上保护了微管不被解聚，但是还需要进一步的研究。Keya 等采用高速原子力显微镜直接观察到驱动蛋白推动的微管的磨损过程 [108]。成像技术的高分辨率允许观察到单个的微管原丝。实验表明，原丝会在滑动微管的前缘断裂。同时，研究还发现分裂的原丝仍由驱动蛋白推动，但速度比母微管 (mother microtubule) 慢。此外，微管前缘的悬垂原丝与有缺陷的驱动蛋白结合能够导致原丝的定向改变和断裂。这为 VanDelinder 等之前观察到的滑动微管分裂成原丝束的现象增添了细节 [109]。

除了微管从末端收缩外，内部微管蛋白 (tubulin) 的去除和最终微管的断裂也是可能的。Schaedel 等 [110] 通过周期性的弯曲和释放对微管进行了弯曲实验。这些测量结果表明，微管的刚度随循环次数的增加而降低，同时微丝经历了材料疲劳。研究结果进一步表明，自由微管蛋白重建了微管，并能使微管恢复到原来的强度。

磨损、断裂和机械疲劳 (mechanical fatigue) 都是影响生物分子马达和肌丝寿命的工程效应 (engineering effect)。对这些效应的研究可以改进和延长马达器件的使用寿命，同时可以阐明生物结构进化的基本原则 [111]。

然而，生物分子马达及其相关细丝在其优化缓冲区 (optimized buffer) 之外的环境中运行可能会带来额外的挑战。尽管 Marlene Bachand 和 George D. Bachand 发现，驱动蛋白和微管对几种常见的环境污染物具有良好的耐受性 [112]，但 Korten 等证明，即使稀释 100 倍的血液、血浆和血清也会干扰驱动蛋白和肌球蛋白驱动系统的运行 [113]。Kumar 等通过从血清中提取分析物，交换缓冲液，进而能够引导马达来解决类似问题 [114]。显然，上述问题需要借助于蛋白质工程来减少不利的影响，同时保护环境或有效的包装解决方案也是必要的。

放大 (scale-up) 的挑战是将输出力放大到如图 9.2 所示的宏观尺度，或是如 9.2.1 节 2. 中描述的 "智能粉尘" 生物传感器那种大规模的生产小型器件。两者都需要大量的马达蛋白以及合适的固态制造技术和高速液体处理程序。尽管早期在冷冻干燥或简单冷冻设备中马达蛋白和肌丝方面的尝试取得了惊人的成功，但对于包装和储存诸如驱动蛋白和微管蛋白之类大量易碎的蛋白来说带来了新的挑战[115]。制药工业中生物制品技术的持续进步将有助于推动制造、包装和储存活性蛋白质的技术环境,同时潜在地扩大了生物分子马达驱动装置的生产规模。由此产生的生物技术进步将降低蛋白质工程、蛋白质表达和蛋白质纯化的成本。同时,生物分子马达及其相关的器件和材料可以作为过程工程师的试验台,因为它们代表着特别具有挑战性的问题。

　　新兴技术的最初成本总是天文数字,然后随着应用范围的扩大而大幅降低。关于分子马达领域,正处于这个过程的初始阶段。例如,肌球蛋白 II 马达的商用价格为每毫克 40 美元。相比之下,奶粉的售价为每公斤 4 美元 (4US/kg),其价格是马达蛋白成本的 1000 万分之一[51]。太阳能电池的历史是马达蛋白技术发展过程可参照的一个极好例证,它说明了在技术发展的各个阶段都需要政府的支持。然而,就像太阳能电池在宇宙飞船中找到了它们最初的位置一样,研究者可为分子马达驱动的设备找到更高价值的应用。

　　在过去三十年的广泛研究中,一个挑战似乎得到了解答,那就是对分子马达设计的机械学理论的发展。尽管理论和计算工作阐明了生物分子马达和合成分子马达的相关物理和化学原理[116],但研究过程中仍然出现了一些令人惊讶的现象,如对驱动蛋白步进机制的修正。由于知识所限,这里我们只能列举出众多贡献中的几项。然而,最近关于 "酶推进" (enzyme propulsion) 的报道[117],发现酶在经历催化循环 (catalytic cycle) 时扩散增强,这些数据可作为化学能转化为机械运动的证据。同时,报告发现合成马达 0.1nm 的内部运动便能导致 10nm 尺度的位移,挑战了人们对分子世界的理解。文献 [118] 从一个新的角度总结了支持和反对酶扩散的实验和理论依据。

　　正如现代药剂学 (pharmaceutics) 以小分子药物和生物制剂共存为特征,分子马达领域也将以开发和应用化学合成分子马达以及开发和应用生物分子马达为标志。为了充分发挥这一领域的潜力,需要迅速交换意见和密切的沟通。这一领域已在许多方面日渐成熟。与分子推进机制 (phoretic propulsion mechanism)[119]、相变和气泡驱动运动 (bubble-driven motion)[120] 等竞争机制相比,基于分子马达的能量转换可以实现更高的效率[121],这是公认的可持续发展的关键[122]。总之,分子马达将在材料科学、活性物质和合成生物学等众多研究领域中发挥重要作用。

　　从物理学的角度理解生物学的最终目标是创造理论工具,同时这些理论能够描述与诠释拥挤嘈杂细胞条件下的生物学功能,并在此过程中发现控制生命过程的一般物理原理。很有可能的是,随着对生命系统进行检测规模的增加,可以使用功能模块来描述细胞过程,这是生物学的一个粗粒化观点。然而,很难从它们的组成部分 (即生命分子) 来预测这些模块的功能。毕竟,"多者异也" ("more is different")。因为 "大自然是一个出色的修补者,而不是工程师[123]" (这句话出自 Francois Jacob 的一句名言),而生物学上的修补包括随机改变现有的模块,从而在无时间限制或任何终极设计的情况下进化出新的功能作为目标，很可能许多科学领域的概念都不得不被用来发展生物学的整体观点。

参 考 文 献

[1] Balzani V, Credi A, Raymo F M, et al. Artificial molecular machines [J]. Angew. Chem., 2000, 39(19): 3348-3391.

[2] Pezzato C, Cheng C, Stoddart J F, et al. Mastering the non-equilibrium assembly and operation of molecular machines [J]. Chem. Soc. Rev., 2017, 46(18): 5491-5507.

[3] Schliwa M, Woehlke G. Molecular motors [J]. Nature, 2003, 422(6933): 759-765.

[4] Erbas-Cakmak S, Leigh D A, McTernan C T, et al. Artificial molecular machines [J]. Chem. Rev., 2015, 115(18): 10081-10206.

[5] Coskun A, Banaszak M, Astumian R D, et al. Great expectations: Can artificial molecular machines deliver on their promise? [J] Chem. Soc. Rev., 2012, 41(1): 19-30.

[6] Jarzynski C. Equalities and inequalities: Irreversibility and the second law of thermodynamics at the nanoscale [J]. Ann. Rev. Cond. Mat. Phys., 2011, 2(1): 329-351.

[7] Van den Broeck C, Sasa S I, Seifert U. Focus on stochastic thermodynamics [J]. New J. Phys., 2016, 18(2): 020401.

[8] Calvo Hernández A, Medina A, Roco J M M. Time, entropy generation, and optimization in low-dissipation heat devices [J]. New J. Phys., 2015, 17(7): 075011.

[9] Izumida Y, Okuda K. Linear irreversible heat engines based on local equilibrium assumptions [J]. New J. Phys., 2015, 17(8): 085011.

[10] 涂展春. 小系统的非平衡统计力学与随机热力学 [J]. 物理, 2014, 43(7): 453-459.

[11] Sheng S Q, Tu Z C. Hidden symmetries and nonlinear constitutive relations for tight-coupling heat engines [J]. New J. Phys., 2015, 17(4): 045013.

[12] Gingrich T R, Rotskoff G M, Vaikuntanathan S, et al. Efficiency and large deviations in time-asymmetric stochastic heat engines [J]. New J. Phys., 2014, 16(10): 102003.

[13] Proesmans K, Van den Broeck C. Stochastic efficiency: five case studies [J]. New J. Phys., 2015, 17(6): 065004.

[14] Toyabe S, Muneyuki E. Single molecule thermodynamics of ATP synthesis by F_1-ATPase [J]. New J. Phys., 2015, 17(1): 015008.

[15] Schmitt R K, Parrondo J M R, Linke H, et al. Molecular motor efficiency is maximized in the presence of both power-stroke and rectification through feedback [J]. New J. Phys., 2015, 17(6): 065011.

[16] Zuckermann M J, Angstmann C N, Schmitt R, et al. Motor properties from persistence: A linear molecular walker lacking spatial and temporal asymmetry [J]. New J. Phys., 2015, 17(5): 055017.

[17] Gaspard P. Force-velocity relation for copolymerization processes [J]. New J. Phys., 2015, 17(4): 045016.

[18] Lahiri S, Wang Y, Esposito M, et al. Kinetics and thermodynamics of reversible polymerization in closed systems [J]. New J. Phys., 2015, 17(8): 085008.

[19] Hartich D, Barato A C, Seifert U. Nonequilibrium sensing and its analogy to kinetic proofreading [J]. New J. Phys., 2015, 17(5): 055026.

[20] Gieseler J, Novotny L, Moritz C, et al. Non-equilibrium steady state of a driven levitated particle with feedback cooling [J]. New J. Phys., 2015, 17(4): 045011.

[21] Granger L, Mehlis J, Roldán É, et al. Fluctuation theorem between non-equilibrium states in an RC circuit [J]. New J. Phys., 2015, 17(6): 065005.

[22] Alemany A, Ribezzi-Crivellari M, Ritort F. From free energy measurements to thermodynamic inference in nonequilibrium small systems [J]. New J. Phys., 2015, 17(7): 075009.

[23] Horowitz J M, Sandberg H. Second-law-like inequalities with information and their interpretations [J]. New J. Phys., 2014, 16(12): 125007.

[24] Um J, Hinrichsen H, Kwon C, et al. Total cost of operating an information engine [J]. New J. Phys., 2015, 17(8): 085001.

[25] Shiraishi N, Ito S, Kawaguchi K, et al. Role of measurement-feedback separation in autonomous Maxwell's demons [J]. New J. Phys., 2015, 17(4): 045012.

[26] Bechhoefer J. Hidden Markov models for stochastic thermodynamics [J]. New J. Phys., 2015, 17(7): 075003.

[27] Imparato A. Stochastic thermodynamics in many-particle systems [J]. New J. Phys., 2015, 17(12): 125004.

[28] Sasa S I. Collective dynamics from stochastic thermodynamics [J]. New J. Phys., 2015, 17(4): 045024.

[29] Gomez-Solano J R, July C, Mehl J, et al. Non-equilibrium work distribution for interacting colloidal particles under friction [J]. New J. Phys., 2015, 17(4): 045026.

[30] Becker T, Nelissen K, Cleuren B. Current fluctuations in boundary driven diffusive systems in different dimensions: A numerical study [J]. New J. Phys., 2015, 17(5): 055023.

[31] Asban S, Rahav S. Stochastic pumping of particles with zero-range interactions [J]. New J. Phys., 2015, 17(5): 055015.

[32] Cuetara G B, Esposito M. Double quantum dot coupled to a quantum point contact: A stochastic thermodynamics approach [J]. New J. Phys., 2015, 17(9): 095005.

[33] Basu U, Maes C, Netočný K. Statistical forces from close-to-equilibrium media [J]. New J. Phys., 2015, 17(11): 115006.

[34] Aurell E, Eichhorn R. On the von Neumann entropy of a bath linearly coupled to a driven quantum system [J]. New J. Phys., 2015, 17(6): 065007.

[35] Dieterich P, Klages R, Chechkin A V. Fluctuation relations for anomalous dynamics generated by time-fractional Fokker–Planck equations [J]. New J. Phys., 2015, 17(7): 075004.

[36] Ford I J. Measures of thermodynamic irreversibility in deterministic and stochastic dynamics [J]. New J. Phys., 2015, 17(7): 075017.

[37] Ma Y A, Qian H. Universal ideal behavior and macroscopic work relation of linear irreversible stochastic thermodynamics [J]. New J. Phys., 2015, 17(6): 065013.

[38] Knoch F, Speck T. Cycle representatives for the coarse-graining of systems driven into a non-equilibrium steady state [J]. New J. Phys., 2015, 17(11): 115004.

[39] Sweeney H L, Houdusse A. Structural and functional insights into the myosin motor mechanism [J]. Annu. Rev. Biophys., 2010, 39(1): 539-557.

[40] Theurkauf W E, Alberts B M, Jan Y N, et al. A central role for microtubules in the differentiation of Drosophila oocytes [J]. Development, 1993, 118(4): 1169-1180.

[41] Veigel C, Molloy J E, Schmitz S, et al. Load-dependent kinetics of force production by smooth muscle myosin measured with optical tweezers [J]. Nat. Cell Biol., 2003, 5(11): 980-986.

[42] Hess H, Saper G. Engineering with biomolecular motors [J]. Acc. Chem. Res., 2018, 51(12): 3015-3022.

[43] Kim B J, Meng E. Review of polymer MEMS micromachining [J]. J. Micromech. Microeng., 2016, 26(1): 013001.

[44] Kay E R, Leigh D A, Zerbetto F. Synthetic molecular motors and mechanical machines [J]. Angew. Chem. Int. Ed., 2007, 46(1-2): 72-191.

[45] Richards V. Molecular machines [J]. Nat. Chem., 2016, 8(12): 1090-1090.

[46] Li Q, Fuks G, Moulin E, et al. Macroscopic contraction of a gel induced by the integrated motion of light-driven molecular motors [J]. Nat. Nanotechnol., 2015, 10(2): 161-165.

[47] García-López V, Chen F, Nilewski L G, et al. Molecular machines open cell membranes [J]. Nature, 2017, 548(7669): 567-572.

[48] Wang H Y, Oster G. Energy transduction in the F_1 motor of ATP synthase [J]. Nature, 1998, 396(6708): 279-282.

[49] Korten T, Chaudhuri S, Tavkin E, et al. Kinesin-1 expressed in insect cells improves microtubule in vitro gliding performance, long-term stability and guiding efficiency in nanostructures [J]. IEEE Trans. Nanobioscience, 2016, 15(1): 62-69.

[50] Jia Y, Li J. Molecular assembly of rotary and linear motor proteins [J]. Acc. Chem. Res., 2019, 52(6): 1623-1631.

[51] Saper G, Hess H. Synthetic systems powered by biological molecular motors [J]. Chem. Rev., 2020, 120(1): 288-309.

[52] Bouxsein N F, Carroll-Portillo A, Bachand M, et al. A continuous network of lipid nanotubes fabricated from the gliding motility of kinesin powered microtubule filaments [J]. Langmuir, 2013, 29(9): 2992-2999.

[53] Crenshaw J D, Liang T, Hess H, et al. A cellular automaton approach to the simulation of active self-assembly of kinesin- powered molecular shuttles [J]. J. Comput. Theor. Nanosci., 2011, 8(10): 1999-2005.

[54] Li F, Pan J, Choi J H. Local direction change of surface gliding microtubules [J]. Biotechnol. Bioeng., 2019, 116(5): 1128-1138.

[55] Nakamura M, Chen L, Howes S C, et al. Remote control of myosin and kinesin motors using light-activated gearshifting [J]. Nat. Nanotechnol., 2014, 9(9): 693-697.

[56] Tarhan M C, Yokokawa R, Morin F O, et al. Specific transport of target molecules by motor proteins in microfluidic channels [J]. Chemphyschem, 2013, 14(8): 1618-1625.

[57] Fischer T, Agarwal A, Hess H. A smart dust biosensor powered by kinesin motors [J]. Nat. Nanotechnol., 2009, 4(3): 162-166.

[58] Nicolau D V, Lard M, Korten T, et al. Parallel computation with molecular-motor-propelled agents in nanofabricated networks [J]. Proc. Natl. Acad. Sci. USA, 2016, 113(10): 2591-2596.

[59] Aoyama S, Shimoike M, Hiratsuka Y. Self-organized optical device driven by motor proteins [J]. Proc. Natl. Acad. Sci. USA, 2013, 110(41): 16408-16413.

[60] Keya J J, Suzuki R, Kabir A M R, et al. DNA-assisted swarm control in a biomolecular motor system [J]. Nat. Commun., 2018, 9: 453.

[61] Kumar S, Milani G, Takatsuki H, et al. Sensing protein antigen and microvesicle analytes using high-capacity biopolymer nano-carriers [J]. Analyst, 2016, 141(3): 836-846.

[62] Groß H, Heil H S, Ehrig J, et al. Parallel mapping of optical near-field interactions by molecular motor-driven quantum dots [J]. Nat. Nanotechnol., 2018, 13(8): 691-695.

[63] Kerssemakers J, Ionov L, Queitsch U, et al. 3D nanometer tracking of motile microtubules on reflective surfaces [J]. Small, 2009, 5(15): 1732-1737.

[64] Inoue D, Nitta T, Rashedul Kabir A M, et al. Sensing surface mechanical deformation using active probes driven by motor proteins [J]. Nat. Commun., 2016, 7: 12557.

[65] Fujimoto K, Kitamura M, Yokokawa M, et al. Colocalization of quantum dots by reactive molecules carried by motor proteins on polarized microtubule arrays [J]. ACS Nano, 2013, 7(1): 447-455.

[66] Sanchez T, Chen D T N, DeCamp S J, et al. Spontaneous motion in hierarchically assembled active matter [J]. Nature, 2012, 491(7424): 431-434.

[67] Torisawa T, Taniguchi D, Ishihara S, et al. Spontaneous formation of a globally connected contractile network in a microtubule-motor system [J]. Biophys. J., 2016, 111(2): 373-385.

[68] Schneider T D, Lyakhov I G. Molecular motor [P]. US 7, 349, 834 B2, 2008.

[69] Agayan R R, Tucker R, Nitta T, et al. Optimization of isopolar microtubule arrays [J]. Langmuir, 2013, 29(7): 2265-2272.

[70] Turner A P F. Biosensors: Sense and sensibility [J]. Chem. Soc. Rev., 2013, 42(8): 3184-3169.

[71] Chaudhuri S, Korten T, Korten S, et al. Label-free detection of microvesicles and proteins by the bundling of gliding microtubules [J]. Nano Lett., 2018, 18(1): 117-123.

[72] Lard M, ten Siethoff L, Kumar S, et al. Ultrafast molecular motor driven nanoseparation and biosensing [J]. Biosens. Bioelectron., 2013, 48: 145-152.

[73] Chandrasekaran A, Abduljawad M, Moraes C. Have microfluidics delivered for drug discovery? [J] Expert Opin. Drug Discovery, 2016, 11(8): 745-748.

[74] Nakagaki T, Yamada H, Tóth A. Intelligence: maze-Solving by an amoeboid organism [J]. Nature, 2000, 407(6803): 470.

[75] Nicolau D V, Nicolau Jr D V, Solana G, et al. Molecular motors-based micro-and nanobiocomputation devices [J]. Microelectron. Eng., 2006, 83(4-9): 1582-1588.

[76] Einarsson J. New biological device not faster than regular computer [J]. Proc. Natl. Acad. Sci. USA, 2016, 113(23): E3187.

[77] Hess H, Ross J L. Non-equilibrium assembly of microtubules: From molecules to autonomous chemical robots [J]. Chem. Soc. Rev., 2017, 46(18): 5570-5587.

[78] Medina-Sánchez M, Schwarz L, Meyer A K, et al. Cellular cargo delivery: Toward assisted fertilization by sperm-carrying micromotors [J]. Nano Lett., 2016, 16(1): 555-561.

[79] Magdanz V, Medina-Sánchez M, Schwarz L, et al. Spermatozoa as functional components of robotic microswimmers [J]. Adv. Mater., 2017, 29(24): 1606301.

[80] Taherkhani S, Mohammadi M, Daoud J, et al. Covalent binding of nanoliposomes to the surface of magnetotactic bacteria for the synthesis of self-propelled therapeutic agents [J]. ACS Nano, 2014, 8(5): 5049-5060.

[81] Bente K, Codutti A, Bachmann F, et al. Biohybrid and bioinspired magnetic microswimmers [J]. Small, 2018, 14(29): 1704374.

[82] Lam A T, VanDelinder V, Kabir A M R, et al. Cytoskeletal motor-driven active self-assembly *in vitro* systems [J]. Soft Matter, 2016, 12(4): 988-997.

[83] 郑志刚. 复杂系统的涌现动力学: 从同步到集体输运 [M]. 北京: 科学出版社, 2019.

[84] Inoue D, Mahmot B, Kabir A M R, et al. Depletion force induced collective motion of microtubules driven by kinesin [J]. Nanoscale, 2015, 7(43): 18054-18061.

[85] Kim K, Yoshinaga N, Bhattacharyya S, et al. Large-scale chirality in an active layer of microtubules and kinesin motor proteins [J]. Soft Matter, 2018, 14(17): 3221-3231.

[86] Huber L, Suzuki R, Krüger T, et al. Emergence of coexisting ordered states in active matter systems [J]. Science, 2018, 361(6399): 255-258.

[87] Hess H, Clemmens J, Brunner C, et al. Molecular self-assembly of "nanowires" and "nanospools" using active transport [J]. Nano Lett., 2005, 5(4): 629-633.

[88] Takatsuki H, Bengtsson E, Månsson A. Persistence length of fascin-cross-linked actin filament bundles in solution and the *in vitro* motility assay [J]. Biochim. Biophys. Acta, 2014, 1840(6): 1933-1942.

[89] Lam A T, Curschellas C, Krovvidi D, et al. Controlling self-assembly of microtubule spools via kinesin motor density [J]. Soft Matter, 2014, 10(43): 8731-8736.

[90] Dumont E L P, Belmas H, Hess H. Observing the mushroom-to-brush transition for kinesin proteins [J]. Langmuir, 2013, 29(49): 15142-15145.

[91] van Zalinge H, Ramsey L C, Aveyard J, et al. Surface-controlled properties of myosin studied by electric field modulation [J]. Langmuir, 2015, 31(30): 8354-8361.

[92] Lam A T C, Tsitkov S, Zhang Y, et al. Reversibly bound kinesin-1 motor proteins propelling microtubules demonstrate dynamic recruitment of active building blocks [J].

Nano Lett., 2018, 18(2): 1530-1534.

[93] Boateng S Y, Goldspink P H. Assembly and maintenance of the sarcomere night and day [J]. Cardiovasc. Res., 2007, 77(4): 667-675.

[94] Fallesen T L, Macosko J C, Holzwarth G. Measuring the number and spacing of molecular motors propelling a gliding microtubule [J]. Phys. Rev. E, 2011, 83(1): 011918.

[95] VanDelinder V, Imam Z I, Bachand G. Kinesin motor density and dynamics in gliding microtubule motility [J]. Sci. Rep., 2019, 9: 7206.

[96] Bormuth V, Jannasch A, Ander M, et al. Optical trapping of coated microspheres [J]. Opt. Express, 2008, 16(18): 13831-13844.

[97] Månsson A. Actomyosin based contraction: One mechanokinetic model from single molecules to muscle? [J]. J. Muscle Res. Cell Motil., 2016, 37(6): 181-194.

[98] Rospars J P, Meyer-Vernet N. Force per cross-sectional area from molecules to muscles: A general property of biological motors [J]. R. Soc. Open Sci., 2016, 3(7): 160313.

[99] Kumar J, Choudhary B C, Metpally R, et al. The caenorhabditis elegans kinesin-3 motor UNC-104/KIF1A is degraded upon loss of specific binding to cargo [J]. PLoS Genet., 2010, 6(11): e1001200.

[100] Cabiscol E, Tamarit J, Ros J. Oxidative stress in bacteria and protein damage by reactive oxygen species [J]. Int. Microbiol., 2000, 3(1): 3-8.

[101] Kabir A M R, Inoue D, Kakugo A, et al. Prolongation of the active lifetime of a biomolecular motor for in vitro motility assay by using an inert atmosphere [J]. Langmuir, 2011, 27(22): 13659-13668.

[102] Vandelinder V, Bachand G D. Photodamage and the importance of photoprotection in biomolecular-powered device applications [J]. Anal. Chem., 2014, 86(1): 721-728.

[103] Islam M S, Kabir A M R, Inoue D, et al. Enhanced dynamic instability of microtubules in a ROS free inert environment [J]. Biophys. Chem., 2016, 211: 1-8.

[104] Kabir A M R, Ito M, Uenishi K, et al. A photoregulated ATP generation system for in vitro motility assay [J]. Chem. Lett., 2017, 46(2): 178-180.

[105] Saper G, Kallmann D, Conzuelo F, et al. Live cyanobacteria produce photocurrent and hydrogen using both the respiratory and photosynthetic systems [J]. Nat. Commun., 2018, 9: 2168.

[106] Dumont E L P, Do C, Hess H. Molecular wear of microtubules propelled by surface-adhered kinesins [J]. Nat. Nanotechnol., 2015, 10(2): 166-169.

[107] Reuther C, Diego A L, Diez S. Kinesin-1 motors can increase the lifetime of taxol-stabilized microtubules [J]. Nat. Nanotechnol., 2016, 11(11): 914-915.

[108] Keya J J, Inoue D, Suzuki Y, et al. High-resolution imaging of a single gliding protofilament of tubulins by HS-AFM [J]. Sci. Rep., 2017, 7: 6166.

[109] VanDelinder V, Adams P G, Bachand G D. Mechanical splitting of microtubules into protofilament bundles by surface-bound kinesin-1 [J]. Sci. Rep., 2016, 6: 39408.

[110] Schaedel L, John K, Gaillard J, et al. Microtubules self-repair in response to mechanical stress [J]. Nat. Mater., 2015, 14(11): 1156-1163.

[111] Schwille P, Diez S. Synthetic biology of minimal systems [J]. Crit. Rev. Biochem. Mol. Biol., 2009, 44(4): 223-242.

[112] Bachand M, Bachand G D. Effects of potential environmental interferents on kinesin-powered molecular shuttles [J]. Nanoscale, 2012, 4(12): 3706-3710.

[113] Korten S, Albet-Torres N, Paderi F, et al. Sample solution constraints on motor-driven diagnostic nanodevices [J]. Lab Chip, 2013, 13(5): 866-876.

[114] Kumar S, ten Siethoff L, Persson M, et al. Magnetic capture from blood rescues molecular motor function in diagnostic nanodevices [J]. J. Nanobiotechnol., 2013, 11(1): 14.

[115] Albet-Torres N, Månsson A. Long-term storage of surface-adsorbed protein machines [J]. Langmuir, 2011, 27(11): 7108-7112.

[116] Astumian R D. Trajectory and cycle-based thermodynamics and kinetics of molecular machines: The importance of microscopic reversibility [J]. Acc. Chem. Res., 2018, 51(11): 2653-2661.

[117] Jee A Y, Dutta S, Cho Y K, et al. Enzyme leaps fuel antichemotaxis [J]. Proc. Natl. Acad. Sci. USA, 2018, 115(1): 14-18.

[118] Zhang Y, Hess H. Enhanced diffusion of catalytically active enzymes [J]. ACS Cent. Sci., 2019, 5(6): 939-948.

[119] Wang W, Duan W, Ahmed S, et al. Small power: Autonomous nano-and micromotors propelled by self-generated gradients [J]. Nano Today, 2013, 8(5): 531-554.

[120] Wang J, Gao W. Nano/Microscale motors: Biomedical opportunities and challenges [J]. ACS Nano, 2012, 6(7): 5745-5751.

[121] Wang W, Chiang T Y, Velegol D, et al. Understanding the efficiency of autonomous nano-and microscale motors [J]. J. Am. Chem. Soc., 2013, 135(28): 10557-10565.

[122] Armstrong M J, Hess H. The ecology of technology and nanomotors [J]. ACS Nano, 2014, 8(5): 4070-4073.

[123] Jacob F. Evolution and tinkering [J]. Science, 1977, 196(4295): 1161-1166.

后　记

　　非平衡输运是当今复杂系统统计物理学最重要、最活跃的前沿之一。生物分子马达是典型的非平衡态下的复杂体系，它们的非平衡输运过程对我们研究生命演化有着重要的意义。在本专著中，从马达多样性的角度关注了生物分子马达的复杂输运特征，并提出了不同的棘轮输运机制。我们的讨论基于在分子马达背景下发展起来的统计物理学、随机能量学及非平衡态输运理论，同时强调了与其他领域的联系。特别地，更详细地讨论了分子马达产生定向输运的生物复杂性行为及它们与输运效率的联系。因为我们相信在生物学、化学及医学等相关交叉领域工作的科学家可能会发现棘轮理论是一个有用的合理化工具，有助于相关学科的进步。

　　在本专著临近尾声之际，生物分子马达 (机器) 仍处于生命科学的十字路口，是重大科学挑战和生命演化的基础。正如现代制药的特点是小分子药物和生物制剂共存一样，分子马达领域将以努力开发和应用化学方法合成分子马达与努力开发和应用生物分子马达的共存为标志。为了充分发挥生物分子马达领域的潜力，需要各个领域学者迅速交换意见和密切沟通。分子马达领域在许多方面已日臻成熟，工程方面的应用通常是由研究团队进行，并已取得了突破性的成果。特别地，基于分子马达的能量转换可以实现高效率，我们认为这对能源的可持续发展至关重要。总之，分子马达将会在活性物质、合成生物学、材料科学、医学和信息技术等众多领域的应用中发挥关键作用。